实用模具设计与制造丛书

实用冲模设计与制造

第2版

洪慎章　编著

机 械 工 业 出 版 社

本书系统地介绍了冲模的设计与制造技术。全书内容包括：冲模设计基础、冲裁模设计、弯曲模设计、拉深模设计、其他冲压成形工艺、冲模制造、冲模典型零件加工实例、冲模的装配与调试、冲压设备、冲压件的常见缺陷及对策等。本书以冲压工艺分析、模具结构设计与制造技术为重点，结构体系合理，技术内容全面；书中配有丰富的图表和应用实例，实用性强，能开拓思路，便于自学。

本书主要可供从事冲模设计与制造的工程技术人员、工人使用，也可作为相关专业在校师生的参考书和模具培训班的教材。

图书在版编目（CIP）数据

实用冲模设计与制造/洪慎章编著. —2 版. —北京：机械工业出版社，2016.2

（实用模具设计与制造丛书）

ISBN 978-7-111-52593-6

Ⅰ.①实… Ⅱ.①洪… Ⅲ.①冲模-设计②冲模-制模工艺 Ⅳ.①TG385.2

中国版本图书馆 CIP 数据核字（2016）第 001557 号

机械工业出版社（北京市百万庄大街 22 号　邮政编码 100037）
策划编辑：陈保华　责任编辑：陈保华
责任印制：乔　宇　责任校对：任秀丽　胡艳萍
北京京丰印刷厂印刷
2016 年 2 月第 2 版·第 1 次印刷
184mm×260mm·20.5 印张·507 千字
0 001—3 000 册
标准书号：ISBN 978-7-111-52593-6
定价：59.00 元

凡购本书，如有缺页、倒页、脱页，由本社发行部调换

电话服务
服务咨询热线：010-88361066
读者购书热线：010-68326294
　　　　　　　010-88379203
策 划 编 辑：010-88379734
封面无防伪标均为盗版

网络服务
机 工 官 网：www.cmpbook.com
机 工 官 博：weibo.com/cmp1952
金　书　网：www.golden-book.com
教育服务网：www.cmpedu.com

前　言

冲压工艺是一种先进的少、无切屑加工方法。它具有生产率高，加工成本低，利用率高，制品尺寸精度高而稳定，易于达到产品结构轻量化，操作简单，容易实现机械化、自动化、智能化等一系列优点，所以在汽车、航空航天、仪器仪表、机车与地铁、家电、电子、通信、军工、玩具、日用品等行业的生产中得到了广泛应用。在世界上一些工业发达的国家里，冲压生产和模具工业得到高度重视及迅速发展。据有关资料介绍，某些国家的模具总产值已超过了机床工业的总产值，其发展速度超过了机床、汽车、电子等工业。模具工业在这些国家已摆脱了从属地位而发展成为独立的行业，是国民经济的基础工业之一。冲模设计与制造，特别是制造精密、复杂、大型、长寿命的模具技术，已经成为衡量一个国家综合经济实力和科技水平的最重要标志之一，成为一个国家在竞争激烈的国际市场上取胜的关键因素。

随着市场经济体制的建立，科技进步和产业结构的调整，机械行业对高级应用型人才的综合能力要求越来越高，对复合型人才的要求越来越强，因而在应用型人才的培养中，就需要拓宽他们的知识面，以适应社会发展的需要。

为了与时俱进，适应冲压技术发展和读者需求，决定对《实用冲模设计与制造》进行修订，出版第2版。第2版仍继续坚持第1版的特点：在选材上，力求既延续传统的冲压工艺内容体系，又反映当今冲压与模具技术的最新成果和先进经验。在编写上，注重理论与实践相结合，采用文字阐述与图形相结合，突出模具设计与制造重点和典型结构实例，以方便读者使用。本书从冲压生产全局考虑，在系统、全面的前提下，突出重点而实用的技术；同时，尽量多地编入常用的技术数据和图表，以满足不同读者的需要。

修订时，全面贯彻了冲压技术的相关最新标准，更新了相关内容；修正了第1版的错误；从冲压工艺、模具设计与制造步骤考虑，调整了章节结构，更加方便读者阅读使用；增加了第5章其他冲压成形工艺、第9章冲压设备和第10章冲压件的常见缺陷及对策等内容。

本书共10章，内容包括：冲模设计基础、冲裁模设计、弯曲模设计、拉深模设计、其他冲压成形工艺、冲模制造、冲模典型零件加工实例、冲模的装配与调试、冲压设备、冲压件的常见缺陷及对策。本书以冲压工艺分析、模具结构设计与制造技术为重点，结构体系合理，技术内容全面；书中配有丰富的技术数据及图表，实用性强，能开拓思路，概念清晰易懂，便于自学。

在本书编写过程中，刘薇、洪永刚、丁惠珍等工程师们参加了书稿的整理工作，在此表示衷心的感谢。

由于作用水平有限，书中不妥和错误之处在所难免，恳请广大读者不吝赐教，以便得以修正，以臻完善。

洪慎章

于上海交通大学

目　录

前言
第1章　冲模设计基础 …… 1
1.1　概论 …… 1
1.1.1　冲压加工的特点及应用 …… 1
1.1.2　冲压工艺的分类 …… 2
1.1.3　冲压生产对模具的基本要求 …… 4
1.2　冲压工艺的设计 …… 5
1.2.1　冲压工艺规程 …… 5
1.2.2　冲压工艺过程 …… 6
1.2.3　冲压件的工艺性 …… 7
1.3　冲压常用材料 …… 12
1.3.1　冲压材料的基本要求 …… 12
1.3.2　冲压材料的种类及其规格 …… 12
1.3.3　冲压用新材料及其性能 …… 13
1.3.4　板料的剪切 …… 16
1.4　冲模设计与制造技术的发展趋势 …… 18
第2章　冲裁模设计 …… 20
2.1　冲裁工艺设计 …… 20
2.1.1　冲裁过程的分析 …… 20
2.1.2　冲裁间隙 …… 22
2.1.3　凸模与凹模刃口尺寸计算 …… 26
2.1.4　冲压力及压力中心计算 …… 29
2.1.5　冲裁件的排样 …… 32
2.2　典型冲裁模的结构分析 …… 36
2.3　冲裁模零件设计 …… 44
2.3.1　冲裁模零件的分类 …… 44
2.3.2　工作零件 …… 45
2.3.3　卸料、顶件及推件零件 …… 48
2.3.4　弹簧和橡胶的选择 …… 50
2.3.5　定位零件 …… 52
2.3.6　导向零件与标准模架 …… 57
2.3.7　模柄及支撑、固定零件 …… 59
2.4　精密冲裁 …… 60
2.5　其他冲裁模 …… 64
2.5.1　聚氨酯冲裁模 …… 64
2.5.2　硬质合金冲裁模 …… 66
2.5.3　锌基合金冲裁模 …… 68
2.5.4　非金属材料冲裁模 …… 69
第3章　弯曲模设计 …… 71
3.1　弯曲工艺设计 …… 71
3.1.1　弯曲方法及其变形特征 …… 71
3.1.2　弯曲工艺质量分析 …… 73
3.1.3　弯曲件展开尺寸计算 …… 79
3.1.4　弯曲力、顶件力及压料力 …… 81
3.1.5　弯曲件的工序安排 …… 83
3.2　典型弯曲模的结构分析 …… 84
3.3　弯曲模工作部分尺寸设计 …… 90
第4章　拉深模设计 …… 94
4.1　拉深工艺设计 …… 94
4.1.1　拉深件分类及其变形分析 …… 94
4.1.2　拉深件设计 …… 97
4.1.3　压边力、压边装置及拉深力 …… 108
4.2　典型拉深模的结构分析 …… 113
4.3　拉深凸模与凹模设计 …… 116
4.3.1　拉深凸模与凹模结构 …… 116
4.3.2　拉深凸模与凹模圆角半径及间隙 …… 119
4.3.3　拉深凸模与凹模工作部分尺寸及公差 …… 121
4.4　其他零件的拉深 …… 122
4.4.1　非直壁旋转体件的拉深 …… 122
4.4.2　盒形件的拉深 …… 126
第5章　其他冲压成形工艺 …… 134
5.1　翻边与翻孔 …… 134
5.2　胀形 …… 140
5.3　缩口 …… 143
5.4　旋压 …… 145
5.5　起伏成形 …… 148
5.6　校平与整形 …… 151
5.7　板料特种成形技术 …… 153
5.7.1　电磁成形 …… 153
5.7.2　爆炸成形 …… 153
5.7.3　电水成形 …… 154
5.7.4　超塑性成形 …… 155

5.7.5 激光冲击成形 …… 156
第6章 冲模制造 …… 157
6.1 冲模制造的基本要求、特点及过程…… 157
6.2 常规加工方法 …… 159
6.2.1 车削加工 …… 159
6.2.2 铣削加工 …… 165
6.2.3 刨削加工 …… 169
6.2.4 钻削加工 …… 171
6.2.5 镗削加工 …… 173
6.2.6 磨削加工 …… 175
6.2.7 珩磨 …… 185
6.3 特种加工 …… 186
6.3.1 电火花成形加工 …… 186
6.3.2 电火花线切割加工 …… 188
6.3.3 电解成形加工 …… 190
6.3.4 电解抛光 …… 190
6.3.5 电解修磨与电解磨削 …… 191
6.4 数控加工技术 …… 192
6.4.1 数控加工技术概述 …… 192
6.4.2 常用的数控加工方式 …… 193
6.4.3 模具CAM技术 …… 194
6.4.4 高速加工 …… 195
6.5 快速制模技术 …… 197
6.5.1 快速成形技术的基本原理与特点 …… 197
6.5.2 快速成形技术的典型方法 …… 198
第7章 冲模典型零件加工实例 …… 203
7.1 冲裁模 …… 203
7.1.1 冲孔凸模 …… 203
7.1.2 落料凹模 …… 205
7.1.3 凸凹模 …… 206
7.1.4 固定板 …… 208
7.1.5 卸料装置 …… 212
7.1.6 导柱导套 …… 215
7.1.7 上、下模座 …… 218
7.2 拉深模 …… 221
7.2.1 拉深凸模 …… 221
7.2.2 拉深凹模 …… 222
7.2.3 拉深凸模固定板 …… 224
7.2.4 拉深凹模固定板 …… 226
7.3 弯曲模 …… 228
7.3.1 弯曲成形零件 …… 228
7.3.2 支撑零件 …… 230
第8章 冲模的装配与调试 …… 235
8.1 概述 …… 235
8.2 冲模装配与试冲 …… 236
8.2.1 冲模装配技术要求 …… 236
8.2.2 凸模与凹模间隙的控制方法 …… 239
8.2.3 模具零件的固定方法 …… 241
8.2.4 模架装配 …… 244
8.2.5 模具总装 …… 246
8.2.6 模具试冲 …… 247
8.3 冲模装配示例 …… 250
第9章 冲压设备 …… 258
9.1 冲压设备的类型 …… 258
9.1.1 曲柄压力机 …… 258
9.1.2 摩擦压力机 …… 262
9.1.3 液压机 …… 264
9.1.4 高速压力机 …… 264
9.1.5 数控冲模回转头压力机 …… 266
9.2 冲压设备类型的选择 …… 268
9.3 冲压设备规格的选择 …… 268
第10章 冲压件的常见缺陷及对策 …… 271
10.1 冲裁件的常见缺陷及对策 …… 271
10.2 精冲件的常见缺陷及对策 …… 271
10.3 弯曲件的常见缺陷及对策 …… 273
10.4 筒形拉深件的常见缺陷及对策 …… 274
10.5 盒形拉深件的常见缺陷及对策 …… 276
10.6 翻边件的常见缺陷及对策 …… 278
附录 …… 281
附录A 冲压常用材料的性能和规格 …… 281
附录B 几种冲压设备的技术规格 …… 289
附录C 金属冲压件未注公差尺寸的极限偏差 …… 295
附录D 常用冲模材料及热处理要求 …… 296
附录E 冲模零件的精度、公差配合及表面粗糙度 …… 298
附录F 冲模滑动导向标准模架 …… 299
附录G 模具零件的加工方法 …… 317
参考文献 …… 321

第 1 章　冲模设计基础

1.1　概论

冲压加工是利用安装在压力机上的模具，对在模具里的板料施加变形力，使板料在模具里产生变形，从而获得一定形状、尺寸和性能的产品零件的生产技术。板料、模具和设备是冲压加工的三个要素，见图 1-1。由于冲压加工经常在材料的冷状态下进行，因此也称为冷冲压。冲压是金属压力加工方法之一，它是建立在金属塑性变形理论基础上的材料成形工程技术，冲压加工的原材料一般为板料或带料，故也称为板料冲压。

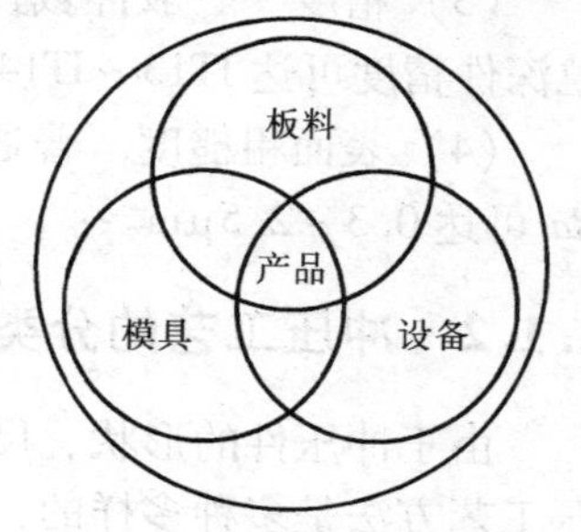

图 1-1　冲压加工的要素

1.1.1　冲压加工的特点及应用

1. 冲压加工的特点

冲压生产靠模具和压力机完成加工过程，与其他加工方法相比，在技术和经济方面有如下特点：

1）冲压加工一般不需要加热毛坯，也不像金属切削加工那样大量切削金属，所以它不但节能，而且节约金属材料，是一种少、无切屑加工方法之一，所得的冲压件一般无须再加工。

2）冲压件的尺寸精度由模具来保证，所以质量稳定，互换性好。

3）由于利用模具加工，所以可获得其他加工方法所不能或难以制造的壁薄、重量轻、刚性好、表面质量高、形状复杂的零件。

4）对于普通压力机每分钟可生产几十件，对于高速压力机每分钟可生产几百件甚至上千件，所以它是一种高效率的加工方法。

冲压也存在一些缺点，主要表现在冲压加工时的噪声、振动两个问题。这两个问题并不完全是冲压工艺及模具本身带来的，主要是由于传统的冲压设备落后所造成的。随着科学技术的进步，这两个问题一定会得到解决。

2. 冲压加工的应用

（1）应用领域　由于冲压工艺具有上述突出的特点，因此在国民经济各个领域的生产中得到了广泛的应用。据有关调查统计，在汽车、摩托车、农机产品中，冲压件约占 75%～80%；自行车、缝纫机、手表产品中，冲压件约占 80%；电视机、收录机、摄像机产品中，冲压件约占 90%；在航空、航天工业中，冲压件也占有较大的比例；还有食品金属罐盒、铝锅铝壶、搪瓷盆碗及不锈钢炊具及餐具，几乎都是冲压加工产品，就连计算机的硬件中也缺少不了冲压件。总之，当前在机械、电子、轻工、国防等领域的产品零件，其成形方式已转向优先选用冲压加工工艺。

据统计，全世界各种钢材品种的比例见表1-1，而带材、板材大部分用于冲压加工。

表1-1　各种钢材品种的比例

品　种	带材	板材	棒材	型材	线材	管材
所占比例(%)	50	17	15	9	7	2

（2）加工范围　可加工各种类型的冲压件，尺寸小到钟表的秒针，大到汽车的纵梁，冲切厚度已达20mm以上。因此，冲压加工尺寸幅度大，适应性强。

冲压材料可使用金属材料以及某些非金属材料。

（3）精度　一般冲裁件精度可达IT10～IT11，精冲件精度可达IT6～IT9，一般弯曲、拉深件精度可达IT13～IT14。

（4）表面粗糙度　普通冲裁件表面粗糙度 *Ra* 可达3.2～12.5μm，精冲件表面粗糙度 *Ra* 可达0.3～2.5μm。

1.1.2　冲压工艺的分类

由于冲压件的形状、尺寸、精度要求、原材料性能等的不同，目前在生产中所采用的冲压工艺方法是多种多样的，概括起来可以分为分离工序与成形工序两大类。分离工序又可分为落料、冲孔和剪切等，目的是在冲压过程中，使冲压件与板料沿一定的轮廓线相互分离。分离工序见表1-2。成形工序可分为弯曲、拉深、翻孔、翻边、胀形、缩口、旋压等，目的是使冲压毛坯在不破裂的条件下，产生塑性变形而获得一定形状和尺寸的冲压件。成形工序见表1-3。

表1-2　分 离 工 序

工序名称	简　图	特点及应用范围
落　料	废料　零件	用冲模沿封闭轮廓曲线冲切，冲下部分是零件，用于制造各种形状的平板零件
冲　孔	废料　零件	用冲模按封闭轮廓曲线冲切，冲下部分是废料
切　断	零件	用剪刀或冲模沿不封闭曲线冲切，多用于加工形状简单的平板零件
切　边		将成形零件的边缘修切整齐或切成一定形状

（续）

工序名称	简　图	特点及应用范围
剖　切		把冲压加工成的半成品切开成为两个或数个零件，多用于对称零件的成双或成组冲压成形之后

表1-3　成形工序

工序名称	简　图	特点及应用范围
弯　曲		把板料沿直线弯成各种形状，可以加工形状极为复杂的零件
卷　圆		把板料端部卷成接近封闭的圆头，用以加工类似铰链的零件
扭　曲		把冲裁后的半成品扭转成一定角度
拉　深		把板料毛坯成形为各种空心的零件
变薄拉深		把拉深加工后的空心半成品，进一步加工成为底部厚度大于侧壁厚度的零件
翻　孔		将预先冲孔的板料半成品或未经冲孔的板料，冲制成竖立的边缘
翻　边		把板料半成品的边缘，按曲线或圆弧成形为竖立的边缘
拉　弯		在拉力与弯矩共同作用下实现弯曲变形，可得精度较好的零件
胀　形		在双向拉应力作用下实现变形，成形各种空间曲面形状的零件
起　伏		在板料毛坯或零件的表面上，用局部成形的方法制成各种形状的突起与凹陷
扩　口		在空心毛坯或管状毛坯的某个部位上，使其径向尺寸扩大

（续）

工序名称	简　图	特点及应用范围
缩　口		在空心毛坯或管状毛坯的某个部位上，使其径向尺寸减小
旋　压		在旋转状态下，用滚轮使毛坯逐步成形
校　形		校正零件形状，以提高已成形零件的尺寸精度或获得小的圆角半径

在实际生产中，当生产批量大时，如果仅以表1-2、表1-3中所列的基本工序组成冲压工艺过程，生产率低，不能满足生产需要。因此，一般采用组合工序，即把两个以上的基本工序组合成一道工序，构成所谓复合、级进、复合—级进的组合工序。

1.1.3　冲压生产对模具的基本要求

模具是一种高精度、高效率的工艺装备，是生产工件的专用工具，模具的精度直接影响工件的质量。希望模具在足够的寿命期内，能够稳定地生产出质量合格的工件。因此，对模具的基本要求是：精度高，质量好，寿命长，成本低，结构简单，安全可靠。

1. 模具精度

模具精度主要是指模具成形零件的工作尺寸及精度和成形表面的表面质量。模具精度可分为模具本身的精度和发挥模具效能所需的精度。例如，凸模、凹模、凸凹模等零件的尺寸精度、形状精度和位置精度是属于模具零件本身的精度；各零件装配后，面与面或面与线之间的平行度、垂直度，定位及导向配合等精度，都是为了发挥模具效能所需的精度。但通常所讲的模具精度主要是指模具工作零件或成形零件的精度及相互位置精度。

模具的精度越高，则成形的工件精度也越高。但过高的模具精度会受到加工技术手段的制约。因此，模具精度的确定一般要与所成形的工件精度相协调；同时，还要考虑现有模具的生产条件。

2. 模具寿命

模具的寿命是指模具能够生产合格工件的耐用程度，是模具因为磨损或其他形式失效终至不可修复而报废之前所成形的工件总数。

模具在报废之前所完成的工作循环次数或所产生工件数量称为模具的总寿命。除此以外，还应考虑模具在两次修理之间的寿命，如冲裁模的刃磨寿命。

在设计和制造模具时，用户都会提出关于模具寿命的要求，这种要求称为模具的期望寿命。确定模具的期望寿命应综合考虑技术上的可能性和经济上的合理性。一般而言，工件生产量较小时，模具寿命只需满足工件生产量的要求就足够了。此时，在保证模具寿命的前提下，应尽量降低模具成本；当工件为大批量生产时，即使需要很高的模具成本，也应尽可能提高模具的使用寿命和使用效率。

3. 模具结构

在工业生产中，模具的用途广泛，种类繁多，模具的结构也多种多样。模具结构对模具受力状态的影响很大，合理的模具结构能使模具工作时受力均匀，应力集中小，也不易偏载，更能提高模具寿命。

模具结构设计时，在保证产品质量的前提下，应考虑零件制造工艺，降低加工难度，合理选择模具材料，减少模具成本，尽量使模具结构简单，工人操作方便，确保人身安全，防止设备事故。

4. 模具制造周期

模具制造一般都是单件生产，其生产周期较长。

为了控制好模具制造周期，按时完成生产任务，在模具生产过程中，应做好以下几项工作。

1）模具设计时，须采用标准零部件，并力求采用标准尺寸的坯料。

2）采用高效生产工艺和装备，力求最大限度地缩短模具和零件的制造工艺过程。

3）制订严格的时间控制规则，保证计划进度。

1.2　冲压工艺的设计

1.2.1　冲压工艺规程

冲压工艺规程是指导冲压件生产的工艺技术文件，它既是生产准备的基础，又是设计部门进行设计和生产管理部门用于指挥生产的重要依据。

1. 冲压工艺规程的作用及内容

冲压工艺规程是对冲压产品的生产方式、方法、数量、质量乃至包装等所做出的全部决定。它对于工厂的设计、生产准备及正常生产都是至关重要的。

（1）工厂设计的依据　设计一个新工厂，或兴建、扩建一个冲压车间，其规模、投资与效益必须以工艺规程为依据。

（2）生产准备的基础　由于生产准备的时间较长、内容较多、涉及面广，因此，要慎重编制出工艺规程，使之能为正常生产做好充分的准备工作。

（3）现场生产的指导　除了指导正常生产之外，在生产中出现的质量、安全等方面的问题，当然也要用工艺规程来做检查和分析。

冲压工艺规程所形成的工艺资料包括各种技术工艺文件、模具图样、设备图样和设计说明书等。各种技术工艺文件的形式有工艺规程卡、工序卡、工艺过程（流程）卡、工艺路线明细表，以及材料工艺定额表、工艺成本明细表等。

2. 冲压工艺规程的制订

冲压工艺规程的制订是一项复杂的综合性技术工作，通常是根据具体冲压件的特点、生产批量、现有设备和生产条件等，拟订出技术上可行、经济上合理的最佳工艺方案，包括冲压工序的安排、模具的结构形式、设备、检验要求等。制订冲压工艺规程时，不仅要保证产品的质量，还要综合考虑成本、生产率，以及减轻劳动强度和保证安全生产等各方面因素。

3. 冲压工艺规程的制订步骤

冲压工艺规程制订步骤如下：

1）进行设计准备工作。

2）分析零件的工艺性。

3）确定冲压件生产的工艺方案。

4）确定模具类型及结构形式。

5）选择冲压设备。

6）编写冲压工艺卡及设计计算说明书。

上述步骤中的内容互相联系、互相制约，实际设计中往往需要前后兼顾、互相穿插进行。工艺规程制订所牵涉的许多内容将在以后的相关章节中进行阐述，以下主要就一些需要强调的或进一步说明的问题进行介绍。

1.2.2　冲压工艺过程

冲压工艺过程是冲压件各加工工序的总和。它不仅包括冲压产品所用到的冲压加工基本工序，而且包括基本工序前的准备工序、基本工序之间的辅助工序、基本工序完后的后续工序，以及这些工序的先后次序排定与协调组合。由于冲压工艺过程的优劣，决定了冲压件制造技术的合理性、冲压件的质量和产品成本，故必须认真进行冲压工艺过程的设计。

冲压工艺过程设计的目的是编制出冲压工艺规程。

1. 冲压工艺过程设计的要求

冲压工艺过程设计实际上是一种产品生产技术的设计，而生产技术是生产优质廉价产品的制造技术，因此冲压工艺过程设计的主要要求如下：

（1）工艺性合理　根据产品图样要求及有关标准要求，分析冲压件的结构、性能及加工难易程度，确定科学的、合理的工艺过程。为了生产出优质的冲压件，应该考虑采用优质材料和尽可能采用较先进的技术工艺。如果发现该冲压件的工艺性较差，在不影响其使用性能的条件下，对该零件的形状或尺寸在某些地方做必要的修改也是合理的。

（2）经济性合算　用最好的材料，采用最先进的加工技术，可以得到最高性能的产品。但是，这样的产品不会是廉价的，其经济效益肯定不会最好。因此，冲压工艺过程设计不能选择这样的方法，而应该采用适宜的材料，尽量节约用料，通过选择先进且合理（对具体条件）的加工技术，努力减少加工费用及模具设备费用的方法，获得完全合乎要求与规定的产品。这样的优质产品经济上才是合算的。

总而言之，冲压工艺过程的设计是一种对产品生产过程的综合分析和设计。如果在计算机上进行这种设计（CAD），则最佳的冲压工艺过程设计应是工艺上先进合理、经济上合算这两个目标函数的综合寻优，以达到工艺过程设计的最佳化。

2. 冲压工艺过程设计的内容

冲压工艺过程设计的主要内容包括：

1）冲压件的分析。

2）原材料的选定与备料。

3）变形工序的确定。

4）辅助工序的确定。

5）模具类型的选定、设计。

6）冲压设备的选择。

7）机械化与自动化方案的选定。

8）确定质量检验方法。

9）做出经济分析(工艺成本计算)。

1.2.3 冲压件的工艺性

1. 工艺性的内容

冲压件工艺性是指冲压零件在冲压加工中的难易程度。虽然冲压加工工艺过程包括备料→冲压加工工序→必要的辅助工序→质量检验→组合、包装的全过程，但分析工艺性的重点要在冲压加工工序这一过程里。而冲压加工工序很多，各种工序中的工艺性又不尽相同。即使同一个零件，由于生产单位的生产条件、工艺装备情况及生产的传统习惯等不同，其工艺性的含义也不完全一样。

冲压件工艺性的具体指标主要有：

1）材料消耗少，生产准备周期短。

2）工序数量少，劳动量与劳动强度低。

3）尽量减少后续的机加工量及有关辅助工序。

4）冲压工艺装备少，生产面积需要小。

5）操作简便，能尽量采用非高级技工。

6）提高模具在完成生产批量前提下的寿命。

7）生产率高，加工成本低。

2. 工艺性的基本要求

冲压件的尺寸精度等级可达IT6（或IT7），精度等级越低其冲压加工越困难。表1-4列出了冲压加工中冲裁、精冲及拉深工序等与其他加工方法所能达到尺寸精度的大致比较。

表1-4 冲压加工方法与其他方法精度比较

加工方法	50mm长度上公差/mm											
	0.011	0.016	0.025	0.039	0.062	0.100	0.160	0.25	0.39	0.62	1	1.6
	精度等级(IT)											
	5	6	7	8	9	10	11	12	13	14	15	16
热锻				- - -	- - -	- - -	- - -	——	——	——	——	——
温锻			- - -	- - -	- - -	- - -	——	——	——	——		
冷锻		- - -	——	——	——	——	——	——				
轧制			——	——	——	——	——					
光洁轧制	- - -	——	——	——								
精整		- - -	——	——	——	——	——	——				
拉深							——	——	——	——		
变薄拉深	- - -	——	——	——	——	——						
管、线材拉拔					——	——	——					
冲裁				——	——	——	——	——	——	——		
精冲	- - -	——	——	——	——							

（续）

加工方法	50mm 长度上公差/mm											
	0.011	0.016	0.025	0.039	0.062	0.100	0.160	0.25	0.39	0.62	1	1.6
	精度等级（IT）											
	5	6	7	8	9	10	11	12	13	14	15	16
旋转锻造												
车　削												
研　削												

注：粗实线表示一般条件，细实线表示中等要求，虚线表示较高条件。

除了尺寸精度要求合理外，还要求冲压件的结构工艺性好。冲压件的结构工艺性一般指其结构的几何形状。显然，其几何形状越简单，越容易冲压出来，则其结构工艺性越好。因此，冲压件工艺性的基本要求如下：

1）原材料的选定不仅要能满足冲压件的强度与刚度要求，还应该要有良好的冲压性能。这是由于每一种板材都有自己的化学成分、力学性能，以及与冲压性能密切相关的特征性能。在生产实际中经常出现这种情况，一个冲压件的加工能否顺利地、高质量地完成，直接取决于板材的冲压性能。因此，有必要根据冲压变形的特点与要求，正确地选用原材料。

2）冲压加工是一种冷变形加工方法，它与热变形加工方法最本质的区别是有冷变形加工硬化效应。因此，应该充分利用这一特征，尽量选择软而塑性好的金属材料，并避免材料过厚。

3）对产品零件要求重量轻而强度、刚度高时，可采用加强筋形式及翻边、卷圆等工序来达到要求。

4）尽量用廉价材料代替贵重材料。

5）合理排样，尽量做到无废料或少废料。有时还应考虑一种工件的废料能为另一种工件所利用，这种情况在排样下料时称为“套裁”。

6）必须统一并减少所用材料的牌号、规格和厚度，且提倡用国产板材。

7）尽量满足冲压加工中各种工序的相应结构要求。

3. 冲压件的结构工艺性

冲压加工的基本工序，主要分为两类：分离工序与成形工序。显然，这两类工序加工出来的冲压件，一类是分离加工件（以平面形状为主），一类是成形件（以立体形状为主），其结构工艺性要求不一样。另外，成形件又分为拉深件、翻边件、胀形件、弯曲件等，各自又有不同的结构工艺性能要求。但是，所有的冲压件有一个共同性的结构工艺性要求：尽量避免有应力集中的结构。对于冲裁件，一般不应有平面尖角存在（冲裁件的外轮廓可以用单边剪切的方法得到者例外）。对于成形件，不应有急剧的突变形状。如图1-2所示的某种汽车覆盖件，按左边结构冲压成形，常在过渡部分产生皱褶和裂纹；按右边结构加大过渡圆角和增加台阶冲压成形，因急剧变化变缓，工艺结构性变好了，使工

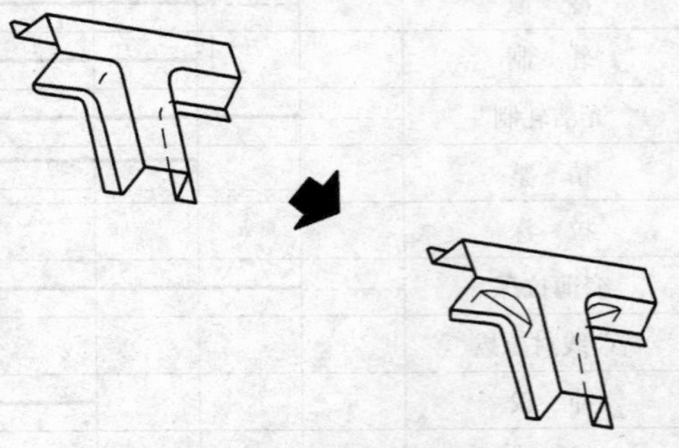
图1-2　断面急剧变化改缓的成形件

件质量大为提高，能大大减少冲压件的废次品率。

下面分别就冲裁件、拉深、翻边、胀形件及弯曲件的结构工艺性做简要说明。

（1）冲裁件的结构工艺性

1）冲裁件的形状应尽量简单，最好是由规则的几何形状或由圆弧与直线所组成。

2）对于外形为正方形或矩形的落料件，可考虑用剪床剪切下料代替落料模落料。如图1-3所示的一种汽车零件，原设计有一个图中虚线所示的 $R5$mm 尺寸；经会审后认为取消 $R5$mm，改成直角，不影响该零件的功能。于是就用65mm宽的条料生产，用剪床切成24mm一件，再冲两个孔，工艺性得到了提高。

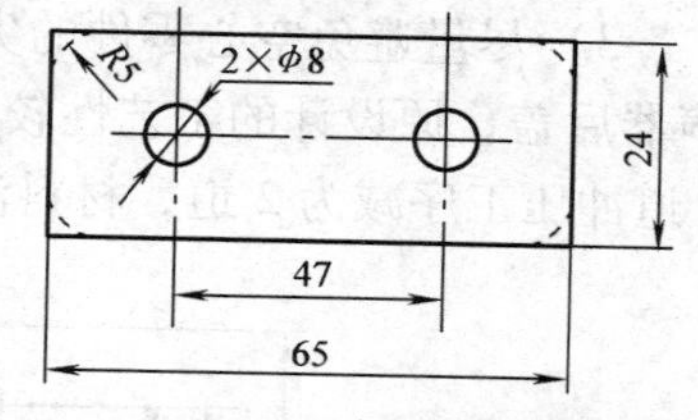

图1-3　省去冲模落料的冲裁件

3）冲裁件应当避免有过长的悬臂与狭槽，槽的宽度 b 应大于料厚 t 的2倍，如图1-4所示。

4）虽然可以冲裁出带尖角的零件，但一般情况下，都应用 $R>0.5t$ 的圆角代替尖角。图1-5所示为农用挂车上用的支承板的零件，原设计有5处尖角，后经协商分别改为圆角，完全不影响其使用性能。这样使冲压件的结构工艺性变好了，模具加工更加容易，寿命也得到了提高，同时大大节省了原材料。

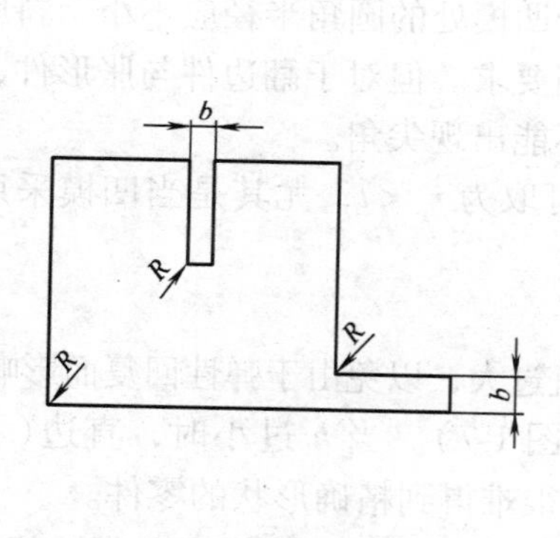

图1-4　冲裁件的悬臂与狭槽

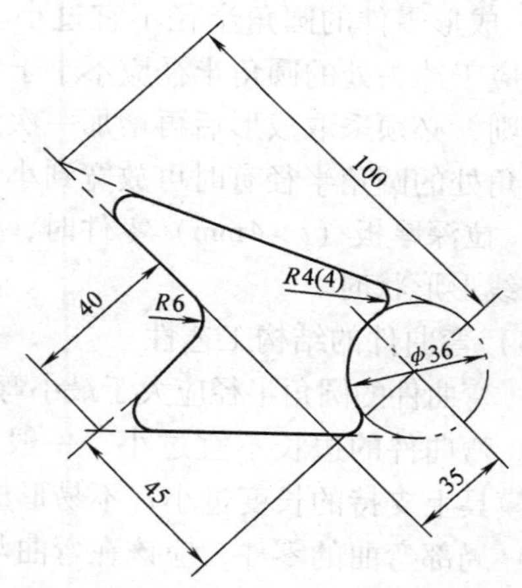

图1-5　避免尖角的冲裁件

5）因受冲头强度的限制，冲孔尺寸不宜过不，一般冲孔的最小尺寸(直径或方孔边长) $s\geqslant t$。

6）冲裁排样时，一般有搭边值，从节省原材料来讲，搭边值越少越好；但从模具寿命和冲裁件质量来考虑，搭边值 a 至少应大于 t，极薄板冲裁时还应大些。例如，当 $t\approx0.2$mm时，应取 $a\geqslant(2\sim3)t$。

7）应当避免在成形零件的圆弧部位上冲孔，但球形零件底部中心孔除外。在筒形件壁部冲孔，应设计斜楔式冲模。

（2）拉深、翻边、胀形件的结构工艺性　由于成形零件的种类较多，有的形状比较复杂，用到的冲压成形工序也是多种多样的，所以其结构工艺性应视具体形状提要求。下面仅对拉深、翻边、胀形基本件提出一般性要求。

1）轴对称零件结构工艺性最好，非轴对称零件应避免急剧的轮廓变化（见图1-2）。

2）能够一次拉深或胀形成功的零件比需多次拉深或胀形的零件的工艺性要好。因此，对于高度较大的成形件，能用一道工序完成的一般不宜采用两道工序，应当尽量采取各种技术措施提高冲压成形极限。

3）尽量避免空心零件的尖底形状，尤其是高度大时，其工艺性更差。图1-6所示的消声器后盖，原设计的工艺性较差，在保证其使用性能不变的前提下，改进其设计，结果由原8道冲压工序减为2道，材料消耗也减少了50%。

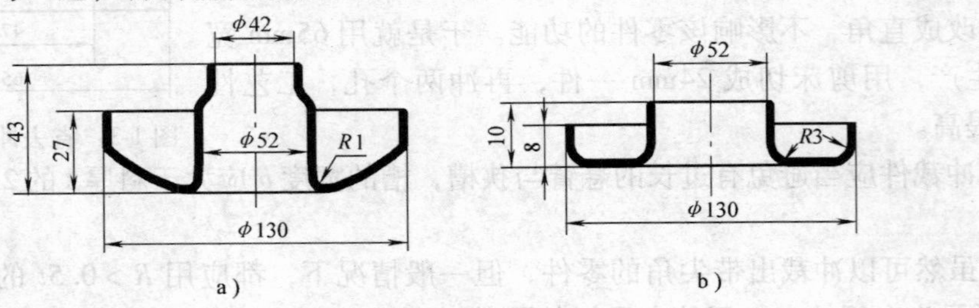

图1-6　消声器后盖的设计更改

a）原设计　b）改进后设计

4）成形零件的圆角半径不宜过小。一般情况下，无论是拉深件、翻边件或胀形件等，其相对应于冲头处的圆角半径应不小于料厚，相对应于凹模处的圆角半径应不小于料厚的两倍；否则，必须采取成形后再增加一次整形工序来达到要求。但对于翻边件与胀形件，相应凹模圆角处的圆角半径有时可放宽到小于料厚，但决不能出现尖角。

5）拉深厚板（$t>4$mm）零件时，其冲头圆角也可取为 $r_p<t$，尤其是当凹模采用锥形或渐开线形形状时。

（3）弯曲件的结构工艺性

1）弯曲件的圆角半径应大于最小弯曲半径，但不宜过大，以免由于弹性回复而影响精度。

2）弯曲件的边长不宜过小，一般 $h>R+2t$（见图1-7）。当 h 过小时，直边（不变形区）在模具上支持的长度过小，不易形成足够的弯矩，很难得到精确形状的零件。

3）局部弯曲的零件，应该在弯曲与不弯曲部分之间先切槽，以消除不弯曲根部的伸长变形和拉裂，如图1-8a所示。

4）应该尽量避免在突变尺寸处的弯曲，遇有这种设计时，把弯曲线从该突变处移动一段距离，如图1-8b所示。否则，由于突变处尖角部位的应力集中可能产生撕裂。

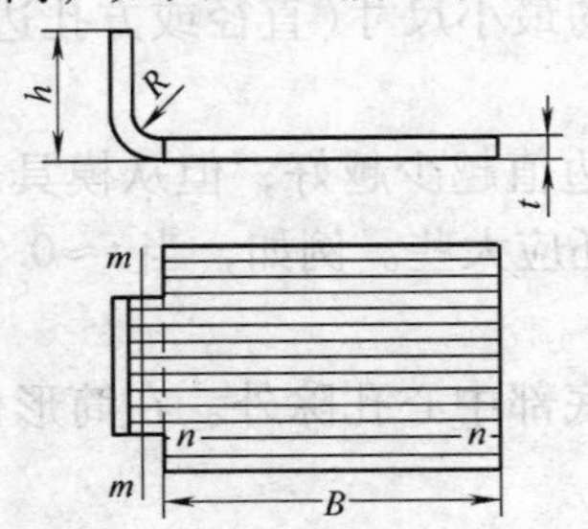

图1-7　弯曲件的圆角与边长

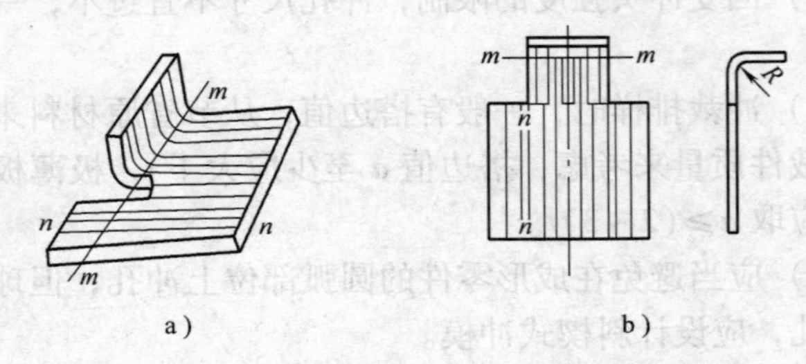

图1-8　避免突变处弯曲示意图

a）弯曲与不弯曲部分之间切槽　b）避免在突变尺寸处弯曲

5）弯曲线（见图1-7、1-8中m—m）与板材纤维方向（见图1-7、1-8中n—n）垂直时，弯曲件的结构工艺性好于两者平行时。因此，应尽量避免弯曲件的弯曲线与板材纤维方向平行。一个弯曲件有多处弯曲时，可让其弯曲线与纤维方向互成一定的角度。

4. 冲压加工的经济性

经济性的要求是工艺成本越低越好。当然，应遵循价值工程的原理。下面就工艺成本计算中两个最主要的方面作简要说明。

（1）材料的经济排样　材料的经济排样是指冲压件（大多数情况下是在冲裁工序中）在条料及板料上的合理布置问题。衡量排样是否合理、是否经济，可用材料的利用率这一指标。材料利用率是用工件的实际面积A_0与所用材料的面积A之比值来表示的，即

$$\eta=(A_0/A)\times100\% \tag{1-1}$$

从冲制垫圈的排样图1-9可以看出：图中结构废料1由工件尺寸决定，搭边2和余料3组成工艺废料。若能减少工艺废料，则能提高材料利用率。

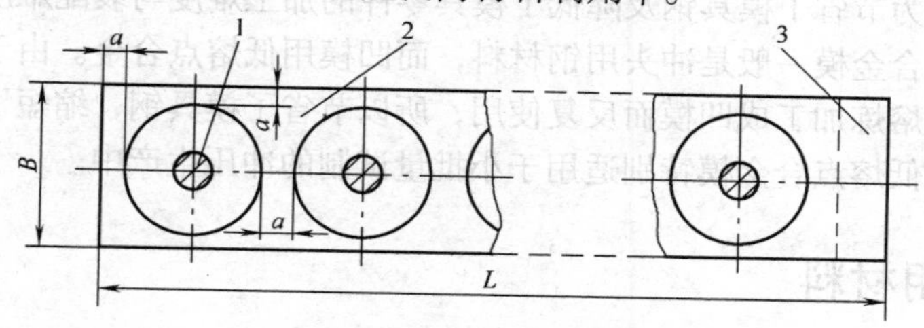

图1-9　冲裁材料利用情况

1—结构废料　2—搭边　3—余料

要减少工艺废料，应该根据零件的形状设计出搭边和余量尽量少的排样。例如，对于圆形工件，采用图1-10a所示的多行错开直排要比单行直排或双行对排省料；对于T形工件，采用图1-10b所示的对头斜排要比对头直排省料；有些冲压件若能采用图1-10c所示的无废料排样或“套裁”，则材料利用率最高。

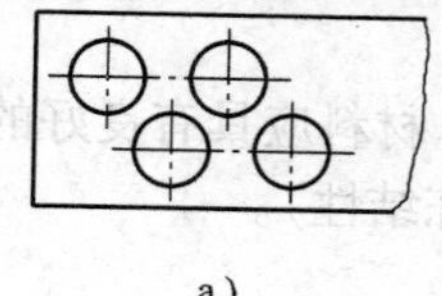

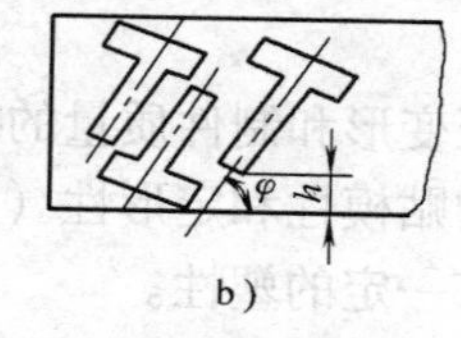

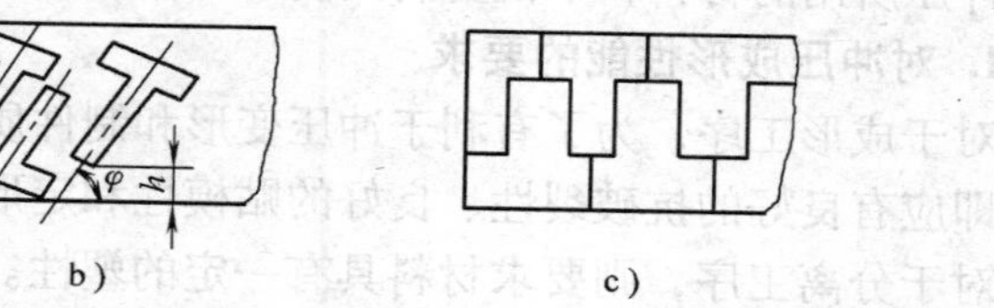

图1-10　减少工艺废料的排样

a）多行错开直排　b）对头斜排　c）无废料排样

当然，大多数情况下的排样均有搭边值，见图1-9中的a值。一般情况下，搭边值a取为厚t的1.0~2.0倍。具体数值也可查阅有关资料。

利用计算机进行优化排样，已经是一种比较成熟的CAD方法。例如，像确定图1-10b中角度φ与距离h的最优值，已有标准的程序软件了。

（2）降低模具费用　工模具的成本在冲压产品成本中占有重要的比例。生产批量不同，降低模具成本的途径也不同。在大批量生产中，主要是通过提高模具寿命来降低模具费用的；而在小批量生产中，则应采用通用模、简易模、经济模及简化模具结构等方法来实现。

图1-11所示为某一机械产品中的4种垫圈零件。若按常规需用4副模具；后设计制造

了一副通用模，只需更换其冲头、凹模，便可完成4种垫圈的冲裁。模具成本费用因而降低了近3/4。

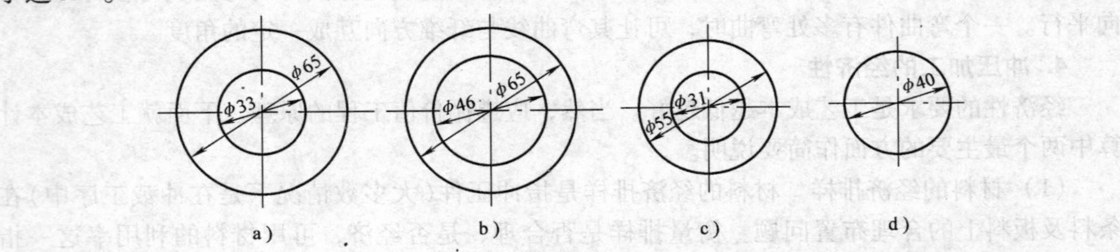

图1-11 通用模具上冲裁的垫圈

a）$t=6\text{mm}$，1件 b）$t=6\text{mm}$，1件 c）$t=5\text{mm}$，1件 d）$t=6\text{mm}$，4件

各种简易模，如锌基或铋锡合金模、聚氨酯模等，都能降低模具费用。简易模能降低模具费用，主要是因为节省了模具钢及降低了模具零件的加工难度与装配难度所致。

例如，低熔点合金模一般是冲头用钢材料，而凹模用低熔点合金。由于低熔点合金的凹模磨损后，可重新熔炼加工成凹模而反复使用，所以节省了模具钢，缩短了制模周期，自然降低了模具成本。低熔点合金模特别适用于小批量试制的冲压生产中。

1.3 冲压常用材料

板料是冲压加工的三大要素之一。实际上，高水平的冲压及模具技术必然建立在对板料冲压性能研究的基础上。因此，在冲压工艺与模具设计中，合理选用板料，并进一步考虑板料的冲压性能，是具有很大实际意义的。

1.3.1 冲压材料的基本要求

冲压所用的材料，不仅要满足使用要求，还应满足冲压工艺要求和后续加工要求。

1. 对冲压成形性能的要求

对于成形工序，为了有利于冲压变形和制件质量的提高，材料应具有良好的冲压成形性能，即应有良好的抗破裂性、良好的贴模性和定形性（形状冻结性）。

对于分离工序，则要求材料具有一定的塑性。

2. 对表面质量的要求

材料的表面应光洁、平整，无缺陷损伤。表面质量好的材料，冲压时不易破裂，不易擦伤模具，制件的表面质量也好。

3. 对材料厚度公差的要求

材料的厚度公差应符合相关标准要求。因为一定的模具间隙适用于一定厚度的材料，材料厚度公差太大，不仅直接影响制件的质量，还可以导致废品的出现。在校正弯曲、整形等工序中，有可能因厚度方向的正偏差过大而引起模具或压力机的损坏。

1.3.2 冲压材料的种类及其规格

1. 冲压材料的种类

冲压生产最常用的材料是金属材料，有时也用非金属材料。

常用的金属材料分钢铁材料和非铁金属材料两种。钢铁材料有普通碳素结构钢、优质碳素结构钢、合金结构钢、碳素工具钢、不锈钢、电工硅钢等。非铁金属材料有纯铜、黄铜、青铜、铝及铝合金等。常用的钢铁材料主要有普通碳素钢板和优质碳素结构钢板。优质碳素结构钢薄钢板主要用于成形复杂的弯曲件和拉深件。常用的非铁金属材料主要有黄铜板（带）和铝板（带）。

非金属材料有纸板、胶木板、橡胶板、塑料板、纤维板和云母等。

2. 冲压材料的规格

冲压用材料大部分都是各种规格的板料、带料、条料和块料。

板料的尺寸较大，用于大型零件的冲压。主要规格有：500mm×1500mm、900mm×1800mm、1000mm×2000mm 等。

条料是根据冲压件的需要，由板料剪裁而成，用于中、小型零件的冲压。

带料（又称卷料）有各种不同的宽度和长度，成卷状供应的主要是薄料，适用于大批量生产的自动送料。

块料一般用于单件小批生产和价值昂贵的非铁金属材料的冲压，并广泛用于冷挤压。

冲压常用材料的性能和规格可查附录 A。

1.3.3 冲压用新材料及其性能

汽车、电子、家用电器及日用五金等工业的发展，极大地推动着现代金属薄板的发展。当代材料科学的发展，已经做到根据使用上与制造上的要求，设计并制造出崭新的材料，因此，很多冲压用的新型板材便应运而生。

新型冲压板材的发展趋势见表 1-5。

表 1-5 新型冲压板材的发展趋势

内　容	发　展　趋　势	效果与目的
厚度	厚→薄	产品轻型化、节能和降低成本
强度	低→高	
组织	单相↗双相 单相↘加磷，加钛	提高强度、伸长率和冲压性能
板层	单层↗涂层，叠合 单层↘复合层，夹层	耐腐蚀，外表外观好，冲压性能提高 抗振动，减噪声
功能	单一→多个 一般→特殊	实现新功能

下面对新型冲压用板材（高强度钢板、耐腐蚀钢板、双相钢板、涂层板及复合板材）进行介绍。

1. 高强度钢板

高强度钢板是指对普通钢板加以强化处理而得到的钢板。通常采用的金属强化原理有：固溶强化、析出强化、细晶强化、组织强化（相态强化及复合组织强化）、时效强化、加工强化等。其中前 5 种是通过添加合金成分和热处理工艺来控制板材性质的。

高强度钢板的高强度有下面两方面的含义：

1）屈服强度高，R_{eL}一般为270～310MPa，比一般铝镇静钢的屈服强度要高50%～100%。

2）抗拉强度高，R_m＞400MPa。日本研制的用于汽车零件的高强度钢板的抗拉强度可达到600～800MPa，而对应的普通冷轧软钢板的抗拉强度只有300MPa。

高强度钢板的应用，能减薄料厚，减轻冲压件的重量，节省能源和降低冲压产品成本。例如，美国与日本于1980—1985年广泛使用低合金高强度钢板，使汽车车身零件板厚由原来的1.0～1.2mm减薄到0.7～0.8mm，车身重量减轻20%～40%，节约汽油20%以上。到1992年，日本各汽车厂汽车车身采用高强度钢板的平均比例占到23.3%，其中日产汽车公司占到30%以上。

由于高强度钢板的强化机制常常在一定程度上要影响其他的成形性能，如断后伸长率降低，弹性回复大，成形力增高，厚度减薄后抗凹陷能力降低等。因此，制造技术进展的方式是分别开发适应不同冲压成形（不同冲压件）要求的高强度钢板品种，例如：加磷钢板中的P1钢板，与各种级别的08Al板相比，在屈服强度、抗拉强度上提高很多，而各向异性系数则居于它们中间。

低温硬化钢板又叫烘烤钢板，它是对屈服强度低的普通钢板进行拉伸预变形，或者在冲压变形之后，于冲压件的涂漆或烘烤包括高温时效处理过程中，板材得到新的强化，使冲压件在使用状态下具有较高的强度和抗凹陷能力。这种性能称为低温硬化性能（或叫BH性）。在同样抗凹陷能力条件下，汽车零件厚度可减薄15%。另外，低温硬化性能在板的不同方向上存在差异，它可能使板的各向异性增强，利用这一点，对生产有很大实际意义。

2. 耐腐蚀钢板

开发新的耐腐蚀钢板的主要目的是增强普通钢板冲压件的耐蚀性，它有以下两类：

一类是加入有新元素的耐腐蚀钢板，如耐大气腐蚀钢板等。我国研制的耐大气腐蚀钢板中，有10CuPCrNi（冷轧）和9CuPCrNi（热轧），其耐蚀性与普通碳素钢板相比可提高3～5倍。10CuPCrNi钢与Q235A钢板的材料特性值比较列于表1-6中。

表1-6　10CuPCrNi钢与Q235A钢板材料特性值

材　料	下屈服强度 R_{eL}/MPa	抗拉强度 R_m/MPa	屈强比 R_{eL}/R_m	断后伸长率 A（%）	硬化系数 n	板厚方向性系数 r	板平面各向异性系数 Δr	锥杯试验值 CCV/mm	杯突值 /mm
10CuPCrNi	378	507	0.74	20.7	0.211	0.548	0.376	128.57	5.6
Q235A	240	363	0.66	21.4	0.237	0.727	−0.343	127.44	7.0

注：测试的钢板厚度均为t＝2.5mm。

另一类耐腐蚀钢板是镀覆各种镀层的钢板，如镀铝钢板、镀锌铝钢板及镀锡钢板等。

3. 双相钢板

双相钢板也称复合组织钢板，它也属于高强度钢板中的一种。一般而言，双相钢的抗拉强度与伸长率基本上成负相关关系，而与屈服强度基本上成正相关关系。

表1-7列出了两种日本的双相热轧钢板：铁素体＋马氏体系双相钢与铁素体＋微小珠光体系双相钢板的力学性能指标。

表 1-7 两种日本双相热轧钢板

钢 种	化学成分（质量分数,%）				板厚 /mm	力学性能		
	C	Si	Mn	Nb		下屈服强度 R_{eL}/MPa	抗拉强度 R_m/MPa	断后伸长率 A（%）
铁素体 + 马氏体系	0.05	0.68	1.37	—	2.3	390	620	31
铁素体 + 微小珠光体系	0.13	0.10	1.20	—	3.0	410	550	32

国产冷轧 07SiMn 双相钢板［化学成分（质量分数,%）为：C0.08，Si0.39，Mn1.19，P<0.03%］，厚度为1mm，实际测出其材料性能与 08Al（ZF）钢之对比列于表 1-8 中。这样钢板已开始试用于汽车零件的生产。

表 1-8 07SiMn 双相钢与 08Al（2F）钢性能比较

钢种	下屈服强度 R_{eL}/MPa	抗拉强度 R_m/MPa	屈强比 R_{eL}/R_m	断后伸长率 A（%）	杯突值/mm	硬化系数 n	板厚方向性系数 r
07SiMn	335	540	0.626	33.5	10.35	0.23	0.96
08Al	180	330	0.454	43	11.8	0.234	1.7 ~ 1.8

4. 涂层板

在耐腐蚀钢板中提及的镀覆金属层的钢板属于一种涂层板。因为传统的镀锡板、镀锌板等已不能适应汽车工业、电器工业、农用机械及建筑工业的需要，故一些新品种的镀层钢板不断被开发出来。

电镀锌板与热镀锌板相比，耐蚀性大为提高，其镀层与基体钢的结合性能以及加工性能均属优良。

锌铬镀层板由于具有良好的焊接性在汽车零件上已有应用实例。

与镀锡钢板相对应的一种无锡钢板的出现，不但可以节省稀少昂贵的锡，还可延长食品的储存期，改善罐头的使用性能，大有同铝制食品罐相互竞争之势。

在涂层板中，各种涂覆有机膜层的板材有更好的防腐蚀、防表面损伤的性能。因此，正被大量用作各类结构零件。美国在 20 世纪 60 年代初就生产出了这类涂层钢板。日本在 20 世纪 70 年代就开发了生产涂覆氯乙烯树脂的钢板，即在 0.2 ~ 1.2mm 厚的基体钢板上涂覆 0.1 ~ 0.45mm 厚的树脂，如图 1-12 所示。

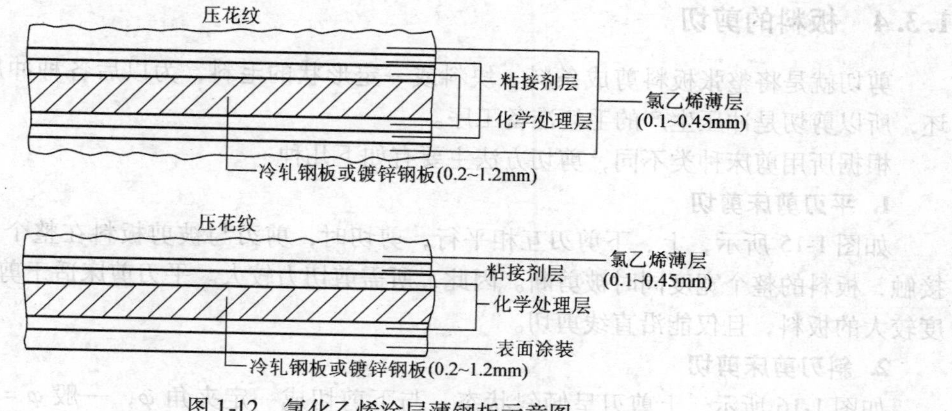

图 1-12 氯化乙烯涂层薄钢板示意图

涂覆塑料薄膜钢板还有一个优点，即可以提高冲压成形性能。例如，用双面涂覆0.04mm聚氯乙烯薄膜的08F钢板拉深，其极限拉深系数 m_c 比08F钢板的降低12%，拉深件的相对高度提高29%。为了更有效地提高塑料涂层板的冲压成形性能，塑料涂层在基体钢上应有单双面之分，以适应不同成形工艺与变形特征的要求。

5. 复合板材

涂覆塑料的钢板是一种复合板。不同金属板叠合在一起（如冷轧叠合等）的板材也是一种复合板，或叫叠合复合板。这类复合板材破裂时的变形比单体材料破裂时的变形要大，它的某些材料特性值（比如 n 值）变大。

以钢为基体、多孔性青铜为中间层、塑料为表层的三层复合板材特别适用于汽车、飞机及核反应堆氦循环器中的轴承零件等。因为这类复合板材的冲压性能取决于基体钢，摩擦磨损性能取决于塑料，钢与塑料间通过多孔性青铜层为媒介，获得可靠的结合力。因此其性能大大优于一般涂层板材。塑料-铜-钢三层复合板材的结构如图1-13所示。

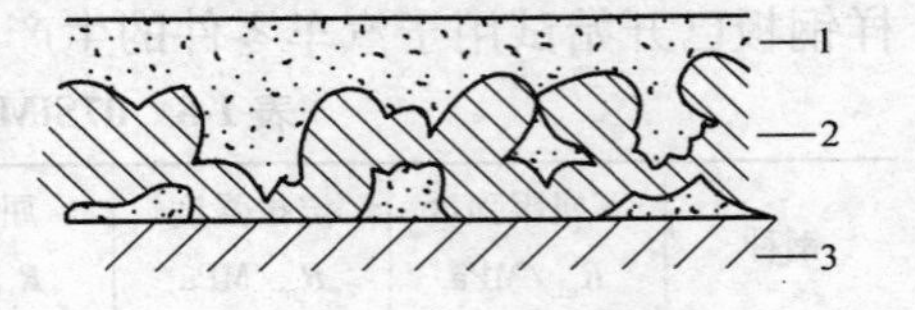

图1-13　三层复合板材结构

1—塑料　2—铜　3—钢

目前，重点开发的复合板材是在两层薄钢板之间用黏弹性材料（树脂）夹层，形成所谓“三明治”型复合板材。这种复合板材是为适应汽车的质量与性能上的“轻量化”及“抗振动”的要求而开发的，它们的优点和性能是复合前单体材料所不具有的。

目的要求不同，则应选择不同性质的夹层材料。以减轻重量为目的的“三明治”型复合板材的中间夹层厚度较小，而且是可以吸收振动的软质黏弹材料。

图1-14所示为两种防振复合板材的结构组成示意图。防振型复合钢板的 n 值、r 值及均匀延伸率等均与塑料夹层的性质关系不大，大体上和表层钢板的 n 值、r 值及均匀延伸率相同；极限拉深比随夹层厚度的增加而减小，耐起皱能力随厚度的增加而下降；胀形高度和扩孔率 λ 基本上不受塑料夹层性能影响，而主要取决于表层钢板的冲压性能。

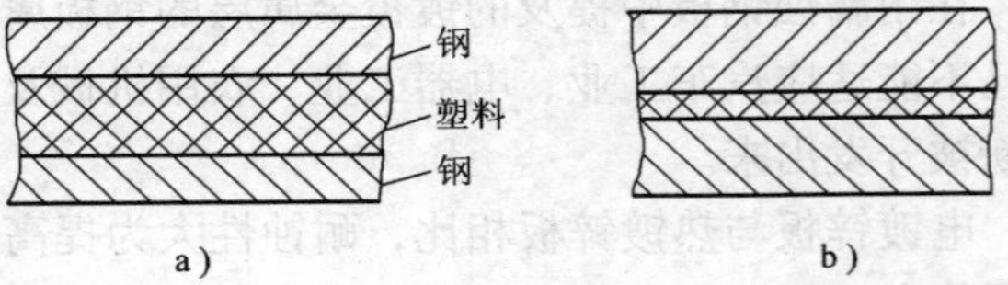

图1-14　两种防振复合板材的结构组成示意图

a）钢0.2～0.3mm，塑料0.3～0.6mm

b）钢0.3～1.6mm，塑料0.05～0.2mm

1.3.4　板料的剪切

剪切就是将整张板料剪成条料、块料或一定形状的毛料，为以后各种冲压工序提供毛坯，所以剪切是冲压生产的毛坯准备工序。

根据所用剪床种类不同，剪切方法主要有如下几种：

1. 平刃剪床剪切

如图1-15所示，上、下剪刃互相平行，剪切时，剪刃与被剪板料在整个宽度方向同时接触，板料的整个宽度同时被剪断。因此，所需剪切力较大。平刃剪床适于剪切宽度小而厚度较大的板料，且仅能沿直线剪切。

2. 斜刃剪床剪切

如图1-16所示，上剪刃呈倾斜状态，与下剪切成一定夹角 φ，一般 $\varphi=1°\sim6°$。剪切时，上剪刃与材料宽度不同时接触，随剪刃下降，板料逐步分离，所以所需剪切力小。斜刃剪床适于剪切宽度大而厚度较小的板料。

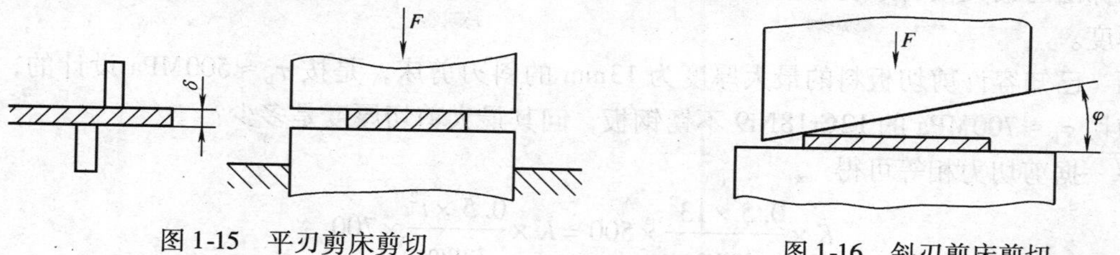

图1-15　平刃剪床剪切　　图1-16　斜刃剪床剪切

3. 其他剪床剪切

（1）滚剪　如图1-17所示，滚剪是由上、下两个带刃口的圆盘组成，可把板料剪成条料或有曲线轮廓（或内孔）的坯料。

（2）振动剪床剪切　如图1-18所示，用一般的机械传动（偏心轮机构）使剪刃产生1000~2000次/min行程很小的往复运动，剪切过程是不连续的。振动剪床适于剪切曲率半径很小的形状复杂的外形和内孔，但剪切的工件边缘不够光滑。

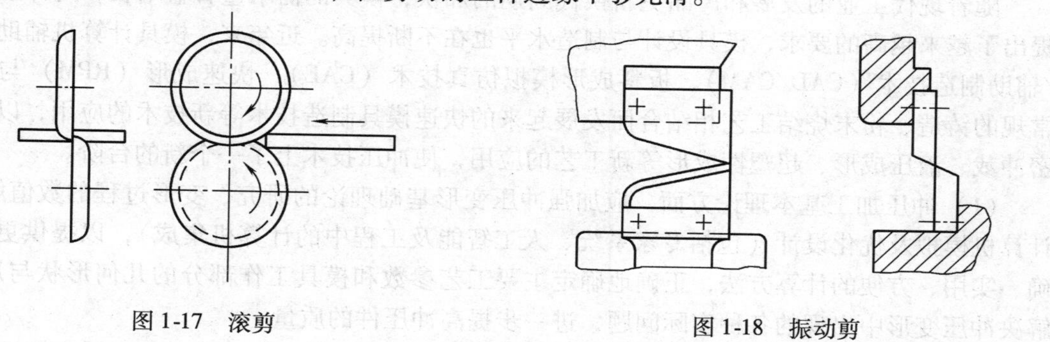

图1-17　滚剪　　图1-18　振动剪

4. 剪切力

平刃剪床剪切力的计算公式为

$$F_{平} = KBt\tau_b \tag{1-2}$$

式中　$F_{平}$——剪切力（N）；

B——板料宽度（mm）；

t——板料厚度（mm）；

τ_b——材料的抗剪强度（MPa）；

K——系数，考虑到刃口变钝，剪刃间隙大小的变化，材料厚度和性能的波动等因素使剪切力增加。一般取$K=1.3$。

斜刃剪床剪切力的计算公式为

$$F_{斜} = K \times \frac{0.5t^2\tau_b}{\tan\varphi} \tag{1-3}$$

式中　φ——剪刃倾斜的角度（°）。

一般情况下，剪切不需要计算剪切力，只要按剪床标出的主要规格$t \times B$来选用即可。t表示容许剪切板料的最大厚度，B表示容许剪切的最大宽度。但剪床设计时最大剪切板料厚度一般是根据25钢或30钢的强度极限设计的，所以若剪切超过设计强度的材料时，就不能按剪床标出的最大板料厚度来使用，此时就应根据剪切力计算的公式，求出不同材料的最大剪板厚度。

例　已知容许剪切板料的最大厚度为13mm的斜刃剪床，是按$\tau_b \approx 500\text{MPa}$设计的，如用来剪切$\tau_b \approx 700\text{MPa}$的12Cr18Ni9不锈钢板，问其最大剪切厚度是多少？

解　据剪切力相等可得

$$K \times \frac{0.5 \times 13^2}{\tan\varphi} \times 500 = K \times \frac{0.5 \times t^2}{\tan\varphi} \times 700$$

$$13^2 \times 500 = t^2 \times 700$$

从而求得

$$t = 10.9\text{mm}$$

所以用这剪床剪切不锈钢板时，其最大剪切厚度为10.9mm。

1.4　冲模设计与制造技术的发展趋势

随着现代工业的发展和产品更新换代周期的加快，模具的需求量日益增长，对冲压加工提出了越来越高的要求，模具设计与制造水平也在不断提高。近年来，模具计算机辅助设计/辅助制造技术（CAD/CAM）、板料成形模拟仿真技术（CAE）、快速成形（RPM）与各种常规的铸造、粉末烧结工艺相结合而发展起来的快速模具制造技术等新技术的应用，以及精密冲裁、液压成形、超塑性成形等新工艺的应用，使冲压技术上了一个新的台阶。

（1）冲压加工基本理论方面　应加强冲压变形基础理论的研究、变形过程的数值解析、计算机模拟及优化设计（包括专家系统、人工智能及工程中的计算机集成），以提供更加准确、实用、方便的计算方法，正确地确定主要工艺参数和模具工作部分的几何形状与尺寸，解决冲压变形中出现的各种实际问题，进一步提高冲压件的质量。

（2）冲压工艺方面　研究和推广应用旨在提高生产率和产品质量、降低成本，以及扩大冲压工艺应用范围的各种冲压新工艺，这是冲压技术发展的重要趋势。目前，国内外涌现并迅速用于生产的冲压先进工艺有精密冲压、无毛刺冲裁、特种拉深、柔性模（软模）成形、超塑性成形、无模多点成形、复合材料成形、爆炸和电磁等高能成形，以及虚拟成形技术等，进一步提高了冲压技术水平。

（3）冲压件新材料方面　为了适应各工业产品的技术需要，应加强研制与开发新材料，如高强度、高伸长率钢板，碳纤维复合材料等。

（4）模具方面　为了适应冲压技术发展的需要，在模具方面应加强以下工作：

1）模具结构及零部件的标准化工作。

2）单件、新品种试制和多品种、小批量生产的简易模具（低熔点合金模）的研究与应用，锌基合金模和聚氨酯模等的研究与应用。

3）加强适用于复杂形状零件的多工位级进模、通用组合模的研究。

4）加强模具材料、热处理和表面处理技术的研究，以提高模具的使用寿命。

5）模具计算机辅助设计、制造与分析（CAD/CAM/CAE）的研究和应用，将极大地提高模具制造效率，提高模具的质量，使模具设计与制造技术实现CAD/CAE/CAM一体化，大大缩短工装设计、制造周期，加快机电产品的更新换代。

6）多功能复合模具进一步发展。一副多功能复合模具除了冲压成形零件外，还担负着叠压、攻螺纹、铆接和锁紧等组装任务。这种多功能复合模具生产出来的不再是单个零件，而是成批的组件。

7）冲模日趋大型化，这一方面是由于冲压成形的零件日渐大型化，另一方面是由于高生产率要求多工位的冲模。

（5）冲模生产自动化方面　为了满足大量生产的需要，冲压生产已向自动化、无人化、精密化方向发展。现在已经研制出了高速压力机和多工位精密级进模，实现了单机自动，冲压的速度可达每分钟几百次乃至上千次，大型零件的生产已实现了多机联合生产线，从板料的送进到冲压加工，最后检验，可完全由计算机控制，极大地减轻了工人的劳动强度，提高了生产率。目前已逐渐向无人化生产形成的柔性冲压加工中心发展。

冲压生产中，批量要求的两种趋势为大批量生产及多品种小批量生产。冲压生产批量大小的分类见表1-9。表中所列的年生产量，是以一般薄板冲压件、工艺复杂程度和精度要求属中等水平为基础的。

表1-9　冲压生产批量大小的分类　（单位：万件/a）

冲压件类型	试　制	小　批	中　批	大　批	大量（流水生产）
大型（>250～1000mm）	<0.1	<1	1～5	5～50	>50
中型（>50～250mm）	<0.5	<5	5～50	50～200	>200
小型（≤50mm）	1	<10	10～100	100～1000	>1000

（6）冲压设备方面

1）加强通用压力机对工艺要求适应性的研究，改进压力机的结构，提高刚度，降低振动和噪声，以及采用安全防护措施等。

2）要研制大型化、通用化、高速化的多工位压力机，以及加工能力很强的三维多工位压力机，使加工复杂零件的能力进一步提高，例如：研制高速自动压力机、数控四边折弯机、数控剪板机、数控冲压加工中心等。

第2章 冲裁模设计

冲裁是利用模具使板料产生分离的一种冲压工序。从广义上讲，冲裁是分离工序的总称，它包括落料、冲孔、切断、修边、切舌等多种工序，但一般来说，冲裁主要是指落料和冲孔工序。若使材料沿封闭曲线相互分离，封闭曲线以内的部分作为冲裁件时，称为落料；封闭曲线以外的部分作为冲裁件时，则称为冲孔。

冲裁模就是落料、冲孔等分离工序使用的模具。冲裁模的工作部分零件与成形模不同，一般都具有锋利的刃口来对材料进行剪切加工，并且凸模进入凹模的深度较小，以减少刃口磨损。

冲裁的应用非常广泛，它既可以直接冲出所需形状的成品工件，又可以为其他成形工序（如拉深、弯曲、成形等）制备毛坯。

根据变形机理的不同，冲裁可以分为普通冲裁和精密冲裁两类。

2.1 冲裁工艺设计

2.1.1 冲裁过程的分析

1. 冲裁变形过程及剪切区的应力状态

（1）冲裁变形过程　冲裁时板料的变形具有明显的阶段性，由弹性变形过渡到塑性变形，最后产生断裂分离。

1）弹性变形阶段（见图2-1a）。凸模接触板料后开始加压，板料在凸模与凹模作用下产生弹性压缩、拉伸、弯曲、挤压等变形。此阶段以材料内的应力达到弹性极限为止。在该阶段，凸模下的材料略呈弯曲状，凹模上的板料向上翘起，凸模与凹模之间的间隙越大，则弯曲与翘起的程度也越大。

2）塑性变形阶段（见图2-1b）。随着凸模继续压入板料，压力增加，当材料内的应力状态满足塑性条件时，开始产生塑性变形，进入塑性变形阶段。随凸模挤入板料深度的增大，塑性变形程度增大，变形区材料硬化加剧，冲裁变形抗力不断增大，直到刃口附近侧面的材料由于拉应力的作用出现微裂纹时，塑性变形阶段结束，此时冲裁变形抗力达到最大值。

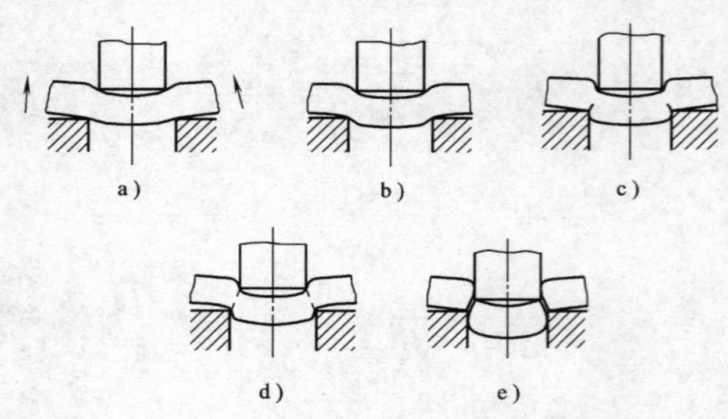

图2-1　冲裁变形过程

a）弹性变形阶段　b）塑性变形阶段　c）、d）、e）断裂分离阶段

3）断裂分离阶段（见图2-1c、d、e）。凸模继续下压，使刃口附近的变形区的应力达到材料的破坏应力，

在凹、凸模刃口侧面的变形区先后产生裂纹。已形成的上、下裂纹逐渐扩大，并沿最大切应力方向向材料内层延伸，直至两裂纹相遇，板料被剪断分离，冲裁过程结束。

（2）剪切区的应力状态　根据试验的结果，冲裁时，板料最大的塑性变形集中在以凸模与凹模刃口连线为中线的纺锤形区域内，如图2-2所示。

图2-2a表示初始冲裁时的变形区由刃口向板料中心逐渐扩大，断面呈纺锤形。材料的塑性越好，硬化指数越大，则纺锤形变形区的宽度将越大。

图2-2b表示变形区随着凸模切入板料深度的增加而逐渐缩小，但仍保持纺锤形，其周围已变形的材料被严重加工硬化了。纺锤形内以剪切变形为主，特别是当凸模与凹模的间隙较小时，纺锤形的宽度将减小。但由于冲裁时板料的变形受到材料的性质、凸模与凹模的间隙、模具刃口变钝的程度等因素的影响，不可能只产生剪切变形，还有弯曲变形，而弯曲又将使板料产生受拉与受压两种不同的变形，因此冲裁变形区的应力状态是十分复杂的。图2-3所示为冲裁时板料的应力状态。

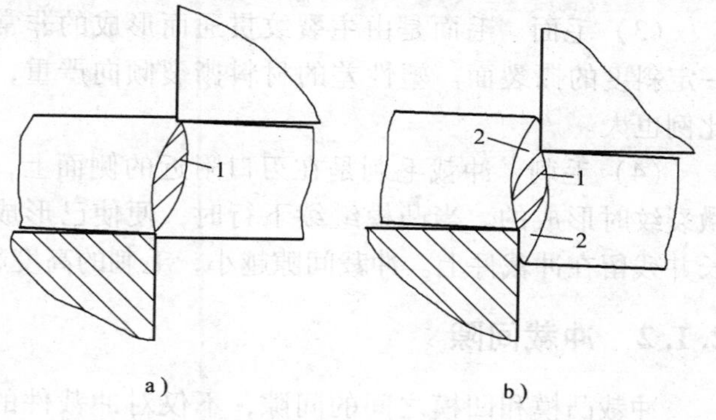

图2-2　冲裁板料的变形区
a）初始冲裁　b）切入板料
1—变形区　2—已变形区

*A*点：位于凸模端面靠近刃口处，受凸模正压力作用，并处于弯曲的内侧。因此，受三向压应力作用，为强压应力区。

*B*点：位于凹模端面靠近刃口处，受凹模正压力作用，并处于弯曲的外侧。因此，轴向应力 σ_z 为压应力，径向应力 σ_ρ 和切向应力 σ_θ 均为拉应力，但主要是受压应力作用。

*C*点：位于凸模侧面靠近刃口处，受凸模的拉伸和垂直方向摩擦力的作用，因此轴向应力 σ_z 为拉应力。径向受凸模侧压力作用并处于弯曲的内侧，因此径向应力 σ_ρ 为压应力。切向受凸模侧压力作用将引起拉应力，而板料的弯曲又引起压应力。因此，切向应力 σ_θ 为合成应力，一般为压应力。

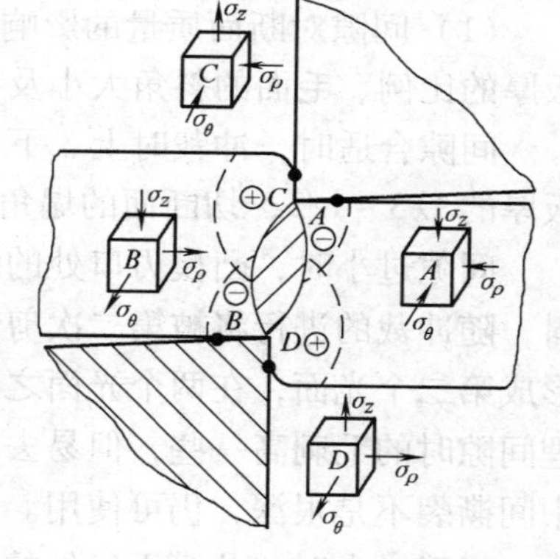

图2-3　冲裁时板料的应力状态

*D*点：位于凹模刃口侧面靠近刃口处，轴向受凹模侧壁垂直方向摩擦力作用将产生拉应力 σ_z。凹模侧压力和板料的弯曲变形导致径向应力 σ_ρ 和切向应力 σ_θ 均为拉应力。因此，*D*点为强拉应力区。

2. 冲裁件断面分析

冲裁件断面可分为明显的四部分：塌角、光面（光亮带）、毛面（断裂带）和毛刺，如图2-4所示。

（1）塌角　塌角也称为圆角带，是由于冲裁过程中刃口附近的材料被牵连拉入变形（弯曲和拉伸）的结果。材料的塑性越好，凸模与凹模的间隙越大，则塌角越大。

（2）光面　光面也称为剪切面，是刃口切入板料后产生塑性变形时，凸、凹模侧面与材料挤压形成的光亮垂直的断面。光面是最理想的冲裁断面，冲裁件的尺寸精度就是以光面处的尺寸来衡量的。普通冲裁时，光面的宽度一般占板料厚度的1/3～1/2。材料的塑性越好，光面就越宽。

（3）毛面　毛面是由主裂纹贯通而形成的非常粗糙且有一定斜度的撕裂面。塑性差的材料撕裂倾向严重，毛面所占比例也大。

（4）毛刺　冲裁毛刺是在刃口附近的侧面上，材料出现微裂纹时形成的。当凸模继续下行时，便使已形成的毛刺拉长并残留在冲裁件上。冲裁间隙越小，毛刺的高度越小。

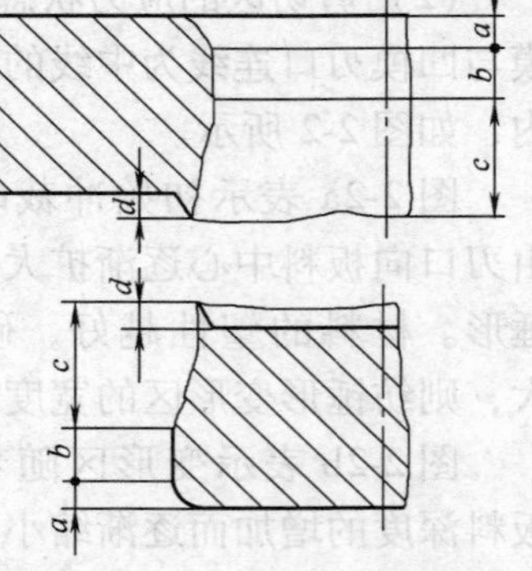

图2-4　冲裁件断面的形状
a—塌角　b—光面
c—毛面　d—毛刺

2.1.2　冲裁间隙

冲裁凸模和凹模之间的间隙，不仅对冲裁件的质量有极重要的影响，而且还影响模具寿命、冲裁力、卸料力和推件力等。因此，间隙是冲裁模设计的一个非常重要的参数。

1. 间隙对冲裁件质量的影响

冲裁件的质量主要通过切断面质量、尺寸精度和表面平直度来判断。在影响冲裁件质量的诸多因素中，间隙是主要的因素之一。

（1）间隙对断面质量的影响　冲裁件的断面质量主要指塌角的大小、光面的宽度约占板厚的比例、毛面的斜角大小及毛刺等。

间隙合适时，冲裁时上、下刃口处所产生的剪切裂纹基本重合。这时光面的宽度一般占板厚的1/3～1/2，切断面的塌角、毛刺和斜度均很小，完全可以满足一般冲裁的要求。

间隙过小时，凸模刃口处的裂纹比合理间隙时向外错开一段距离。上、下裂纹之间的材料，随冲裁的进行将被第二次剪切，然后被凸模挤入凹模洞口。这样，在冲裁件的切断面上形成第二个光面，在两个光面之间形成毛面，在端面出现挤长的毛刺。这种挤长毛刺虽比合理间隙时的毛刺高一些，但易去除，而且毛面的斜度和塌角小，冲裁件的翘曲小，所以只要中间撕裂不是很深，仍可使用。

间隙过大时，凸模刃口处的裂纹比合理间隙时向内错开一段距离。材料的弯曲与拉伸增大，拉应力增大，塑性变形阶段较早结束，致使断面光面减小，塌角与斜度增大，形成厚而大的拉长毛刺，且难以去除；同时冲裁件的翘曲现象严重，影响生产的正常进行。

若间隙分布不均匀，则在小间隙的一边形成双光面，大间隙的一边形成很大的塌角及斜度。普通冲裁毛刺的允许高度见表2-1。

表2-1　普通冲裁毛刺的允许高度　（单位：mm）

料　厚	≈0.3	>0.3～0.5	>0.5～1.0	>1.0～1.5	>1.5～2
生产时	≤0.05	≤0.08	≤0.10	≤0.13	≤0.15
试模时	≤0.015	≤0.02	≤0.03	≤0.04	≤0.05

（2）间隙对尺寸精度的影响　冲裁件的尺寸精度是指冲裁件的实际尺寸与基本尺寸的差值，差值越小，则精度越高。从整个冲裁过程来看，影响冲裁件的尺寸精度有两大方面的因素：一是冲模本身的制造偏差；二是冲裁结束后冲裁件相对于凸模或凹模尺寸的偏差。

冲裁件产生偏离凸模与凹模尺寸的原因，是由于冲裁时材料所受的挤压变形、纤维伸长和翘曲变形都要在冲裁结束后产生弹性回复，当冲裁件从凹模内推出（落料）或从凸模卸下（冲孔）时，相对于凸模与凹模尺寸就会产生偏差。当间隙较大时，材料所受拉伸作用增大，冲裁后材料的弹性回复，使落料件尺寸小于凹模尺寸，冲孔件尺寸大于凸模尺寸；间隙较小时，则由于材料受凸模与凹模侧向挤压力增大，冲裁后材料的弹性回复，使落料件尺寸大于凹模尺寸，冲孔件尺寸小于凸模尺寸。

材料性质直接决定了该材料在冲裁过程中的弹性变形量。对于比较软的材料，弹性变形量较小，冲裁后的弹性回复值亦较小，因而冲裁件的精度较高，硬的材料则正好相反。

材料的相对厚度越大，弹性变形量越小，因而冲裁件的精度也越高。

冲裁件尺寸越小，形状越简单则精度越高。这是由于模具精度易保证，间隙均匀，冲裁件的翘曲小，以及冲裁件的弹性变形绝对量小的缘故。

2. 间隙对冲裁力的影响

试验证明，随间隙的增大，冲裁力有一定程度的降低，但当单面间隙为材料厚度的5%~20%时，冲裁力的降低一般为5%~10%。因此，在正常情况下，间隙对冲裁力的影响不是很大。

间隙对卸料力、推件力的影响比较显著。随间隙增大，卸料力和推件力都将减小。一般当单面间隙增大到材料厚度的15%~25%时，卸料力几乎降到零。

3. 间隙对模具寿命的影响

冲裁模常以刃口磨钝与崩刃的形式而失效。凸模与凹模磨钝后，其刃口处形成圆角，冲裁件上就会出现不正常的毛刺。凸模刃口磨钝时，在落料件边缘产生毛刺；凹模刃口磨钝时，所冲孔口边缘产生毛刺；凸模与凹模刃口均磨钝时，则工件边缘与孔口边缘均产生毛刺。

由于材料的弯曲变形，材料对模具的反作用力主要集中于凸模与凹模刃口部分。当间隙过小时，垂直力和侧压力将增大，摩擦力增大，加剧模具刃口的磨损；随后二次剪切产生的金属碎屑又加剧刃口侧面的磨损；冲裁后卸料和推件时，材料与凸模、凹模之间的滑动摩擦还将再次造成刃口侧面的磨损，使得刃口侧面的磨损比端面的磨损大。

4. 冲裁模间隙值的确定

凸模与凹模间每侧的间隙称为单面间隙，两侧间隙之和称为双面间隙。如无特殊说明，冲裁间隙就是指双面间隙。

（1）间隙值确定原则　从上述的冲裁分析中可看出，找不到一个固定的间隙值能同时满足冲裁件断面质量最佳，尺寸精度最高，翘曲变形最小，冲模寿命最长，冲裁力、卸料力、推件力最小等各方面的要求。因此，在冲压实际生产中，主要根据冲裁件断面质量、尺寸精度和模具寿命这几个因素给间隙规定一个范围值。只要间隙在这个范围内，就能得到合格的冲裁件和较长的模具寿命。这个间隙范围就称为合理间隙，合理间隙的最小值称为最小合理间隙，最大值称为最大合理间隙。设计和制造时，应考虑到凸模与凹模在使用中会因磨损而使间隙增大，故应按最小合理间隙值确定模具间隙。

（2）间隙值确定方法　确定凸模与凹模合理间隙的方法有理论法和查表法两种。

1）理论法。用理论法确定合理间隙值，是根据上、下裂纹重合的原则进行计算的。图2-5所示为冲裁过程中开始产生裂纹的瞬时状态，根据图中几何关系可求得合理间隙Z为

$$Z = 2(t - h_0)\tan\beta = 2t\left(1 - \frac{h_0}{t}\right)\tan\beta \tag{2-1}$$

式中 t——材料厚度（mm）；

h_0——产生裂纹时凸模挤入材料深度（mm）；

h_0/t——产生裂纹时凸模挤入材料的相对深度，见表2-2；

β——剪切裂纹与垂线间的夹角（°），见表2-2。

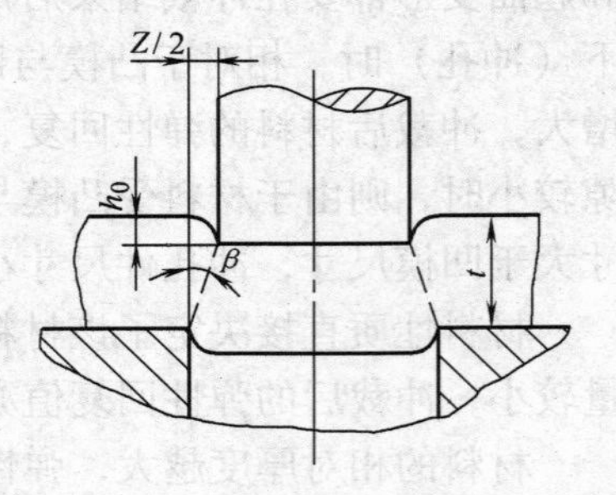

图2-5 冲裁产生裂纹的瞬时状态

由式（2-1）可知，合理间隙 Z 主要决定于材料厚度 t 和凸模相对挤入深度 h_0/t，然而 h_0/t 不仅与材料塑性有关，而且还受料厚的影响。因此，材料厚度越大，塑性越低的硬脆材料，则所需间隙值 Z 就越大；料厚越薄，塑性越好的材料，则所需间隙值 Z 就越小。

表2-2 h_0/t 与 β 值

材料	h_0/t		$\beta/(°)$	
	退火	硬化	退火	硬化
软钢、纯铜、软黄铜	0.5	0.35	6	5
中硬钢、硬黄铜	0.3	0.2	5	4
硬钢、硬青铜	0.2	0.1	4	4

2）查表法。由于理论计算法在生产中使用不方便，常用查表法来确定间隙值。有关间隙值的数值，可在一般冲压手册中查到。对于尺寸精度、断面垂直度要求高的工件应选用较小间隙值（见表2-3）。对于断面垂直度与尺寸精度要求不高的工件，以提高模具寿命为主，可采用大间隙值（见表2-4）。

表2-3 冲裁模初始双面间隙（汽车、拖拉机行业） （单位：mm）

材料厚度	08,10,35,Q235		Q345(16Mn)		40,50		65Mn	
	Z_{min}	Z_{max}	Z_{min}	Z_{max}	Z_{min}	Z_{max}	Z_{min}	Z_{max}
<0.5	极小间隙							
0.5	0.040	0.060	0.040	0.060	0.040	0.060	0.040	0.060
0.6	0.048	0.072	0.048	0.072	0.048	0.072	0.048	0.072
0.7	0.064	0.092	0.064	0.092	0.064	0.092	0.064	0.092
0.8	0.072	0.104	0.072	0.104	0.072	0.104	0.064	0.092
0.9	0.092	0.126	0.090	0.126	0.090	0.126	0.090	0.126
1.0	0.100	0.140	0.100	0.140	0.100	0.140	0.090	0.126
1.2	0.126	0.180	0.132	0.180	0.132	0.180	—	—
1.5	0.132	0.240	0.170	0.240	0.170	0.240	—	—
1.75	0.220	0.320	0.220	0.320	0.220	0.320	—	—
2.0	0.246	0.360	0.260	0.380	0.260	0.380	—	—
2.1	0.260	0.380	0.280	0.400	0.280	0.400	—	—
2.5	0.260	0.500	0.380	0.540	0.380	0.540	—	—
2.75	0.400	0.560	0.420	0.600	0.420	0.600	—	—
3.0	0.460	0.640	0.480	0.660	0.480	0.660	—	—

（续）

材料厚度	08,10,35,Q235		Q345(16Mn)		40,50		65Mn	
	Z_{min}	Z_{max}	Z_{min}	Z_{max}	Z_{min}	Z_{max}	Z_{min}	Z_{max}
3.5	0.540	0.740	0.580	0.780	0.580	0.780	—	—
4.0	0.610	0.880	0.680	0.920	0.680	0.920	—	—
4.5	0.720	1.000	0.680	0.960	0.780	1.040	—	—
5.5	0.940	1.280	0.780	1.100	0.980	1.320	—	—
6.0	1.080	1.440	0.840	1.200	1.140	1.500	—	—
6.5	—	—	0.940	1.300	—	—	—	—
8.0	—	—	1.200	1.680	—	—	—	—

表2-4　冲裁模初始双面间隙（电器、仪表行业）　（单位：mm）

材料名称		45，T7、T8（退火），65Mn（退火），磷青铜（硬），铍青铜（硬）		10、15、20、30钢板、冷轧钢带，H62，H65（硬），2A12（硬铝），硅钢片		08、10、15、Q215，Q235钢板，H62，H68（半硬），纯铜（硬），磷青铜（软），铍青铜（软）		H62，H68（软），纯铜（软），3A12、5A02，纯铝1060~1200，2A12（退火）	
力学性能	硬度HBW	≥190		140~190		70~140		≤70	
	R_m/MPa	≥600		400~600		300~400		≤300	
厚度 t		初始间隙 Z							
		Z_{min}	Z_{max}	Z_{min}	Z_{max}	Z_{min}	Z_{max}	Z_{min}	Z_{max}
0.1		0.015	0.035	0.01	0.03	*	—	*	—
0.2		0.025	0.045	0.015	0.035	0.01	0.03	*	—
0.3		0.04	0.06	0.03	0.05	0.02	0.04	0.01	0.03
0.5		0.08	0.10	0.06	0.08	0.04	0.06	0.025	0.045
0.8		0.13	0.16	0.10	0.13	0.07	0.10	0.045	0.075
1.0		0.17	0.20	0.13	0.16	0.10	0.13	0.065	0.095
1.2		0.21	0.24	0.16	0.19	0.13	0.16	0.075	0.105
1.5		0.27	0.31	0.21	0.25	0.15	0.19	0.10	0.14
1.8		0.34	0.38	0.27	0.31	0.20	0.24	0.13	0.17
2.0		0.38	0.42	0.30	0.34	0.22	0.26	0.14	0.18
2.5		0.49	0.55	0.39	0.45	0.29	0.35	0.18	0.24
3.0		0.62	0.68	0.49	0.55	0.36	0.42	0.23	0.29
3.5		0.73	0.81	0.58	0.66	0.43	0.51	0.27	0.35
4.0		0.86	0.94	0.68	0.76	0.50	0.58	0.32	0.40
4.5		1.00	1.08	0.78	0.86	0.58	0.66	0.37	0.45
5.0		1.13	1.23	0.90	1.00	0.65	0.75	0.42	0.52
6.0		1.40	1.50	1.10	1.20	0.82	0.92	0.53	0.63
8.0		2.00	2.12	1.60	1.72	1.17	1.29	0.76	0.88
10		2.60	2.72	2.10	2.22	1.56	1.68	1.02	1.14
12		3.30	3.42	2.60	2.72	1.97	2.09	1.30	1.42

注：有＊处均系无间隙。

GB/T 16743—2010《冲裁间隙》根据冲裁件剪切面质量、尺寸精度、模具寿命和力能消耗等因素，将冲裁间隙分成Ⅰ、Ⅱ、Ⅲ三种类型：Ⅰ类为小间隙，适用于尺寸精度和断面质量都要求较高的冲裁件，但模具寿命较低；Ⅱ类为中等间隙，适用于尺寸精度和断面质量要求一般的冲裁件，采用该间隙冲裁的工序件的残余应力较小，用于后续成形加工可减少破裂现象；Ⅲ类为大间隙，适用于尺寸精度和断面质量都要求不高的冲裁件，但模具寿命较高，应优先选用。

2.1.3　凸模与凹模刃口尺寸计算

凸模和凹模的刃口尺寸和公差，直接影响冲裁件的尺寸精度。合理的间隙值也是靠凸模和凹模刃口的尺寸和公差来保证的。它的确定需考虑到冲裁变形的规律、冲裁件精度要求、模具磨损和制造特点等情况。

1. 凸模与凹模刃口尺寸计算原则

实践证明，落料件的尺寸接近于凹模刃口的尺寸，而冲孔件的尺寸则接近于凸模刃口的尺寸。在测量与使用中，落料件是以大端尺寸为基准，冲孔件是以小端尺寸为基准，即落料和冲孔都是以光亮带尺寸为基准的。冲裁时，凸模会越磨越小，凹模会越磨越大。考虑以上情况，在决定模具刃口尺寸及其制造公差时应遵循以下原则：

1）落料时，工件尺寸决定于凹模尺寸；冲孔时，孔的尺寸决定于凸模尺寸。因此设计落料模时，应以凹模为基准，间隙取在凸模上；设计冲孔模时，应以凸模为基准，间隙取在凹模上。因使用中随着模具的磨损，凸模与凹模间隙将越来越大，所以初始设计时，凸模与凹模间隙应取最小合理间隙。

2）由于冲裁中凸模、凹模的磨损，故在设计落料模时，凹模公称尺寸应取工件尺寸公差范围内的较小尺寸；设计冲孔模时，凸模公称尺寸应取工件尺寸公差范围内的较大尺寸。这样，在凸模、凹模受到一定磨损的情况下仍能冲出合格零件。

3）凸模、凹模的制造公差主要与冲裁件的精度和形状有关。一般比冲裁件的精度高 2 ~3 级。若零件没有标注公差，则对于非圆形件，按国家标准“非配合尺寸的公差数值”的 IT14 精度处理，对于圆形件可按 IT10 精度处理。模具精度与冲裁件精度对应关系见表 E-1。

4）冲裁模刃口尺寸均按“入体”原则标注，即凹模刃口尺寸偏差标注正值，凸模刃口尺寸偏差标注负值；而对于孔心距，以及不随刃口磨损而变的尺寸，取为双向偏差。

冲裁模刃口尺寸与公差如图 2-6 所示。

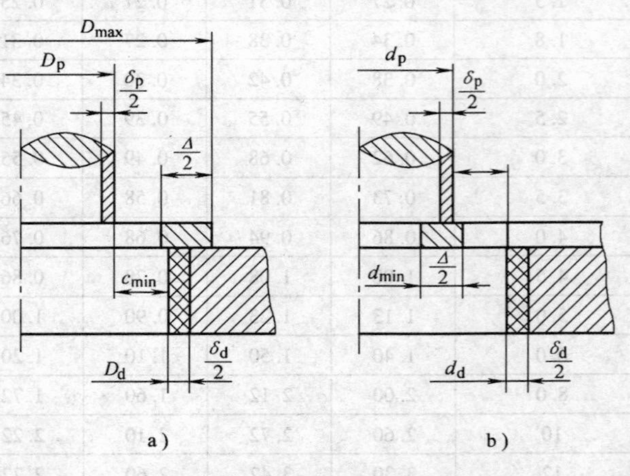

图 2-6　冲裁模刃口尺寸与公差

a）落料　b）冲孔

2. 凸模与凹模刃口尺寸计算

由于模具的加工和测量方法不同，凸模与凹模刃口部分尺寸的计算方法可分为两类。

（1）凸模与凹模分开加工　这种方法适用于圆形或简单规则形状的冲裁件。

为了保证合理的间隙值，其制造公差（凸模制造公差δ_p、凹模制造公差δ_d）必须满足下列关系：

$$|\delta_p| + |\delta_d| \leqslant Z_{max} - Z_{min}$$

其取值有以下几种方法：

①按表2-5查取。

②规则形状的冲裁件一般可按凸模精度为IT6、凹模精度为IT7查标准公差表选取。

③按下式取值：

$$\delta_p = 0.4(Z_{max} - Z_{min}),\ \delta_d = 0.6(Z_{max} - Z_{min}) \tag{2-2}$$

表2-5　规则形状（圆形、方形）冲裁时凸、凹模制造公差　（单位：mm）

基本尺寸	凸模公差	凹模公差	基本尺寸	凸模公差	凹模公差
≤18	0.020	0.020	>180~260	0.030	0.045
>18~30	0.020	0.025	>260~360	0.035	0.050
>30~80	0.020	0.030	>360~500	0.040	0.060
>80~120	0.025	0.035	>500	0.050	0.070
>120~180	0.030	0.040			

1）冲孔：

$$d_p = (d_{min} + x\Delta)_{-\delta_p}^{0} \tag{2-3}$$

$$d_d = (d_p + Z_{min})_{0}^{+\delta_d} = (d_{min} + x\Delta + Z_{min})_{0}^{+\delta_d} \tag{2-4}$$

2）落料：

$$D_d = (D_{max} - x\Delta)_{0}^{+\delta_d} \tag{2-5}$$

$$D_p = (D_d - Z_{min})_{-\delta_p}^{0} = (D_{max} - x\Delta - Z_{min})_{-\delta_p}^{0} \tag{2-6}$$

3）孔心距：

$$L_d = (L_{min} + 0.5\Delta) \pm 0.125\Delta \tag{2-7}$$

式中　D_d、D_p——落料凹模与凸模刃口尺寸（mm）；

d_d、d_p——冲孔凹模与凸模刃口尺寸（mm）；

L_{min}——制件孔距最小极限尺寸（mm）；

D_{max}——落料件最大极限尺寸（mm）；

d_{min}——冲孔件最小极限尺寸（mm）；

δ_p、δ_d——凹模上偏差与凸模下偏差（mm）；

Δ——冲裁件公差（mm）；

Z_{min}——凸模与凹模最小初始双面间隙（mm）；

x——磨损系数，与制造精度有关，可按表2-6选取，或按下列关系选取：冲裁件精度为IT10以上时，$x=1$；冲裁件精度为IT11~IT13时，$x=0.75$；冲裁件精度为IT14以下时，$x=0.5$。

表 2-6　系　数　x

材料厚度 t/mm	非圆形			圆形	
	1	0.75	0.5	0.75	0.5
	工件公差 Δ/mm				
≤1	≤0.16	0.17～0.35	≥0.36	<0.16	≥0.16
1～2	≤0.20	0.21～0.41	≥0.42	<0.20	≥0.20
2～4	≤0.24	0.25～0.49	≥0.50	<0.24	≥0.24
>4	≤0.30	0.31～0.59	≥0.60	<0.30	≥0.30

（2）凸模与凹模配合加工　对于形状复杂或薄材料的工件，为了保证凸模与凹模间一定的间隙值，必须采用配合加工。此方法是先加工其中一件（凸模或凹模）作为基准件，再以它为标准来加工另一件，使它们之间保持一定的间隙。因此，只在基准件上标注尺寸和公差，另一件配模只标注公称尺寸及配做所留的间隙值。这样 δ_p、δ_d 就不再受间隙的限制。通常可取 $\delta = \Delta/4$。这种方法不仅容易保证很小的间隙，而且还可放大基准件的制造公差，使制模容易，成本降低。

1）落料模。落料时应以凹模为基准模，配制凸模。图 2-7a 所示为某落料凹模刃口形状及尺寸，工作时，凹模磨损后尺寸分变大、变小和不变三种情况。

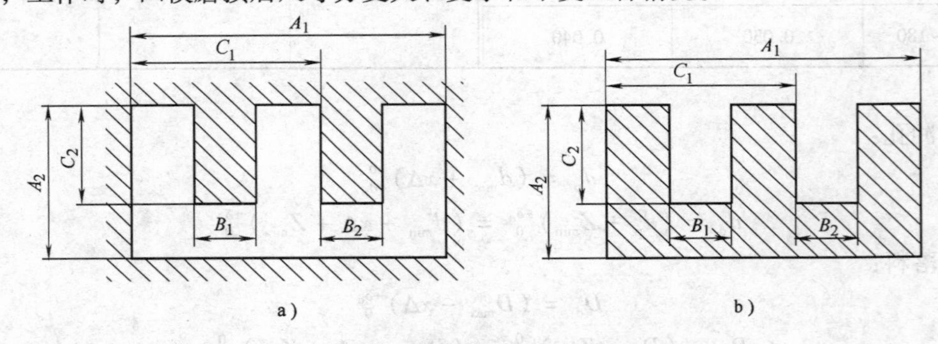

图 2-7　冲裁模刃口尺寸类型

a）落料凹模刃口　b）冲孔凸模刃口

①凹模磨损后变大的尺寸（见图 2-7a 中 A_1、A_2），可按落料凹模尺寸公式计算。

$$A_d = (A - x\Delta)^{+\delta_d}_{0} \tag{2-8}$$

②凹模磨损后变小的尺寸（见图 2-7a 中 B_1、B_2），相当于冲孔凸模尺寸。

$$B_d = (B + x\Delta)^{0}_{-\delta_d} \tag{2-9}$$

③凹模磨损后不变的尺寸（见图 2-7a 中 C_1、C_2），相当于孔心距。

$$C_d = (C + 0.5\Delta) \pm \delta_d/2 \tag{2-10}$$

落料凸模刃口尺寸按凹模尺寸配制，并在图样技术要求中注明"凸模尺寸按凹模实际尺寸配制，保证双面间隙为 $Z_{min} \sim Z_{max}$"。

2）冲孔模。冲孔时应以凸模为基准模，配制凹模。图 2-7b 所示为某冲孔凸模刃口形状及尺寸，工作时，凸模磨损后尺寸分变大、变小和不变三种情况。

①凸模磨损后变小的尺寸（见图 2-7b 中 A_1、A_2），可按冲孔凸模尺寸公式计算。

$$A_p = (A + x\Delta)_{-\delta_p}^{\ 0} \tag{2-11}$$

②凸模磨损后变大的尺寸（见图2-7b中B_1、B_2），可按落料凹模尺寸公式计算。

$$B_p = (B - x\Delta)_{\ 0}^{+\delta_p} \tag{2-12}$$

③凸模磨损后不变的尺寸（见图2-7b中C_1、C_2），相当于孔心距。

$$C_p = (C + 0.5\Delta) \pm \delta_p/2 \tag{2-13}$$

此时，冲孔凹模刃口尺寸按凸模尺寸配制，并在图样技术要求中注明“凹模尺寸按凸模实际尺寸配制，保证双面间隙为$Z_{min} \sim Z_{max}$”。

例　冲制图2-8所示某拖拉机用垫圈，材料为Q235，料厚$t = 2$mm，试计算凸模与凹模刃口尺寸。

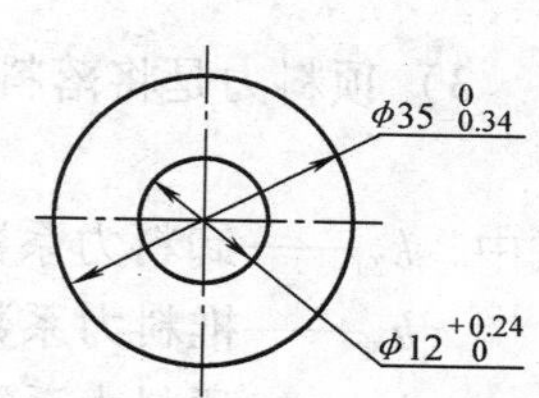

图2-8　垫圈

解　方法一：凸模与凹模分开加工

查表2-3得：$Z_{max} = 0.360$mm，$Z_{min} = 0.246$mm，$Z_{max} - Z_{min} = 0.114$mm。

落料部分，δ_d按IT7、δ_p按IT6查标准公差表得：$\delta_d = +0.025$mm，$\delta_p = -0.016$mm，$|\delta_d| + |\delta_p| = 0.041 < Z_{max} - Z_{min}$。

查表2-6得落料部分$x = 0.5$，落料模刃口尺寸为

$$D_d = (D - x\Delta)_{\ 0}^{+\delta_d} = (35 - 0.5 \times 0.34)_{\ 0}^{+0.025}\text{mm} = 34.83_{\ 0}^{+0.025}\text{mm}$$

$$D_p = (D_d - Z_{min})_{-\delta_p}^{\ 0} = (34.83 - 0.246)_{-0.016}^{\ 0}\text{mm} = 34.58_{-0.016}^{\ 0}\text{mm}$$

冲孔部分，δ_d按IT7、δ_p按IT6查标准公差表得：$\delta_p = -0.011$mm，$\delta_d = +0.018$mm，$|\delta_d| + |\delta_p| = 0.036\text{mm} < Z_{max} - Z_{min}$。

查表2-6得冲孔部分$x = 0.75$，冲孔模刃口尺寸为

$$d_p = (d + x\Delta)_{-\delta_p}^{\ 0} = (12.5 + 0.75 \times 0.24)_{-0.011}^{\ 0}\text{mm} = 12.68_{-0.011}^{\ 0}\text{mm}$$

$$d_d = (d_p + Z_{min})_{\ 0}^{+\delta_d} = (12.68 + 0.246)_{\ 0}^{+0.018}\text{mm} = 12.93_{\ 0}^{+0.018}\text{mm}$$

方法二：凸模与凹模配合加工

落料部分以凹模为基准，且凹模磨损后该处尺寸增大。查表2-6得$x = 0.5$，所以落料凹模刃口尺寸为

$$D_d = (D - x\Delta)_{\ 0}^{+\delta_d} = (35 - 0.5 \times 0.34)_{\ 0}^{+\frac{1}{4}\times 0.34}\text{mm} = 34.83_{\ 0}^{+0.085}\text{mm}$$

落料凸模配制，查表2-3取最小间隙初始为0.246～0.360mm。

冲孔部分以凸模为基准，且凸模磨损后该处尺寸减小。查表2-6得$x = 0.75$，所以冲孔凸模刃口尺寸为

$$d_p = (d + x\Delta)_{-\delta_p}^{\ 0} = (12.5 + 0.75 \times 0.24)_{-\frac{1}{4}\times 0.24}^{\ 0}\text{mm} = 12.68_{-0.06}^{\ 0}\text{mm}$$

冲孔凹模配制，取最小间隙初始为0.246～0.360mm。

2.1.4　冲压力及压力中心计算

1. 冲压力

冲压力包括冲裁力、卸料力、推料力、顶料力，如图2-9所示。计算冲压力是选择压力机的基础。

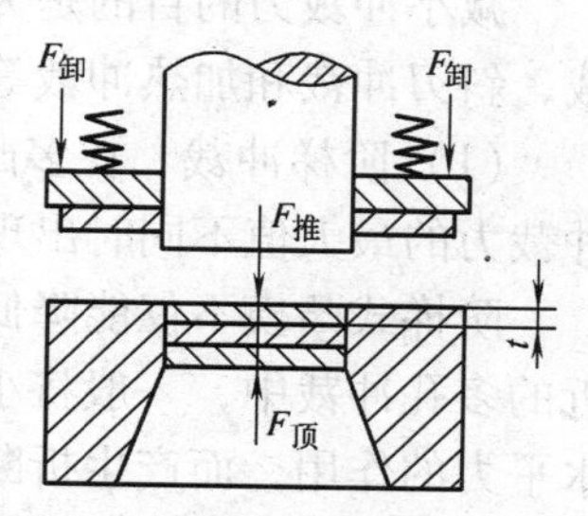

图2-9　卸料力、推料力、顶料力

（1）冲裁力　冲裁力F按下式计算

$$F = Lt\tau_b \tag{2-14}$$

式中　F——冲裁力（N）；

L——冲裁件周边长度（mm）；

t——材料厚度（mm）；

τ_b——材料抗剪强度（MPa）。

（2）卸料力、推料力、顶料力

1）卸料力是将箍在凸模上的材料卸下所需的力，即

$$F_{卸} = k_{卸} F \tag{2-15}$$

2）推料力是将落料件顺着冲裁方向从凹模孔推出所需的力，即

$$F_{推} = nk_{推} F \tag{2-16}$$

3）顶料力是将落料件逆着冲裁方向顶出凹模孔所需的力，即

$$F_{顶} = k_{顶} F \tag{2-17}$$

式中　$k_{卸}$——卸料力系数；

$k_{推}$——推料力系数；

$k_{顶}$——顶料力系数；

n——凹模孔内存件的个数，$n = h/t$（h 为凹模刃口直壁高度，t 为工件厚度）；

F——冲裁力。

卸料力、推料力和顶料力系数可查表2-7。

表2-7　卸料力、推料力、顶料力系数

料　厚/mm		$k_{卸}$	$k_{推}$	$k_{顶}$
钢	≤0.1	0.065～0.075	0.1	0.14
	>0.1～0.5	0.045～0.055	0.063	0.08
	>0.5～2.5	0.04～0.05	0.055	0.06
	>2.5～6.5	0.03～0.04	0.045	0.05
	>6.5	0.02～0.03	0.025	0.03
铝、铝合金		0.025～0.08	0.03～0.07	
纯铜、黄铜		0.02～0.06	0.03～0.09	

（3）冲压设备的选择　如冲压过程中同时存在卸料力、推料力和顶料力时，总冲压力 $F_{总} = F + F_{卸} + F_{推} + F_{顶}$，这时所选压力机的吨位须大于 $F_{总}$ 30%左右。

当 $F_{卸}$、$F_{推}$、$F_{顶}$ 并不是与 F 同时出现时，则计算 $F_{总}$ 只加与 F 同一瞬间出现的力即可。

2. 减小冲裁力的措施

减小冲裁力的目的是为了使较小吨位的压力机能冲裁较大、较厚的工件，常采用阶梯冲裁、斜刃冲裁和加热冲裁等方法。

（1）阶梯冲裁　在多凸模的冲模中，将凸模做成不同高度，按阶梯分布，可使各凸模冲裁力的最大值不同时出现，从而降低冲裁力。

阶梯式凸模不仅能降低冲裁力，而且能减少压力机的振动。在直径相差较大、距离又很近的多孔冲裁中，一般将小直径凸模做短些，可以避免小直径凸模因受被冲材料流动产生的水平力的作用，而产生折断或倾斜的现象。在连续冲模中，可将不带导正销的凸模做短些。图2-10中 H 为阶梯凸模高度差，对于薄料，可取 H 等于料厚；对于 $t>3$mm 的厚料，H 取料厚的一半即可。

（2）斜刃冲裁　用平刃口模具冲裁时，整个工件周边同时参加冲裁工作，冲裁力较大。采用斜刃冲裁时，模具整个刃口不与工件周边同时接触，而是逐步将材料切离，因此，冲裁力显著降低。

采用斜刃口冲裁时，为了获得平整工件，落料时凸模应为平刃，将斜刃口开在凹模上。冲孔时相反，凹模应为平刃，凸模为斜刃，如图 2-11 所示。斜刃应当是两面的，并对称于模具的压力中心。

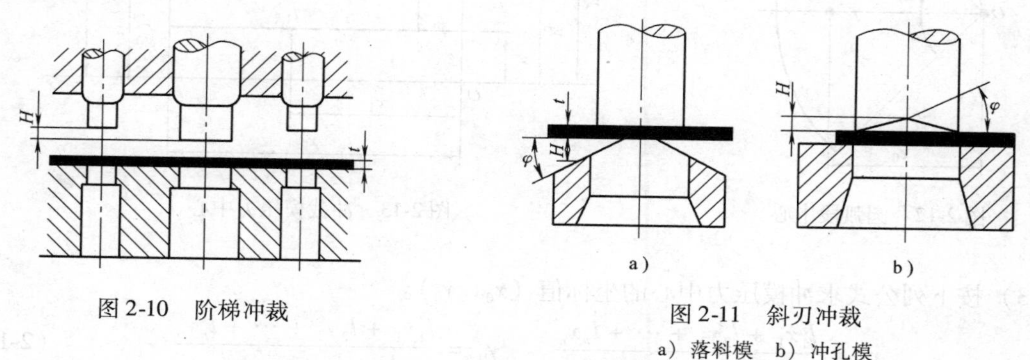

图 2-10　阶梯冲裁

图 2-11　斜刃冲裁
a）落料模　b）冲孔模

斜刃冲裁模刃口制造和修磨都比较复杂，且刃口易磨损，得到的工件不够平整，使用中应引起注意。

（3）加热冲裁　利用材料加热后其抗剪强度显著降低的特点，使冲裁力减小。一般碳素结构钢加热到 900℃时，其抗剪强度能降低 90%，所以在冲裁厚板时，常将板料加热来解决压力机吨位不足的问题。

3. 压力中心计算

冲压力合力的作用点称为压力中心。在设计冲裁模时，应尽量使压力中心与压力机滑块中心相重合，否则会产生偏心载荷，使模具导向部分和压力机导轨非正常磨损，使模具间隙不匀，严重时会啃刃口。对有模柄的冲模，使压力中心与模柄的轴线重合，在安装模具时，便能实现压力中心与滑块中心重合。

（1）形状简单的凸模压力中心的确定　由冲裁力公式 $F = Lt\tau_b$ 可知，冲裁同一种工件时，F 的大小决定于 L，所以对简单形状的工件，压力中心位于工件轮廓图的几何中心。冲裁直线段时，其压力中心位于直线段的中点。冲裁圆弧段时，如图 2-12 所示，其压力中心可按下式计算：

$$x_0 = R\frac{180°\sin\alpha}{\pi\alpha} \tag{2-18}$$

（2）形状复杂凸模压力中心的确定　形状复杂凸模压力中心的确定方法有解析法、合成法、图解法等，常用的是解析法。解析法原理是基于理论力学，采用求平行力系合力作用点的方法。一般的冲裁件沿冲裁轮廓线的断面厚度不变，轮廓各部分的冲裁力与轮廓长度成正比，所以，求合力作用点可转化为求轮廓线的重心。具体方法如下（参考图 2-13）：

1）按比例画出冲裁轮廓线，选定直角坐标系 Oxy。

2）把图形的轮廓线分成几部分，计算各部分长度 l_1、l_2、…、l_n，并求出各部分重心位置的坐标值（x_1，y_1）、（x_2，y_2）、…、（x_n，y_n），冲裁件轮廓大多是由线段和圆弧构成，线段的重心就是线段的中心。圆弧的重心可按式（2-18）求出。

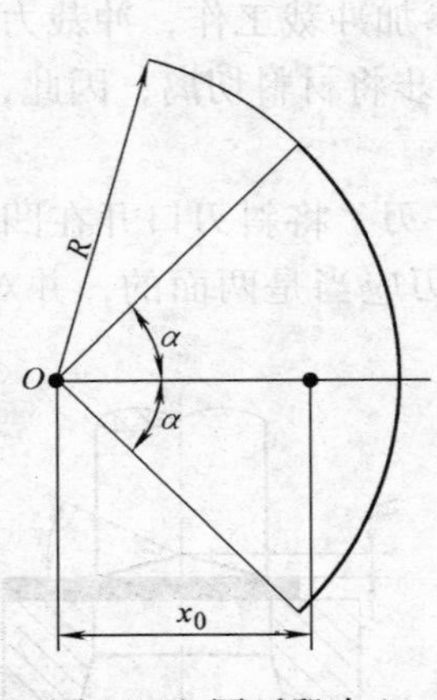

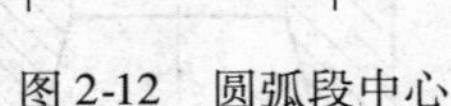

图 2-12　圆弧段中心

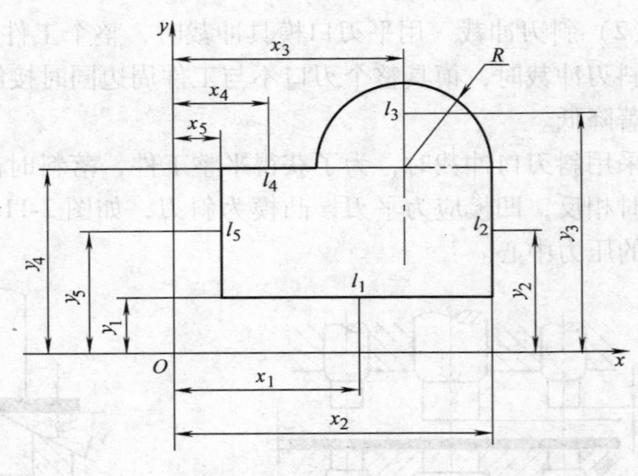

图 2-13　冲裁模压力中心

3）按下列公式求冲模压力中心的坐标值（x_0，y_0）。

$$x_0 = \frac{l_1x_1 + l_2x_2 + \cdots + l_nx_n}{l_1 + l_2 + \cdots + l_n} \qquad y_0 = \frac{l_1y_1 + l_2y_2 + \cdots + l_ny_n}{l_1 + l_2 + \cdots + l_n} \tag{2-19}$$

对于多凸模的模具，可以先分别确定各凸模的压力中心，然后按上述原理求出模具的压力中心。但此时式（2-19）中 l_1、l_2、…、l_n 应为各凸模刃口轮廓线长度，（x_1，y_1）、（x_2，y_2）、…、（x_n，y_n）应为各凸模压力中心。

2.1.5　冲裁件的排样

冲裁件在板料、带料或条料上的布置方法称为排样。排样是冲裁模设计中的一项很重要的工作。在冲裁件的成本中，材料费用一般占 60% 以上，排样方案对材料的经济利用具有很重要的意义，不仅如此，排样方案对冲裁件质量、生产率、模具结构及寿命等都有重要影响。

1. 材料利用率

排样的经济程度用材料利用率来表示。一个步距内的材料利用率 η 用下式表示：

$$\eta = \frac{nA}{Bh} \times 100\% \tag{2-20}$$

式中　A——冲裁件的面积（mm^2）；

B——条料宽度（mm^2）；

n——一个步距内冲裁件的数目；

h——步距（mm）。

整张板料或带料上材料总的利用率 $\eta_{总}$ 为

$$\eta_{总} = \frac{NA}{BL} \times 100\% \tag{2-21}$$

式中　N——板料或带料上冲裁件总的数目；

A——冲裁件的面积（mm^2）；

L——板料或带料的长度（mm）；

B——板料或带料的宽度（mm）。

$\eta_{总}$ 总是要小于 η，这是因为整板上材料的利用率还要考虑冲裁时料头、料尾及剪板机下料时余料的浪费。

冲裁所产生的废料可分为两类（见图2-14）：一类是结构废料，是由工件的形状特点产生的；另一类是由于工件之间和工件与条料侧边之间的搭边，以及料头、料尾和边余料而产生的废料，称为工艺废料。提高材料利用率主要应从减少工艺废料着手，设计合理的排样方案，选择合适的板料规格和合理的裁板法（即把板料裁剪成供冲裁用条料）。

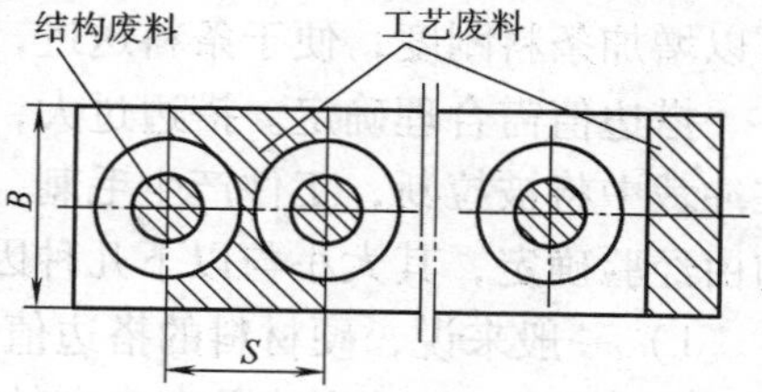

图2-14 废料分类

2. 排样方法

冲裁排样有两种分类方法。

1）从废料角度来分，可分为有废料排样、少废料排样和无废料排样三种。有废料排样时，工件与工件之间、工件与条料边缘之间都有搭边存在，冲裁件尺寸完全由冲模保证，精度高，并具有保护模具的作用，但材料利用率低。少或无废料排样时，工件与工件之间、工件与条料边缘之间存在较少搭边，或没有搭边存在，材料的利用率高，模具结构简单，但冲裁时由于凸模刃口受不均匀侧向力的作用，使模具易于遭到破坏，冲裁件质量也较差。

2）按工件在材料上的排列形式来分，可分为直排法、斜排样、对排法、混合排、多行排、裁搭边法等形式。排样形式分类示例见表2-8。

表2-8 排样形式分类示例

排样形式	有废料排样	少、无废料排样	适用范围
直排	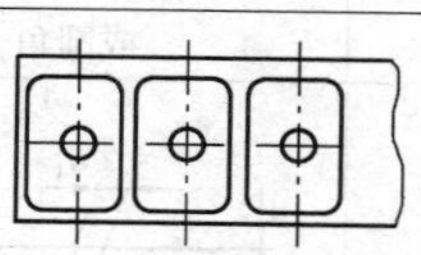	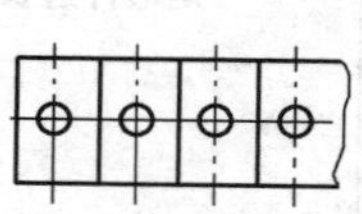	方形、矩形等简单零件
斜排	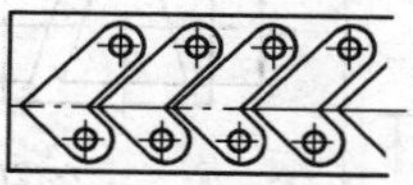	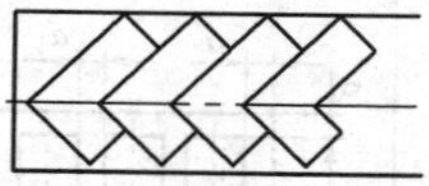	L形、T形、S形、椭圆形等形状的零件
直对排	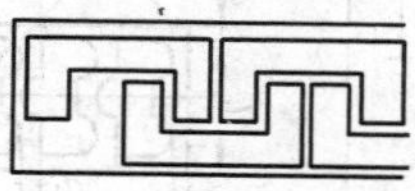	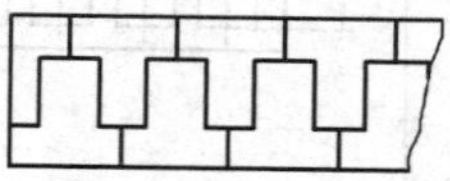	T形、∩形、山形、梯形、三角形零件
斜对排		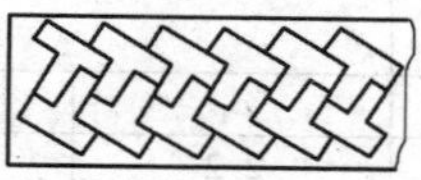	T形、S形、梯形等形状的零件
混合排	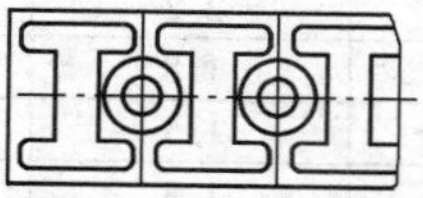	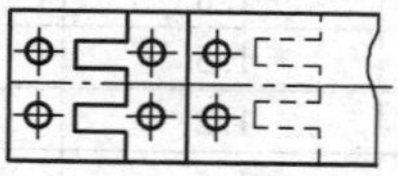	材料和厚度都相同的两种以上零件
多行排	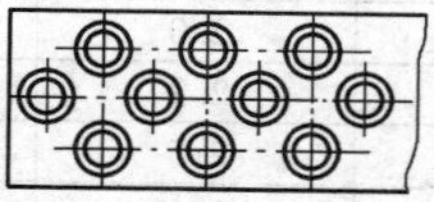	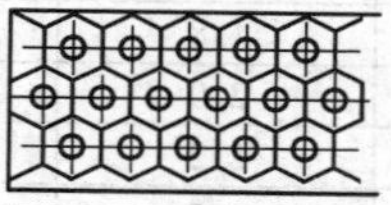	大批量生产的圆形、方形、六角形、矩形等规则形零件
裁搭边	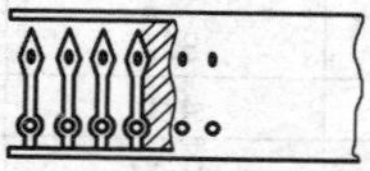	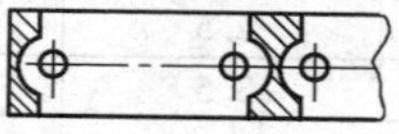	用于细长形零件或以宽度均匀的条料、带料冲制长形零件

3. 搭边与条料宽度

（1）搭边值的确定　排样时，冲裁件之间以及冲裁件与条料侧边之间留下的工艺废料叫搭边。搭边有两个作用：一是补偿了定位误差和剪板下料误差，确保冲出合格工件；二是可以增加条料刚度，便于条料送进，提高生产率。

搭边值需合理确定。搭边过大，材料利用率低；搭边过小时，搭边的强度和刚度不够，在冲裁中将被拉断，工件产生毛刺，有时甚至单边拉入模具间隙，损坏模具刃口。搭边值目前由经验确定，其大小与以下几种因素有关：

1）一般来说，硬材料的搭边值可小些，软材料、脆材料的搭边值要大一些。

2）冲裁件尺寸大或是有尖突的复杂形状时，搭边值取大些。

3）厚材料的搭边值取大一些。

4）用手工送料、有侧压装置的搭边值可以小些。

低碳钢材料搭边值的经验值可以查表 2-9，对于其他材料的搭边值，应将表中数值乘以下列系数：

中碳钢	0.9；	高碳钢	0.8；
硬黄铜	1~1.1；	硬　铝	1~1.2；
软黄铜、纯铜	1.2；	铝	1.3~1.4；
非金属（皮革、纸、纤维板）	1.5~2。		

表 2-9　低碳钢材料的最小搭边值　　（单位：mm）

材料厚度 t	圆形件及 $r>2t$		矩形件边长 $L<50$		矩形件边长 $L<50$ 或圆角 $r>2t$	
	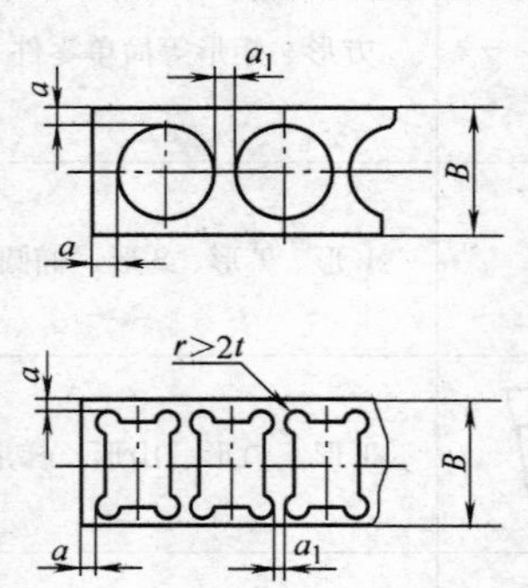		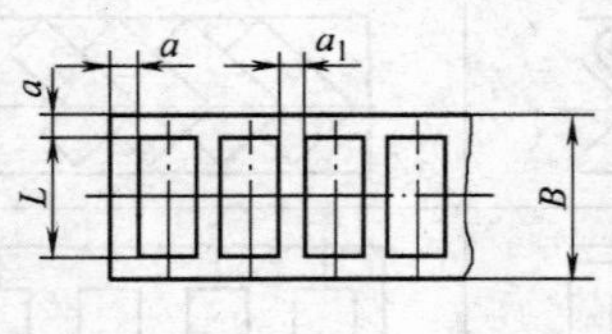		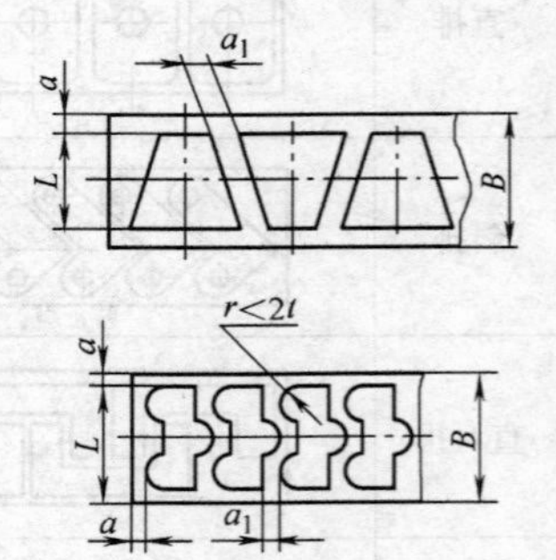	
	a_1	a	a_1	a	a_1	a
<0.25	1.8	2.0	2.2	2.5	2.8	3.0
0.25~0.5	1.2	1.5	1.8	2.0	2.2	2.5
0.5~0.8	1.0	1.2	1.5	1.8	1.8	2.0
0.8~1.2	0.8	1.0	1.2	1.5	1.5	1.8
1.2~1.6	1.0	1.2	1.5	1.8	1.8	2.0
1.6~2.0	1.2	1.5	1.8	2.0	2.0	2.2
2.0~2.5	1.5	1.8	2.0	2.2	2.2	2.5
2.5~3.0	1.8	2.2	2.2	2.5	2.5	2.8
3.0~3.5	2.2	2.5	2.5	2.8	2.8	3.2
3.5~4.0	2.5	2.8	2.5	3.2	3.2	3.5
4.0~5.0	3.0	3.5	3.5	4.0	4.0	4.5
5.0~12	$0.6t$	$0.7t$	$0.7t$	$0.8t$	$0.8t$	$0.9t$

（2）条料宽度的确定　在排样方案和搭边值确定之后，就可以确定条料的宽度和进距。进距是冲裁时每次将条料送进模具的距离，具体值与搭边值及排样方案相关。为保证送料顺利，剪板时宽度公差规定上偏差为零，下偏差为负值（$-\Delta$）。条料宽度确定可分为以下三种情况：

1）有侧压装置（见图2-15）。有侧压装置的模具能使条料始终紧靠同一侧导料板送进，只须在条料与另一侧导料板间留有间隙 Z。

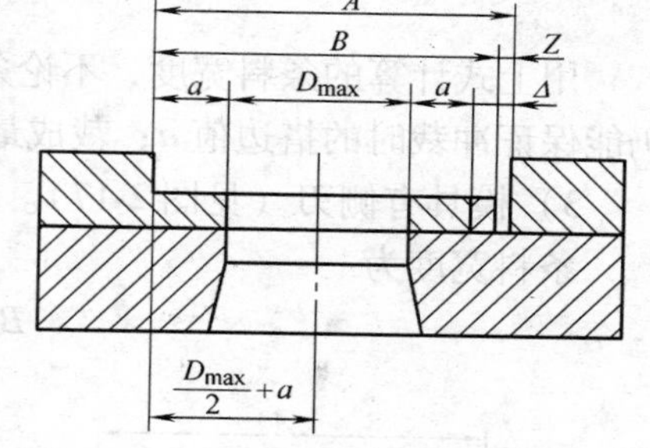

图2-15　有侧压装置时条料宽度

条料宽度为

$$B=(D_{\max}+2a+\Delta)_{-\Delta}^{\ 0} \tag{2-22}$$

导料板之间距离为

$$A=B+Z \tag{2-23}$$

式中　B——条料宽度的基本尺寸（mm）；

$D_{\max}$——条料宽度方向零件轮廓的最大尺寸（mm）；

a——侧面搭边（mm），可查表2-9；

Δ——条料宽度方向的单向（负向）偏差（mm），可查表2-10；

A——导料板间距离的基本尺寸（mm）；

Z——条料与导料板之间的距离（mm），可查表2-11。

表2-10　剪切条料宽度公差 Δ　（单位：mm）

条料宽度 B	材料厚度 t			
	0～1	1～2	2～3	3～5
≤50	0.4	0.5	0.7	0.9
50～100	0.5	0.6	0.8	1.0
100～150	0.6	0.7	0.9	1.1
150～220	0.7	0.8	1.0	1.2
220～300	0.8	0.9	1.1	1.3

表2-11　条料与导板之间的间隙 Z　（单位：mm）

条料厚度 t	无侧压装置			有侧压装置	
	条料宽度				
	≤100	>100～200	>200～300	≤100	>100
≤1	0.5	0.5	1	0.5	0.8
>1～5	0.5	1	1	0.5	0.8

2）无侧压装置（见图2-16）。无侧压装置的模具，应考虑在送料过程中因条料的摆动而使侧面搭边减少。为了补偿侧面搭边的减少，条料宽度应增加一个条料可能的摆动量，此摆动量即为条料与导料板之间的间隙 Z。

条料宽度为

$$B=[D_{\max}+2(a+\Delta)+Z]_{-\Delta}^{\ 0} \tag{2-24}$$

导料板之间距离为

$$A = B + Z \tag{2-25}$$

用上式计算的条料宽度，不论条料靠向哪边，即使条料裁成最小极限尺寸时（$B-\Delta$），仍能保证冲裁时的搭边值 a；裁成最大尺寸时，仍能保证与导板的间隙 Z。

3）模具有侧刃（见图 2-17）。模具有侧刃定位时，条料宽度应增加侧刃切去的部分。条料宽度为

$$B = (D_{\max} + 2a + nb)_{-\Delta}^{\ 0} \tag{2-26}$$

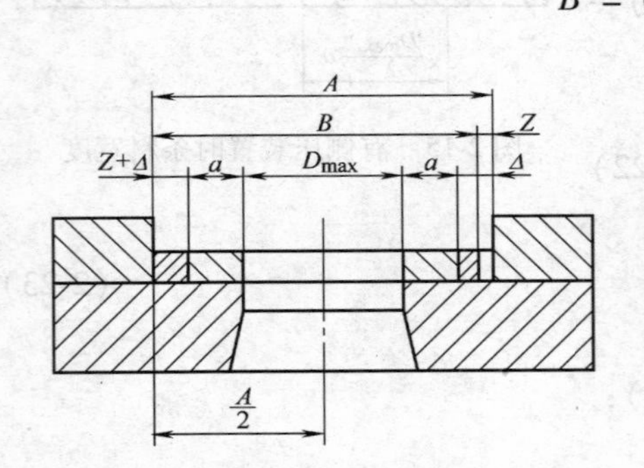

图 2-16　无侧压装置时条料宽度

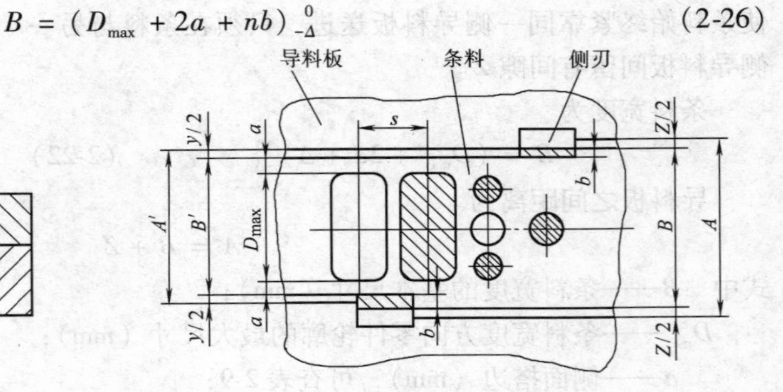

图 2-17　有侧刃冲裁时条料宽度

导料板之间距离为

$$A = B + Z \tag{2-27}$$

$$A' = (D_{\max} + 2a) + y \tag{2-28}$$

式中　n——侧刃数；

b——侧刃冲切料边的宽度，一般取 $b=1.5\sim2.5$mm，薄料取小值，厚料取大值；

y——侧刃冲切后条料与导料板间隙（mm），一般取 $y=0.1\sim0.2$mm；

A'——侧刃冲切后导料板间距离的基本尺寸（mm）。

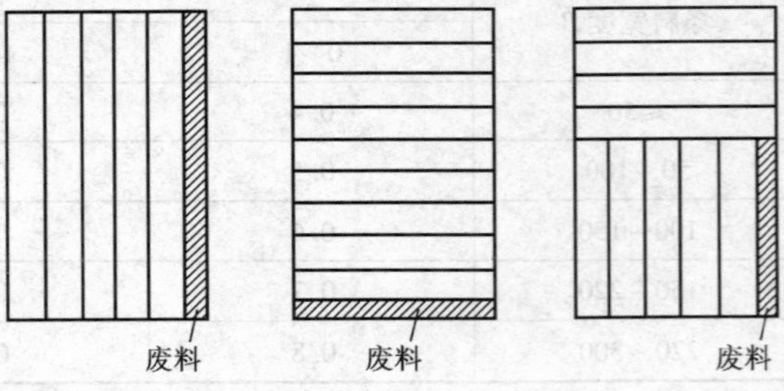

条料宽度确定后就可以裁板。裁板的方法有纵裁、横裁、联合裁三种（见图 2-18）。采用哪种方法不仅要考虑板料利用率，还要考虑零件对坯料纤维方向的要求、工人操作方便等。

废料　　废料　　废料

a）　　b）　　c）

图 2-18　裁板方法

a）纵裁　b）横裁　c）联合裁

2.2　典型冲裁模的结构分析

冲裁模的形式很多，一般可按下列特征分类：

（1）按工序性质分类　可分为落料模、冲孔模、切断模、切边模、切舌模、剖切模、整修模、精冲模等。

（2）按工序组合程度分类　可分为单工序模（俗称简单模）、复合模和级进模（俗称连

续模)。

(3) 按模具导向方式分类 可分为无导向的开式模和有导向的导板模、导柱模等。

(4) 按卸料与出件方式分类 可分为固定卸料式与弹压卸料式模具、顺出件与逆出件式模具。

(5) 按挡料或定距方式分类 分为挡料销式、导正销式、侧刃式等模具。

(6) 按凸模与凹模所用材料不同分类 可分为钢模、硬质合金模、钢带冲模、锌基合金模、橡胶冲模等。

(7) 按自动化程度分类 可分为手动模、半自动模和自动模。

尽管有的冲裁模很复杂,但总是可分为上模和下模。上模一般固定在压力机的滑块上,并随滑块一起运动;下模固定在压力机的工作台上。下面分别介绍各类冲裁模的结构、工作原理、特点及应用场合。

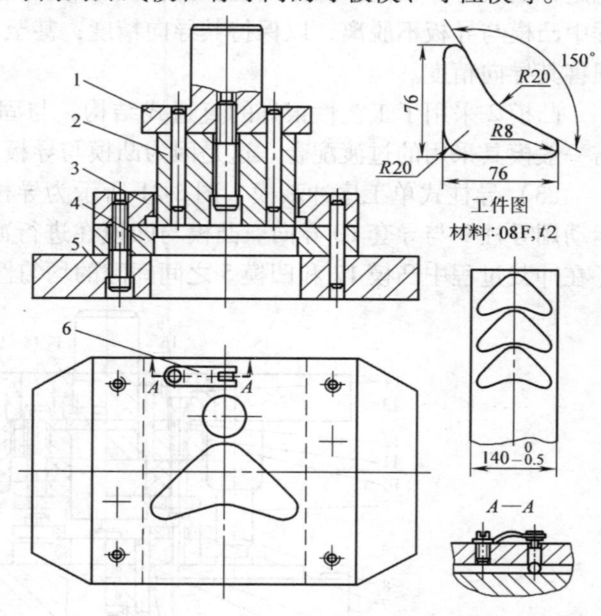

图 2-19 无导向固定卸料式落料模

1—模柄 2—凸模 3—固定卸料板 4—凹模 5—下模座 6—回带式挡料销

1. 单工序模

(1) 无导向单工序冲裁模 图 2-19 所示为无导向固定卸料式落料模。上模由凸模 2 和模柄 1 组成,凸模 2 直接用一个螺钉吊装在模柄 1 上,并用两个销钉定位。下模由凹模 4、下模座 5、固定卸料板 3 组成,并用 4 个螺钉联接,两个销钉定位。导料板与固定卸料板制成一体。送料方向的定位由回带式挡料销 6 来完成。

无导向冲裁模的特点是结构简单,制造周期短,成本较低;但模具本身无导向,需依靠压力机滑块进行导向,安装模具时,调整凸模与凹模间隙较麻烦且不易均匀。因此,冲裁件质量差,模具寿命低,操作不够安全。一般适用于冲裁精度要求不高、形状简单、批量小的冲裁件。

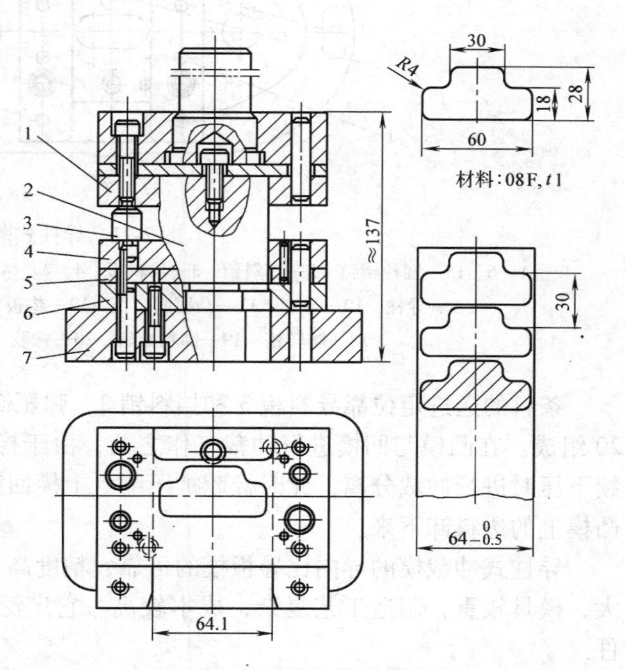

图 2-20 导板式冲裁模

1—凸模固定板 2—凸模 3—限位柱 4—导板 5—导料板 6—凹模 7—下模座

(2) 导板式单工序冲裁模 图 2-20 所示为固定导板导向式落料模。该模具主要特点是上模与下模的导向是靠凸模

2 与导板 4 的小间隙配合（H7/h6）。模具的安装调整比无导向式模具方便，工件质量比较稳定，模具寿命较高，操作安全。这种模具的缺点是必须采用行程可调压力机，保证使用过程中凸模与导板不脱离，以保持其导向精度；甚至在刃磨时也不允许凸模与导板脱离，以免损害其导向精度。

凸模 2 采用了工艺性很好的直通式结构，与固定板 1 型孔可取 H9/h9 间隙配合，而不需一般模具采用的过渡配合。这是因为凸模与导板已有了良好的配合且始终不脱离。

（3）导柱式单工序冲裁模　图 2-21 所示为导柱式落料模，模具的上、下模之间的相对运动用导柱 9 与导套 10 导向。凸模与凹模在进行冲裁之前，导柱已经进入导套，从而保证了在冲裁过程中凸模 17 和凹模 5 之间间隙的均匀性。

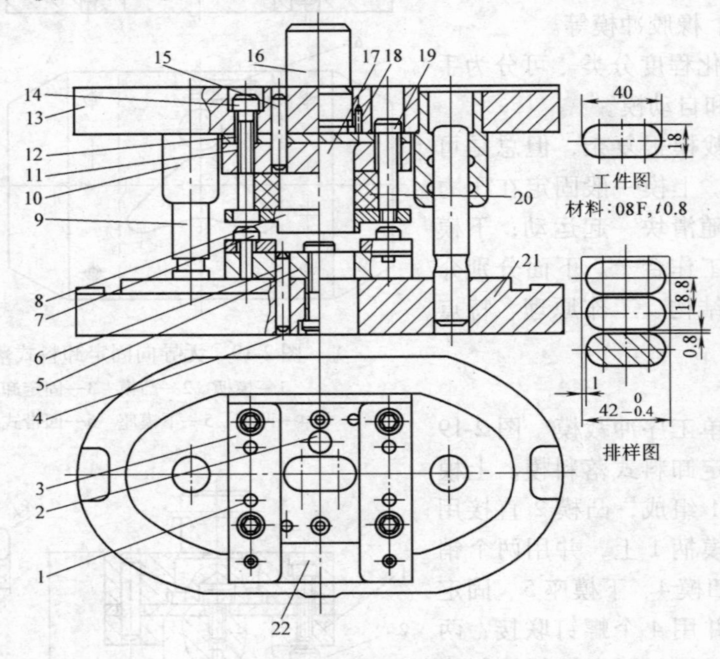

图 2-21　导柱式落料模

1、6、15—圆柱销钉　2—挡料销　3—导料板　4、7、14—内六角圆柱头螺钉　5—凹模　8—卸料板　9—导柱　10—导套　11—凸模固定板　12—垫板　13—上模座　16—模柄　17—凸模　18—防转销　19—卸料螺钉　20—橡胶　21—下模座　22—承料板

条料的送进定位靠导料板 3 和挡料销 2，弹压卸料装置由卸料板 8、卸料螺钉 19 和橡胶 20 组成。在凸模与凹模进行冲裁工作之前，由于橡胶的作用，卸料板先压住板料，上模继续下压时进行冲裁分离，此时橡胶被压缩。上模回程时，由于橡胶恢复，推动卸料板把箍在凸模上的边料卸下来。

导柱式冲裁模的导向比导板模的可靠，精度高，寿命长，使用安装方便，但轮廓尺寸较大，模具较重，制造工艺复杂，成本较高。它广泛应用于生产批量大、精度要求高的冲裁件。

2. 级进模

在压力机一次行程中，在模具的不同位置上同时完成数道冲压工序的冲模称为级进模。级进模所完成的同一零件的不同冲压工序是按一定顺序、相隔一定步距排列在模具的送料方向上的，压力机一次行程得到一个或数个冲压件。因此，生产率很高，减少了模具和设备的数量，便于实现冲压生产自动化。但级进模结构复杂，制造困难，成本高，多用于生产批量大、精度要求较高、需要多工序冲裁的小零件加工。

由于级进模工位数较多，因而用级进模冲制零件，必须解决条料或带料的准确定位问题，才能保证冲压件的质量。根据级进模定位零件的特征，级进模有以下两种典型结构：

（1）固定挡料销和导正销定位的级进模　图2-22所示为固定挡料销和导正销定位的冲孔落料级进模。工作零件包括冲孔凸模3、落料凸模4、凹模7，定位零件包括卸料板5（与导板为一整体）、始用挡料销10、固定挡料销8、导正销6。上、下模靠导板5导向。工作时，用手按入始用挡料销限定条料的初始位置，进行冲孔。始用挡料销在弹簧作用下复位后，条料再送进一个步距，以固定挡料销粗定位，落料时以装在落料凸模端面上的导正销进行精定位，保证零件上的孔与外圆的相对位置精度。模具的导板兼作卸料板和导料板。采用这种级进模，当冲压件的形状不适合用装在凸模上导正销定位时，可在条料上的废料部分冲出工艺孔，利用装在凸模固定板上的导正销进行导正。

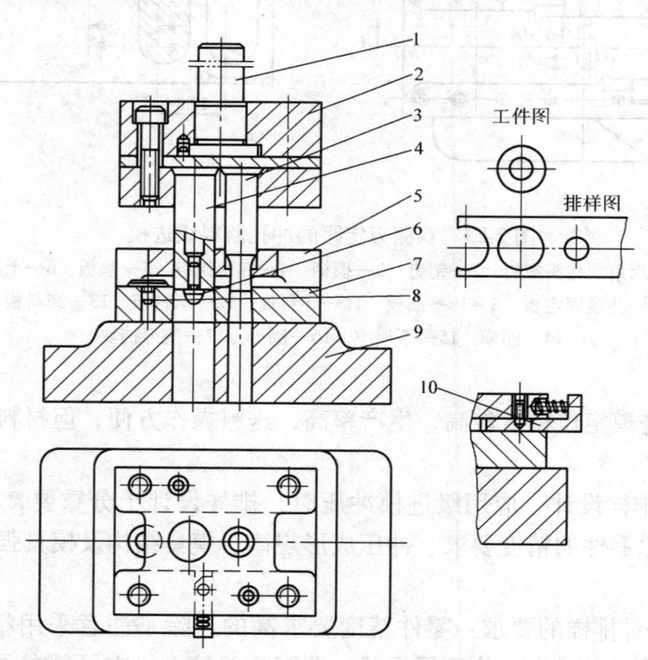

图2-22　固定挡料销和导正销定位的冲孔落料级进模

1—模柄　2—上模座　3—冲孔凸模　4—落料凸模　5—导板兼卸料板
6—导正销　7—凹模　8—固定挡料销　9—下模座　10—始用挡料销

（2）侧刃定距的级进模　图2-23所示为双侧刃定距的冲孔落料级进模。侧刃是特殊功用的凸模，其作用是在压力机每次冲压行程中，沿条料边缘切下一块长度等于步距的料边。由于沿送料方向上，在侧刃前后，两导料板间距不同，前宽后窄形成一个凸肩，所以条料上只有切去料边的部分才能通过，通过的距离即等于步距。为了减少料尾损耗，尤其是工位较多的级进模，可采用两个侧刃前后对角排列，该模具就是这样排列的。此外，由于该模具冲裁的板料较薄（0.3mm），又是侧刃定距，所以需要采用弹压卸料代替刚性卸料。

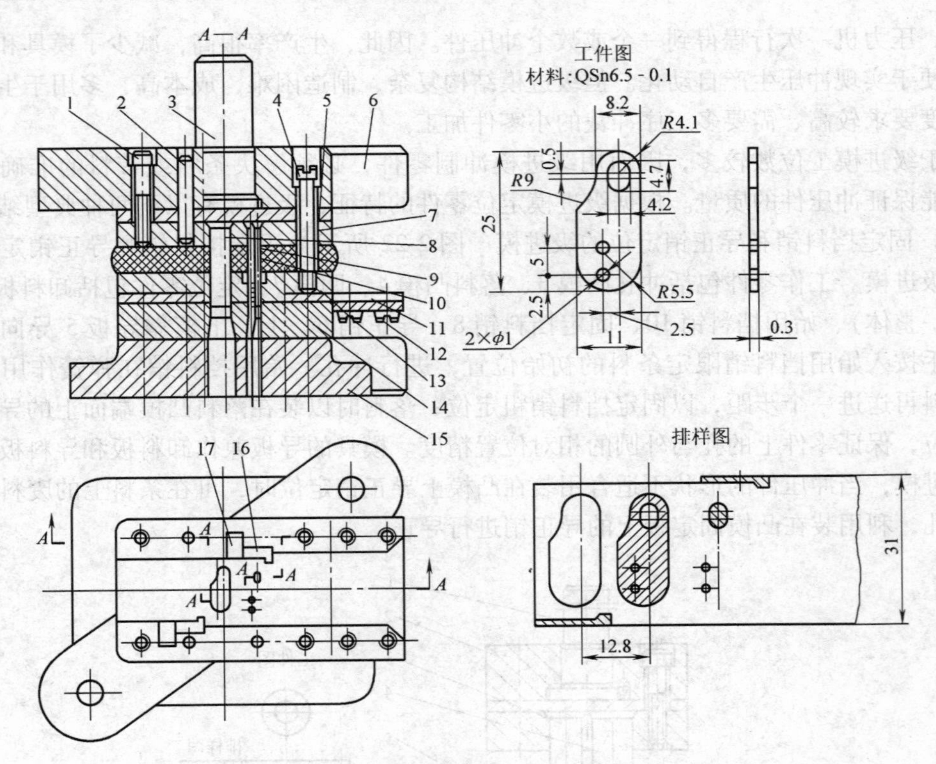

图 2-23　双侧刃定距的冲孔落料级进模

1—内六角圆柱头螺钉　2—销钉　3—模柄　4—卸料螺钉　5—垫板　6—上模座
7—凸模固定板　8 ~ 10—凸模　11—导料板　12—承料板　13—卸料板
14—凹模　15—下模座　16—侧刃　17—侧刃挡块

侧刃定距的级进模定位精度较高，生产率高，送料操作方便，但材料的消耗增加，冲裁力增大。

（3）级进模的排样设计　应用级进模冲压时，排样设计十分重要，它不但要考虑材料的利用率，还应考虑零件的精度要求、冲压成形规律、模具结构及模具强度等问题。具体应注意以下几点：

1）零件的精度对排样的要求：零件精度要求高的，除了注意采用精确的定位方法外，还应尽量减少工位数，以减少工位积累误差；孔距公差较小的应尽量在同一工步中冲出。

2）模具结构对排样的要求：零件较大或零件虽小但工位较多，应尽量减少工位数，可采用连续—复合排样法（见图 2-24a），以减少模具轮廓尺寸。

3）模具强度对排样的要求：孔壁距小的工件，其孔要分步冲出（见图 2-24b）；工位之间凹模壁厚小的，应增设空步（见图 2-24c）；外形复杂的工件应分步冲出，以简化凸、凹模形状，增强其强度，便于加工和装配（见图 2-24d），侧刃的位置应尽量避免导致凸、凹模局部工作而损坏刃口（见图 2-24b），侧刃与落料凹模刃口距离增大 0.2 ~ 0.4mm，就是为了避免落料凸、凹模切下条料端部的极小宽度。

4）零件成形规律对排样的要求：需要弯曲、拉深、翻边等成形工序的零件，采用级进模冲压时，位于成形过程变形部位上的孔，一般应安排在成形工步之后冲出，落料或切断工步一般安排在最后工位上。

全部为冲裁工步的级进模，一般是先冲孔后落料或切断。先冲出的孔可作后续工位的定位孔。若该孔不适合于定位或定位精度要求较高时，则应冲出辅助定位工艺孔（导正销孔，见图2-24a）。

套料级进冲裁时（见图2-24e），按由里向外的顺序，先冲内轮廓后冲外轮廓。

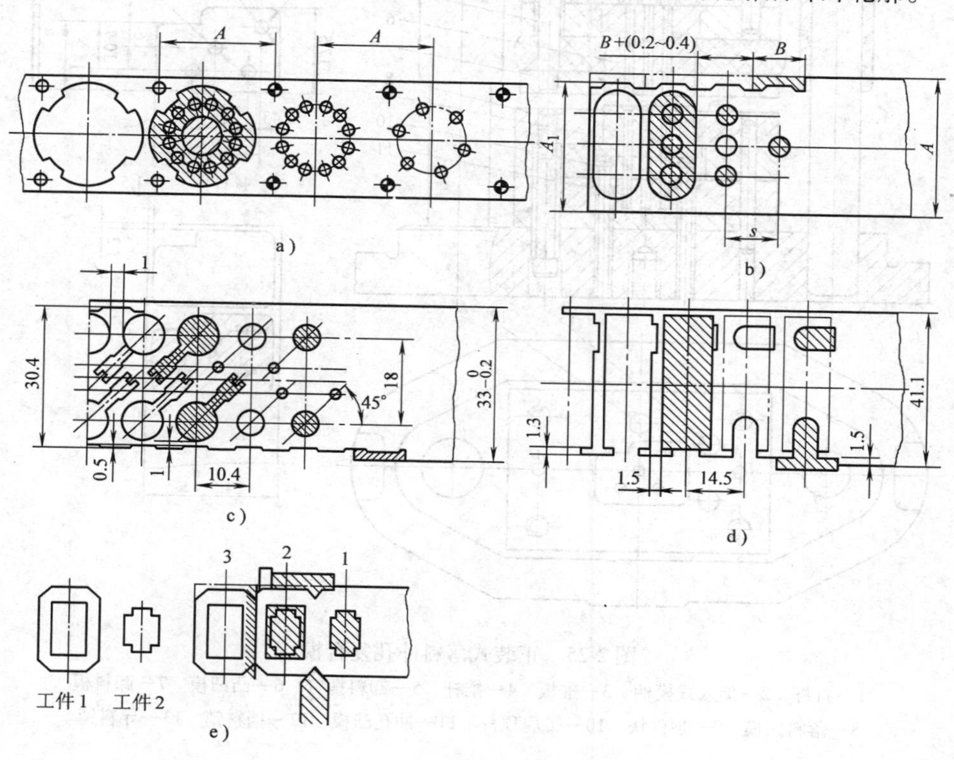

图2-24 级进模的排样设计

3. 复合模

在压力机的一次行程中，在一副模具的同一位置上完成数道冲压工序的冲模称为复合模。压力机一次行程一般得到一个工件。复合模也是一种多工序的冲模。它在结构上的主要特征是有一个既是落料凸模又是冲孔凹模的凸凹模。按照复合模工作零件的安装位置不同，分为正装式复合模和倒装式复合模两种类型。

（1）正装式复合模（又称顺装式复合模） 图2-25所示为正装式落料冲孔复合模，凸凹模6在上模，落料凹模8和冲孔凸模11在下模。工作时，板料以导料销13和挡料销12定位。上模下压，凸凹模外形和凹模8进行落料，落下的工件卡在凹模中，同时冲孔凸模与凸凹模内孔进行冲孔，冲孔废料卡在凸凹模孔内。卡在凹模中的工件由顶件装置从凹模中顶出。该模具采用装在下模座底下的弹顶器推动顶杆和顶件块，弹性元件高度不受模具有关空间的限制，顶件力大小容易调节，可获得较大的顶件力。卡在凸凹模内的冲孔废料由推件装置推出。每冲裁一次，冲孔废料被推下一次，凸凹模孔内不积存废料，胀力小，不易破裂。由于采用固定挡料销和导料销，在卸料板上需钻出让位孔，或采用活动导料销和挡料销。

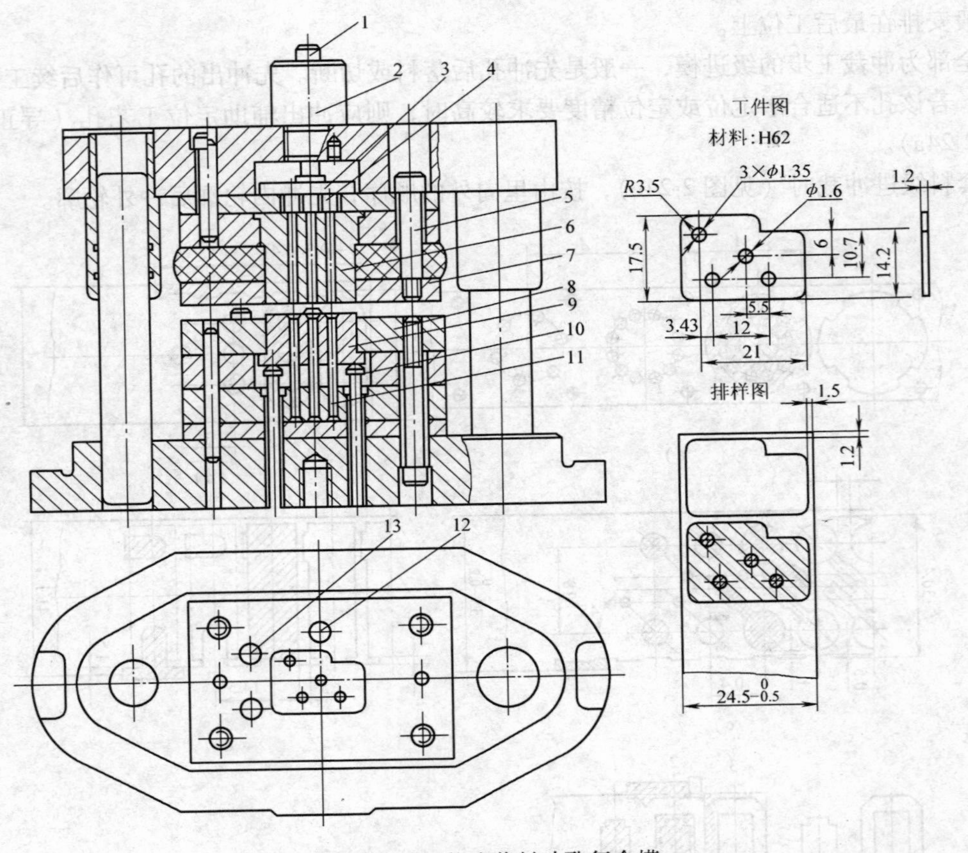

图 2-25　正装式落料冲孔复合模

1—打杆　2—旋入式模柄　3—推板　4—推杆　5—卸料螺钉　6—凸凹模　7—卸料板
8—落料凹模　9—顶件块　10—带肩顶杆　11—冲孔凸模　12—挡料销　13—导料销

正装式复合模工作时，板料是在压紧的状态下分离的，因此冲出的工件平直度较高。但冲孔废料落在下模工作面上不易清除，有可能影响操作和安全，从而影响了生产率。

（2）倒装式复合模　图 2-26 所示为倒装式复合模。凸凹模 3 装在下模，落料凹模 5 和冲孔凸模 6 装在上模。模具工作时，条料沿两个导料销 1 送至活动挡料销 2 处定位。冲裁时，上模向下运动，因弹压卸料板与安装在凹模型孔内的推件板 10 分别高出凸凹模和落料凹模的工作面约 0.5mm，故首先将条料压紧。上模继续向下，同时完成冲孔和落料。冲孔废料直接由冲孔凸模从凸凹模内孔推下，无顶件装置，结构简单，操作方便。卡在凹模中的工件由打杆 7、推板 8、推杆 9 和推件板 10 组成的刚性推件装置推出。

倒装式复合模的冲孔废料直接由冲孔凸模从凸凹模内孔推下，结构简单，操作方便；但凸凹模内积存废料，胀力较大。因此，倒装式复合模因受凸凹模最小壁厚限制，不易冲制孔壁过小的工件。同时，采用刚性推件的倒装式复合模，板料不是处在被压紧的状态下冲裁，因而平直度不高。这种结构适用于冲裁较硬的或厚度大于 0.3mm 的板料。

从正装式和倒装式复合模结构分析中可以看出，两者各有优缺点。正装式较适用于冲制材料较软的或板料较薄的、平直度要求较高的冲裁件，还可以冲制孔边距离较小的冲裁件。而倒装式不宜冲制孔边距离较小的冲裁件，但倒装式复合模结构简单，又可以直接利用压力机的打杆装置进行推件，卸件可靠，便于操作，并为机械化出件提供了有利条件，故应用十分广泛。

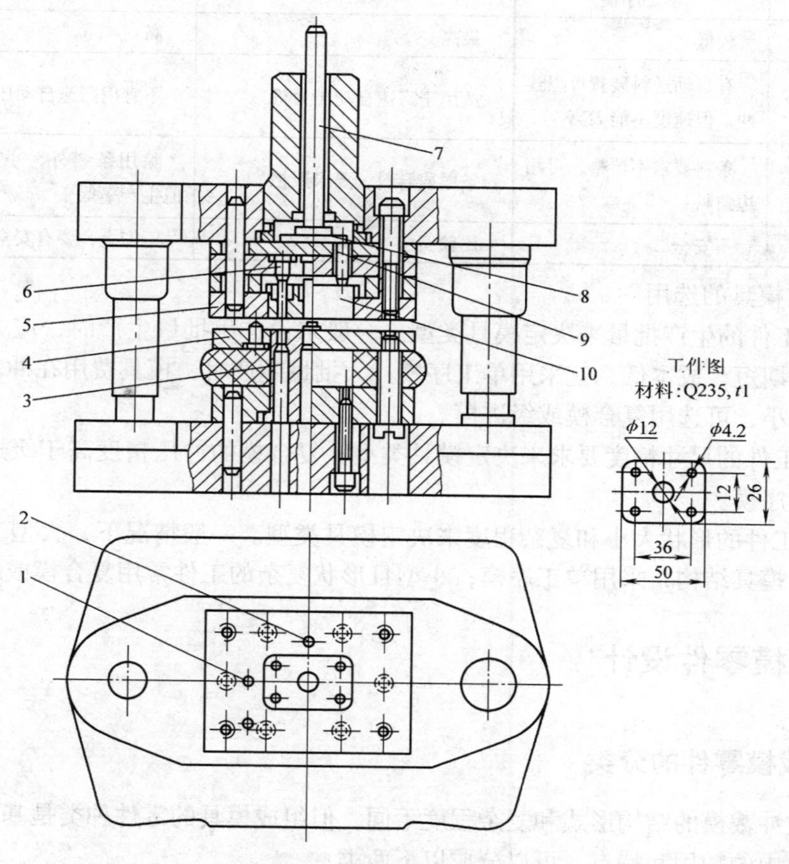

图 2-26 倒装式复合模
1—导料销 2—挡料销 3—凸凹模 4—弹压卸料板 5—凹模
6—凸模 7—打杆 8—推板 9—推杆 10—推件板

总之，复合模生产率较高，冲裁件的内孔与外缘的相对位置精度高，板料的定位精度要求比级进模低，冲模的轮廓尺寸较小。但复合模结构复杂，制造精度要求高，成本高。复合模主要用于生产批量大、精度要求高的冲裁件。

4. 三类模具的特点与选用

（1）三类模具的特点　单工序模、级进模和复合模的特点比较见表2-12。

表2-12 单工序模、级进模和复合模的特点比较

项　目	单工序模	级进模	复合模
冲压精度	较低	较高（IT10～IT13）	高（IT8～IT11）
工件平整程度	一般	不平整，高质量件需校平	因压料较好，工件平整
冲模制造的难易程度及价格	冲模制造容易，价格低	简单形状工件的级进模比复合模制造难度低，价格也较低	复杂形状工件的复合模比级进模制造难度低，相对价格低

（续）

项　目	单工序模	级进模	复合模
生产率	较低	最高	高
使用高速自动压力机的可能性	有自动送料装置可以连冲，但速度不能太高	适用于高速自动压力机	不宜用高速自动压力机
材料要求	条料要求不严格，可用边角料	条料或卷料，要求严格	除用条料外，小件可用边角料，但生产率低
生产安全性	不安全	比较安全	不安全，要有安全装置

（2）三类模具的选用

1）根据工件的生产批量来决定模具类型。一般来说，小批量生产时，应力求模具结构简单，生产周期短，成本低，宜采用单工序模；大批量生产时，模具费用在冲裁件成本中所占比例相对较小，可选用复合模或级进模。

2）根据工件的尺寸精度要求来决定模具类型。复合模的冲压精度高于级进模，而级进模又高于单工序模。

3）根据工件的形状大小和复杂程度来决定模具类型。一般情况下，大型工件为便于制造模具并简化模具结构，采用单工序模；小型且形状复杂的工件常用复合模或级进模。

2.3　冲裁模零件设计

2.3.1　冲裁模零件的分类

尽管各类冲裁模的结构形式和复杂程度不同，但组成模具的零件种类是基本相同的，根据它们在模具中的功用和特点，可以分成以下两类：

（1）工艺零件　这类零件直接参与完成工艺过程并和毛坯直接发生作用，包括：工作零件、定位零件、卸料和压料零件。

（2）结构零件　这类零件不直接参与完成工艺过程，也不和毛坯直接发生作用，包括：导向零件、支撑零件、紧固零件和其他零件。

冲裁模零件的分类见表2-13。

表2-13　冲裁模零件的分类

工艺零件			结构零件			
工作零件	定位零件	卸料和压料零件	导向零件	支撑零件	紧固零件	其他零件
凸模 凹模 凸凹模	挡料销 始用挡料销 导正销 定位销、定位板 导料销、导料板 侧刃、侧刃挡块 承料板	卸料装置 压料装置 顶件装置 推件装置 废料切刀	导柱 导套 导板 导筒	上、下模座 模柄 凸、凹模固定板 垫板 限位支撑装置	螺钉 销钉 键	弹性件 传动零件

2.3.2　工作零件

1. 凸模

（1）凸模的结构类型与固定方法　凸模的结构通常分为两大类：一类是镶拼式凸模结构，如图2-27所示四种形式；另一类为整体式凸模结构。整体式凸模有圆形凸模和非圆形凸模，最为常用的是圆形凸模，圆形凸模结构形式如图2-28所示。图2-28a所示为带保护套结构凸模，可防止细长凸模折断，适于冲制孔径与料厚相近的小孔。图2-28b所示凸模适于冲制 $\phi1.1\sim\phi30.2$mm 的孔，为了保证刚度与强度，避免应力集中，将凸模做成台阶结构并用圆角过渡。图2-28c所示凸模适用于冲制直径范围为 $\phi3.0\sim\phi30.2$mm 的孔。图2-28d所示凸模适用于冲制较大的孔。

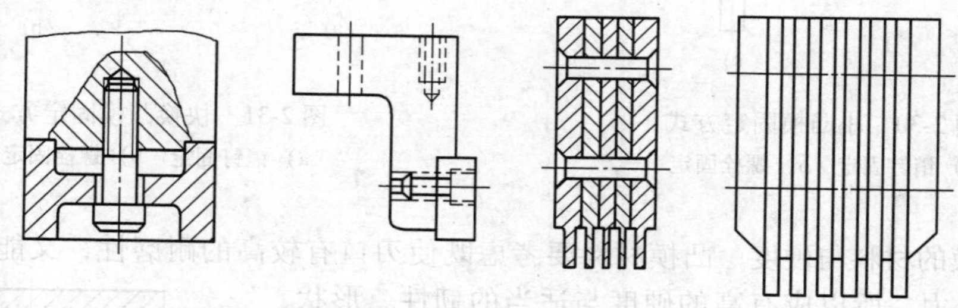

图2-27　镶拼式凸模

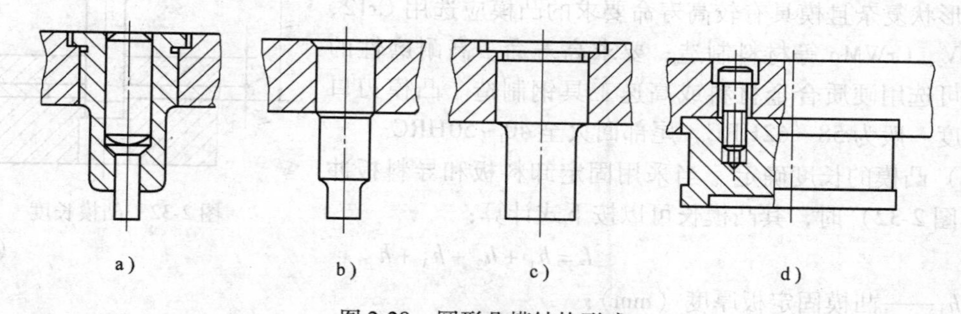

图2-28　圆形凸模结构形式

对于非圆形凸模，与凸模固定板配合的固定部分可做成圆形或矩形，如图2-29a、b所示；也可以使固定部分与工作部分尺寸一致（又称直通式凸模），如图2-29c所示。这类凸模一般采用线切割方法进行加工。

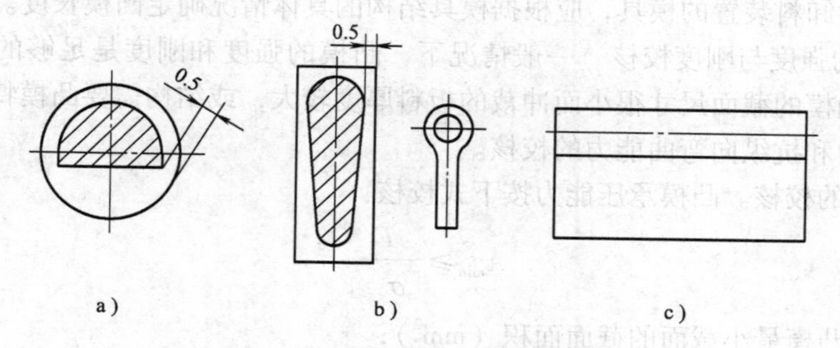

图2-29　非圆形凸模结构形式

中、小型凸模多采用台阶固定，将凸模压入固定板内，采用 H7/m6 配合，如图 2-28b、c 所示；平面尺寸比较大的凸模可以直接用销钉和螺栓固定，如图 2-28d 所示。对于小凸模，可以采用图 2-30 所示固定方法。对于大型冲模中冲小孔的易损凸模，可以采用快换式凸模固定方法，以便于修理和更换，如图 2-31 所示。

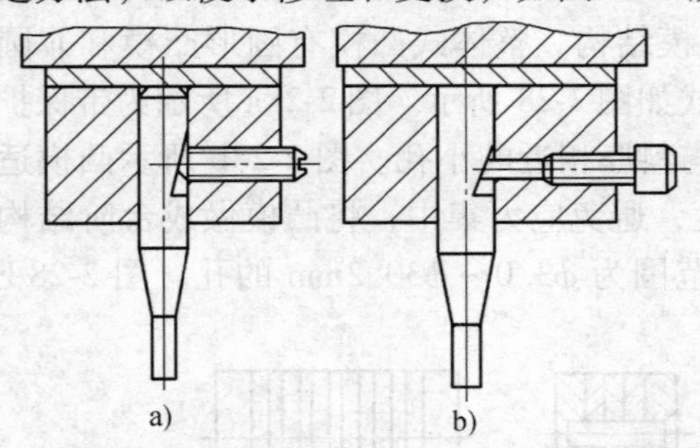

图 2-30　小凸模固定方式
a）销钉固定　b）螺栓固定

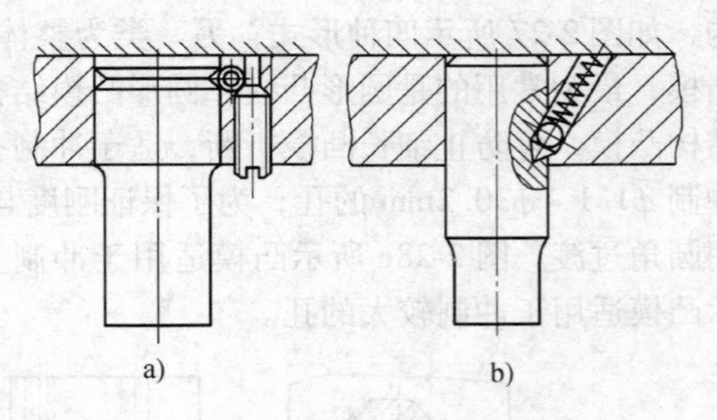

图 2-31　快换凸模固定方式
a）销钉固定　b）螺栓固定

（2）凸模的材料与硬度　凸模材料要考虑既使刃口有较高的耐磨性，又能使凸模承受冲裁时的冲击力，所以应有高的硬度与适当的韧性。形状简单且模具寿命要求不高的凸模可选用 T8A、T10A 等材料制造；形状复杂且模具有较高寿命要求的凸模应选用 Cr12、Cr12MoV、CrWMn 等材料制造；要求高寿命、高耐磨性的凸模，可选用硬质合金材料或高速工具钢制造。凸模刃口淬火硬度一般为 58～62HRC，尾部回火至 40～50HRC。

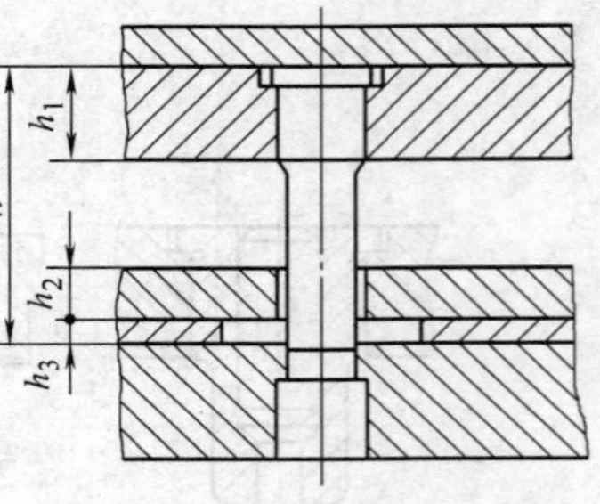

（3）凸模的长度确定　当采用固定卸料板和导料板冲模（见图 2-32）时，其凸模长可以按下式计算：

图 2-32　凸模长度

$$L = h_1 + h_2 + h_3 + h \tag{2-29}$$

式中　h_1——凸模固定板厚度（mm）；

h_2——固定卸料板厚度（mm）；

h_3——导料板厚度（mm）；

h——增加长度（mm），它包括凸模的修磨量 6～12mm、凸模进入凹模的深度 0.5～1mm、凸模固定板与卸料板之间的安全距离（一般取 10～20mm）等。

对采用弹性卸料装置的模具，应根据模具结构的具体情况确定凸模长度。

（4）凸模的强度与刚度校核　一般情况下，凸模的强度和刚度是足够的，不需要进行校核，但是当凸模的截面尺寸很小而冲裁的板料厚度较大，或结构需要凸模特别细长时，则应进行承压能力和抗纵向弯曲能力的校核。

1）压应力的校核。凸模承压能力按下式校核：

$$A_{\min} \geqslant \frac{F}{[\sigma_{压}]} \tag{2-30}$$

式中　$A_{\min}$——凸模最小截面的截面面积（mm^2）；

F——冲裁力（N）；

$[\sigma_{压}]$——凸模材料的许用压应力（MPa），$[\sigma_{压}]$ 的值取决于材料、热处理和冲模的结构等，如T8A、T10A、Cr12MoV、GCr15等工具钢淬火硬度为58～62HRC时，取1000～1600MPa，当有特殊导向时，可取2000～3000MPa。

2）弯曲应力的校核。凸模根据模具结构特点，可分为无导向装置和有导向装置凸模两种情况，如图2-33所示。

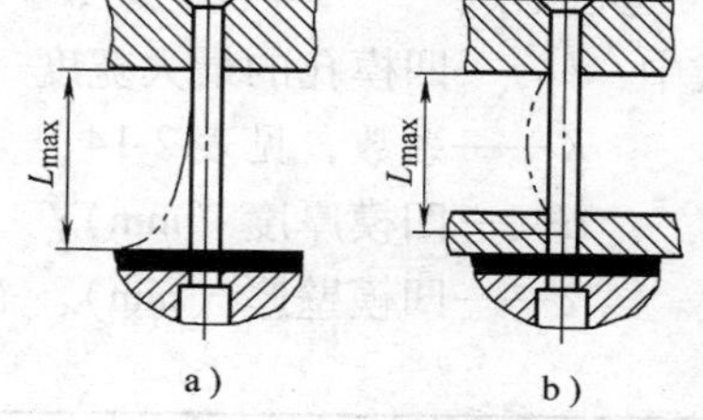

图2-33　细长凸模的弯曲

a）无导向凸模　b）有导向凸模

无导向装置的圆形凸模长度应满足：

$$L_{max} \leqslant 95\frac{d^2}{\sqrt{F}} \tag{2-31}$$

非圆形凸模长度应满足：

$$L_{max} \leqslant 425\sqrt{\frac{I}{F}} \tag{2-32}$$

带导向装置的圆形凸模长度满足：

$$L_{max} \leqslant 270\frac{d^2}{\sqrt{F}} \tag{2-33}$$

带导向装置的非圆形凸模长度满足：

$$L_{max} \leqslant 1200\sqrt{\frac{I}{F}} \tag{2-34}$$

式中　L_{max}——凸模最大长度（mm）；

d——凸模最小直径（mm）；

F——冲裁力（N）；

I——凸模最小横截面的惯性矩（mm^4）。

2. 凹模

（1）凹模的刃口形式　图2-34所示为几种常见的凹模刃口形式。图2-34a所示为锥形刃口凹模，冲裁件或废料容易通过而不留在凹模内，凹模磨损小。其缺点是刃口强度较低，刃口尺寸在修磨后增大。适用于形状简单、精度要求不高、材料厚度较薄工件的冲裁。当 $t<2.5$mm 时，$\alpha=15'$；$t=2.5\sim6$mm 时，$\alpha=30'$；采用电火花加工凹模时，$\alpha=4'\sim20'$。

图2-34b、c所示为柱形刃口筒形或锥形凹模。刃口强度较高，修磨后刃口尺寸不变。但孔口容易积存工件或废料，推件阻力大且刃口磨损大。适用于形状复杂或精度要求较高工件的冲裁。取 $\alpha=3°\sim5°$。当 $t<0.5$mm 时，$h=3\sim5$mm；$t=0.5\sim5$mm 时，$h=5\sim10$mm；$t=5\sim10$mm 时，$h=10\sim15$mm。

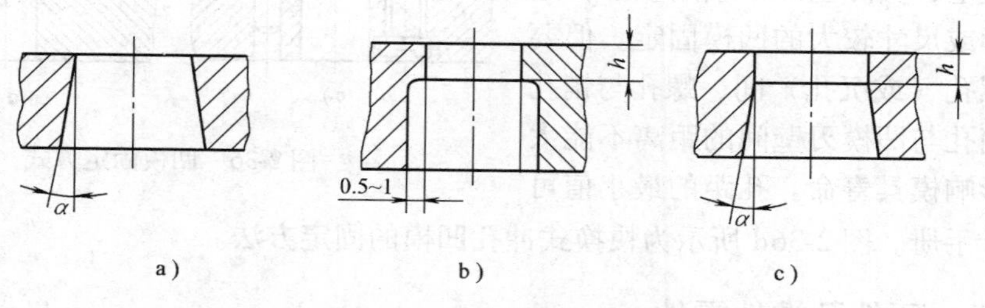

图2-34　凹模刃口形式

a）锥形刃口　b）、c）柱形刃口

（2）凹模外形尺寸（见图 2-35）　凹模厚度的经验计算公式为

$$H = Kb \quad (H \geqslant 15\text{mm}) \tag{2-35}$$

凹模壁厚（即凹模刃口与外边缘的距离）的经验计算公式为

$$\left.\begin{aligned}&\text{小凹模：}\quad c=(1.5\sim2)H\\&\text{大凹模：}\quad c=(2\sim3)H\end{aligned}\right\}(c\geqslant 30\text{mm}) \tag{2-36}$$

式中　b——凹模孔的最大宽度（mm）；

K——系数，见表 2-14；

H——凹模厚度（mm）；

c——凹模壁厚（mm）。

图 2-35　凹模外形尺寸

表 2-14　系数 K 值

孔宽 b /mm	料厚 t/mm				
	0.5	1	2	3	>3
≤50	0.3	0.35	0.42	0.50	0.60
>50～100	0.2	0.22	0.28	0.35	0.42
>100～200	0.15	0.18	0.20	0.24	0.30
>200	0.10	0.12	0.15	0.18	0.22

按上式计算的凹模外形尺寸，可以保证凹模有足够的强度和刚度，一般可不再进行强度校核。

（3）复合模中凸凹模的最小壁厚　凸凹模的内、外缘均为刃口，内、外缘之间的壁厚取决于冲裁件的尺寸。为保证凸凹模的强度，凸凹模应有一定的壁厚。

对内孔不积聚废料或工件的凸凹模（如正装复合模，凸凹模在上模），最小壁厚 c 为

$$\begin{aligned}&\text{冲裁硬材料：}\quad c=1.5t\quad \text{且 } c\geqslant 0.7\text{mm}\\&\text{冲裁软材料：}\quad c=t\quad \text{且 } c\geqslant 0.5\text{mm}\end{aligned} \tag{2-37}$$

对积聚废料或工件的凸凹模（如倒装复合模），由于受到废料或工件胀力大，c 值要适当再加大些，一般 $c \geqslant (1.5\sim2)t$，且 $c \geqslant 3$mm。

（4）凹模的固定及主要技术要求　图 2-36 所示为凹模的几种固定方式。图 2-36a、b 为两种圆凹模固定方法，这两种圆形凹模尺寸都不大，直接装在凹模固定板中，主要用于冲孔。图 2-36c 中凹模用螺钉和销钉直接固定在模板上，实际生产中应用较多，适合各种非圆形或尺寸较大的凹模固定。但要注意一点：螺孔（或沉孔）间、螺孔与销孔间及螺孔、销孔与凹模刃壁间的距离不能太近，否则会影响模具寿命。孔距的最小值可参考相关设计手册。图 2-36d 所示为快换式冲孔凹模的固定方法。

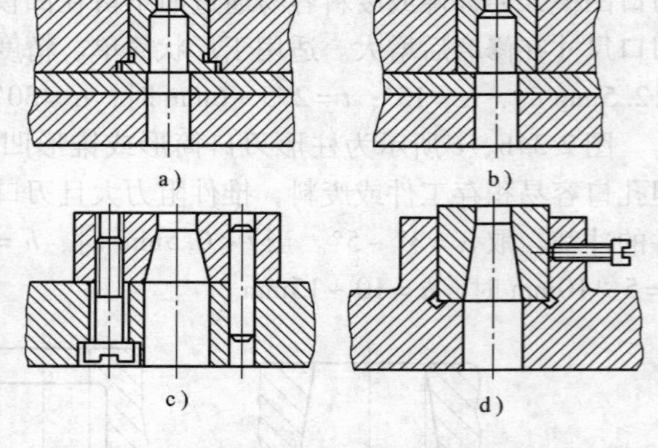

图 2-36　凹模固定方式

2.3.3　卸料、顶件及推件零件

卸料是指当一次冲压完成，上模回程时把工件或废料从凸模上卸下来，以便下次冲压继

续进行。推件和顶件一般是指把工件或废料从凹模中推出或顶出来。

1. 卸料板

卸料板较常用的有刚性卸料板和弹性卸料板两种形式。刚性卸料板的结构形式如图2-37所示。刚性卸料板的卸料力大，卸料可靠。对 $t>0.5$mm、平直度要求不很高的冲裁件一般使用较多，而对薄料不太适合。

图2-37a是与导料板成一体的整体式卸料板，结构简单，缺点是装配调整不便。图2-37b是与导料板分开的分体式卸料板，在冲模中应用广泛。图2-37c是用于窄长件的冲孔或切口后卸料的悬臂式卸料板。图2-37d是用于空心件或弯曲件冲底孔后卸料的拱桥式卸料板。

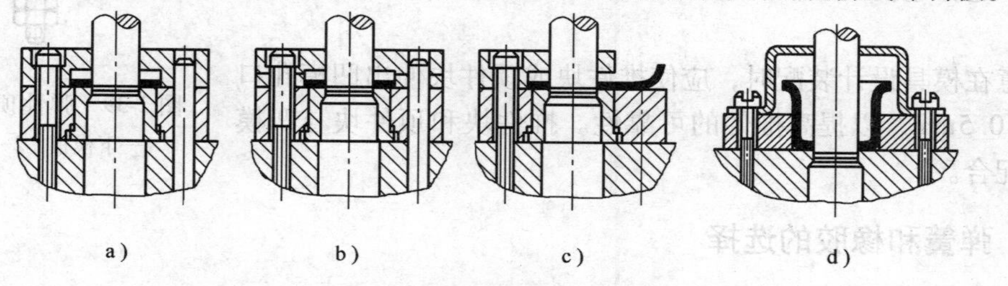

图2-37 刚性卸料板的结构形式

凸模与刚性卸料板的双边间隙取决于板料厚度，一般为0.2～0.5mm，板料薄时取小值，板料厚时取大值。刚性卸料板的厚度一般取5～20mm，应根据卸料力大小而定。

弹性卸料装置的基本零件包括卸料板、弹性组件（弹簧或橡胶）、卸料螺钉等，如图2-19、图2-21、图2-25所示。弹性卸料装置结构复杂，可靠性与安全性不如刚性卸料板；并且由于受弹簧、橡胶等零件的限制，卸料力较小。弹性卸料的优点是既能起到卸料作用又在冲裁时起压料作用，所得冲裁零件质量高，平直度高，因此对质量要求较高的冲裁件或是 $t<1.5$mm 的薄板冲裁宜采用。弹性卸料板厚度一般取5～20mm，其与凸模的单边间隙一般取0.2～0.5mm，应根据卸料力大小而定。

当卸料板兼起凸模导板作用时，与凸模一般按H7/h6配合制造，但应使它与凸模间隙小于凸模与凹模间隙，以保证凸模与凹模的正确配合。采用导板可以确定各工位的相对位置，提高凸模的导向精度，并且能保证细长凸模不至折断。

2. 推件、顶件装置

推件和顶件都是将工件或废料从凹模孔卸出，凹模在上模称推件，凹模在下模称顶件。

（1）推件装置 推件装置也可分为刚性推件与弹性推件，图2-38a、b所示为两种刚性推件装置。当模具回程时，压力机上横梁

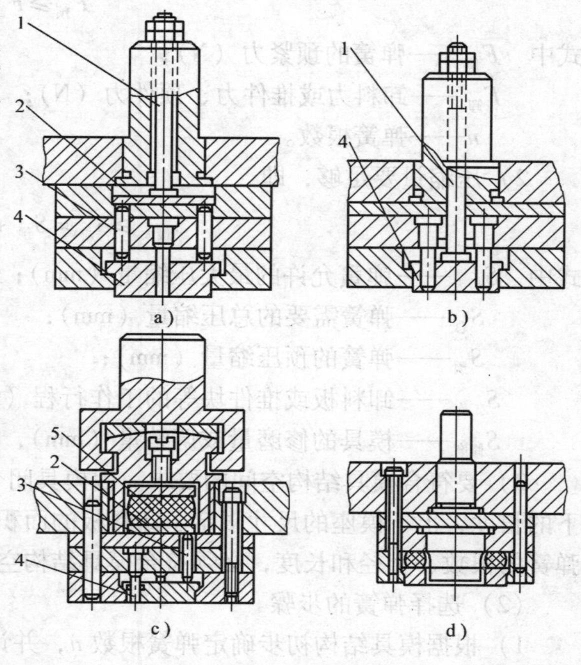

图2-38 推件装置

1—打杆 2—推板 3—连接推杆 4—推件块 5—橡胶

作用于打杆，将力依次传递到推板和推件块，把模孔中工件或废料推出。刚性推件装置推件力大，工作可靠，所以应用十分广泛，尤其冲裁板料较厚的冲裁模。对于板料较薄且平直度要求较高的冲裁件，宜用弹性推件装置，弹性组件一般采用橡胶，如图2-38c、d所示。采用这种结构，工件的质量较高，但工件易嵌入边料，给取出工件带来麻烦。

（2）顶件装置　顶件装置装在下模，一般是弹性的，如图2-39所示。其弹性组件是弹簧或橡胶，大型压力机具有气垫作为弹顶器。这种结构的顶件力容易调节，工作可靠；冲裁件平直度较高。

注意在模具设计装配时，应使推件块或顶件块伸出凹模孔口面0.2~0.5mm，以提高推件的可靠性。推件块和顶件块与凹模为间隙配合。

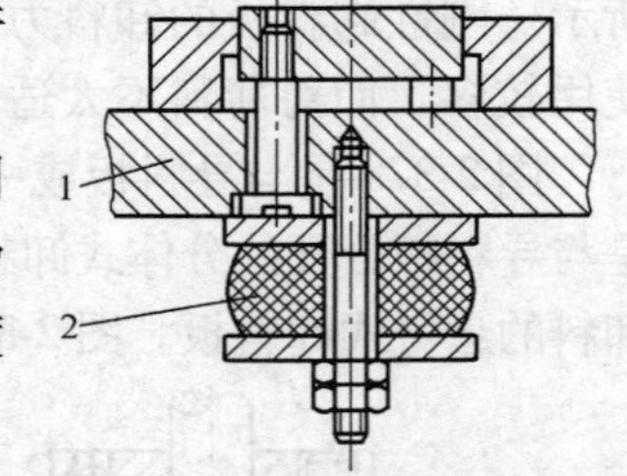

图2-39　弹性顶件装置

1—下模板　2—橡胶

2.3.4　弹簧和橡胶的选择

弹簧和橡胶是模具中广泛应用的弹性零件，用于卸料、压料、推件和顶件等工作。现介绍圆钢丝螺旋压缩弹簧和橡胶的选用方法。

1. 普通圆柱螺旋压缩弹簧

普通圆柱螺旋压缩弹簧一般是按照标准选用，标准编号为GB/T 2089—2009。

（1）选择标准弹簧的要求

1）压力要足够，即

$$F_{预} \geqslant F_{卸}/n \tag{2-38}$$

式中　$F_{预}$——弹簧的预紧力（N）；

$F_{卸}$——卸料力或推件力、顶件力（N）；

n——弹簧根数。

2）压缩量要足够，即

$$S_{最大} \geqslant S_{总} = S_{预} + S_{工作} + S_{修磨} \tag{2-39}$$

式中　$S_{最大}$——弹簧允许的最大压缩量（mm）；

$S_{总}$——弹簧需要的总压缩量（mm）；

$S_{预}$——弹簧的预压缩量（mm）；

$S_{工作}$——卸料板或推件块等的工作行程（mm），对冲裁可取$S_{工作}=t+1$；

$S_{修磨}$——模具的修磨量或调整量（mm），一般取4~6mm。

3）要符合模具结构空间的要求。因模具闭合高度的大小，限定了所选弹簧在预压状态下的长度，上下模座的尺寸限定了卸料板的面积，也限定了允许弹簧占用的面积，所以选取弹簧的根数、直径和长度，必须符合模具结构空间的要求。

（2）选择弹簧的步骤

1）根据模具结构初步确定弹簧根数n，并计算出每根弹簧分担的卸料力（或推件力），即$F_{卸}/n$。

2）根据$F_{预}$和模具结构尺寸，查设计手册，从相关标准中初选出若干个序号的弹簧，这些弹簧均需满足最大工作负荷大于$F_{预}$的条件。一般可取$F_{最大}=(1.5\sim2)F_{预}$。

3）校核弹簧的最大允许压缩量是否满足工作需要的总压缩量$S_{总}$，即满足式（2-39），如不满足重新选择。

4）检查弹簧的装配长度（即弹簧预压缩后的长度=弹簧的自由长度减去预压缩量）、根数、直径是否符合模具结构空间尺寸，如不符合要求，需重新选择。

例　冲裁模卸料装置如图2-21所示，冲裁件为低碳钢，$t=0.5$mm，经计算卸料力为1300N，请选择合适弹簧。

解　①初选弹簧根数为$n=4$，沿圆周均布。

②计算每根弹簧预压力：$F_{预}\geqslant F_{卸}/n=1300\text{N}/4=325\text{N}$

估算弹簧的最大工作负荷为：$F_{最大}=1.5F_{预}=487.5\text{N}$，查设计手册，初选54号弹簧，其主要规格为：外径25mm，材料直径4mm，自由高度70mm，最大负荷530N，最大压缩量$S_{最大}=18.8$mm。

③校核弹簧的压缩量，$F_{预}=325$N时弹簧预压缩量为

$$S_{预}=F_{预}S_{最大}/F_{最大}=(325\times18.8/530)\text{mm}=11.5\text{mm}$$

$$S_{总}=S_{预}+S_{工作}+S_{修磨}=11.5\text{mm}+(0.5+1)\text{mm}+5\text{mm}=18\text{mm}<S_{最大}=18.8\text{mm}$$

满足要求。

④检查弹簧的装配长度（略）。

2. 橡胶

橡胶允许承受的负荷比弹簧大，且价格低，安装调整方便，是模具中广泛使用的弹性组件。橡胶在受压方向所产生的变形与其所受到的压力不是成正比的线性关系，其特性曲线如图2-40所示。由图2-40可知，橡胶的单位压力与橡胶的压缩量和形状及尺寸有关。橡胶所能产生的压力为

$$F=Ap \tag{2-40}$$

式中　A——橡胶的横截面积（mm^2）；

p——与橡胶压缩量有关的单位压力（MPa），见表2-15或由图2-40查出。

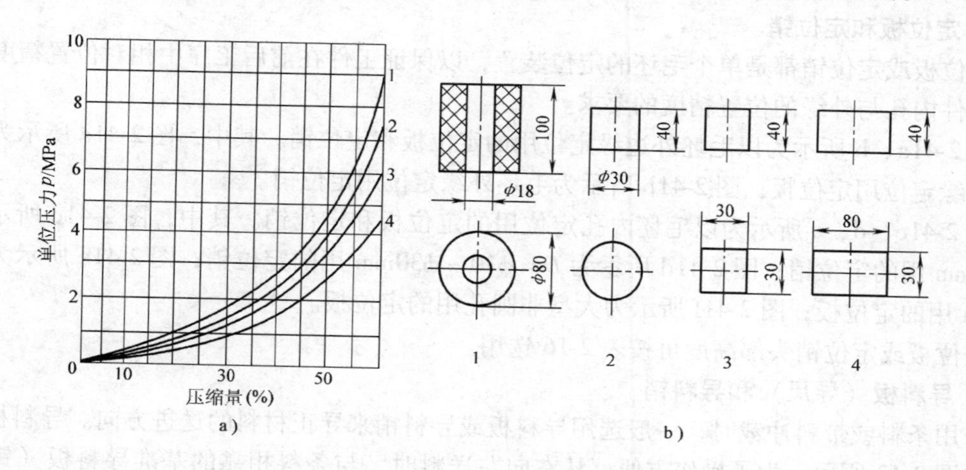

图2-40　橡胶特性曲线

a）特性曲线　b）曲线所对应的橡胶

表 2-15　橡胶压缩量与单位压力

压缩量	10%	15%	20%	25%	30%	35%
单位压力/MPa	0.26	0.5	0.74	1.06	1.52	2.10

选用橡胶时的计算步骤如下：

1）计算橡胶的自由高度：

$$S_{工作} = t + 1\text{mm} + S_{修磨} \tag{2-41}$$

$$H_{自由} = (3.5 \sim 4.0) S_{工作} \tag{2-42}$$

式中　$S_{工作}$——橡胶工作行程（mm）；

t——工件厚度（mm）；

$S_{修磨}$——模具的修磨量或调整量（mm），一般取4～6mm；

$H_{自由}$——橡胶的自由高度（mm）。

2）根据 $H_{自由}$ 计算橡胶的装配高度：

$$H_{装配} = (0.85 \sim 0.9) H_{自由} \tag{2-43}$$

3）计算橡胶的截面面积：

$$A = F/p \tag{2-44}$$

4）根据模具空间的大小校核橡胶的截面面积是否合适，并使橡胶的高径比满足下式：

$$0.5 \leqslant H/D \leqslant 1.5 \tag{2-45}$$

如果高径比超过1.5，应当将橡胶分成若干段叠加，在其间垫钢垫圈，并使每段橡胶的 H/D 值仍在上述范围内。另外要注意，在橡胶装上模具后，周围要留有足够的空隙位置，以允许橡胶压缩时断面尺寸的胀大。

2.3.5　定位零件

冲模的定位装置用以保证材料的正确送进及在冲模中的正确位置。单个毛坯定位用定位销或定位板。使用条料时，保证条料送进的导向零件有导料板、导料销等。保证条料进距的零件有挡料销、定距侧刃等。在连续模中，使用导正销保证工件孔与外形相对位置。

1. 定位板和定位销

定位板或定位销都是单个毛坯的定位装置，以保证工件在前后工序中相对位置精度，或保证工件内孔与外缘的位置精度的要求。

图2-41a、b所示为以毛坯外边缘定位用的定位板和定位销。其中，图2-41a所示为矩形毛坯外缘定位用定位板；图2-41b所示为毛坯外缘定位用定位销。

图2-41c、d、e所示为以毛坯内孔定位用的定位板和定位销。其中，图2-41c所示为 $D < \phi 10\text{mm}$ 用的定位销；图2-41d所示为 $D = \phi 10 \sim \phi 30\text{mm}$ 用的定位销；图2-41e所示为 $D > \phi 30\text{mm}$ 用的定位板；图2-41f所示为大型非圆孔用的定位板。

定位板或定位销头部高度可按表2-16选用。

2. 导料板（导尺）和导料销

采用条料或带料冲裁时，一般选用导料板或导料销来导正材料的送进方向。导料板和导料销如图2-42所示。为了操作方便，从右向左送料时，与条料相靠的基准导料板（销）装在后侧；从前向后送料时，基准导料板（销）装在左侧。如果是采用导料销，一般用2或3个。

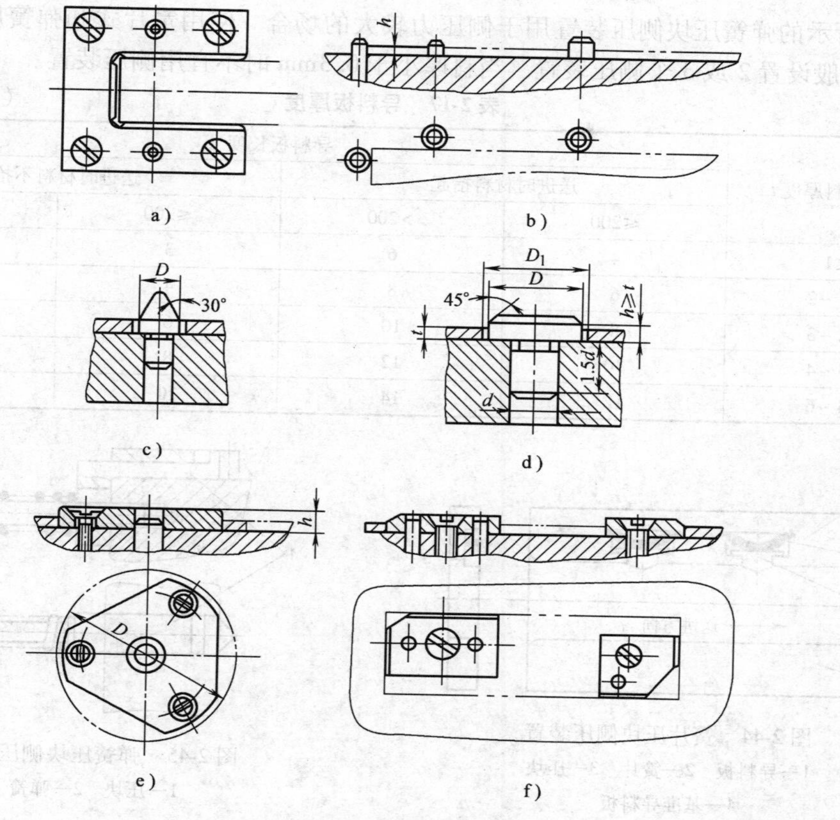

图 2-41　定位板与定位销

表 2-16　定位板或定位销销头高度　　　　　　　　　　（单位：mm）

材料厚度 t	<1	1～3	>3～5
定位板或定位销销头高度	$t+2$	$t+1$	t

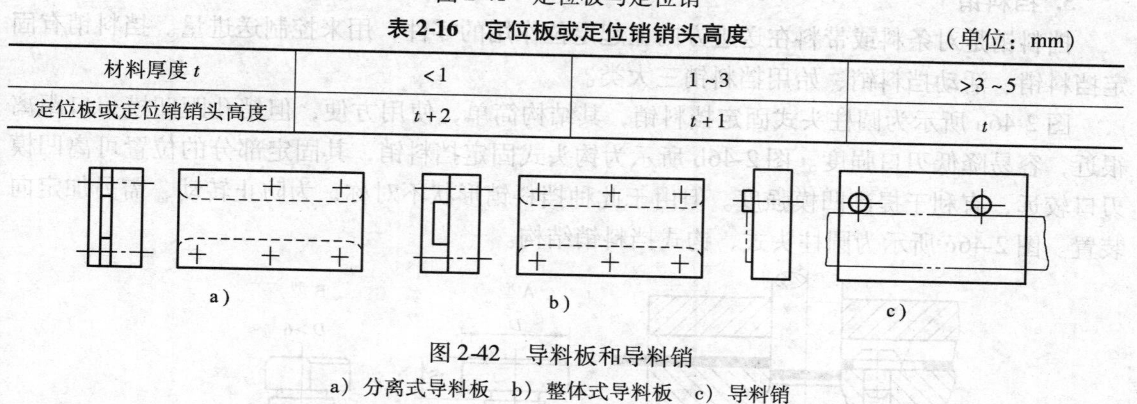

图 2-42　导料板和导料销

a）分离式导料板　b）整体式导料板　c）导料销

图 2-43 所示为导料板的结构尺寸。导料板的长度 L 应大于凸模的长度。导料板的厚度 H 可查表 2-17，表中送进时材料抬起是指采用固定挡料销定位时的情况。导料板间的距离可参考 2.1.5 节设计。

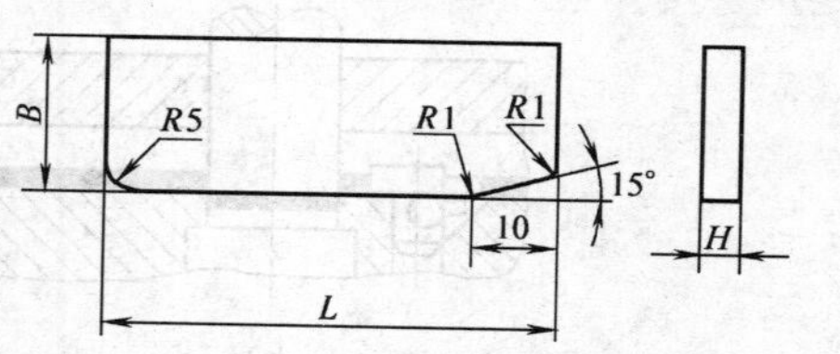

图 2-43　导料板的结构尺寸

为保证送料精度，使条料紧靠一侧的导料板送进，可采用侧压装置。图 2-44 所示的簧片压块侧压装置用于料厚小于 1mm、侧压力要求不大的情况。

图 2-45 所示的弹簧压块侧压装置用于侧压力较大的场合。使用簧片式和弹簧压块式侧压装置时，一般设置 2 或 3 个侧压装置。当料厚小于 0. 3mm 时不宜用侧压装置。

表 2-17　导料板厚度　　（单位：mm）

冲件材料厚度 t	导料板长度			
	送进时材料抬起		送进时材料不抬起	
	≤200	>200	≤200	>200
≤1	4	6	3	4
>1～2	6	8	4	6
>2～3	8	10	6	6
>3～4	10	12	8	8
>4～6	12	14	10	10

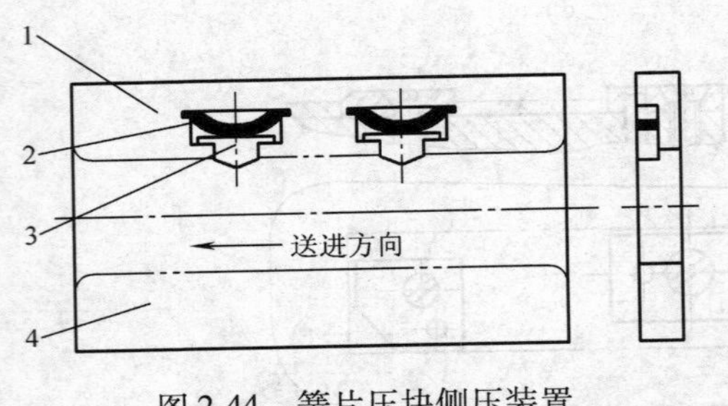

图 2-44　簧片压块侧压装置
1—导料板　2—簧片　3—压块
4—基准导料板

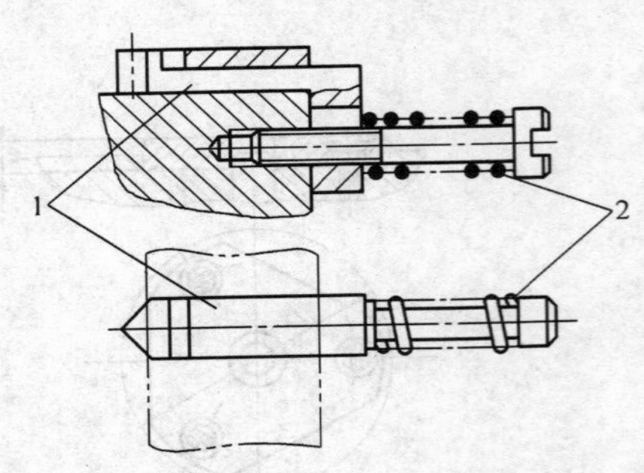

图 2-45　弹簧压块侧压装置
1—压块　2—弹簧

3. 挡料销

挡料销是对条料或带料在送进方向上起定位作用的零件，用来控制送进量。挡料销有固定挡料销、活动挡料销、始用挡料销三大类。

图 2-46a 所示为圆柱头式固定挡料销，其结构简单，使用方便，但销孔距凹模刃口距离很近，容易降低刃口强度。图 2-46b 所示为钩头式固定挡料销，其固定部分的位置可离凹模刃口较远，有利于提高凹模强度。但由于此种挡料销形状不对称，为防止转动，需另加定向装置。图 2-46c 所示为圆柱头式、钩式挡料销结构。

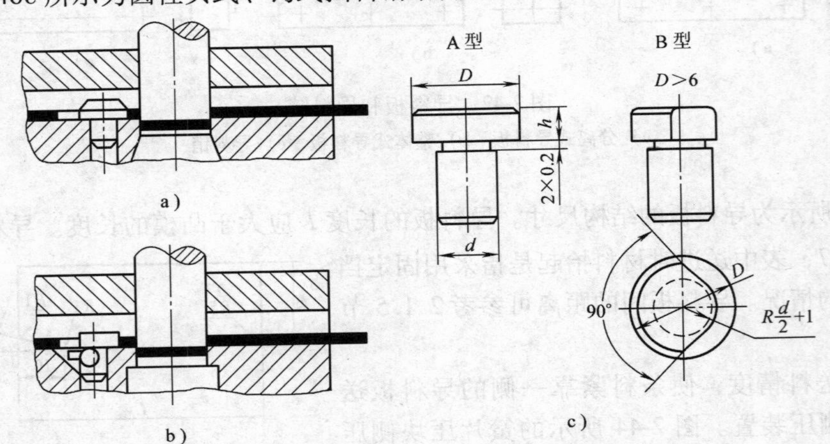

图 2-46　圆柱头式与钩式挡料销

图 2-47 所示为活动挡料销。当模具闭合后不允许挡料销的顶端高出板料时，宜采用活动挡料销结构。图 2-47a 所示为利用压缩弹簧使挡料销上下活动，图2-47b所示为利用扭转弹簧使挡料销上下活动，图 2-47c 所示为橡胶弹顶式活动挡料销。

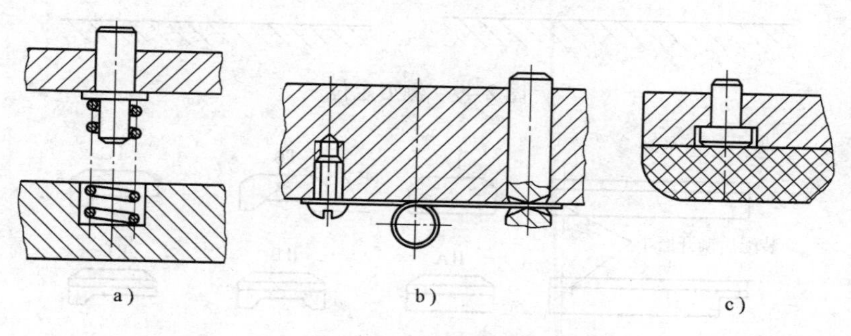

图 2-47　活动挡料销

图 2-48 所示为始用挡料销。这种挡料销一般用在连续模中，对条料送进时首次定位。使用时，用手压出挡料销。完成首次定位后，在弹簧的作用下挡料销自动退出，不再起作用。

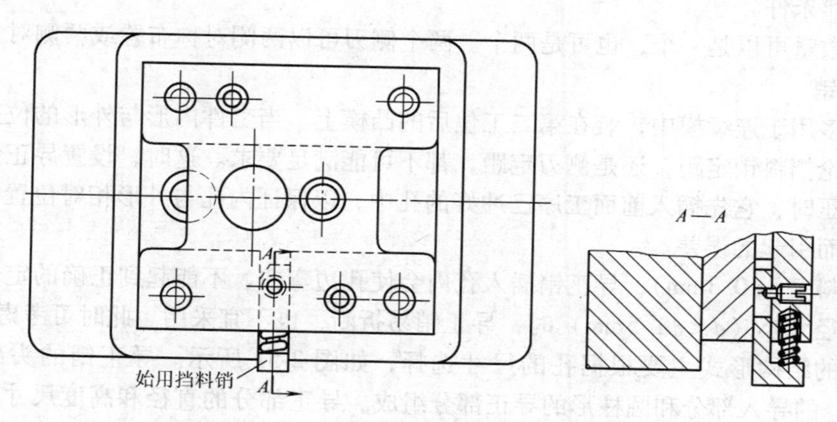

图 2-48　始用挡料销

4. 侧刃

侧刃常用于连续模中控制送料步距。侧刃实质上是裁切边料的凸模，有用的刃口只是其中两侧（见图 2-49）。通过这两侧刃口切去条料边缘的部分材料，使形成台阶。条料被切去宽度方向部分边料后，才能够继续向前送进，送进的距离为切去的长度（送料步距）。当条料送到切料后形成的台阶时，侧刃挡块阻止了条料继续送进，只有通过侧刃下一次的冲切，新的送料步距才又形成。

侧刃标准结构如图 2-50 所示，按侧刃的断面形状分为矩形侧刃与成形侧刃两类。图 2-50 中 A 型为矩形侧刃，其结构与制造较简单，但当刃口磨损后，会使切出的条料台阶角部出现圆角或毛刺，或出现侧边毛刺，影响条料正常送进和定位；B 型为双角成形侧刃；C 型为单角成形侧刃。成形侧刃产生的圆角、毛刺位于条料侧边凹进入，所以不会影响送料。但 B、C 型结构制造难度增加，冲裁废料也增多。采用 B 型的侧刃时，冲裁件受力均匀。

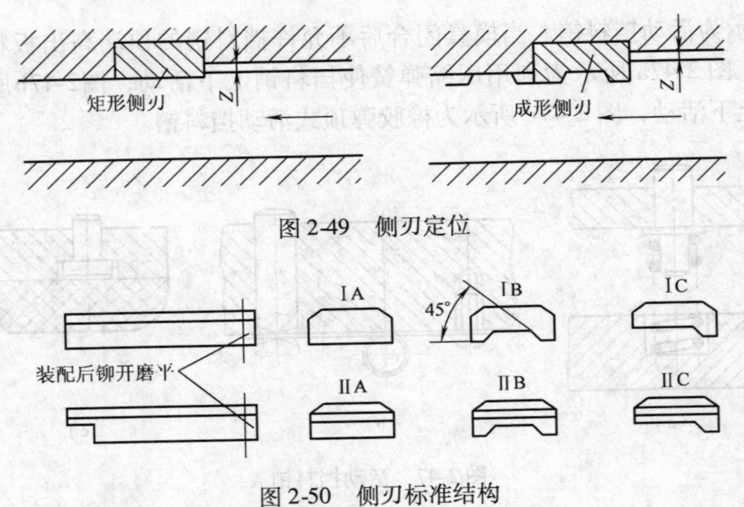

图2-49　侧刃定位

图2-50　侧刃标准结构

侧刃按工作端面的形状分为平端面（Ⅰ型）和台阶端面（Ⅱ型）两种，如图2-50所示。Ⅱ型多用于冲裁1mm以上厚料，冲裁前凸出部分先进入凹模导向，以改善侧刃在单边受力时的工作条件。

侧刃的数量可以是一个，也可是两个。两个侧刃可以两侧对称布置或两侧对角布置。

5. 导正销

导正销多用于连续模中，装在第二工位后的凸模上。当工件内形与外形的位置精度要求较高时，无论挡料销定距，还是侧刃定距，都不可能满足要求。这时，设置导正销可提高定距精度。冲压时，它先插入前面工序已冲好的孔中，以保证内孔与外形相对位置的精度，消除由于送料而引起的误差。

对于薄料（$t<0.3$mm），导正销插入孔内会使孔边弯曲，不能起到正确的定位作用。此外，孔的直径太小（$d<\phi1.5$mm）时，导正销易折断，也不宜采用。此时可考虑采用侧刀。

导正销的结构形式主要根据孔的尺寸选择，如图2-51所示。导正销的头部由圆锥形（或圆弧形）的导入部分和圆柱形的导正部分组成。导正部分的直径和高度尺寸及公差很重要。

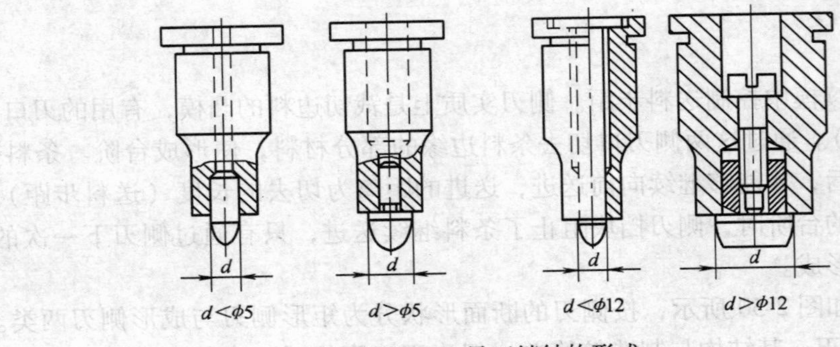

图2-51　导正销结构形式

导正部分的直径比冲孔凸模的直径要小0.04～0.20mm，见表2-18。导正部分的高度一般取$h=(0.5\sim1)t$。

表 2-18　双面导正间隙　（单位：mm）

料厚 t	冲孔凸模直径 d						
	$\phi1.5\sim\phi6$	$>\phi6\sim\phi10$	$>\phi10\sim\phi16$	$>\phi16\sim\phi24$	$>\phi24\sim\phi32$	$>\phi32\sim\phi42$	$>\phi42\sim\phi60$
<1.5	0.04	0.06	0.06	0.08	0.09	0.10	0.12
1.5~3	0.05	0.07	0.08	0.10	0.12	0.14	0.16
3~5	0.06	0.08	0.10	0.12	0.16	0.18	0.20

导正销通常与挡料销配合使用（也可以与侧刃配合使用）。导正销与挡料销的位置关系如图 2-52 所示。

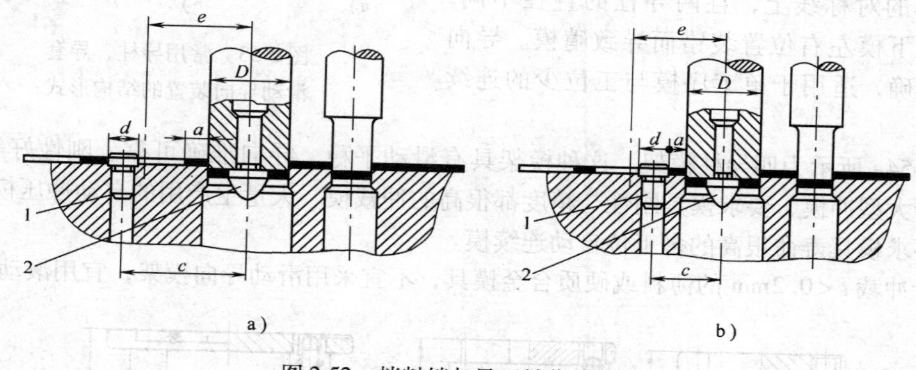

图 2-52　挡料销与导正销位置关系

1—挡料销　2—导料销

按图 2-52a 方式定位时：

$$e=\frac{D}{2}+a+\frac{d}{2}+\Delta \tag{2-46}$$

按图 2-52b 方式定位时：

$$e=\frac{3D}{2}+a-\frac{d}{2}-\Delta \tag{2-47}$$

式中　Δ——导正销往后拉（见图 2-52a）或往前推（见图 2-52b）时条料的活动余量，可取 0.1mm；

a——搭边值（mm）。

2.3.6　导向零件与标准模架

冲模设置导向装置可以提高模具精度，减少压力机对模具精度的不良影响，又可节省调整时间，提高工件精度和模具寿命，因此，批量生产用冲模广泛采用导向装置。冲模常用导向装置除前面介绍的导板导向结构外，主要是导柱、导套导向装置。导柱、导套导向又分滑动导向和滚动导向两种结构形式。

1. 导柱、导套滑动导向装置

常用导柱、导套滑动导向装置的结构形式如图 2-53 所示。其中，图 2-53a 所示结构形式比图 2-53b、c 应用广泛，标准模架中导柱、导套均采用图 2-53a 所示结构。按导柱在模架上的固定位置不同，标准导柱模架的基本形式分四种，如图 2-54 所示。

图2-54a所示为对角导柱模架。导柱安装在模具中心对称的对角线上，且两导柱的直径不同，以避免上下模位置装错。模架导向平稳，横向、纵向均可送料，在连续模中应用较广。

图2-54b所示为后侧导柱模架。这种模架前面和左、右不受限制，送料和操作比较方便。但导柱安装在后侧，工作时偏心距会造成导柱、导套单边磨损，一般用在小型冲模中。

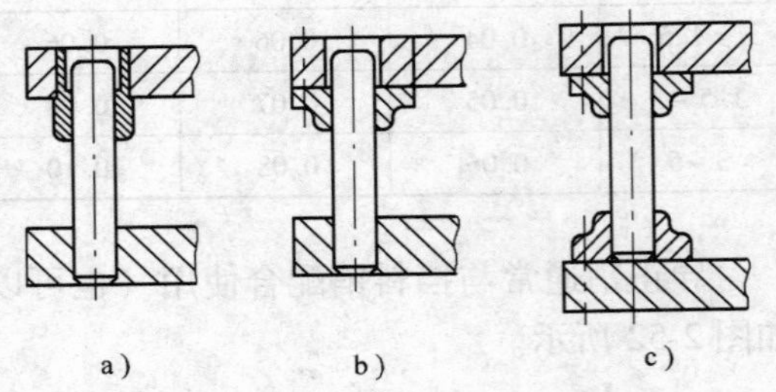

图2-53　常用导柱、导套滑动导向装置的结构形式

图2-54c、d所示为中间导柱模架。导柱安装在模具的对称线上，且两导柱的直径不同，以避免上下模左右位置装错而导致啃模。导向平稳、准确，适用于单工序模与工位少的连续模。

图2-54e所示为四导柱模架。这种模架具有滑动平稳、导向准确可靠、刚性好等优点。一般用于大型冲模、要求模具刚性与精度都很高的冲裁模、大量生产用的自动冲压模架，以及同时要求模具寿命很高的多工位自动连续模。

对于冲裁$t<0.2$mm的薄料或硬质合金模具，不宜采用滑动导向模架，宜用滚动导向。

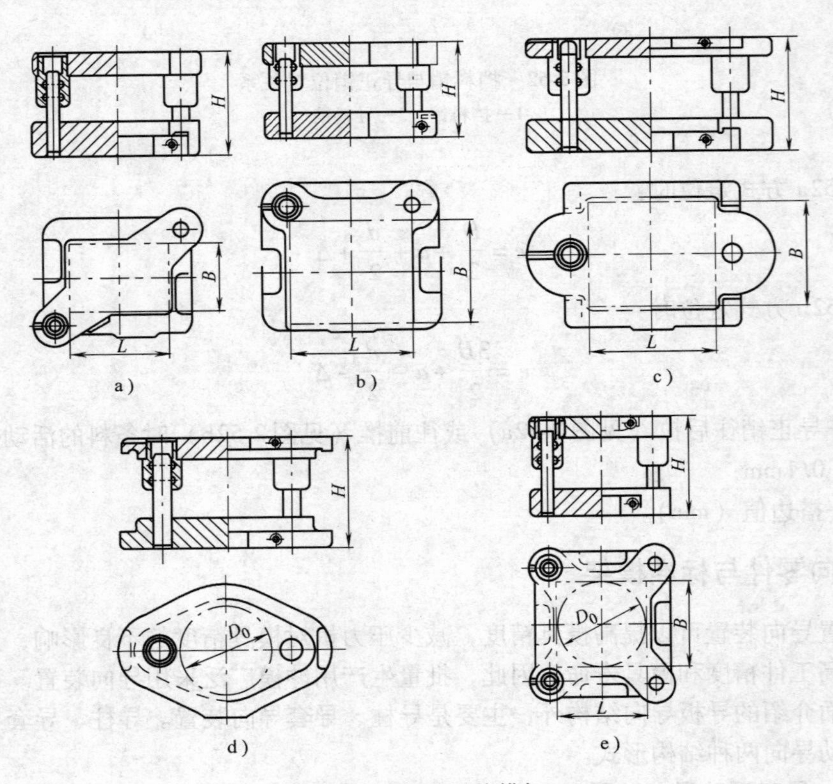

图2-54　标准导柱模架

2. 导柱、导套滚动导向装置

滚动导向装置又称滚珠导向装置（见图2-55），是一种无间隙导向。其导向精度高、寿

命长，在高速压力机工作的高速冲模、精密冲裁模、硬质合金模和其他精密模具中有广泛应用。在滚珠导向结构中，导柱、导套的布置形式与滑动导向装置相同，有对角导柱、中间斜柱、后侧导柱和四导柱布置形式。

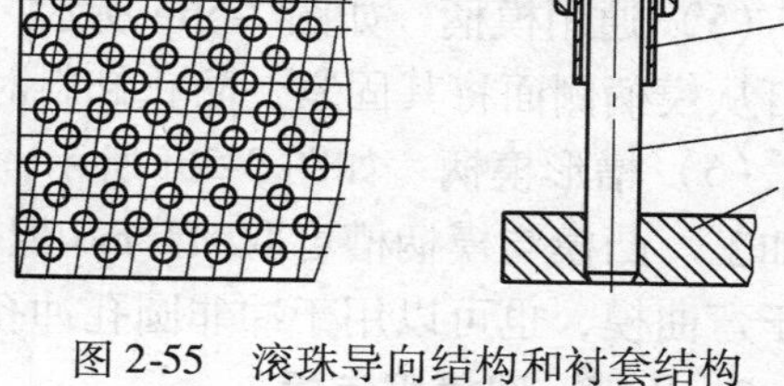

图2-55　滚珠导向结构和衬套结构

1—导套　2—上模座　3—滚珠　4—滚珠夹持圈　5—导柱　6—下模座

2.3.7　模柄及支撑、固定零件

1. 模柄

大型模具通常是用螺钉、压板直接将上模座固定在滑块上。中、小型模具一般是通过模柄将上模座固定在压力机滑块上。常用模柄结构形式有以下几种：

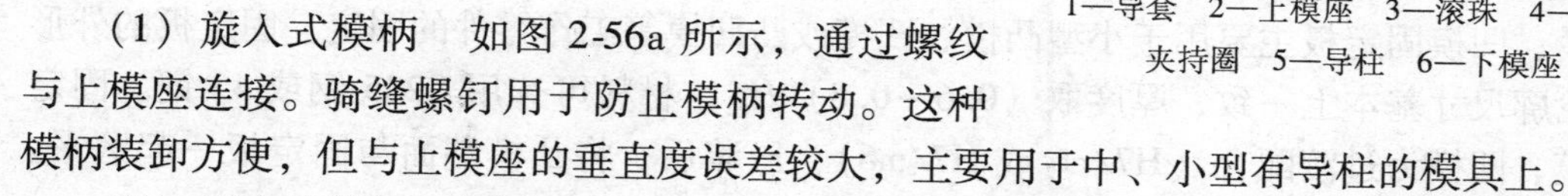

（1）旋入式模柄　如图2-56a所示，通过螺纹与上模座连接。骑缝螺钉用于防止模柄转动。这种模柄装卸方便，但与上模座的垂直度误差较大，主要用于中、小型有导柱的模具上。

（2）压入式模柄　如图2-56b所示，固定段与上模座孔采用H7/m6过渡配合，并加骑缝销防止转动。装配后模柄轴线与上模座垂直度比旋入式模柄好，主要用于上模座较厚而又没有开设推板孔的场合。

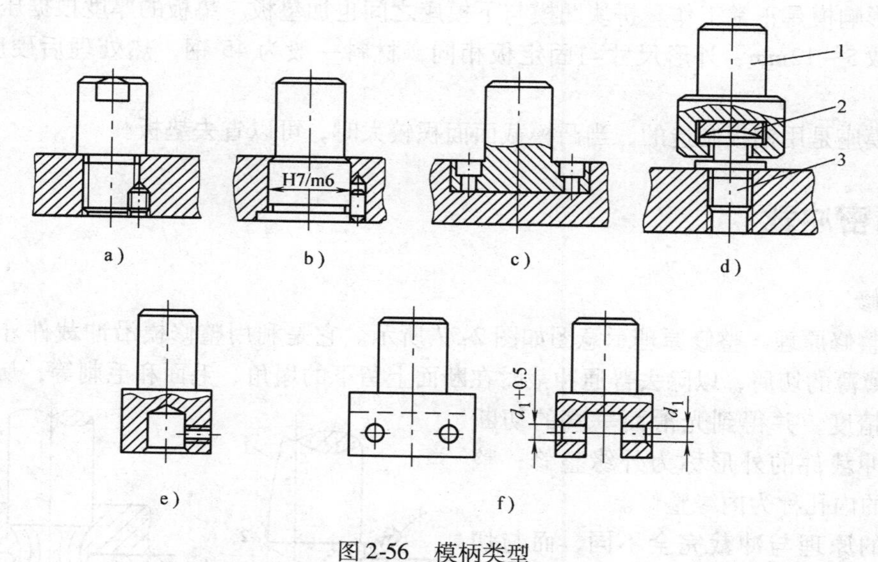

图2-56　模柄类型

a）旋入式　b）压入式　c）凸缘式　d）浮动式　e）通用式　f）槽形式

1—槽柄接头　2—凹球面垫块　3—活动模柄

（3）凸缘模柄　如图2-56c所示，上模座的沉孔与凸缘为H7/h6配合，并用3个或4个内六角圆柱头螺钉进行固定。由于沉孔底面的表面质量较差，与上模座的平行度也较差，所以装配后模柄的垂直度远不如压入式模柄。这种模柄的优点在于凸缘的厚度一般不到模座厚度的一半，凸缘模柄以下的模座部分仍可加工出形孔，以便容纳推件装置的推板。

（4）浮动模柄　如图2-56d所示，模柄接头1与活动模柄3之间加一个凹球面垫块2。因此，模柄与上模座不是刚性连接，允许模柄在工作过程中产生少许倾斜。采用浮动模柄，可避免压力机滑块由于导向精度不高对模具导向装置产生不利影响，减少模具导向件的磨损，延长使用寿命。浮动模柄主要用于滚动导向模架，在压力机导向精度不高时，选用一级精度滑动导向模架也可采用。但选用浮动模柄的模具必须使用行程可调压力机，保证在工作过程中导柱与导套不脱离。

（5）通用模柄　如图 2-56e 所示，将快换凸模插入模柄下方孔内，配合为 H7/h6，再用螺钉从模柄侧面将其固紧，防止卸料时拔出。根据需要，可更换不同直径的凸模。

（6）槽形模柄　如图 2-56f 所示，槽形模柄便于固定非圆凸模，并使凸模结构简单、容易加工。凸模与模柄槽可取 H7/m6 配合，在侧面打入两个横销，防止拔出。槽形模柄主要用于弯曲模，也可以用于冲非圆孔冲孔模、切断模等。

2. 凸模、凹模固定板

凸模、凹模固定板主要用于小型凸模、凹模或凸凹模等工作零件的固定。固定板的外形与凹模轮廓尺寸基本上一致，厚度取（0.6～0.8）$H_{凹}$，材料可选用 Q235 钢或 45 钢。固定板与凸模、凹模为过渡配合（H7/n6 或 H7/m6），压装后，将凸模端面与固定板一起磨平。浮动凸模与固定板采用间隙配合。

3. 垫板

垫板的作用是承受凸模或凹模的压力，防止过大的冲压力在硬度较低的上、下模座上压出凹坑，影响模具正常工作。拼块凹模与下模座之间也加垫板。垫板的厚度根据压力大小选择，一般取 5～12mm，外形尺寸与固定板相同，材料一般为 45 钢，热处理后硬度为 43～48HRC。

如果模座是用钢板制造的，当凸模截面面积较大时，可以省去垫板。

2.4　精密冲裁

1. 整修

（1）整修原理　整修原理示意图如图 2-57 所示。它是利用整修模沿冲裁件外缘或内孔刮去一层薄薄的切屑，以除去普通冲裁时在断面上留下的塌角、毛面和毛刺等，从而提高冲裁件尺寸精度，并得到光滑而垂直的切断面。整修冲裁件的外形称为外缘整修；整修冲裁件的内孔称为内缘整修。

整修的原理与冲裁完全不同，而与切削加工相似。整修工艺首先要合理确定整修余量，过大或过小的余量都会影响整修后工件的质量，影响模具寿命。总的整修余量大小与冲裁件材料、厚度、外形等有关，也与冲裁件的切断面加工状况有关，即与凸模和凹模间隙有关。如整修前采用大间隙冲裁，则为了切去切断面上带锥度的粗糙毛面，整修余量就要大一些；而采用小间隙落料，只是切去二次剪切所形成的中间粗糙区及潜裂纹，并不需要很大的整修余量。

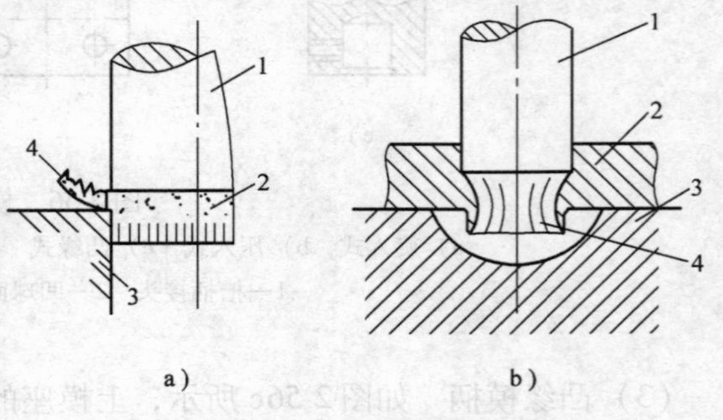

图 2-57　整修原理示意图

a）外缘整修　b）内缘整修

1—凸模　2—工件　3—凹模　4—切屑

整修次数与工件的板料厚度及形状有关，尽可能采用一次整修。板料厚度小于3mm的外形简单工件，一般只需一次整修。板料厚度大于3mm或工件有尖角时，需进行多次整修。

（2）整修模工作部分尺寸计算　整修模工作部分尺寸计算方法与普通冲裁相同，见表2-19。计算公式中考虑了整修工件在整修后的弹性变形量。外缘整修时，工件略有增大，但刃口锋利的模具增大量很小，一般小于0.005mm，计算时可以不计入。内缘整修时，孔径回弹变形量大于外缘整修，计算凸模尺寸时应考虑进去。

表2-19　整修模工作部分尺寸计算

工作部分尺寸	外缘整修	内缘整修
整修凹模尺寸	$D_d=(D_{max}-K\Delta)^{+T_d}_{0}$ $K=0.75, T_d=0.25\Delta$	凹模一般只起支承毛坯的作用，型孔形状及尺寸可不作严格规定
整修凸模尺寸	$D_p=(D_{max}-K\Delta-Z)^{0}_{-T_p}$ $Z=0.01\sim0.025mm, T_p=0.25\Delta$，$K=0.75$	$d_p=(d_{min}+K\Delta+\varepsilon)^{0}_{-T_p}$ $K=0.75, T_p=0.2\Delta$

注：D_{max}—外缘整修件的最大极限尺寸；d_{min}—内缘整修件的最小极限尺寸；Δ—整修件的公差；ε—整修后孔的收缩量，铝：0.005~0.01mm，黄铜：0.007~0.012mm，软钢：0.008~0.015mm。

2. 带齿圈压板精密冲裁（精冲法）

精密冲裁简称精冲。精冲是在普通冲裁的基础上，采取强力齿圈压边、小间隙等四项工艺措施的一种新的冲压分离加工方法。其工件断面的表面粗糙度、尺寸精度及断面垂直度均比普通冲裁件高很多，达到了一般切削加工的要求，表2-20列出了两者的对比。图2-58所示为精冲件断面示意图。由于断面毛刺很薄又容易去除，且塌角高度比较小，故通常认为精冲件的断面全为剪切面（塑性分离面）。

表2-20　冲裁件与精冲件比较

名称	表面粗糙度 $Ra/\mu m$	尺寸精度	断面垂直度	表面平面度	断面组成	获得工件
普通冲裁	可达3.2	IT9~IT11	差	有弯拱	4部分	冲裁件
精密冲裁	可达0.2~1.6	IT6~IT9	好（89.5°以上）	平整（可直接用于装配）	3部分，且塌角小，毛刺薄	还能获得成形件（与其他工序复合时）

（1）精冲特点　精冲有如此大的优越性，这主要是精冲的特点所决定的。这些特点表现在精冲时采用了一切可能实现获得压应力的特殊工艺措施，如图2-59所示。

1）齿圈压板（或称V形环）。精冲的压料板与普通冲裁的压料板不同，它是带有齿圈的，起强烈压边作用，使之造成三向压应力状态，增加了变形区及其邻域的静水压。

齿圈压板是精冲变形中最重要的工艺措施。其V形环的角度一般设计成对称45°；V形环与刃口边的距离$a(=0.7t)$及V形环的高度$h(\approx0.2t)$应随精冲材料的厚度而变化。

2）凹模（或冲头）小圆角。普通冲裁时，模具刃口越尖越好；而精冲时，刃尖处有

0.02～0.2mm 或（1～2）%t 的小圆角，抑制了剪裂纹的发生，限制了断裂面的形成，且对工件断面的挤光作用更有利。

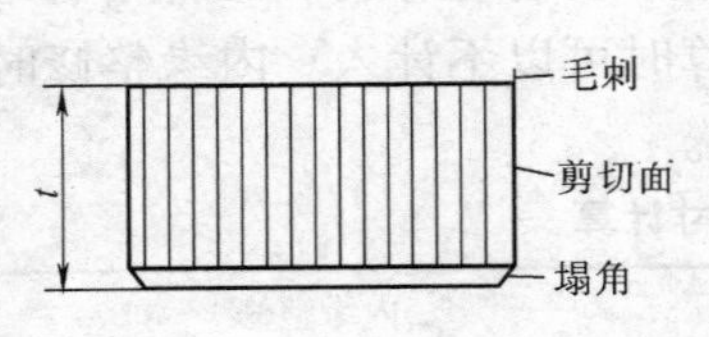

图2-58　精冲件断面示意图

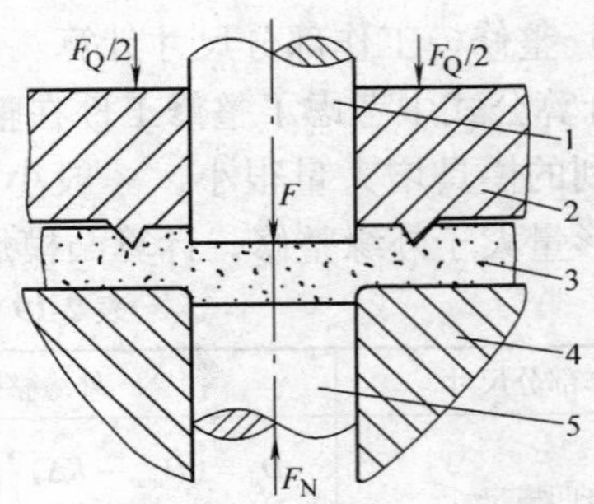

图2-59　精冲机理

1—凸模　2—齿圈压板　3—板料　4—凹模　5—反顶杆

3）小间隙。间隙（C）越小，冲裁变形区的拉应力越少、压应力的作用越大。通常，精冲的间隙近乎为零，取成0.01～0.02mm，对较薄一些的板料也有按 $C=(0.5\sim1.2)\%t$ 取用的。小间隙还使模具对剪切面有挤光作用。

4）反顶力。施加很大的反顶力，很显然能减少材料弯曲，起到增加压应力因素的作用，进一步促使其断裂面减少、剪切光亮面增加，同时，也使工件无弯拱。

（2）精冲机理　由于采用了以上工艺措施，造成了在V形环内精冲材料的强大静水压，故精冲变形机理与普通冲裁是不同的。一般认为，精冲是在高静水压作用下，抑制了材料的断裂，以不出现剪裂纹为冲裁条件而按塑性变形方式实现材料的分离。试验研究表明，精冲过程中，冲头进入材料厚度的80%时，材料仍未分离。可有研究指出，精冲变形的最后过程依然是剪裂纹（显微裂纹）发生、发展而发生断裂分离的；但由于厚度已经很小，且又被冲头或凹模挤光，故断面上看不出断裂面。

（3）精冲力　精冲变形所需的总能量比普通冲裁所需能量将近大一倍。但仅用于切离材料的冲裁力并不很大，一般用下面公式进行计算：

$$F=0.9LtR_m=Lt\tau_b \tag{2-48}$$

式中各符号意义与普通冲裁相同，见式（2-14）注释。

精冲除了冲裁力外，还需要很大的压边力、反顶力、卸料力和推件力。这些力的计算公式及与普通冲裁相比较的情况列于表2-21。

表2-21　冲裁与精冲力计算比较

工艺力	精密冲裁	普通冲裁	工艺力	精密冲裁	普通冲裁
冲裁力	$F_1=0.9LtR_m=Lt\tau_b$	$F_1=0.8LtR_m\approx Lt\tau_b$	卸料力	$F_4=(0.1\sim0.15)F_1$	$F_4\approx0.03F_1$
压边力	$F_2=(0.3\sim0.5)F_1$	$F_2\approx0$（或$=F_4$）	推件力	$F_5=(0.1\sim0.15)F_1$	$F_5\approx0.1F_1$
反顶力	$F_3=(0.1\sim0.15)F_1$	$F_3\approx0.1F_1$			

精冲力计算的另一个公式，即精冲时的抗剪强度为

$$\tau_b=(mt/d+0.75)R_m \tag{2-49}$$

式中　τ_b——抗剪强度（MPa）；

m——与间隙有关的系数；$2C/t=0.005$ 时，$m=3.0$；$2C/t=0.01$ 时，$m=2.85$；

t/d——材料的相对厚度；

R_m——抗拉强度（MPa）。

选用设备时，若是选精冲机，则用式（2-48）计算出的力进行选择；如果是选普通压力机，则必须把表2-21中五种工艺力中的前三种力相加后，再去进行选择。

3. 半精密冲裁

（1）小间隙圆角刃口冲裁（又称光洁冲裁） 图2-60所示为小间隙圆角刃口冲裁示意图。凸、凹模间隙很小，双面冲裁间隙一般为0.01～0.02mm，并且与板料厚度无关。凸模与凹模一对刃口之一取小圆角刃口，圆角半径一般取板料厚度的10%。落料时，凹模刃口为小圆角；冲孔时，凸模刃口为小圆角。

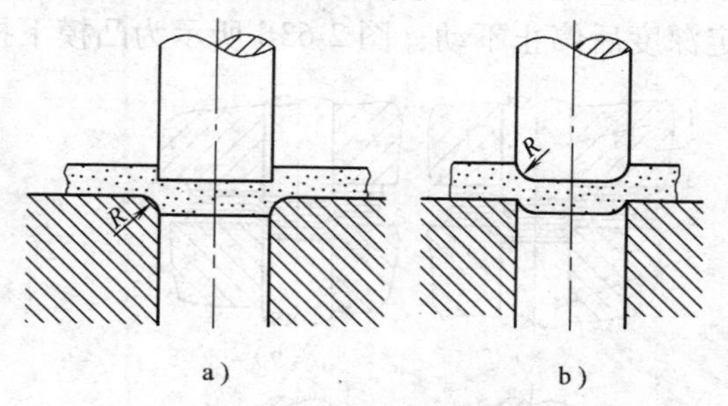

图2-60 小间隙圆角刃口冲裁示意图
a）落料 b）冲孔

由于采用小间隙圆角刃口冲裁，加强了冲裁变形区的压应力，起到抑制裂纹的作用，改变了普通冲裁条件，因而所得到的工件质量高于普通冲裁件，但低于精冲件。断面的表面粗糙度值 Ra 可达0.4～1.6μm，工件尺寸精度可达IT8～IT11。

小间隙圆角刃口冲裁方法比较简单，冲裁力比普通冲裁约大50%，但对设备无特殊要求。该冲裁方法适用于塑性较好的材料，如软铝、纯铜、黄铜、05F和08F等软钢。

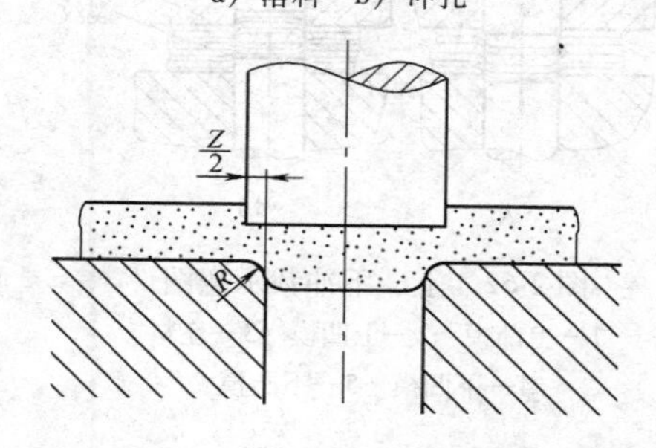

图2-61 负间隙冲裁示意图

（2）负间隙冲裁 图2-61所示为负间隙冲裁示意图。负间隙冲裁就是凸模尺寸比凹模大，对于圆形零件，凸模比凹模大（0.1～0.2）t（t 为板料厚度）；对于非圆形零件，凸出的角部比内凹的角部差值大。凹模刃口圆角半径可取板料厚度的5%～10%，而凸模越锋利越好。为了防止刃口相碰，凸模的工作端面到凹模端面必须保持0.1～0.2mm的距离。一次冲裁冲件不能全部挤入凹模，而是借助下一次冲裁，将它挤入并推出凹模。

由于采用了负间隙和圆角凹模，大大加强了冲裁变形区的压应力，其冲裁机理实质上与小间隙圆角刃口冲裁相同。工件断面的表面粗糙度值 Ra 可达0.4～0.8μm，尺寸精度可达IT8～IT11。

负间隙冲裁的冲裁力比普通冲裁大得多。冲裁铝件时，冲裁力为普通冲裁的1.3～1.6倍；冲裁黄铜时，冲裁力则高达普通冲裁的2.25～2.8倍。该冲裁方法只适用于铝、铜及黄铜、低碳钢等硬度低、塑性很好的材料。即使冲这些材料，凹模的硬度也要很高，且工作表面要抛光到 Ra 达0.1μm。

（3）上、下冲裁 图2-62所示为上、下冲裁工艺过程示意图，其中，图2-62a为上、下凹模压紧材料，上凸模开始冲裁；图2-62b为上凸模挤入材料深度达(0.15～0.3)t(t 为板料厚度)后停止挤入；图2-62c为下凸模向上冲裁，上凸模回升；图2-62d为下凸模继续向上冲裁，直至材料分离。

上、下冲裁的变形特点与普通冲裁相似，所不同的是经过上下两次冲裁，获得上下两个光面，光面在整个断面上的比例增加，板厚的中间有毛面，没有毛刺，因而工件的断面质量得到提高。

（4）对向凹模冲裁　图 2-63 所示为对向凹模冲裁工艺过程示意图。其中，图 2-63a 所示为送料定位；图 2-63b 所示为带凸台凹模压入材料；图 2-63c 所示为带凸台凹模下压到一定深度后停止不动；图 2-63d 所示为凸模下推材料分离。

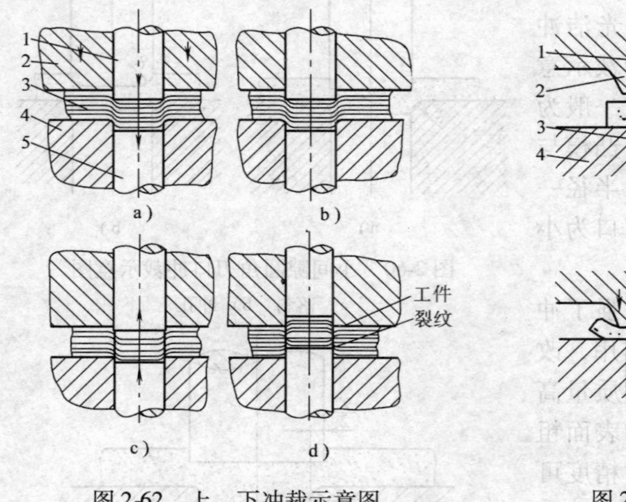

图 2-62　上、下冲裁示意图

1—上凸模　2—上凹模　3—坯料　4—下凹模　5—下凸模

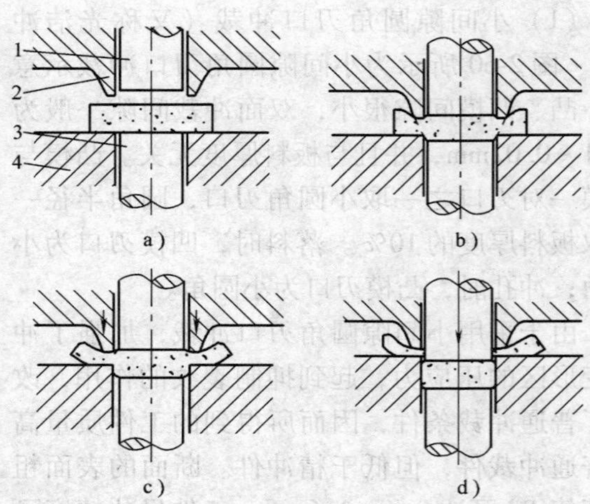

图 2-63　对向凹模冲裁工艺过程示意图

1—凸模　2—带凸台凹模　3—顶杆　4—平凹模

冲裁时，随着两个凹模之间的距离的缩小，一部分材料被挤入到平凹模内，同时也有一部分材料被挤入到带凸台凹模内。因此，在冲完的工件两面都有塌角，而完全没有毛刺。

对向凹模冲裁过程属于整修过程，冲裁力比较小，模具寿命比较高。对高强度的材料、厚板或脆性材料也可以进行冲裁，但需使用专用的三动压力机。

2.5　其他冲裁模

2.5.1　聚氨酯冲裁模

1. 聚氨酯冲裁模的特点及应用

聚氨酯冲裁模是利用高强度、硬度、耐磨、耐油、耐老化、抗撕裂性能的聚氨酯作为冲模的工作零件，用以代替普通冲模的钢凸模、凹模或凸凹模进行冲压工作的一种模具。这种模具具有结构简单、制造容易、生产周期短、成本低等优点，最适用于薄板材料的冲裁，同时也可用于弯曲、胀形、拉深及翻边等工艺。缺点是较钢模冲裁力大，冲裁时搭边值较大，生产率不高。

2. 聚氨酯的选用

由于原料的配比不同，聚氨酯的硬度变化范围比较大，目前国产聚氨酯的牌号有 8260、8270、8280、8290、8295 等，其邵氏硬度分别为 67A、75A、85A、90A、93A。根据冲压工艺的要求，牌号8290、8295主要用于冲裁模；牌号8260、8270、8280主要用于各种成形模和弹性元件，其压缩比不能超过35%。

3. 聚氨酯冲裁模的设计

用聚氨酯模冲裁，落料时凹模用聚氨酯，凸模仍用金属材料。冲孔时凸模用聚氨酯，凹模仍用金属材料。

（1）冲裁变形过程　如图2-64所示，聚氨酯冲裁模的冲裁变形过程与一般钢模不同。压力机滑块下行时，装在容框内的聚氨酯产生弹性变形，以较高的压力迫使被冲材料沿钢质凸模刃口发生弯曲、拉伸等变形，直到材料断裂分离。在冲裁过程中，由于橡胶始终把材料压在钢模上，故冲裁件平整；同时因为橡胶紧贴着钢模刃口流动，成为无间隙冲裁，所以冲裁件基本无毛刺。

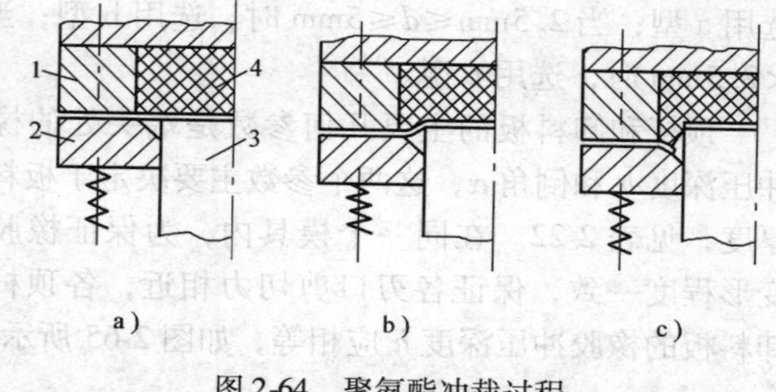

图2-64　聚氨酯冲裁过程

a）变形开始　b）变形过程　c）变形结束

1—容框　2—卸料板　3—凸模　4—聚氨酯

根据聚氨酯冲裁的特点，冲裁搭边值应比钢模冲裁时大（一般为3~5mm）。冲孔孔径不能太小，否则所需橡胶的单位面积压力太大，冲裁很困难。

（2）钢质凸模与凹模刃口尺寸的计算　聚氨酯冲裁凸模与凹模刃口尺寸的计算与普通冲裁有些不同。其落料件外形尺寸决定于钢凸模刃口尺寸，冲孔孔径决定于钢凹模刃口尺寸。设计时可按下式计算：

落料
$$D_p = (D_{max} - x\Delta)_{-\delta_p}^{0} \tag{2-50}$$

冲孔
$$d_d = (d_{min} + x\Delta)_{0}^{+\delta_d} \tag{2-51}$$

式中　D_p——钢凸模的刃口尺寸；

d_d——钢凹模的刃口尺寸；

Δ——冲裁件公差；

δ_p——钢凸模制造公差；

δ_d——钢凹模制造公差；

x——系数，一般为0.5~0.7。

（3）聚氨酯冲裁模的设计

1）聚氨酯容框的设计。容框内形与钢凸模刃口轮廓相似，但每边比凸模一般大0.5~1.5mm。其容框尺寸D_r为

$$D_r = D_p + 2(0.5 \sim 1.5)\text{mm} \tag{2-52}$$

当料厚为0.05mm时，单边间隙取0.5mm；料厚为0.1~1.5mm时，单边间隙取1~1.5mm。

2）聚氨酯厚度的设计。聚氨酯的厚度太大时，弹性模量较小，在同样的压缩量情况下所产生的单位面积压力较小，零件不易冲下来；太小时，弹性模量较大，需要的冲裁力大，橡胶的寿命低。橡胶的厚度一般取12~15mm为宜。

聚氨酯在压入容框前处于自由状态下的尺寸D应比容框尺寸略大（过盈配合）。其值按下式计算：

$$D = D_r + 0.5\text{mm} \tag{2-53}$$

3）顶杆和卸料板的设计。顶杆（或推杆、顶件块）和卸料板是聚氨酯冲裁模的重要零件。由于顶杆的作用，控制了橡胶的冲压深度，改变了应力的分布，增大了刃口处的剪切力，提高了冲裁件的质量和橡胶的使用寿命。因此，顶杆和卸料板的工作部分应具有合理的结构形式与几何参数。

根据冲孔直径 d 的大小，顶杆工作部分的形式分为三种，见图2-65中a、b、c型。当 $d>5$mm时，选用a型；当 $2.5\text{mm}\leqslant d\leqslant 5$mm时，选用b型；当 $d<2.5$mm时，选用c型。

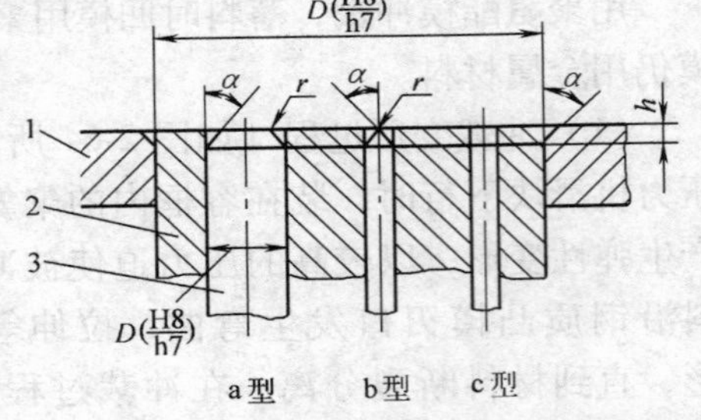

图2-65　顶杆和卸料板的几何参数

1—卸料板　2—凸凹模　3—顶杆

顶杆和卸料板的主要几何参数是端头处的橡胶冲压深度 h 和倒角 α，这两个参数主要决定于板料的厚度，见表2-22。在同一个模具内，为保证橡胶的变形程度一致，保证各刃口剪切力相近，各顶杆与卸料板的橡胶冲压深度 h 应相等，如图2-65所示。

表2-22　顶杆和卸料板的几何参数

料厚 t/mm	h/mm	α/(°)	r/mm
<0.1	0.4～0.6	45～55	0.5
0.1～0.3	0.6～1.0	55～65	0.5
0.3～0.5	1.2	65～70	0.5

4）聚氨酯冲裁模的典型结构。将聚氨酯容框设置在上模的称上装式结构，设置在下模的称下装式结构。聚氨酯冲裁可以用于单工序模，也可以用于复合模。图2-66所示的聚氨酯复合冲裁模，在冲裁时顶杆端头橡胶的冲压深度是固定的，冲裁结束后按下顶出机构7将凸凹模孔内废料顶出。

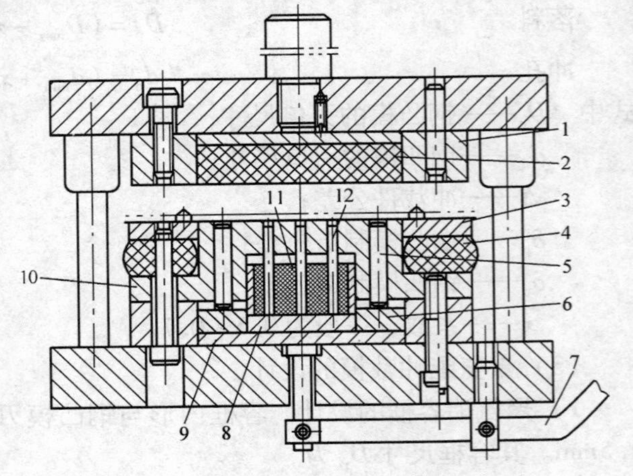

图2-66　聚氨酯复合冲裁模的典型结构

1—容框　2—聚氨酯　3—卸料板　4—卸料橡胶

5、12—顶杆　6、8—限位器　7—顶出机构

9—顶板　10—凸凹模　11—环氧树脂顶杆固定板

2.5.2　硬质合金冲裁模

硬质合金冲裁模是指以硬质合金作为凸模和凹模材料的冲裁模。用硬质合金作为凸模和凹模材料，可大幅度提高模具寿命。目前大批量生产用的冲模越来越多地采用硬质合金制造。

由于硬质合金具有硬度高、耐磨性好、抗压强度高、弹性模量大等特点，因此硬质合金模具寿命比一般合金钢模具寿命可提高20～30倍。虽然模具成本会比钢模高出3～4倍，但在大量生产中仍然可以取得显著的综合经济效果。

由于硬质合金具有抗弯强度低、韧性差的弱点，所以在设计硬质合金模时，必须采取相应措施，才能达到高寿命的效果。

1. 硬质合金模具特点及设计

1）由于硬质合金承受弯曲载荷的能力差，所以在排样时应尽量避免凸模和凹模单边受力。如图2-67所示，采用图b的排样方法，可避免凸模和凹模的单边受力。

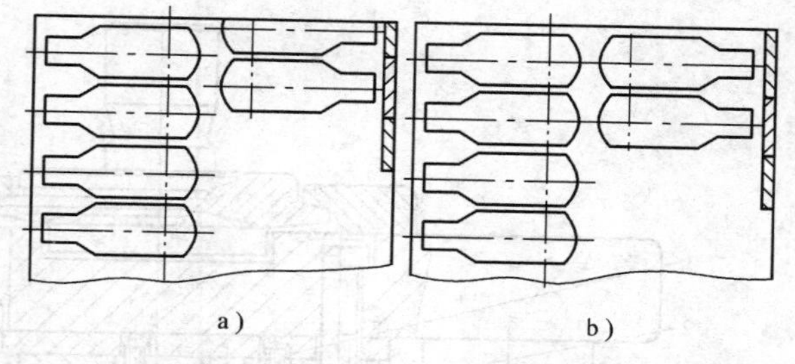

图2-67 避免凸模和凹模单边受力的排样方法
a）不正确 b）正确

2）搭边比一般冲裁大，并大于料厚。应防止搭边过小冲裁时挤入凹模而损坏模具。

3）间隙可适当增大，以减小凸模和凹模刃口碰撞而损坏的可能性。由于硬质合金不易磨损，在新制造模具时即使间隙做得大一些，也不会影响它的寿命。如冲硅钢板时，Z可取$(12\sim15)\%t$。凸模进入凹模的深度尽量浅，一般应控制在0.1mm左右，为此，可在模具上设置限位柱。

4）模架应有足够的刚性，模具上各零件应与高寿命的凸模和凹模相适应。如上、下模座宜用中碳钢制成，并要加厚（为一般模具厚度的1.5倍），凸模和凹模后面的垫板也要加厚并淬火，导料板、卸料板等都要淬火。

5）模架的导向必须可靠，而且要有高精度与高寿命。常采用滚珠导向的模架和可换导柱。小零件可用中间或对角导柱模架，大型或复杂工件常用四个导柱。采用浮动模柄，以克服压力机误差对模具导向的影响。

6）凸模和凹模的固定要牢固可靠。硬质合金凸模和凹模的结构可采用整体或拼块式，其固定方法常用机械固定法（用螺钉或压板固定）、冷压固定法、热压固定法或粘接、焊接固定法等。

7）如果采用弹压卸料装置卸料，则应防止卸料板对硬质合金凹模的冲击。为此，卸料板的凸台高度应比导料板高度低0.05～0.1mm。如在图2-68中，应使$h_2=h_1+t+(0.05\sim0.1)$ mm。这时卸料板仅起卸料作用而不起压料作用。如冲裁薄料必须进行压紧冲裁时，则应对卸料板进行可靠导向，以使其均匀压紧工件。

2. 硬质合金牌号的选择

目前冲模的硬质合金是钴含量为8%～30%（质量分数）的钨钴类合金。钴含量越多，韧性越好，但硬度略有降低。对于硬质合金冲裁模，常采用韧性较好的YG15、YG20、YG25。

3. 硬质合金冲裁模结构举例

图2-68所示为冲制垫圈的硬质合金连续冲裁模。这副模具采用整体的硬质合金凸模和凹模结构，落料凸模1及侧刃4压入固定板2之后，再用螺钉吊装固定。冲孔凸模3具有台肩，直接压入固定板内。凹模压入固定板6之后，再以导料板5将其压紧在垫板上。

从图2-68中排样图可以看出，连续模采用交错的双侧刃定距，第一步冲两个孔，第二步落两个料，第三步再冲两个孔，第四步再落两个料，以后每次冲程，可以得到四个工件。采用了平列的排样方法，避免了凸模的单边冲裁。

为了消除送料误差对搭边值的影响，保证条料紧靠左边导料板5正确送料，而将板式侧压装置7装于送料的进口处，其侧压力较大而且均匀，使用可靠。

模架采用了带浮动模柄的滚珠导柱、导套结构，导柱用带锥度的镶套结构，使上、下模的导向稳定可靠，磨损以后可以更换。

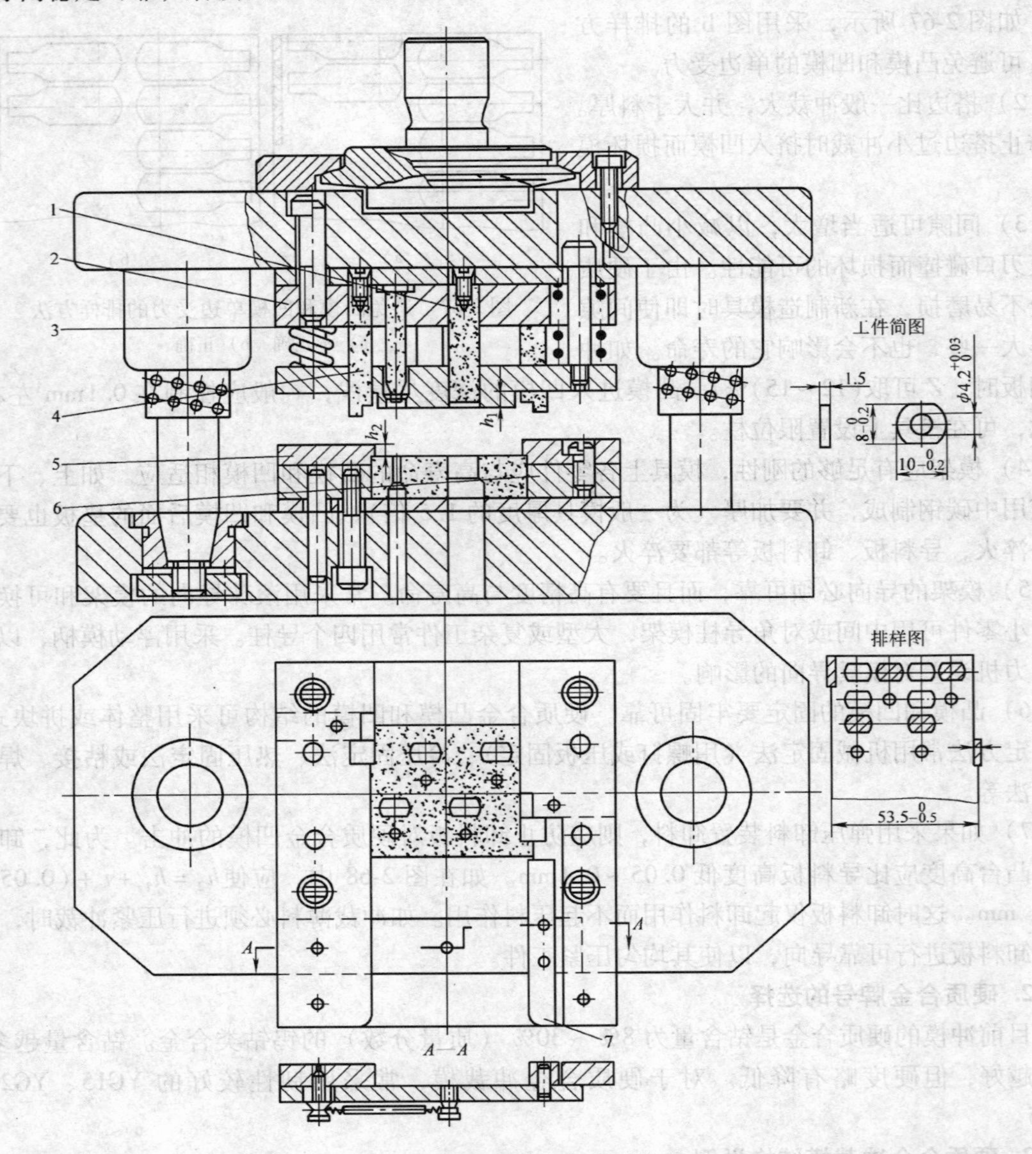

图 2-68 硬质合金连续冲裁模

1—落料凸模 2、6—固定板 3—冲孔凸模 4—侧刃 5—导料板 7—侧压装置

2.5.3 锌基合金冲裁模

1. 锌基合金冲裁模的特点及应用

锌基合金冲裁模是以锌基合金材料制作冲模工作部分等零件的一种简易模具。它的主要优点是：设计与制造简单，不需要使用高精度机械加工设备和较高水平的钳工技术，生产周期短，锌合金可以重复使用，具有良好的技术经济效果。

锌基合金具有一定强度，可以制造冲裁模、拉深模、弯曲模、成形模等，适用于薄板零件的中小批量生产和新产品试制。

2. 锌基合金冲裁模的设计

（1）设计原则　根据锌基合金冲裁模的工作特性，设计落料模时，冲裁凹模选用锌合金，而凸模采用工具钢制造；设计冲孔模时，冲裁凸模选用锌合金，而凹模采用工具钢制造；对于复合模，凸模和凹模选用锌合金，而凸凹模采用工具钢制造。当冲孔质量要求不高，批量不大时（1000 件以下），也可将冲孔模凹模选用锌合金，而凸模采用工具钢制造。

（2）冲裁间隙　对于锌合金模来说，冲裁凸模与凹模间隙不是由模具加工时得到的，而是在冲裁过程中依靠锌合金模自动调整形成的。落料时锌合金凹模的型孔是利用钢质凸模浇铸而成，凸模与凹模之间的起始间隙近似为零。由于凸模和凹模具有比较大的硬度差，初始冲裁时软质的凹模受侧向挤压力而产生径向变形，使凸模与凹模之间形成间隙，同时刃口侧壁产生急剧磨损，使间隙增大，当冲制了一定数量的工件后，便达到合理间隙。这时磨损也相应减少，并相对稳定在合理间隙下冲裁。这个由锌合金材料磨损形成的相对稳定间隙，称为动态平衡间隙。随冲裁次数的不断增加，刃口端面在板料压力的作用下产生的塌角也不断增大，这部分金属自动补偿刃口侧壁的磨损，使之始终维持正常间隙冲裁，称为自动补偿磨损。因此，锌基金冲模是否能继续使用，不是以刃口是否变钝来决定的，而主要是根据凹模刃口端面出现的过大塌角是否影响工件的质量来决定的。

（3）锌基合金冲裁模的尺寸设计　对锌合金落料模，只设计和计算钢质凸模，钢质凸模的刃口尺寸 D_p 为

$$D_p = (D_{max} - Z_{min} - x\Delta)_{-\delta_p}^{0} \tag{2-54}$$

对锌合金冲孔模，只设计和计算钢质凹模，钢凹模的刃口尺寸 d_d 为

$$d_d = (d_{min} + Z_{min} + x\Delta)_{0}^{+\delta_d} \tag{2-55}$$

两式中　D_{max}——落料件最大极限尺寸；

d_{min}——冲孔件孔的最小极限尺寸；

Z_{min}——最小双边合理间隙，可按钢模冲裁间隙选取；

Δ——制件公差；

x——系数，零件精度为 IT11 ~ IT13 时，取 $x=0.75$；零件精度在 IT14 以下时取 $x=0.5$；

δ_p——钢凸模制造精度，可按 IT6 选用；

δ_d——钢凹模制造精度，可按 IT7 选用。

2.5.4　非金属材料冲裁模

非金属材料的种类很多，按性质可分为两大类：一种是纤维或弹性的软质材料，如纸板、皮革、毛毡、橡胶、聚乙烯、聚氯乙烯等；另一类是脆性的硬质材料，如云母、酚醛纸胶板、布基酚醛层压板等。两类非金属材料的性质有很大差别，因此所采用的冲裁方法也不相同。

1. 软质非金属材料的冲裁及冲裁模

对于软质的纸板、皮革、石棉及橡胶等软质非金属材料，即使采用冲金属板的精密冲裁

方法，也不能获得具有光面的断面。在生产中，对这类材料都是采用尖刃剁切法，可以得到光滑、整齐的断面。图 2-69 所示为圆垫圈尖刃冲裁模，冲孔与落料一次完成。尖刃剁切时，冲孔只需用凸模，落料只需用凹模，冲裁前需将被冲材料置于平整的硬木板或塑料板上。由于尖刃很容易被损坏，为了延长其使用寿命，所以木板的上下面应尽量平行。冲裁时，刃口切入木板不要过深，以能将材料切断为限度。木板还要经常移动位置，整块木块压痕过多时，要将木板重新刨平后使用。

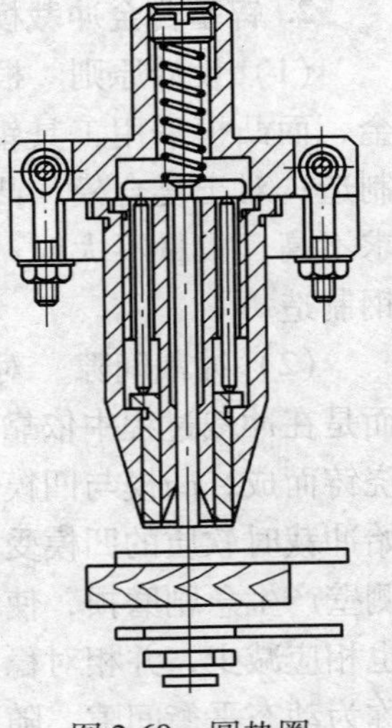

图 2-69　圆垫圈尖刃冲裁模

尖刃结构形式主要有两种，如图 2-70 所示，其中图 a 用于冲孔，图 b 用于落料。尖刃斜角 α 可参考表 2-23 选取。

如果工件形状复杂，仍采用普通冲裁模。

2. 脆性和硬质非金属材料的冲裁及冲裁模

硬和脆的非金属材料，如云母、酚醛纸胶板、布基酚醛层压板等通常采用普通冲裁模冲裁。形状复杂的和板料厚度较大的零件，还应进行预热后冲裁。为了保证冲裁件的断面质量，应适当增加压料力，冲裁间隙比金属材料的小。

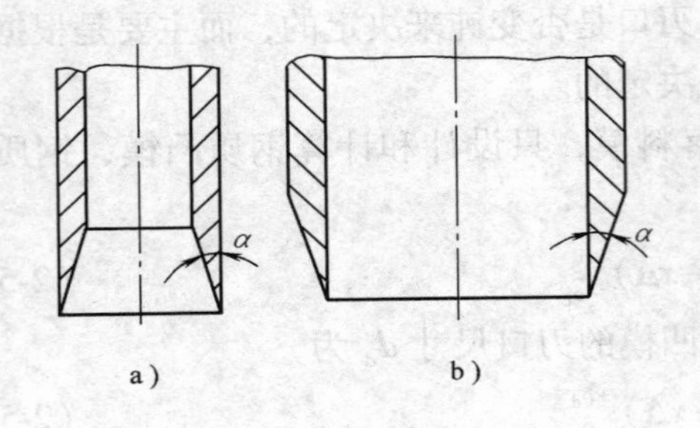

图 2-70　尖刃口结构形式

表 2-23　尖刃斜角 α

材料名称	α/(°)
烘热的硬化橡胶板	8 ~ 12
皮革、毛毡、棉布纺织品	10 ~ 15
纸、纸板、马粪纸	15 ~ 20
石棉	20 ~ 25
纤维板	25 ~ 30
红纸板、纸胶板、布胶板	30 ~ 40

非金属材料冲裁模的凸、凹模刃口尺寸计算方法与金属材料冲裁模的凸、凹模刃口尺寸计算方法相似。但必须注意两点：一是非金属材料冲裁后弹性回复量一般都比较大；二是如果预热冲裁，温度降低后工件会收缩。非金属材料冲裁模的凸、凹模刃口尺寸计算公式可参考有关设计资料。

第3章 弯曲模设计

弯曲是将板料、棒料、管材和型材弯曲成一定角度和形状的冲压成形工序。它是冲压基本工序之一，在冲压生产中占有很大比重。采用弯曲成形的零件种类繁多，常见的如汽车大梁、自行车车把、门窗铰链、各种电器零件的支架等。

3.1 弯曲工艺设计

3.1.1 弯曲方法及其变形特征

1. 弯曲方法

弯曲件的形状很多，有V形件、U形件、Z形件、O形件，以及其他形状的零件。弯曲方法根据所用的设备及模具的不同，可分为在压力机上利用模具进行的压弯、折弯机上的折弯、拉弯机上的拉弯、辊弯机上的辊弯，以及辊压成形（辊形）等，如图3-1所示。

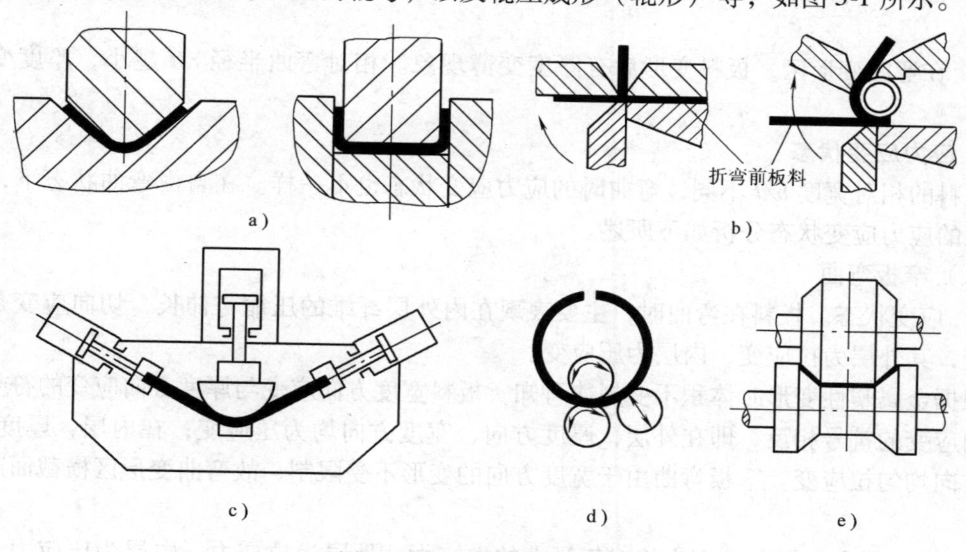

图3-1 弯曲件的弯曲方法

a）压弯 b）折弯 c）拉弯 d）辊弯 e）辊压成形

尽管各种弯曲方法不同，但它们的弯曲过程及变形特点都具有共同的规律。本章主要介绍在压力机上进行的压弯。

2. 弯曲变形特征

为了研究弯曲变形的特征，可在板料侧面刻出如图3-2所示的正方形网格，观察弯曲前后网格及断面形态的变化情况，从而分析出板料的受力情况。从图3-2可以看出：

1）弯曲件圆角部分的正方形网格变成了扇形，而远离圆角的两直边处的网格没有变化，靠近圆角处的直边网格有少量变化。由此说明，弯曲变形区主要在圆角部分，靠近圆角的直边仅有少量变形，远离圆角的直边不产生变形。

2）在弯曲变形区，板料的外层（靠凹模一侧）纵向纤维受拉而变长，内层（靠凸模一侧）纵向纤维受压而缩短。在内层与外层之间存在着纤维既不伸长也不缩短的应变中性层。

3）变形区内板料横截面的变化情况则根据板料的宽度不同有所不同，如图 3-3 所示。宽板（板宽与板厚之比 $b/t>3$）弯曲时，弯曲前后的横截面几乎不变；窄板（板宽与板厚之比 $b/t\leqslant3$）弯曲时，弯曲后的横截面变成了扇形。

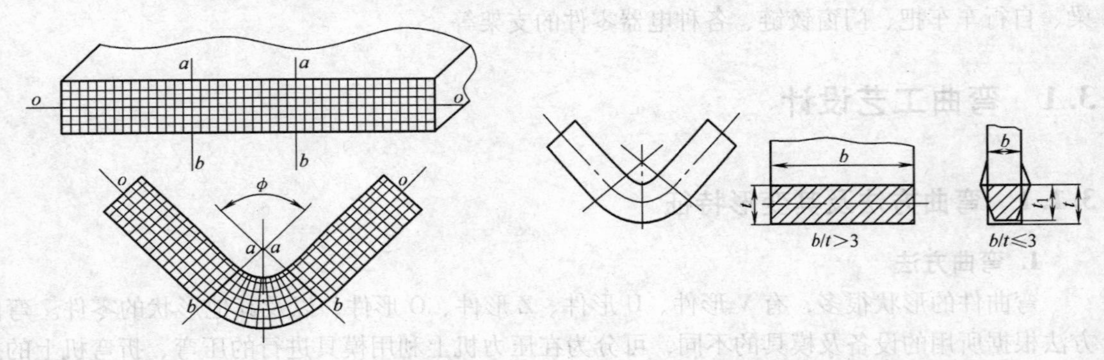

图 3-2 弯曲前后坐标网格的变化　　图 3-3 板料弯曲后的横截面变化

4）在弯曲变形区，板料变形后有厚度变薄现象。相对弯曲半径 r/t 越小，厚度变薄越严重。

3. 应力应变状态

板料的相对宽度 b/t 不同，弯曲时的应力应变状态也不一样。在自由弯曲状态下，窄板与宽板的应力应变状态分析如下所述。

（1）窄板弯曲

1）应变状态。板料在弯曲时，主要表现在内外层纤维的压缩与伸长，切向应变是最大主应变，其外层为拉应变，内层为压应变。

根据金属塑性变形时体积不变规律可知，板料宽度方向应变与厚度方向应变的符号一定与切向应变的符号相反，即在外层，厚度方向、宽度方向均为压应变；在内层，厚度方向、宽度方向均匀拉应变。窄板弯曲由于宽度方向的变形不受限制，故弯曲变形区横截面产生了畸变。

2）应力状态。切向应力为绝对值最大的主应力，外层为拉应力，内层为压应力。在厚度方向，由于弯曲时纤维之间的相互压缩，导致内外层均为压应力。宽度方向由于材料可以自由变形，不受阻碍，故可以认为内外层的应力均为零。

由此可见，窄板弯曲时是立体应变状态、平面应力状态。

（2）宽板弯曲

1）应变状态。宽板弯曲时，切向与厚度方向的应变状态与窄板相同。宽度方向由于材料流动受限，几乎不产生变形，故内外层在宽度方向的应变均为零。

2）应力状态。切向与厚度方向的应力状态也与窄板相同。在宽度方向，由于材料不能自由变形，故内层产生压应力，外层产生拉应力。

由此可见，宽板弯曲时是平面应变状态、立体应力状态。

上述结论可归纳成表3-1。

表3-1　弯曲时的应力应变图

	窄板		宽板	
位置	b, t, $b \leqslant 3t$		b, t, $b > 3t$	
内侧	σ_2, σ_1	ε_2, ε_1, ε_3	σ_2, σ_1, σ_3	ε_2, ε_1
外侧	σ_2, σ_1	ε_2, ε_1, ε_3	σ_2, σ_1, σ_3	ε_2, ε_1

3.1.2　弯曲工艺质量分析

1. 弯裂

在弯曲过程中，弯曲件的外层受到拉应力。弯曲半径越小，拉应力越大。当弯曲半径小到一定程度时，弯曲件的外表面将超过材料的最大许可变形程度而出现开裂，形成废品，这种现象称为弯裂。通常将不致使材料弯曲时发生开裂的最小弯曲半径的极限值称为材料的最小弯曲半径，将最小弯曲半径 $r_{\min}$ 与板料厚度 t 之比称为最小相对弯曲半径（也称最小弯曲系数）。不同材料在弯曲时都有最小弯曲半径，一般情况下，不应使零件的圆角半径等于最小弯曲半径，应尽量取得大些。

影响最小相对弯曲半径的因素主要有以下几点：

（1）材料的力学性能　材料的塑性越好，其外层允许的变形程度就越大，许可的最小相对弯曲半径也越小。因此，在生产中常用热处理的方法来提高冷作硬化材料的塑性，以减小其许可的最小相对弯曲半径，从而增大弯曲程度。

（2）板料的轧制方向与弯曲线之间的关系　冲压用的板料多为冷轧金属，且呈纤维状组织，在横向、纵向和厚度方向都存在力学性能的异向性。因此，当弯曲线与纤维方向垂直时，材料具有较大的抗拉强度，外缘纤维不易破裂，可用较小的相对弯曲半径；当弯曲线与纤维方向平行时，则由于抗拉强度较差而外层纤维容易破裂，允许的最小相对弯曲半径值就要大些。

（3）板料的宽度与厚度　宽板弯曲与窄板弯曲时，其应力应变状态不一样。板料越宽，最小弯曲半径值越大。弯曲件的相对宽度 b/t 较小时，对最小相对弯曲半径 $r_{\min}/t$ 的影响较为明显，相对宽度 $b/t > 10$ 时，其影响变小。

板料厚度较小时，可以获得较大的变形和采用较小的最小相对弯曲半径（见图3-4）。

（4）弯曲件角度的影响　弯曲件角度较大时，接近弯曲圆角的直边部分也参与变形，从而使弯曲圆角处的变形得到一定程度的减轻。所以弯曲件角度越大，许可的最小相对弯曲半径可以越小。

（5）板料的表面质量及剪切断面质量　这两个质量指标差，易造成应力集中和降低塑性变形的稳定性，使材料过早地破坏，在这种情况下，应采取较大的弯曲半径。在实际生产中，常采用清除冲裁毛刺、把有毛刺的表面朝向弯曲凸模、切掉剪切表面的硬化层等措施来降低最小相对弯曲半径。

最小相对弯曲半径的数值一般由试验方法确定。常用材料的最小弯曲半径见表3-2。

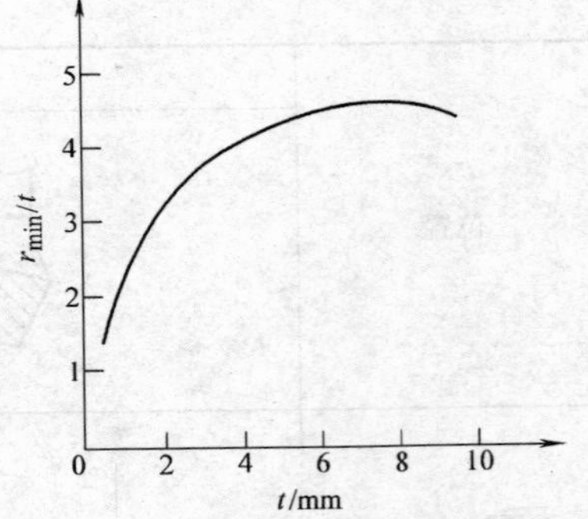

图3-4　板料厚度对最小相对弯曲半径的影响

表3-2　常用材料的最小弯曲半径

材　料	退火或正火		冷作硬化	
	弯曲线位置			
	垂直于纤维	平行于纤维	垂直于纤维	平行于纤维
08、10	0.1t	0.4t	0.4t	0.8t
15、20	0.1t	0.5t	0.5t	1.0t
25、30	0.2t	0.6t	0.6t	1.2t
35、40	0.3t	0.8t	0.8t	1.5t
45、50	0.5t	1.0t	1.0t	1.7t
55、60	0.7t	1.3t	1.3t	2t
65Mn、T7	1t	2t	2t	3t
06Cr19Ni10	1t	2t	3t	4t
软杜拉铝	1t	1.5t	1.5t	2.5t
硬杜拉铝	2t	3t	3t	4t
磷铜	—	—	1t	3t
半硬黄铜	0.1t	0.35t	0.5t	1.2t
软黄铜	0.1t	0.35t	0.35t	0.8t
纯铜	0.1t	0.35t	1t	2t
铝	0.1t	0.35t	0.5t	1t
镁合金	加热到300～400°C		冷弯	
M2M	2t	3t	6t	8t
ME20M	1.5t	2t	5t	6t
钛合金TB5	3t	4t	5t	6t
钼合金 $t≤2$mm	加热到400～500°C		冷弯	
	2t	3t	4t	5t

注：表中所列数据用于弯曲件圆角圆弧所对应的圆心角大于90°、断面质量良好的情况。

2. 回弹

金属板料在塑性弯曲时，总是伴随着弹性变形。当弯曲变形结束、载荷去除后，由于弹性回复，使制件的弯曲角度和弯曲半径发生变化而与模具的形状不一致，这种现象称为回弹。

（1）回弹方式　弯曲件的回弹表现为弯曲半径的回弹和弯曲角度的回弹，如图3-5所示。

弯曲半径的回弹值是指弯曲件回弹前后弯曲半径的变化值，即 $\Delta r = r_0 - r$。

弯曲角的回弹值是指弯曲件回弹前后角度的变化值，即 $\Delta\alpha = \alpha_0 - \alpha$。

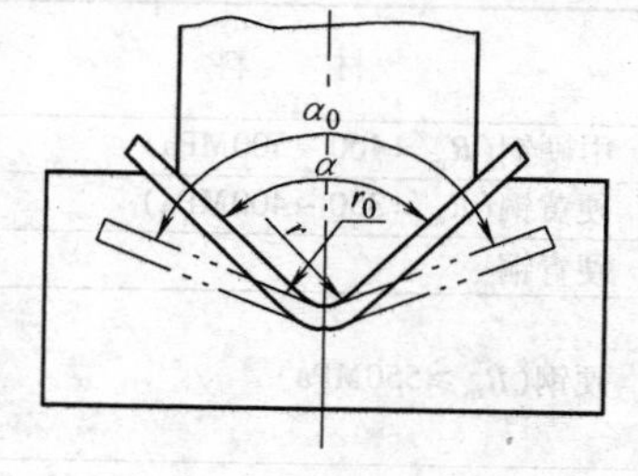

图3-5　弯曲时的回弹

（2）回弹值的确定　由于影响回弹值的因素很多，因此要在理论上计算回弹值是有困难的。模具设计时，通常按试验总结的数据来选用，经试冲后再对模具工作部分加以修正。

1）相对弯曲半径较大的工件。当相对弯曲半径较大（$r/t>10$）时，不仅弯曲件角度回弹大，而且弯曲半径也有较大变化。这时，可按下列公式计算出回弹值，然后在试模中再进行修正。

①弯曲板料时：

凸模圆角半径

$$r_{凸} = \frac{1}{\frac{1}{r} + \frac{3R_{eL}}{Et}} \tag{3-1}$$

弯曲凸模角度

$$\alpha_{凸} = \alpha - (180° - \alpha)\left(\frac{r}{r_{凸}} - 1\right) \tag{3-2}$$

式中　$r_{凸}$——凸模的圆角半径（mm）；

r——工件的圆角半径（mm）；

α——弯曲件的角度（°）；

$\alpha_{凸}$——弯曲凸模角度（°）；

t——材料厚度（mm）；

E——材料的弹性模量（MPa）；

R_{eL}——材料的下屈服强度（MPa）。

②弯曲圆形截面棒料时：

凸模圆角半径

$$r_{凸} = \frac{1}{\frac{1}{r} + \frac{3.4R_{eL}}{Ed}} \tag{3-3}$$

式中　d——圆杆件直径（mm）；其余符号同前。

2）相对弯曲半径较小的工件。当相对弯曲半径较小（$r/t<5$）时，弯曲后，弯曲半径变化不大，可只考虑角度的回弹，其值可查表3-3～表3-5，再在试模中修正。

表3-3　90°单角自由弯曲时的回弹角

材　料	r/t	材料厚度 t/mm		
		<0.8	0.8～2	>2
软钢板（$R_m=350$MPa）	<1	4°	2°	0°
软黄铜（$R_m\leq350$MPa）	1～5	5°	3°	1°
铝、锌	>5	6°	4°	2°

（续）

材　料	r/t	材料厚度 t/mm		
		<0.8	0.8~2	>2
中硬钢（R_m=400~500MPa）	<1	5°	3°	0°
硬黄铜（R_m=350~400MPa）	1~5	6°	5°	1°
硬青铜	>5	8°	5°	3°
硬钢（R_m≥550MPa）	<1	7°	4°	2°
	1~5	9°	5°	3°
	>5	12°	7°	6°
30CrMnSiA	<2	2°	2°	2°
	2~5	4°30′	4°30′	4°30′
	>5	8°	8°	8°
硬铝2A12	<2	2°	3°	4°30′
	2~5	4°	6°	8°30′
	>5	6°30′	10°	14°
超硬铝7A04	<2	2°30′	5°	8°
	2~5	4°	8°	11°30′
	>5	7°	12°	19°

表3-4　单角90°校正弯曲时的回弹角

材　料	r/t		
	≤1	1~2	2~3
Q215、Q235	1°~1°30′	0°~2°	1°30′~2°30′
纯铜、铝、黄铜	0°~1°30′	0°~3°	2°~4°

表3-5　U形件弯曲时的回弹角 Δα

材料的牌号与状态	r/t	凹模与凸模的单边间隙 Z						
		0.8t	0.9t	1t	1.1t	1.2t	1.3t	1.4t
		回弹角 Δα						
2A12HX8	2	-2°	0°	2°30′	5°	7°30′	10°	12°
	3	-1°	1°30′	4°	6°30′	9°30′	12°	14°
	4	0°	3°	5°30′	8°30′	11°30′	14°	16°30′
	5	1°	4°	7°	10°	12°30′	15°	18°
	6	2°	5°	8°	11°	13°30′	16°30′	19°30′
2A12O	2	-1°30′	0°	1°30′	3°	5°	7°	8°30′
	3	-1°30′	30′	2°30′	4°	6°	8°	9°30′
	4	-1°	1°	3°	4°30′	6°30′	9°	10°30′
	5	-1°	1°	3°	5°	7°	9°30′	11°
	6	-1°30′	1°30′	3°30′	6°	8°	10°	12°
7A04HX8	3	3°	7°	10°	12°30′	14°	16°	17°
	4	4°	8°	11°	13°30′	15°	17°	18°
	5	5°	9°	12°	14°	16°	18°	20°
	6	6°	10°	13°	15°	17°	20°	23°
	8	8°	13°30′	16°	19°	21°	23°	26°
7A04O	2	-3°	-2°	0°	3°	5°	6°30′	8°
	3	-2°	-1°30′	2°	3°30′	6°30′	8°	9°
	4	-1°30′	-1°	2°30′	4°30′	7°	8°30′	10°
	5	-1°	-1°	3°	5°30′	8°	9°	11°
	6	0°	-0°30′	3°30′	6°30′	8°30′	10°	12°

（续）

材料的牌号与状态	r/t	凹模与凸模的单边间隙 Z						
		$0.8t$	$0.9t$	$1t$	$1.1t$	$1.2t$	$1.3t$	$1.4t$
		回弹角 $\Delta\alpha$						
20（已退火）	1	−2°30′	−1°	30′	1°30′	3°	4°	5°
	2	−2°	−0°30′	1°	2°	3°30′	5°	6°
	3	−1°30′	0°	1°30′	3°	4°30′	6°	7°30′
	4	−1°	0°30′	2°30′	4°	5°30′	7°	9°
	5	−0°30′	1°30′	3°	5°	6°30′	8°	10°
	6	−0°30′	2°	4°	6°	7°30′	9°	11°
06Cr18Ni11Ti	1	−2°	−1°	30′	0°	30′	1°30′	2°
	2	−1°	−0°30′	0°	1°	1°30′	2°	3°
	3	−0°30′	0°	1°	2°	2°30′	3°	4°
	4	0°	1°	2°	2°30′	3°	4°	5°
	5	0°30′	1°30′	2°30′	3°	4°	5°	6°
	6	1°30′	2°	3°	4°	5°	6°	7°

（3）影响回弹的因素

1）材料的力学性能。材料的屈服强度越高，弹性模量越小，加工硬化越严重，则弯曲的回弹量也越大。若材料的力学性能不稳定，则回弹量也不稳定。

2）相对弯曲半径。相对弯曲半径 r/t 越小，则变形程度越大，变形区的总切向变形程度增大。塑性变形在总变形中所占的比例增大，而弹性变形所占的比例则相应减小，因而回弹值减小。与此相反，当相对弯曲半径较大时，由于弹性变形在总变形中所占的比例增大，因而回弹值增大。

3）弯曲件的角度。弯曲件的角度越小，表示弯曲变形区域大，回弹的积累量也越大，故回弹角也越大，但对弯曲半径的回弹影响不大。

4）弯曲方式及校正力的大小。自由弯曲与校正弯曲比较，由于校正弯曲可以增加圆角处的塑性变形程度，因而有较小的回弹。随着校正力的增加，切向压应力区向毛坯的外表面不断扩展，以致使毛坯的全部或大部分断面均产生切向压应力。这样内、外层材料回弹的方向取得一致，使其回弹量比自由弯曲时大为减少。因此，校正力越大，回弹值越小。

5）模具间隙。弯曲U形件时，模具间隙对回弹值有直接影响。间隙大，材料处于松动状态，回弹就大；间隙小，材料被挤紧，回弹就小。

6）工件形状。U形件的回弹由于两边互受牵制而小于V形件。形状复杂的弯曲件，若一次完成，由于各部分相互受牵制和弯曲件表面与模具表面之间的摩擦影响，可以改变弯曲工件各部分的应力状态，使回弹困难，因而回弹角减小。

（4）减小回弹的措施　由于弯曲件在弯曲过程中总是伴随着弹性变形，因此为提高弯曲件的质量，必须采取一些必要的措施来减小或补偿由于回弹所产生的误差，常见的措施如下：

1）合理设计产品。在变形区压制加强筋，以增加弯曲件的刚度（见图3-6）。选材时，采用弹性模量大、屈服强度较低、硬化指数小、力学性能稳定的材料进行弯曲，均可减小回弹。

2）在工艺上采取措施。用校正弯曲代替自由弯曲，对冷作硬化的材料，可先退火，使其屈服强度降低，以减小回弹，弯曲后再进行淬硬。

3）从模具结构上采取措施。在接近纯弯曲（只受弯矩作用）的条件下，可以根据回弹值的计算结果，对弯曲模工作部分的形状与尺寸加以修正。

对于一般材料（Q215 钢、Q235 钢、10 钢、20 钢、H62 软黄铜），当其回弹角 $\Delta\alpha<5°$、材料厚度偏差较小时，可在凸模或凹模上做出斜度，并取凸模、凹模的间隙等于最小料厚来减小回弹（见图 3-7）。

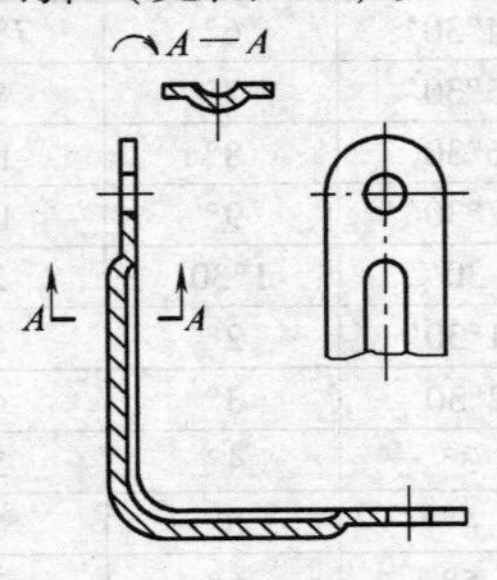

图 3-6　在弯曲变形区压制加强筋

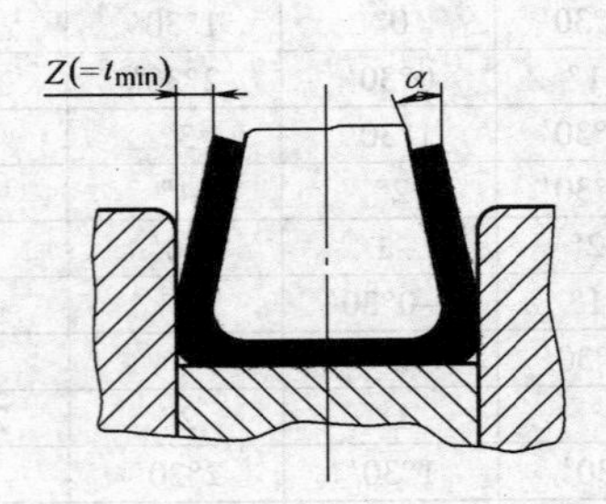

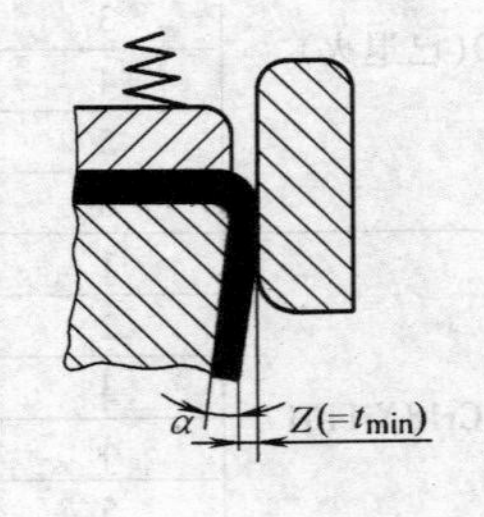

图 3-7　模具上做出斜度

对于软材料，当厚度大于 0.8mm、弯曲圆角半径又不大时，可将凸模做成图 3-8 所示形状，以便对变形区进行整形来减小回弹。

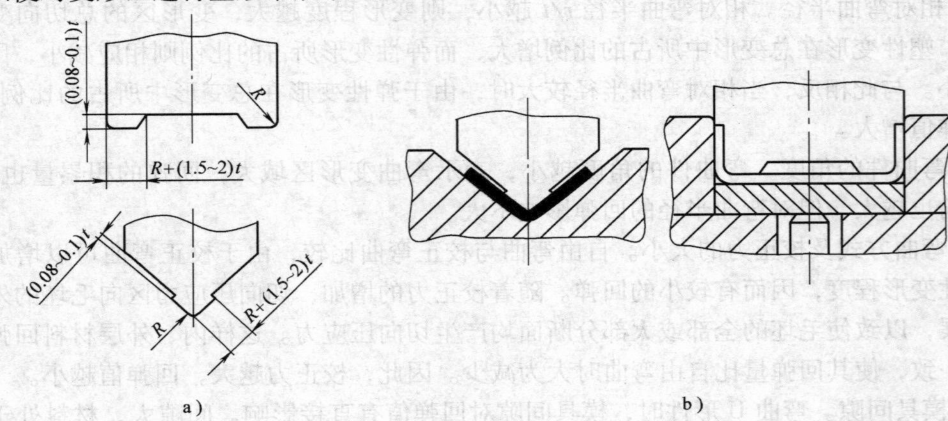

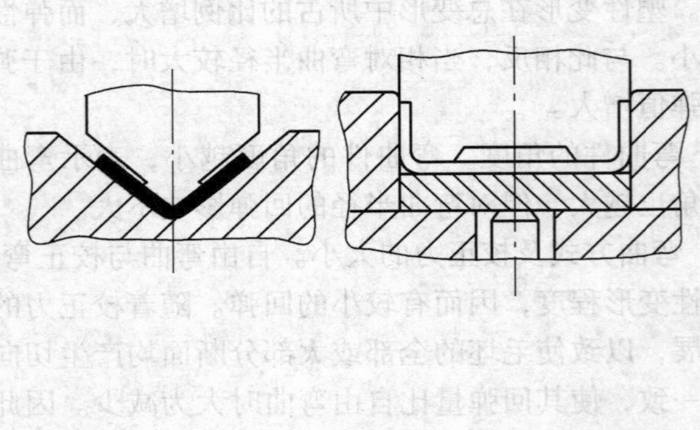

图 3-8　改变凸模形状减小回弹
a）凸模形状　b）加工情况

利用弯曲件不同部位回弹方向相反的特点，使相反方向的回弹变形相互补偿。例如 U 形件弯曲，将凸模、顶件板做成弧形面（见图 3-9），弯曲后，利用底部产生的回弹来补偿两个圆角处的回弹。

采用橡胶、聚氨酯软凹模代替金属凹模（见图 3-10），用调节凸模压入软凹模深度的方法来控制回弹。

在弯曲件的端部加压，可以获得精确的弯边高度，并由于改变了变形区的应力状态，使弯曲变形区从内到外都处于压应力状态，从而减小了回弹，如图 3-11 所示。

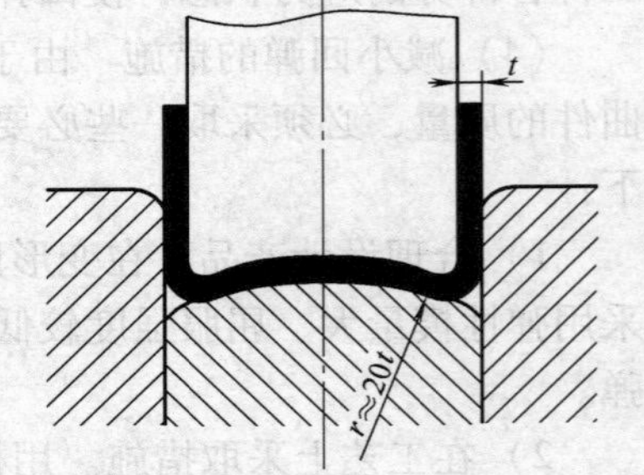

图 3-9　U 形件补偿回弹法

4）采用拉弯工艺。对于具有很大弯曲半径的工件，由于弯曲后回弹量大，不仅回弹难以修正，而且有时根本无法成形，此时常采用拉弯工艺，如图3-12所示。

拉弯时，毛坯两端以两夹头夹紧，首先预拉已夹紧的毛坯，再将预拉的毛坯沿拉弯模弯曲，使其贴模成形。这样，毛坯得到充分的塑性变形，使弹性件变形量减少，所以回弹量大大减少。

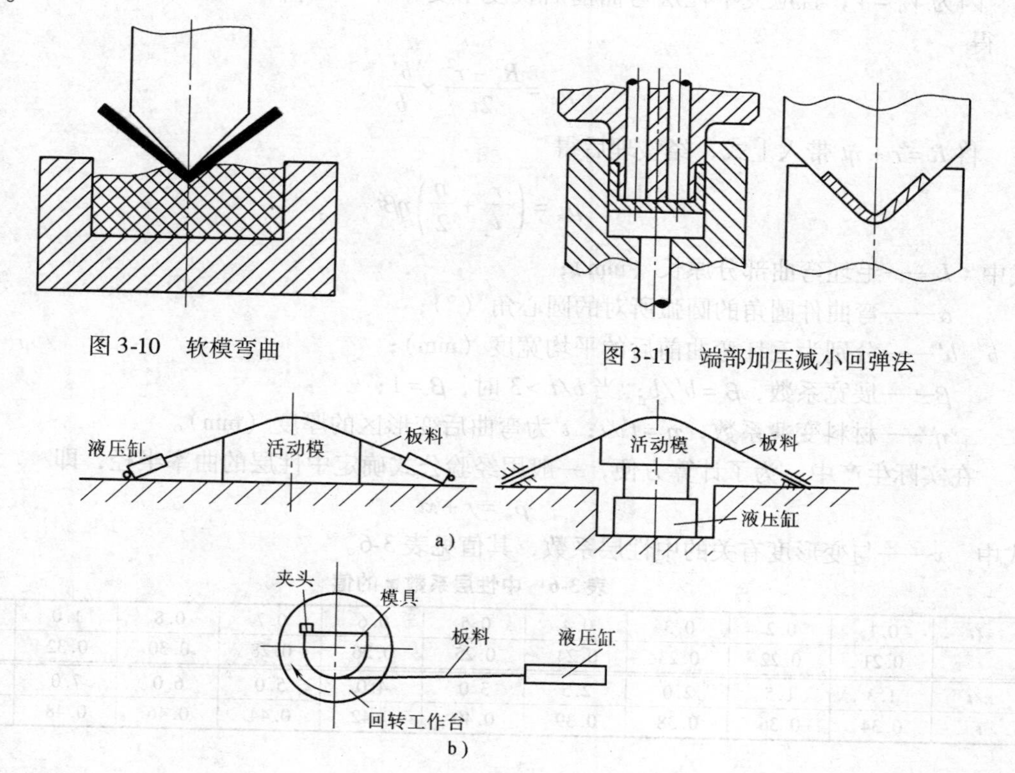

图3-10 软模弯曲

图3-11 端部加压减小回弹法

图3-12 拉弯法减小回弹
a）模具拉弯 b）工作台旋转拉弯

3.1.3 弯曲件展开尺寸计算

弯曲件毛坯展开长度是根据应变中性层弯曲前后长度不变，以及变形区在弯曲前后体积不变的原则来计算的。

1. 应变中性层位置的确定

板料弯曲过程中，当弯曲变形程度较小时，应变中性层与毛坯断面的中心层重合，但是当弯曲变形程度较大时，变形区为立体应力应变状态。因此，在弯曲过程中，应变中性层由弯曲开始与中心层重合，逐渐向曲率中心移动。同时，由于变形区厚度变薄，以致使应变中性层的曲率半径 $\rho_\varepsilon < r + t/2$。此种情况的应变中性层位置可以根据变形前后体积不变的原则来确定，如图3-13所示。

弯曲前变形区的体积按下式计算：

$$V_0 = Lbt \tag{3-4}$$

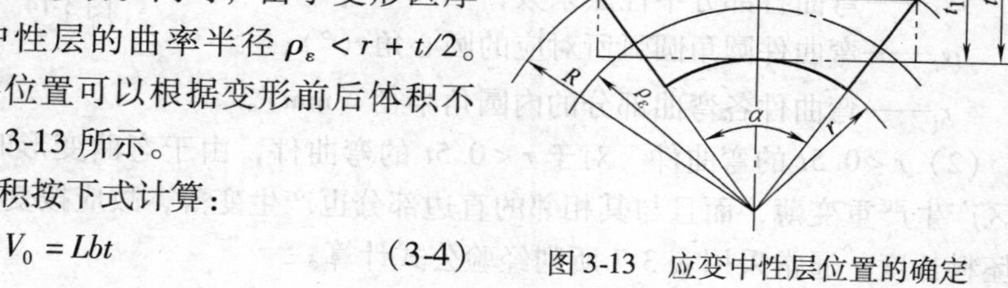

图3-13 应变中性层位置的确定

弯曲后变形区的体积按下式计算：

$$V=\pi(R^2-r^2)\frac{\alpha}{2\pi}b' \tag{3-5}$$

因为 $V_0=V$，且应变中性层弯曲前后长度不变，即 $L=\alpha\rho_\varepsilon$，可以从式（3-4）和式（3-5）得

$$\rho_\varepsilon=\frac{R^2-r^2}{2t}\times\frac{b'}{b}$$

将 $R=r+\eta t$ 带入上式，经整理后得

$$\rho_\varepsilon=\left(\frac{r}{t}+\frac{\eta}{2}\right)\eta\beta t \tag{3-6}$$

式中　L——毛坯弯曲部分原长（mm）；

α——弯曲件圆角的圆弧所对的圆心角（°）；

b、b'——分别为毛坯弯曲前后的平均宽度（mm）；

β——展宽系数，$\beta=b'/b$；当 $b/t>3$ 时，$\beta=1$；

η——材料变薄系数，$\eta=t'/t$；t'为弯曲后变形区的厚度（mm）。

在实际生产中，为了计算方便，一般用经验公式确定中性层的曲率半径，即

$$\rho_\varepsilon=r+xt \tag{3-7}$$

式中　x——与变形度有关的中性层系数，其值见表 3-6。

表 3-6　中性层系数 x 的值

x/t	0.1	0.2	0.3	0.4	0.5	0.6	0.7	0.8	1.0	1.2
t	0.21	0.22	0.23	0.24	0.25	0.26	0.28	0.30	0.32	0.33
x/t	1.3	1.5	2.0	2.5	3.0	4.0	5.0	6.0	7.0	≥8
t	0.34	0.36	0.38	0.39	0.40	0.42	0.44	0.46	0.48	0.50

2. 弯曲件毛坯长度计算

弯曲件毛坯长度应根据不同情况进行计算。

（1）$r>0.5t$ 的弯曲件　这类零件弯曲后变薄不严重且断面畸变较轻，可以按应变中性层长度等于毛坯长度的原则来计算。如图 3-14 所示，坯料总长度应等于弯曲件直线部分长度和弯曲部分应变中性层长度之和，即

$$L=\sum l_i+\sum\frac{\pi\alpha_i}{180°}(r_i+x_it) \tag{3-8}$$

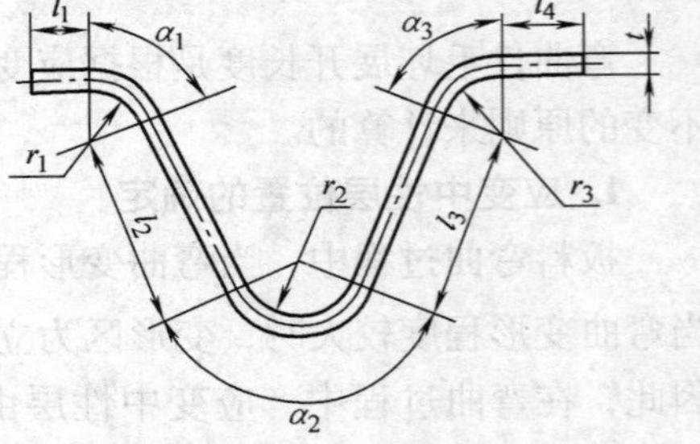

图 3-14　$r>0.5t$ 的弯曲件

式中　L——弯曲件毛坯长度（mm）；

l_i——直线部分各段长度（mm）；

x_i——弯曲各部分中性层系数；

α_i——弯曲件圆角圆弧所对应的圆心角（°）；

r_i——弯曲件各弯曲部分的内圆角半径（mm）。

（2）$r<0.5t$ 的弯曲件　对于 $r<0.5t$ 的弯曲件，由于弯曲变形时不仅弯曲件的圆角变形区产生严重变薄，而且与其相邻的直边部分也产生变薄，故应按变形前后体积不变条件确定坯料长度。通常采用表 3-7 所列经验公式计算。

表 3-7　$r<0.5t$ 的弯曲件毛坯长度计算

序　号	弯曲特征	简　图	公　式
1	弯曲一个角		$L=l_1+l_2+0.4t$
2	弯曲一个角		$L=l_1+l_2-0.43t$
3	一次同时弯曲两个角		$L=l_1+l_2+l_3+0.6t$

对于形状比较简单、尺寸精度要求不高的弯曲件，可直接采用上面介绍的方法计算坯料长度。而对于形状比较复杂或精度要求高的弯曲件，在利用上述公式初步计算坯料长度后，还需反复试弯不断修正，才能最后确定坯料的形状及尺寸。

3.1.4　弯曲力、顶件力及压料力

弯曲力是设计模具和选择压力机吨位的重要依据。弯曲力的大小不仅与毛坯尺寸、材料力学性能、凹模支点间的距离、弯曲半径、模具间隙等有关，而且与弯曲方式也有很大关系。因此，要从理论上计算弯曲力是非常困难和复杂的，计算精确度也不高。生产中，通常采用经验公式或经过简化的理论公式来计算。

1. 自由弯曲时的弯曲力

V 形件弯曲（见图 3-15a）时的弯曲力按下式计算：

$$F=\frac{0.6kbt^2R_m}{r+t} \tag{3-9}$$

U 形件弯曲（见图 3-15b）时的弯曲力按下式计算：

$$F=\frac{0.7kbt^2R_m}{r+t} \tag{3-10}$$

式中　F——自由弯曲时的弯曲力（N）；

b——弯曲件的宽度（mm）；

r——弯曲件的内弯曲半径（mm）；

R_m——材料的抗拉强度（MPa）；

k——安全系数，一般取 $k=1\sim1.3$。

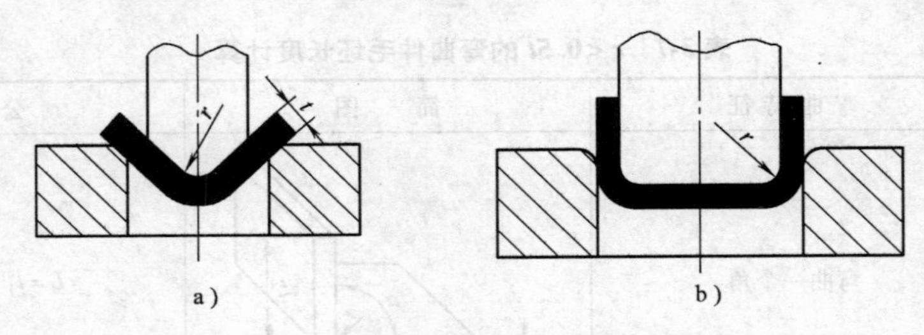

图 3-15　自由弯曲

a）V 形件弯曲　b）U 形件弯曲

2. 校正弯曲时的弯曲力

校正弯曲（见图 3-16）时，弯曲力按下式计算：

$$F = qA \tag{3-11}$$

式中　F——校正弯曲时的弯曲力（N）；

A——校正部分的投影面积（mm^2）；

q——单位面积上的校正力（MPa），q 值可按表 3-8 选择。

必须注意，在一般机械传动的压力机上，校模深度（即校正力的大小与冲模闭合高度的调整）和工件材料的厚度变化有关。校模深度与工件材料厚度的少量变化对校正力影响很大，因此表 3-8 所列数据仅供参考。

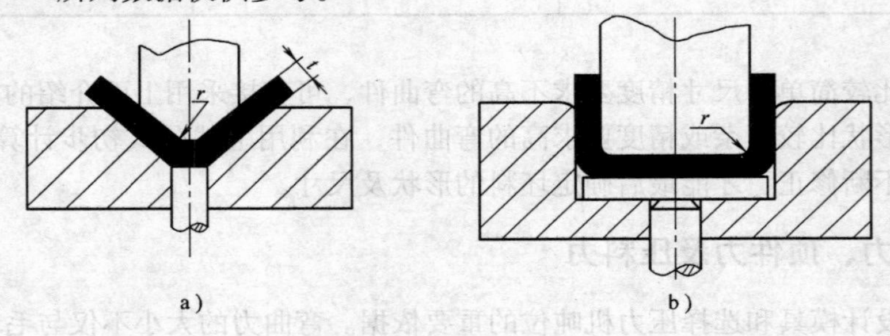

图 3-16　校正弯曲

a）V 形件弯曲　b）U 形件弯曲

表 3-8　单位面积上的校正力　（单位：MPa）

材　料	材料厚度/mm			
	≤1	>1 ~ 2	>2 ~ 5	>5 ~ 10
铝	10 ~ 15	15 ~ 20	20 ~ 30	30 ~ 40
黄铜	15 ~ 20	20 ~ 30	30 ~ 40	40 ~ 60
10、15、20 钢	20 ~ 30	30 ~ 40	40 ~ 60	60 ~ 80
25、30、35 钢	30 ~ 40	40 ~ 50	50 ~ 70	70 ~ 100

3. 顶件力和压料力

设有顶件装置或压料装置的弯曲模，其顶件力或压料力可近似取自由弯曲力的 30% ~ 80%，即

$$F_{Q} = (0.3 \sim 0.8) F_{自} \tag{3-12}$$

式中　F_{Q}——顶件力或压料力（N）；

$F_{自}$——自由弯曲力（N）。

4. 弯曲时压力机吨位的确定

自由弯曲时，压力机吨位力 $F_{机}$ 为

$$F_{机} \geqslant F_{自} + F_{Q} \tag{3-13}$$

校正弯曲时，由于校正力是发生在接近下死点位置，校正力与自由弯曲力并非重叠关系，而且校正力的数值比压料力大得多，因此，选择压力机时按校正力 $F_{机}$ 选取即可，即

$$F_{机} \geqslant F_{校} \tag{3-14}$$

3.1.5　弯曲件的工序安排

除形状简单的弯曲件外，许多弯曲件都需要多次弯曲才能成形，因此必须正确确定弯曲工序的先后顺序。弯曲工序的确定，应根据弯曲件形状的复杂程度、尺寸大小、精度高低、材料性质、生产批量等因素综合考虑。如果弯曲工序安排合理，可以减少工序，简化模具设计，提高工件的质量和生产率；反之，工序安排不合理，不仅费工时，而且得不到满意的弯曲件。弯曲工序确定的一般原则如下：

1）形状简单的弯曲件，如V形、U形、Z形等，尽可能一次弯成（见图3-17）。

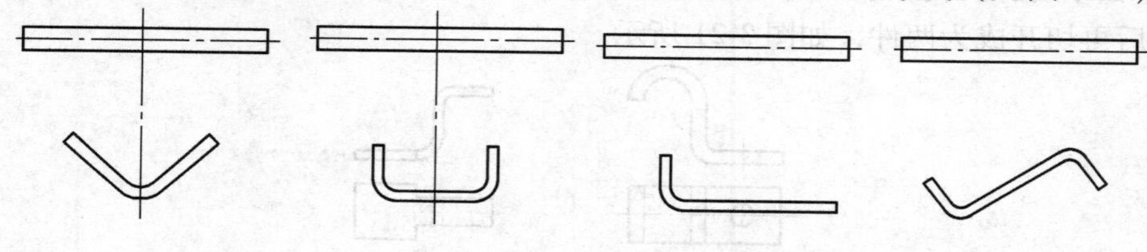

图3-17　一道工序弯曲成形

2）形状复杂的弯曲件，一般需要两次或多次压弯成形（见图3-18、图3-19）。多次弯曲时，一般应先弯外角后弯内角，后次弯曲应不影响前次已成形的部分，前次弯曲必须使后次弯曲有可靠的定位基准。

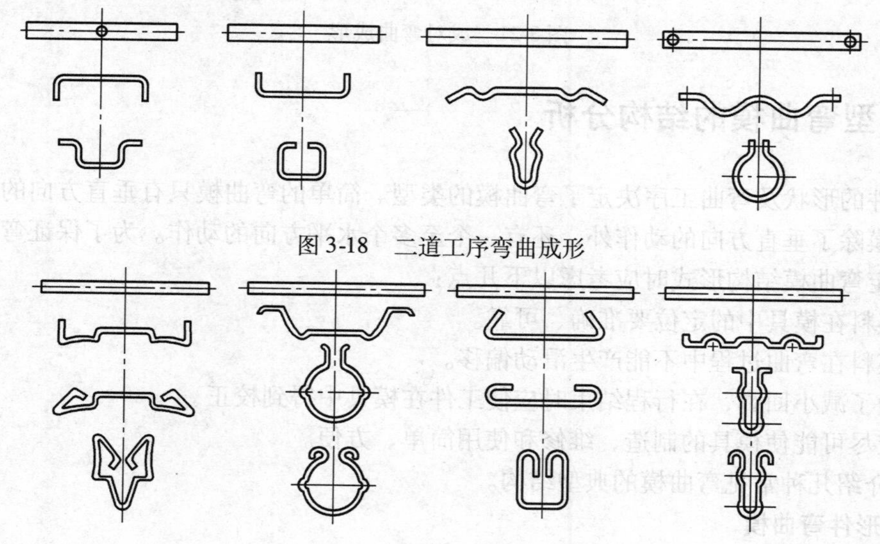

图3-18　二道工序弯曲成形

图3-19　三道工序弯曲成形

3）批量大、尺寸较小的弯曲件，为了提高生产率，可以采用多工序的冲裁、弯曲、切断等连续工艺成形，如图3-20所示。

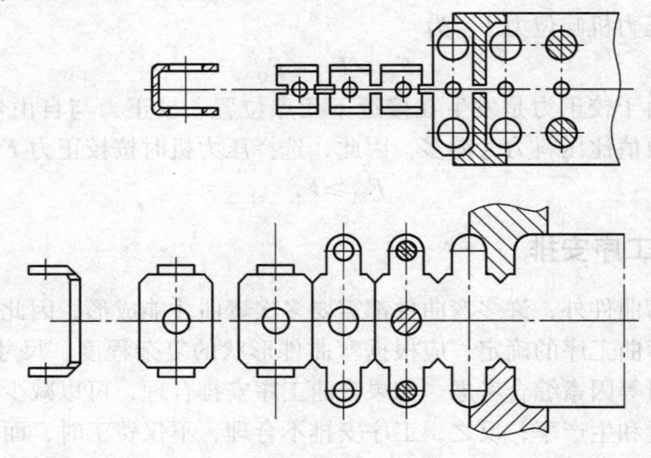

图3-20　连续工艺成形

4）单面不对称几何形状的弯曲件，如果单件弯曲毛坯容易产生偏移，可以成对弯曲成形，弯曲后再切开成为两件，如图3-21所示。

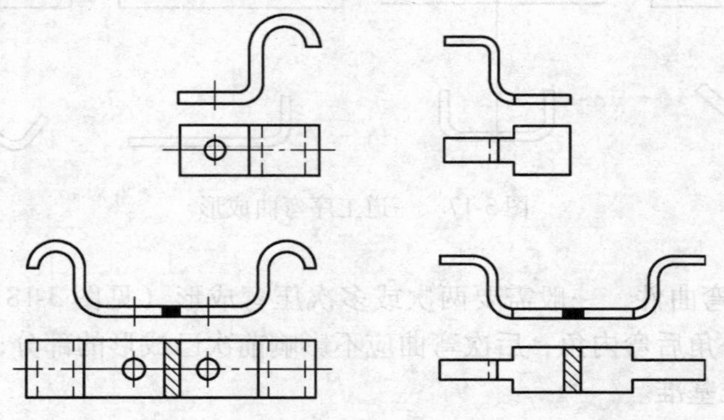

图3-21　成对弯曲成形

3.2　典型弯曲模的结构分析

弯曲件的形状及弯曲工序决定了弯曲模的类型。简单的弯曲模只有垂直方向的动作；复杂的弯曲模除了垂直方向的动作外，还有一个至多个水平方向的动作。为了保证弯曲件的精度，在确定弯曲模结构形式时应考虑以下几点：

1）坯料在模具中的定位要准确、可靠。

2）坯料在弯曲过程中不能产生滑动偏移。

3）为了减小回弹，在行程结束时应使工件在模具中得到校正。

4）应尽可能使模具的制造、维修和使用简单、方便。

下面介绍几种常见弯曲模的典型结构。

1. V形件弯曲模

V形件形状简单，能一次弯曲成形。V形件的弯曲方法一般有两种：一种是沿弯曲线的角平分线方向弯曲，另一种是垂直于一直边方向的弯曲。

图3-22所示为V形弯曲模的典型结构。定位板4、7用于保证坯料在模具中的正确定位，凸模8和凹模6分别用螺钉和销钉固定在上模座2和下模座5上。

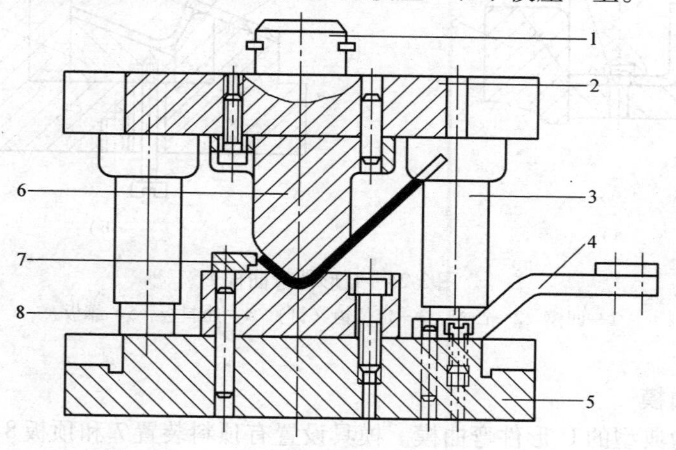

图3-22　V形弯曲模

1—模柄　2—上模座　3—导柱、导套　4、7—定位板　5—下模座　6—凹模　8—凸模

如果弯曲件精度要求高，应防止坯料在弯曲过程中产生滑动偏移，模具可采用带压料装置的形式，如图3-23所示。图3-23a所示为在凸模上装有尖端突起的定位尖，图3-23b所示为顶杆压料，图3-23c所示为在顶杆前段加装V形板。

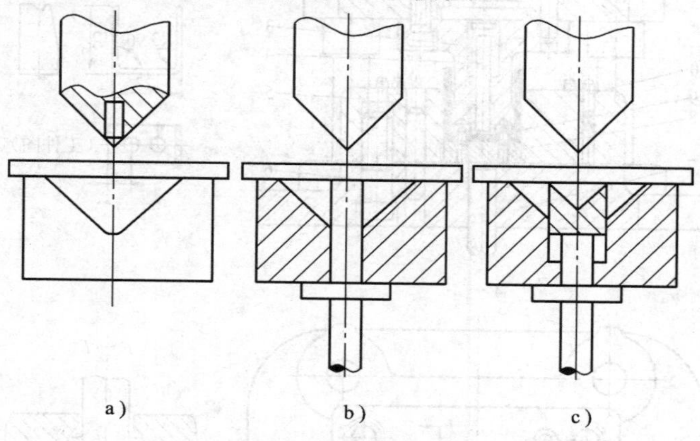

图3-23　防止坯料偏移的措施

图3-24所示的弯曲模，用于弯曲两直边相差较大的单角弯曲件。图3-24a所示为其基本形式。弯曲件直边长的一边夹紧在凸模2与压料板4之间，另一边沿凹模1圆角滑动而向上弯起。毛坯上的工艺孔套在定位销3上，以防因凸模与压料板之间的压料不足而产生坯料偏移现象。这种弯曲由于竖边部分没有得到校正，所以回弹较大。图3-24b所示为具有校正作用的弯曲模。由于凹模1与压料板4的工作面有一定的倾斜角，因此，竖直边也能得到一定的校正，弯曲后工件的回弹较小。倾角α值一般为5°~10°。

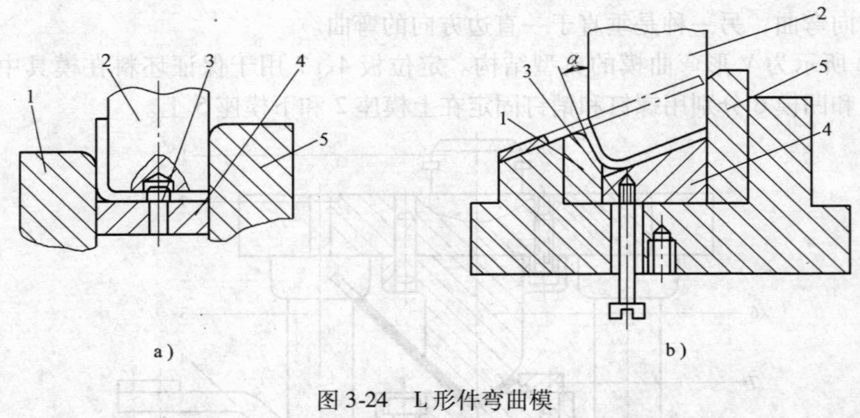

图 3-24　L 形件弯曲模

1—凹模　2—凸模　3—定位销（钉）　4—压料板　5—靠板

2. U 形件弯曲模

图 3-25 所示为典型的 U 形件弯曲模。模具设置有顶料装置 7 和顶板 8，并利用工件上已有的两个 ϕ10mm 孔，设置定位销 9，从而能有效地防止弯曲时坯料的滑动偏移。为确保坯料在模具中的有效定位，根据坯料外形设置 4 个定位销 10。推杆 4 将工件从凸模上卸下。

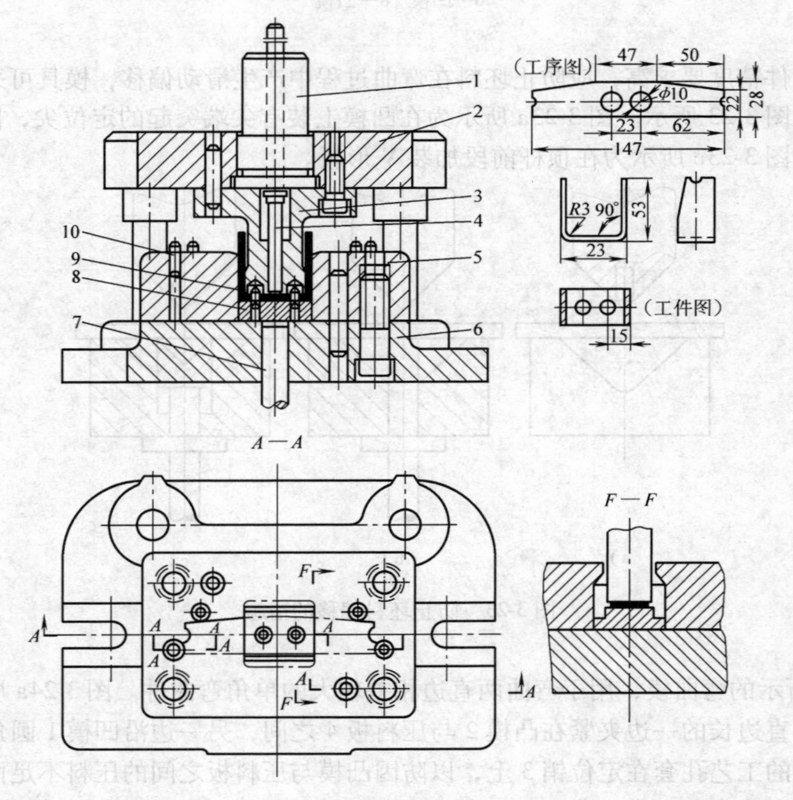

图 3-25　U 形件弯曲模

1—模柄　2—上模座　3—凸模　4—推杆　5—凹模　6—下模座

7—顶料装置　8—顶板　9、10—定位销当U形件的外侧尺寸要求较高或内侧尺寸要求较高时，可将弯曲凸模或凹模制成活动结构，如图3-26所示。这样可以根据板料的厚度自动调整凸模或凹模的宽度尺寸，在行程末端可对侧壁和底部进行校正。图3-26a所示弯曲模用于外侧尺寸要求较高的工件，图3-26b所示弯曲模用于内侧尺寸要求较高工件。

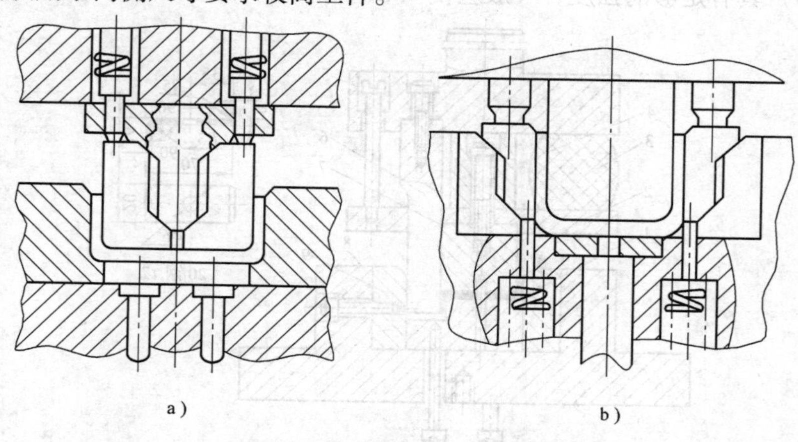

图3-26　活动结构的U形件弯曲模

图3-27所示为弯曲件角度小于90°的U形件闭角弯曲模。两侧的活动凹模镶块可在圆腔内回转，当凸模上升后，弹簧使活动凹模镶块复位。这种结构的模具可以弯曲较厚的材料。

3. Z形件弯曲模

图3-28所示为Z形件弯曲模。该模具有两个凸模进行顺序弯曲。为了防止坯料在弯曲中滑动，设置了定位销及弹性顶板1。反侧压块9能克服上、下模之间水平方向上的错移力。弯曲前凸模7与凸模6的下端面齐平，在下模弹性元件（图中未绘出）的作用下，顶板1的上平面与反侧压块的上平面齐平。上模下行，活动凸模7与顶板1将坯料夹紧并下压，使坯料左端弯曲。当顶板1接触下模座后，凸模7停止下行，橡胶3被压缩，凸模6继续下行，将坯料右端弯曲。当压块4与上模座接触后，工件得到校正。

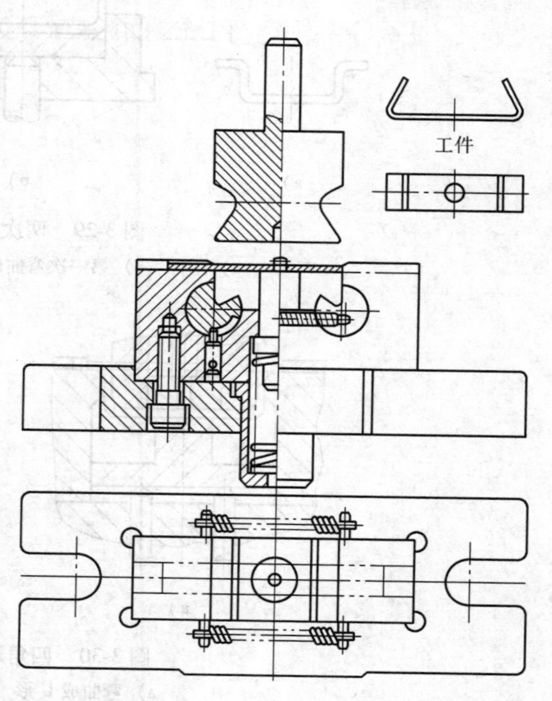

图3-27　弯曲件角度小于90°的U形件闭角弯曲模

4. 四角形件弯曲模

四角形件可以一次弯曲成形，也可以分两次弯曲成形。如果分两次弯曲成形，则第一次先将坯料弯成U形，然后再将U形毛坯弯成四角形，如图3-29所示。

图3-30所示为弯曲四角形件的分步弯曲模。上模为凸凹模，下模由固定凹模和活动凸模组成。弯曲时，首先将坯料弯成U形，

然后凸凹模继续下行与活动凸模作用，将 U 形件弯曲成四角形。这种结构需要凹模下腔空间大，以便工件弯曲时侧边的摆动。此外，从图 3-29 和图 4-30 可以看出，四角形弯曲对弯曲件的高度 h 有一定的要求，以保证二次弯曲的凹模（见图 3-29）和一次弯曲成形的凸凹模（见图 3-30）具有足够的强度，一般应使 $h>(12\sim15)t$。

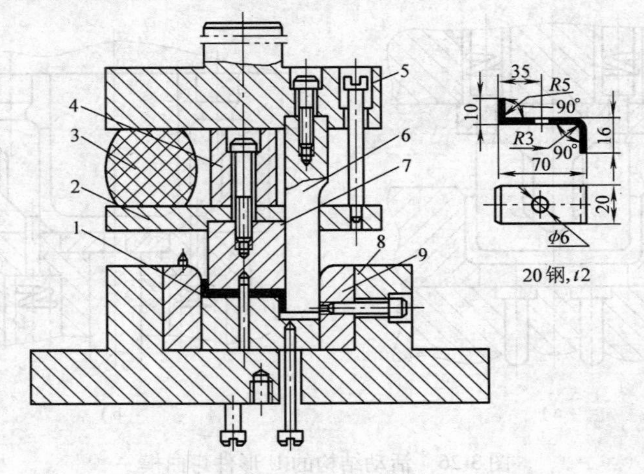

图 3-28　Z 形件弯曲模

1—顶板　2—托板　3—橡胶　4—压块　5—上模座
6、7—凸模　8—下模座　9—反侧压块

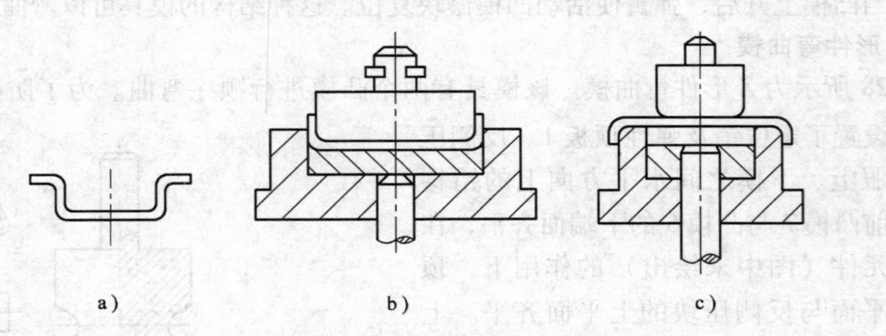

图 3-29　两次弯曲四角形件

a）工件　b）第一次弯曲成形　c）第二次弯曲成形

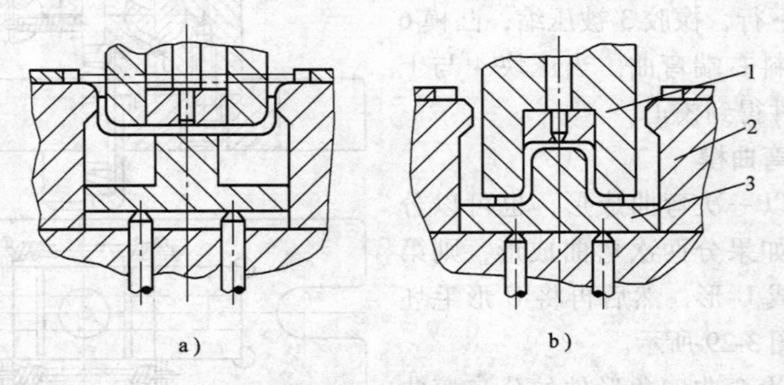

图 3-30　四角形件分步弯曲模

a）弯曲成 U 形　b）弯曲成四角形

1—凸凹模　2—凹模　3—活动凸模

5. 圆形件弯曲模

圆形件的弯曲方法根据圆的直径不同而各不相同。对于直径小于 ϕ5mm 的薄料小圆，一般是把毛坯先弯成 U 形，然后再弯成圆形（见图 3-31）。有时由于工件小，分两次弯曲操作不便，也可采用图 3-32 所示的小圆一次弯曲模。设计该模具时，必须使上模四个弹簧的压力大于毛坯预弯成 U 形件时的成形压力。

对于直径大于 ϕ20mm 的大圆，一般是先把毛坯弯成波浪形，然后再弯成圆形（见图 3-33）。弯曲完毕后，工件套在凸模 3 上，可从凸模轴向取出工件。

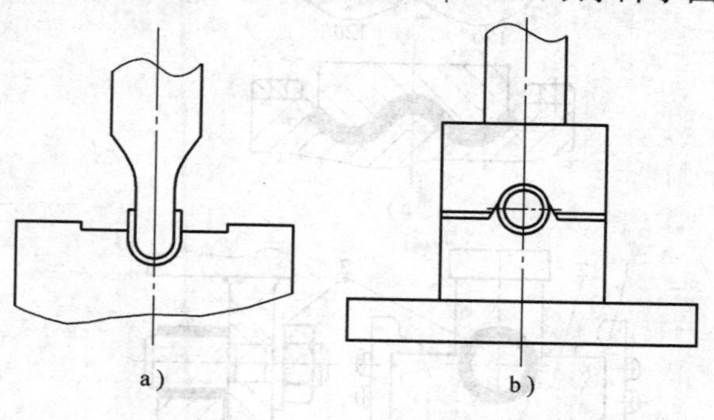

图 3-31 小圆二次弯曲模
a）弯曲成 U 形 b）弯曲成圆形

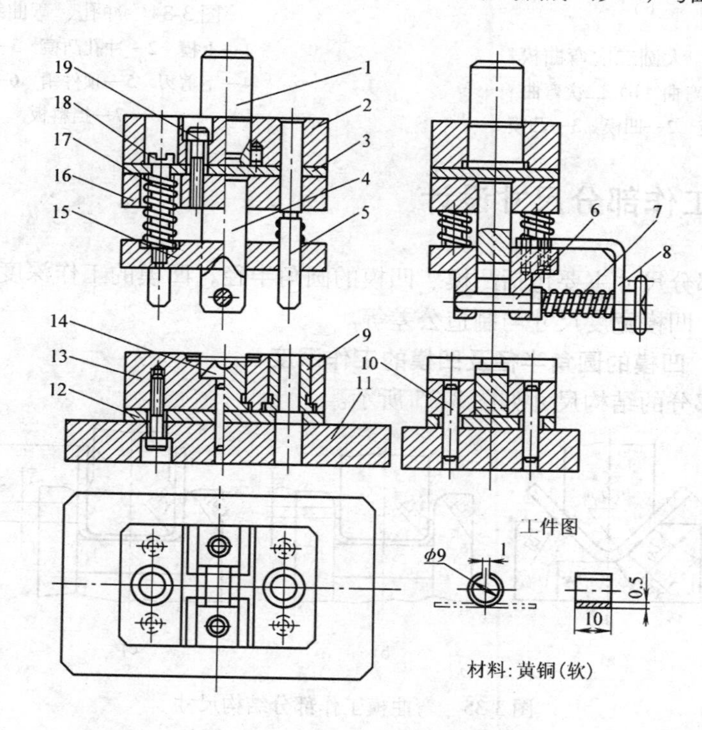

图 3-32 小圆一次弯曲模
1—模柄 2—上模板 3、12—垫板 4—凸模 5—导柱 6—芯轴 7、17—弹簧 8—支架 9—导套 10—圆柱销 11—下模座 13—凹模 14—凹模镶块 15—压料板 16—凸模固定板 18、19—螺钉

6. 级进弯曲模

此类模具是将冲裁、弯曲、切断等工序依次布置在一副模具上，以实现级进成形。图 3-34 所示为冲孔、弯曲级进模，在第一个工位上冲出两个孔，在第二个工位上有上模 1 和下剪刃 4 将带料剪断，并将其压弯在凸模 6 上。上模上行后，由顶件销 5 将工件顶出。

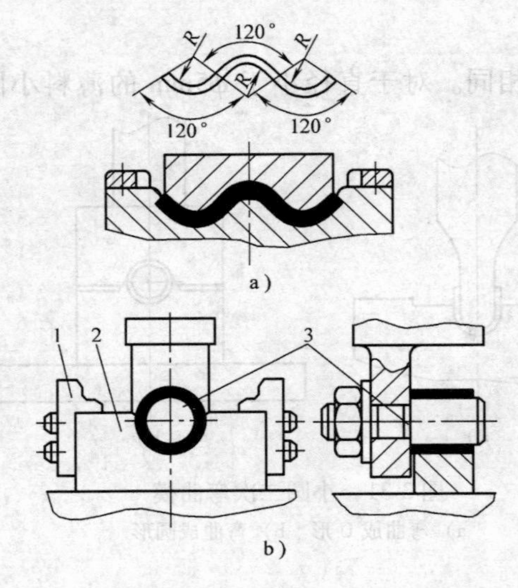

图 3-33　大圆二次弯曲模

a）首次弯曲　b）二次弯曲

1—定位板　2—凹模　3—凸模

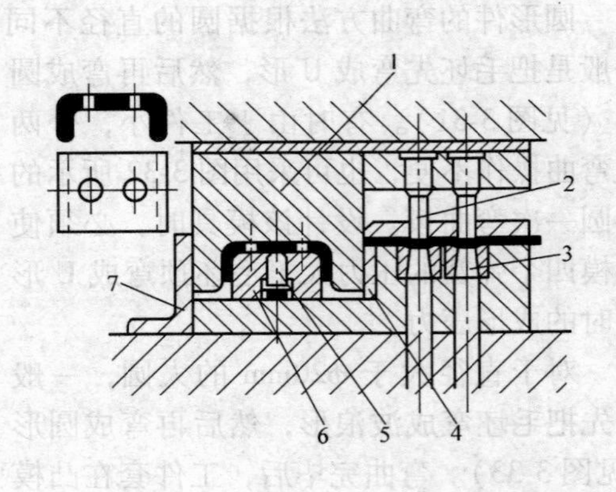

图 3-34　冲孔、弯曲级进模

1—上模　2—冲孔凸模　3—冲孔凹模

4—下剪刃　5—顶件销　6—弯曲凸模

7—挡料板

3.3　弯曲模工作部分尺寸设计

弯曲模工作部分尺寸主要包括凸模、凹模的圆角半径，凹模的工作深度，凸模、凹模之间的间隙，凸模、凹模宽度尺寸与制造公差等。

1. 弯曲凸模、凹模的圆角半径及凹模的工作深度

弯曲模工作部分的结构尺寸如图 3-35 所示。

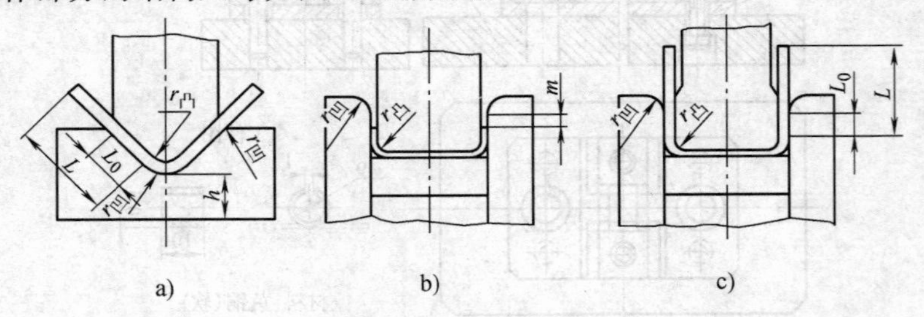

图 3-35　弯曲模工作部分结构尺寸

a）弯曲 V 形件　b）、c）弯曲 U 形件

（1）凸模圆角半径　弯曲件的相对弯曲半径 r/t 较小时，凸模的圆角半径应等于弯曲件内侧的圆角半径，但不能小于材料允许的最小弯曲半径。若 r/t 小于最小相对弯曲半径，弯曲时应取凸模的圆角半径大于最小弯曲半径，然后利用整形工序使工件达到所需的弯曲半径。

弯曲件的相对弯曲半径 r/t 较大时，则必须考虑回弹，修正凸模圆角半径。

（2）凹模圆角半径　凹模圆角半径的大小对弯曲力和工件质量均有影响。凹模的圆角半径过小，弯曲时坯料进入凹模的阻力增大，工件表面容易产生擦伤甚至出现压痕；凹模的圆角半径过大，坯料难以准确定位。为了防止弯曲时毛坯产生偏移，凹模两边的圆角半径应一致。

生产中，凹模的圆角半径可根据板材的厚度 t 来选取：$t<2\text{mm}$ 时，$r_{凹}=(3\sim6)t$；$t=2\sim4\text{mm}$ 时，$r_{凹}=(2\sim3)t$；$t>4\text{mm}$ 时，$r_{凹}=2t$。

对于V形件的弯曲凹模，其底部可开退刀槽或取圆角半径 $r_{凹}=(0.6\sim0.8)(r_{凸}+t)$。

（3）凹模工作部分深度　凹模工作部分深度要适当。若深度过小，则工件两端的自由部分较长，弯曲零件回弹大，不平直；若深度过大，则浪费模具材料，而且压力机需要较大的行程。

弯曲V形件时，凹模深度及底部最小厚度可查表3-9。

弯曲U形件时，若弯边高度不大，或要求两边平直，则凹模深度应大于弯曲件的高度，如图3-35b所示，图中 m 值见表3-10。如果弯曲件边长较长，而对平直度要求不高时，可采用图3-35c所示的凹模形式。凹模工作部分深度 L_0 见表3-11。

表3-9　弯曲V形件的凹模深度 L_0 及底部最小厚度 h　　（单位：mm）

弯曲件边长 L	材料厚度 t					
	<2		2~4		>4	
	h	L_0	h	L_0	h	L_0
>10~25	20	10~25	22	15		30
>25~30	22	15~20	27	25	32	30
>50~75	27	20~25	32	30	37	35
>75~100	32	25~30	37	35	42	40
>100~150	37	30~35	42	40	47	50

表3-10　弯曲U形件凹模的 m 值　　（单位：mm）

材料厚度 t	≤1	>1~2	>2~3	>3~4	>4~5	>5~6	>6~7	>7~8	>8~10
m	3	4	5	6	8	10	15	20	25

表3-11　弯曲U形件的凹模深度 L_0　　（单位：mm）

弯曲间边长 L	材料厚度 t				
	≤1	>1~2	>2~4	>4~6	>6~10
≤50	15	20	25	30	30
>50~75	20	25	30	35	40
>75~100	25	30	35	40	40
>100~150	30	35	40	50	50
>150~200	40	45	55	65	65

2. 弯曲凸模和凹模之间的间隙

对于V形件，凸模和凹模之间的间隙是靠调节压力机的闭合高度来控制的，不需要在设计和制造模具时考虑。对于U形弯曲件，凸模和凹模之间的间隙值对弯曲件的回弹、表面质量和弯曲力均有很大影响。间隙值过小，需要的弯曲力大，而且会使零件的边部壁厚减薄，同时会降低凹模的使用寿命；间隙值过大，弯曲件的回弹增加，工件的精度难以保证。凸模和凹模之间的单边间隙值一般可按下式计算：

$$Z = t_{max} + ct = t + \Delta + ct \tag{3-15}$$

式中 Z——弯曲凸模和凹模之间的单边间隙（mm）；

t——材料厚度的基本尺寸（mm）；

t_{max}——材料厚度的最大值（mm）；

c——间隙系数，见表3-12；

Δ——材料厚度的上偏差（mm）。

表3-12　U形件弯曲模的间隙系数

弯曲件高度 h/mm	材料厚度 t/mm								
	$b/h \leqslant 2$				$b/h>2$				
	≤0.5	>0.5~2	>2~4	>4~5	≤0.5	>0.5~2	>2~4	>4~7.5	>7.5~12
10	0.05	0.05	0.04	—	0.10	0.10	0.08	—	—
20	0.05	0.05	0.04	0.03	0.10	0.10	0.08	0.06	0.06
35	0.07	0.05	0.04	0.03	0.15	0.10	0.08	0.06	0.06
50	0.10	0.07	0.05	0.04	0.20	0.15	0.10	0.06	0.06
70	0.10	0.07	0.05	0.05	0.20	0.15	0.10	0.10	0.08
100	—	0.07	0.05	0.05	—	0.15	0.10	0.10	0.08
150	—	0.10	0.07	0.05	—	0.20	0.15	0.10	0.10
200	—	0.10	0.07	0.07	—	0.20	0.15	0.15	0.10

注：b为弯曲件宽度（mm）。

3. U形件弯曲模凸模、凹模工作部分尺寸的计算

U形件弯曲模凸模、凹模工作部分尺寸的确定与弯曲件的尺寸标注有关。一般原则是：工件标注外形尺寸的（见图3-36a、b），模具以凹模为基准件，间隙取在凸模上；工件标注内形尺寸时（见图3-36c、d），模具以凸模为基准件，间隙取在凹模上。

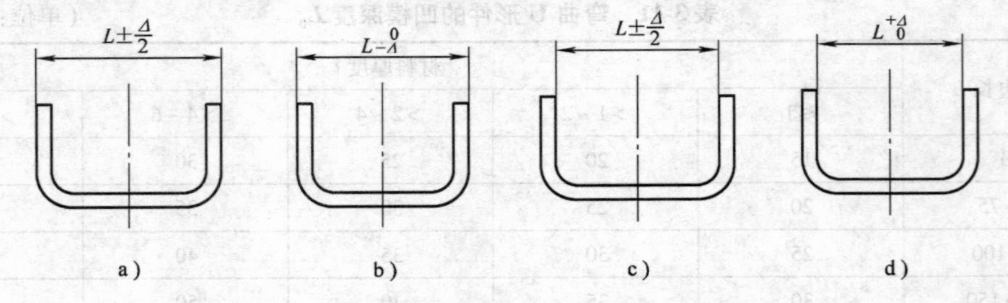

图3-36　弯曲件尺寸标注形式

a)、b）标注外形尺寸　c)、d）标注内形尺寸

（1）标注外形尺寸的弯曲件（见图3-36a、b）

1）弯曲件为双向对称偏差时，凹模尺寸为

$$L_{凹} = (L - 0.25\Delta)_{0}^{+\delta_{凹}} \tag{3-16}$$

2）弯曲件为单向偏差时，凹模尺寸为

$$L_{凹} = (L - 0.75\Delta)^{+\delta_{凹}}_{0} \tag{3-17}$$

3）凸模尺寸为

$$L_{凸} = (L_{凹} - 2Z)^{0}_{-\delta_{凸}} \tag{3-18}$$

（2）标注内形尺寸的弯曲件（见图3-36c、d）

1）弯曲件为双向对称偏差时，凸模尺寸为

$$L_{凸} = (L + 0.25\Delta)^{0}_{-\delta_{凸}} \tag{3-19}$$

2）弯曲件为单向偏差时，凸模尺寸为

$$L_{凸} = (L + 0.75\Delta)^{0}_{-\delta_{凸}} \tag{3-20}$$

3）凹模尺寸为

$$L_{凹} = (L_{凸} + 2Z)^{+\delta_{凹}}_{0} \tag{3-21}$$

式中　L——弯曲件基本尺寸（mm）；

$L_{凸}$——凸模工作部分尺寸（mm）；

$L_{凹}$——凹模工作部分尺寸（mm）；

Z——弯曲凸模和凹模之间的单边间隙（mm）；

Δ——弯曲件宽度的尺寸公差（mm）；

$\delta_{凸}$、$\delta_{凹}$——凸模、凹模制造偏差，一般按IT7～IT9选取。

第 4 章　拉深模设计

拉深也称拉延，是利用拉深模具将平板毛坯制成开口空心零件，或以开口空心零件为毛坯，通过拉深进一步改变其形状和尺寸的一种冲压加工方法。

用拉深方法可以制成筒形、阶梯形、锥形、球形、盒形和其他不规则形状的薄壁零件。如果和其他冲压成形工艺配合，还可以制造形状极为复杂的零件，如汽车车门等。用拉深方法来制造薄壁空心件，生产率高，省材料，零件的强度和刚度好，精度较高。拉深加工范围非常广泛，可加工直径从几毫米的小零件直至 $\phi2 \sim \phi3$m 的大型零件。

4.1　拉深工艺设计

4.1.1　拉深件分类及其变形分析

1. 拉深件分类

拉深件的种类很多，不同形状零件在变形过程中变形区的位置、变形性质、毛坯各部位的应力状态和分布规律等都有相当大的，甚至是本质上的差别。因此，确定的工艺参数、工序数目和顺序，以及模具的结构也不一样。各种拉深件按变形力学特点可分为以下四种基本类型：直壁圆筒形零件、直壁盒形零件、轴对称的曲面形零件和非轴对称曲面形状零件，见表 4-1。

表 4-1　拉深件按变形特点的分类

名　称		图　形	变 形 特 点
直壁类拉深件	圆筒形零件		1）拉深时的变形区在毛坯的凸缘部分，其他部分为传力区，不参与主要变形 2）毛坯变形区在切向压应力和径向拉应力的作用下，产生切向压缩和径向伸长变形 3）极限变形参数主要受到毛坯传力区承载能力的限制
	盒形零件		1）变形性质与圆筒形件相同，但是变形在毛坯周边上的分布是不均匀的，圆角部分变形大，直边部分变形小 2）在毛坯的周边上，由于变形的不均匀，圆角部分和直边部分会产生相互影响
曲面类拉深件	轴对称曲面形零件		拉深时毛坯的变形区由两部分组成 1）在毛坯凸缘部分的变形与圆筒形件相同，产生切向受压和径向受拉的变形 2）毛坯的中间部分是两向受拉的胀形变形
	非轴对称曲面形零件		1）毛坯的变形区由外部的拉深变形区和内部的胀形变形区组成，而且在毛坯周边上的分布是不均匀的 2）带凸缘的曲面形件拉深时，在毛坯外周变形区还有剪切变形存在

2. 拉深变形过程

用拉深工艺制造的零件中，旋转体拉深件最为典型和常见，下面将以圆筒形件的拉深为代表，分析拉深变形过程及拉深时的应力、应变状态。

筒形件拉深如图4-1所示。与冲裁模相比，拉深凸模与凹模的工作部分不应有锋利的刃口，而应具有一定的圆角，凸模与凹模间的单边间隙稍大于料厚。随着凸模的下行，直径为 D 的毛坯板料逐渐被拉进凸模与凹模之间的间隙里，形成圆筒件的直壁部分，而处于凸模下面的材料则成为拉深件的底，当板料全部进入凸模与凹模间隙时，拉深过程结束，毛坯变为具有一定直径和高度的圆筒形件。圆筒形件的直壁部分是由毛坯的环形部分（外径为 D，内径为 d）转变而成的，所以，拉深时毛坯的外部环形部分是变形区；而底部通常是不参加变形的，称为不变形区；被拉入凸模与凹模之间的直壁部分是已完成变形部分，称为已变形区。

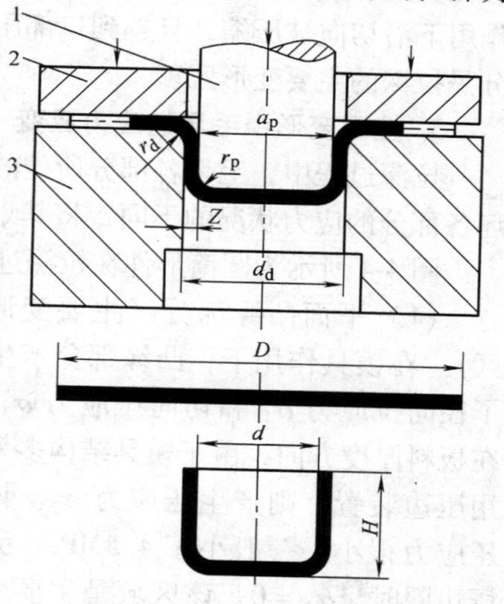

图4-1　筒形件拉深

1—凸模　2—压边圈　3—凹模

如果不用模具，将图4-2所示直径为 D 的毛坯去掉其中阴影部分，再将剩余部分沿直径为 d 的圆周弯折起并焊接，就可以得到直径为 d，高度为 $(D-d)/2$ 的圆筒形件。但拉深过程中并没有去掉阴影部分，那么这些“多余的材料”去哪儿了呢？实际上是材料在拉深变形发生了流动，转移到工件直壁上，使拉深结束后工件高度要大于环形部分的半径差 $(D-d)/2$。

为进一步了解材料产生了怎样的流动，可以在拉深前毛坯上画一些由等距离的同心圆和等角度的辐射线组成的网格（见图4-3），然后进行拉深，通过比较拉深前后网格的变化来了解材料的流动情况。可以发现，拉深后筒底部的网格变化不明显，而侧壁上的网格变化很大，原来的同心圆拉深后变成了与筒底平行的不等距离的水平圆周线，而且越到口部圆周线的间距越大，原来的辐射线拉深后变成了等距离且垂直于底部的平行线。

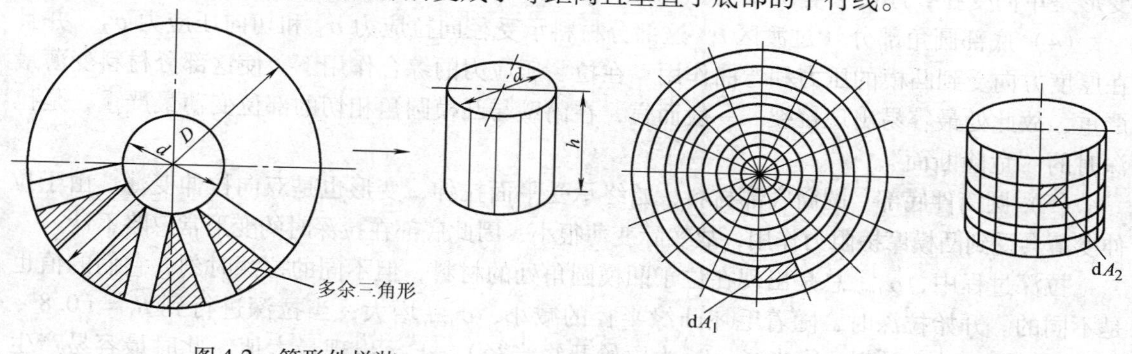

图4-2　筒形件拼装　　图4-3　拉深过程中的材料转移

原来的扇形网格，拉深后在工件的侧壁变成了矩形，且拉深前后的面积相等（见图4-3，$dA_1=dA_2$）。这说明单元格在拉深中，切向受压缩，径向受拉深，材料发生了向上的转移。越靠近毛坯边缘的单元格拉深后变形越大。这说明这部分材料的流动越大，变形越大。

综上所述，拉深变形过程可作以下归纳：处于凸模底部的材料在拉深过程中几乎不发生变化，变形主要集中在（$D-d$）圆环形部分。该处金属在切向压应力和径向拉应力的共同作用下沿切向被压缩，且越到口部压缩得越多；沿径向伸长，且越到口部伸长得越多。该部分是拉深的主要变形区。

3. 拉深变形中毛坯的应力应变

拉深过程中，毛坯各部分所处的位置不同，它们的变化情况也不同。根据拉深过程中毛坯各部分的应力状况的不同，将其划分为五个部分。

图4-4所示为圆筒形件在拉深过程中的应力与应变状态。

(1) 平面凸缘部分（主要变形区）　在模具作用下，凸缘部分产生了径向拉应力 σ_1 和切向压应力 σ_3。在板料厚度方向，由于模具结构多采用压边装置，则产生压应力 σ_2。该压应力很小，一般小于4.5MPa，无压边圈时，$\sigma_2=0$。该区域是主要变形区，变形最剧烈。拉深所做的功大部分消耗在该区材料的塑性变形上。

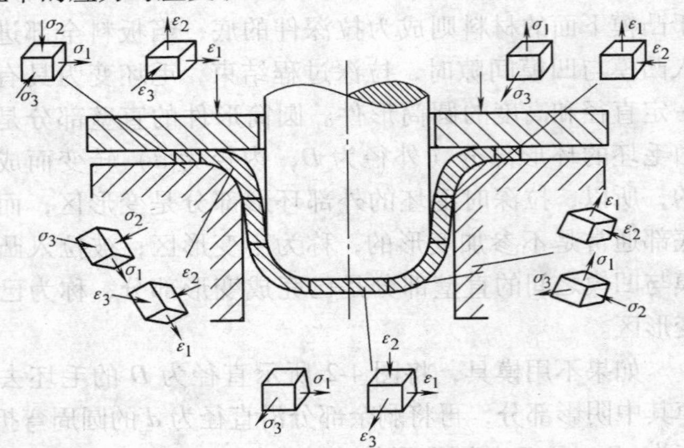

图4-4　圆筒形件在拉深过程中的应力与应变状态

σ_1、ε_1—径向应力和应变　σ_2、ε_2—轴向（厚度方向）应力和应变

σ_3、ε_3—切向应力和应变

(2) 凸缘圆角部分（过渡区）　圆角部分材料除了与凸缘部分一样，受径向拉应力 σ_1 和切向压应力 σ_3，同时，接触凹模圆角的一侧还受到弯曲压力，外侧则受拉应力。弯曲圆角外侧是 σ_{1max} 出现处。凹模圆角相对半径 r_d/t 越小，则弯曲变形越大。当凹模圆角半径小到一定数值时（一般 $r_d/t<2$ 时），就会出现弯曲开裂，故凹模圆角半径应有一个适当值。

(3) 筒壁部分（传力区）　筒壁部分可看作是传力区，是将凸模的拉应力传递到凸缘，变形是单向受拉，厚度会有所变薄。

(4) 底部圆角部分（过渡区）　这部分材料承受径向拉应力 σ_1 和切向压应力 σ_3，并且在厚度方向受到凸模的压力和弯曲作用。在拉、压应力的综合作用下，使这部分材料变薄最严重，故此处最容易出现拉裂。一般而言，在筒壁与凸模圆角相切的部位变薄最严重，是拉深时的“危险断面”。

(5) 圆筒件底部　圆筒底部材料，始终承受平面拉伸，变形也是双向拉伸变薄。由于拉伸变薄会受到凸模摩擦阻力作用，故实际变薄很小，因此底部在拉深时的变形常忽略不计。

拉深过程中，σ_{1max} 总是出现在位于凹模圆角处的材料，但不同的拉深时刻，它们的值也是不同的。开始拉深时，随着毛坯凸缘半径的减小，σ_{1max} 增大；当拉深进行到 $R_t=(0.8\sim0.9)R_0$ 时（R_t 为 t 时刻凸缘半径，R_0 为原始凸缘半径），σ_{1max} 出现最大值，此时最容易产生“危险断面”的断裂。以后 σ_{1max} 又随着拉深的进行逐渐减小。

拉深过程中，越靠近毛坯边缘 $|\sigma_3|$ 越大，所以 $|\sigma_3|_{max}$ 总是出现在毛坯最外缘处，其大小只与材料有关，$|\sigma_3|_{max}=1.1\sigma_m$（$\sigma_m$ 为凸缘变形区平均变形抗力）。但随着拉深的进行，材料加工硬化加大，σ_m 增加，$|\sigma_3|_{max}$ 呈递增趋势，这种变化会增加凸缘起皱的危险。

综上分析可知，拉深时毛坯各区的应力、应变是不均匀的，且随着拉深的进行时刻在变化，因而拉深件的壁厚也是不均匀的。拉深时，凸缘区在切向压应力作用下可能产生“起皱”和筒壁传力区上危险断面可能被“拉裂”，这是拉深工艺能否顺利完成的关键所在。

4.1.2 拉深件设计

1. 拉深件工艺性

拉深件工艺性是指零件拉深加工的难易程度。良好的工艺性应该保证材料消耗少，工序数目少，模具结构简单，产品质量稳定，操作简单等。在设计拉深零件时，考虑到拉深工艺的复杂性，应尽量减小拉深件的高度，使其有可能用一次或两次拉深工序完成，以减少工艺复杂性和模具设计制造的工作量。

（1）拉深件公差　拉深件的公差主要包括直径方向的尺寸精度和高度方向的尺寸精度。拉深件的公差大小与毛坯厚度、拉深模的结构和拉深方法等有着密切的关系。拉深件直径方向的公差等级一般在IT11以下，对于拉深件的尺寸精度要求较高的，可在拉深以后增加整形工序，经整形后精度可达到IT6～IT7。

拉深件的表面质量一般不超过原材料的表面质量，多次拉深的零件外壁或凸缘表面上，允许有拉深产生的印痕。

拉深件允许的厚度变化范围是$(0.6\sim1.2)t$。在设计拉深件时，产品图样上的尺寸，应明确标注清楚必须保证的是外形尺寸还是内形尺寸，不能同时标注内、外形尺寸。

（2）拉深件的结构工艺性

1）拉深件形状。拉深件的形状应尽可能简单、对称。轴对称旋转体拉深件，尤其是直径不变的旋转体拉深件，在圆周方向的变形是均匀的，其工艺性最好，模具加工也方便。所以，除非在结构上有特殊要求，一般应尽量避免异常复杂及非对称形状的拉深件设计。此外，应尽量避免急剧的轮廓变化。曲面空心零件避免尖底形状，尤其当高度大时其工艺性更差；对于盒形件，应避免底平面与壁面的连接部分出现尖的转角。

对于外形较复杂的空心拉深件，必须考虑留有工序间毛坯定位的同一工艺基准。

2）拉深件各部分尺寸比例。拉深件各部分尺寸的比例要合适。宽大凸缘（$d_{凸}>3d$）和较大深度（$h>2d$）的拉深件，需要多道拉深工序才能完成，而且容易出现废品，应尽可能避免（见图4-5a）。

图4-5b所示的零件上下部分的尺寸相差太大，给拉深带来了困难。这时可将上下两部分分别成形，然后再连接起来（见图4-5c）。

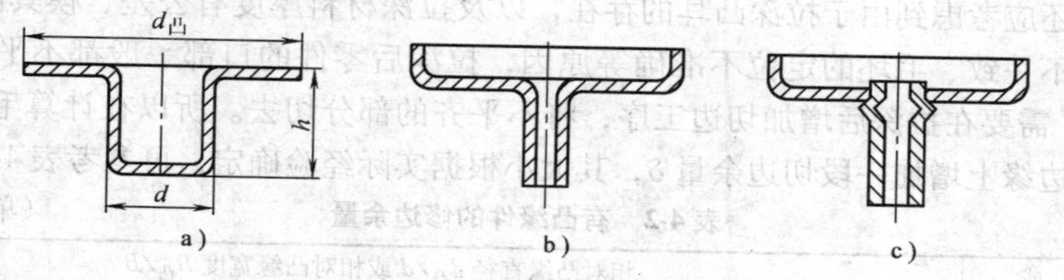

图4-5　拉深件的形状

3）拉深件圆角半径。拉深件的圆角半径大，有利于成形和减少拉深次数。拉深件的底部与壁部、凸缘与壁部及矩形件的四壁间圆角半径（见图4-6）应满足$r_1\geqslant t$，$r_2\geqslant 2t$，$r_2\geqslant$

r_1，$r_3 \geqslant 3t$。否则，应增加整形工序，每整形一次，圆角半径可减小一半。如果增加整形工序，最小圆角半径为 $r_1 \geqslant (0.1 \sim 0.3)t$，$r_2 \geqslant (0.1 \sim 0.3)t$。

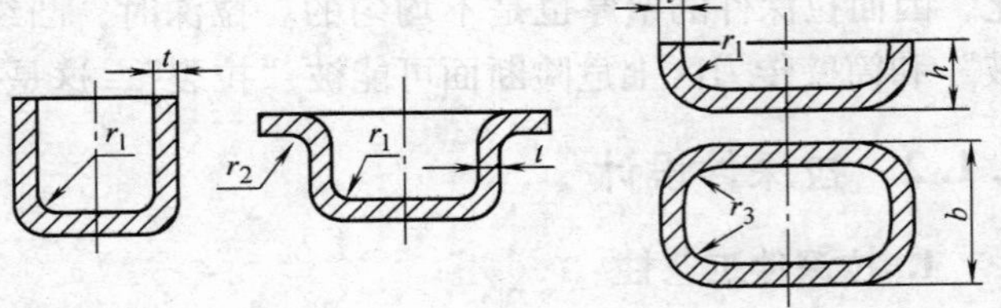

图 4-6　拉深件圆角半径

4）拉深件上的孔位。拉深件侧壁上的冲孔，必须满足孔与底的距离 $B \geqslant r_1 + t$，孔与凸缘的距离 $B \geqslant r_2 + t$，否则该孔只能钻出（见图 4-7a、b）。拉深件凸缘上冲孔的最小孔距（见图 4-7c）为：$B \geqslant r_2 + 0.5t$。拉深件底部冲孔的最小孔距（见图 4-7c）为：$B \geqslant r_1 + 0.5t$。

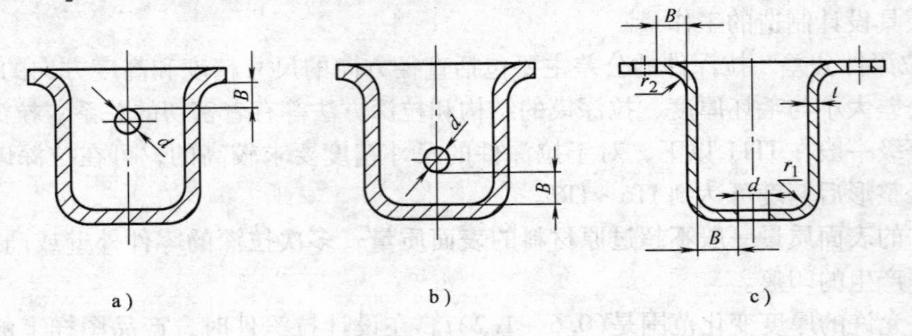

图 4-7　拉深件的孔位

a)、b) 侧壁上冲孔　c) 凸缘和底部冲孔

2. 毛坯尺寸计算

拉深件毛坯形状的确定和尺寸计算是否正确，不仅直接影响生产过程，而且对冲压件生产有很大的经济意义，因为在冲压件的总成本中，材料费用一般占到 60% ~80%。

（1）拉深件毛坯尺寸计算的原则　拉深件毛坯的尺寸应满足成形后工件的要求，形状必须适应金属流动。毛坯尺寸的计算应遵循以下原则：

1）面积相等原则。对于不变薄拉深，因材料厚度拉深前后变化不大，可忽略不计。毛坯的尺寸按"拉深前毛坯表面积等于拉深后零件的表面积"的原则来确定（对于变薄拉深，可按等体积原则来确定）。

2）形状相似原则。拉深毛坯的横截面形状一般与拉深后零件的横截面形状相似，即零件的横截面是圆形、椭圆形、方形时，其拉深前毛坯展开形状也基本上是圆形、椭圆形或近似方形。毛坯的周边轮廓必须采用光滑曲线连接，应无急剧的转折和尖角。

另外，还应考虑到由于拉深凸耳的存在，以及拉深材料厚度有公差、模具间隙不均匀、摩擦阻力的不一致、毛坯的定位不准确等原因，拉深后零件的口部一般都不平齐（尤其是多次拉深），需要在拉深后增加切边工序，将不平齐的部分切去。所以在计算毛坯之前，应先在拉深件边缘上增加一段切边余量 δ，其大小根据实际经验确定，可参考表 4-2、表 4-3。

表 4-2　有凸缘件的修边余量　（单位：mm）

凸缘直径 d_1 或宽度 B_1	相对凸缘直径 $d_凸/d$ 或相对凸缘宽度 $B_凸/B$			
	<1.5	1.5 ~2	2 ~2.5	2.5 ~3
≤25	1.8	1.6	1.4	1.2
>25 ~50	2.5	2.0	1.8	1.6
>50 ~100	3.5	3.0	2.5	2.2

（续）

凸缘直径 d_1 或宽度 B_1	相对凸缘直径 $d_凸/d$ 或相对凸缘宽度 $B_凸/B$			
	<1.5	1.5~2	2~2.5	2.5~3
>100~150	4.3	3.6	3.0	2.5
>150~200	5.0	4.2	3.5	2.7
>200~250	5.5	4.6	3.8	2.8
>250	6.0	5.0	4.0	3.0

表4-3 无凸缘件的修边余量 （单位：mm）

拉深高度 h	拉深件的相对高度 h/d 或 h/B			
	>0.5~0.8	>0.8~1.6	>1.6~2.5	>2.5~4
≤10	1.0	1.2	1.5	2
>10~20	1.2	1.6	2	2.5
>20~50	2	2.5	3.3	4
>50~100	3	3.8	5	6
>100~150	4	5	6.5	8
>150~200	5	6.3	8	10
>200~250	6	7.5	9	11
>250	7	8.5	10	12

注：1. B 为正方形的边宽或长方形的短边宽度。
2. 对于高拉深件必须规定中间修边工序。
3. 对于材料厚度小于0.5mm的薄材料作多次拉深时，应按表中数值增加30%。

（2）旋转体拉深零件毛坯尺寸的计算　旋转体拉深零件的毛坯都为圆形，按等面积的原则可以用解析法和重心法来求解。

1）解析法。一般比较规则形状的拉深工件的毛坯尺寸可用此方法。具体方法是：将工件分解为若干个简单几何体，分别求出各几何体的表面积，对其求和，根据等面积法，求和后的表面积应等于工件的表面积，又因为毛坯是圆形的，即可得毛坯的直径为

$$D=\sqrt{\frac{4A}{\pi}}=\sqrt{\frac{4}{\pi}\sum A_i} \tag{4-1}$$

式中 A——毛坯面积（mm^2）；
A_i——简单旋转体件各部分面积（mm^2）；
D——毛坯直径（mm）。

表4-4列出了简单几何形状表面积的计算公式。如果材料厚度小于1mm，按内径或外径计算均可；否则，按表4-4图示中的板厚中径计算。

表4-4 简单几何形状表面积计算公式

序号	名称	几何体	面积 A
1	圆	d	$A=\frac{\pi d^2}{4}$

（续）

序　号	名　称	几何体	面　积 A
2	圆环	d_1 d	$A=\frac{\pi}{4}(d^2-d_1^2)$
3	圆柱	h d	$A=\pi dh$
4	半球	r	$A=2\pi r^2$
5	1/4 球环	d r	$A=\frac{\pi}{2}r(\pi d+4r)$
6	1/4 凹球环	d	$A=\frac{\pi}{2}r(\pi d-4r)$
7	圆锥	l h d	$A=\frac{\pi dl}{2}$或 $A=\frac{\pi}{4}d\sqrt{d^2+4h^2}$
8	圆锥台	d_0 l h d	$A=\pi l\left(\frac{d_0+d}{2}\right)$ 式中　$l=\sqrt{h^2+\left(\frac{d-d_0}{2}\right)^2}$
9	球缺	r h	$A=2\pi rh$

（续）

序　号	名　称	几何体	面积 A
10	凸球环		$A=\pi(dl+2rh)$ 式中 $l=\dfrac{\pi r\alpha}{180°}$ $h=r[\cos\beta+\cos(\alpha+\beta)]$
11	凹球环		$A=\pi(dl-2rh)$ 式中 $l=\dfrac{\pi r\alpha}{180°}$ $h=r[\cos\beta-\cos(\alpha+\beta)]$

例　求图4-8所示的无凸缘圆筒形件的毛坯直径。

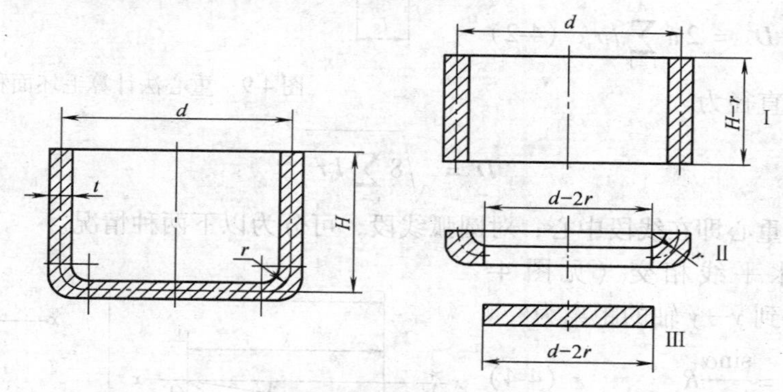

图4-8　筒形件毛坯计算

解　将图4-8所示筒形件分为三个简单几何体，如图中的第Ⅰ、Ⅱ、Ⅲ部分。据表4-4可得

Ⅰ的表面积：
$$A_1=\pi d(H-r)$$

Ⅱ的表面积：
$$A_2=\frac{\pi}{2}r[\pi(d-2r)+4r]$$

Ⅲ的表面积：
$$A_3=\frac{\pi}{4}(d-2r)^2$$

据等面积原则，毛坯的面积：
$$A_{毛坯}=\frac{\pi}{4}D^2=A_1+A_2+A_3$$

所以得毛坯直径：
$$D=\sqrt{d^2+4dH-1.72rd-0.56r^2}$$

2）重心法。如果拉深工件是不规则的几何体，其各部分面积用表查不到或过于麻烦，重心法则较适用。

重心法的原理是：任何形状的母线，绕同一平面内的轴线旋转所形成的旋转体，其表面积等于母线长度与母线的重心绕轴线旋转周长的乘积（见图4-9），即

$$A = 2\pi RL$$

式中　A——旋转体的表面积（mm^2）；

R——母线重心至旋转轴的距离（mm）；

L——母线长度（mm）。

具体的计算方法是：把形成旋转体的绕轴母线分为若干直线或圆弧段（或近似直线、圆弧段）l_1，l_2，l_3，…，l_n，找出每一段母线的重心（注意是线段的重心），并求出每段母线重心到轴线的旋转半径 r_1，r_2，r_3，…，r_n，然后求和 $\sum_{i=1}^{n} l_i r_i$。根据等面积原理和重心法原理，计算毛坯面积：

$$A_{毛坯} = \frac{\pi}{4}D^2 = 2\pi \sum_{i=1}^{n} l_i r_i \quad (4\text{-}2)$$

所以得毛坯直径为

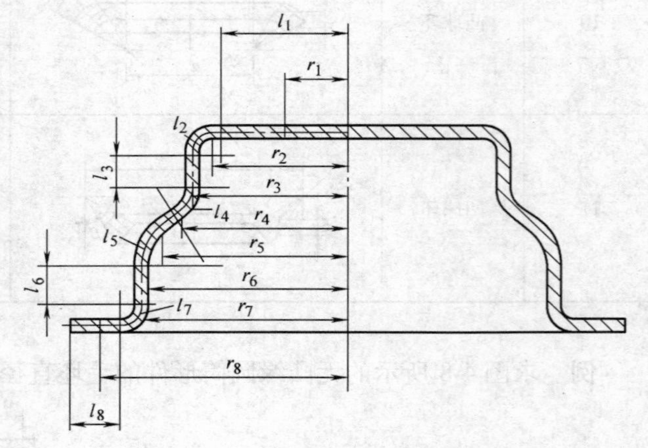

图 4-9　重心法计算毛坯面积

$$D = \sqrt{8 \sum_{i=1}^{n} l_i r_i} \quad (4\text{-}3)$$

对直线段，重心即在线段中心；对圆弧线段，可分为以下两种情况。

①圆弧与水平线相交（见图 4-10a），圆弧重心到 y—y 轴的距离为

$$s = \frac{\sin\alpha}{\alpha}R \quad (4\text{-}4)$$

式中　α——圆弧的圆心角（°）；

R——圆弧的半径（mm）。

②圆弧与垂直线相交（见图 4-10b），圆弧重心到 y—y 的距离为

$$s = \frac{1-\cos\alpha}{\alpha}R \quad (4\text{-}5)$$

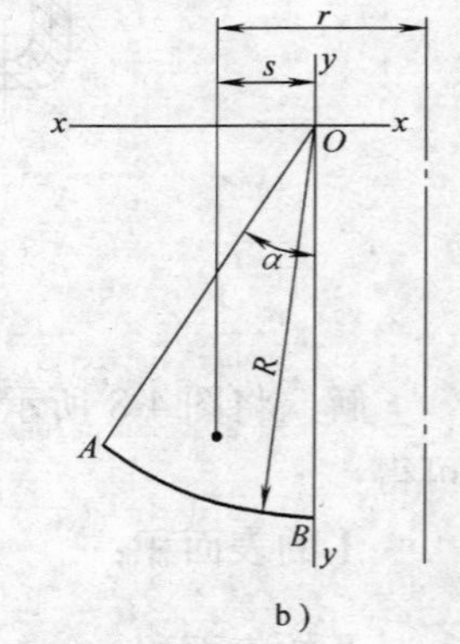

a）

图 4-10　圆弧重心

a）圆弧与水平线相交　b）圆弧与垂直线相交

求得 s 后，圆弧重心到旋转轴的距离 r 也可得出了。对于其他形状圆弧可分解转化为以上两种情况后求解。

3. 拉深系数

（1）拉深系数的定义　拉深系数是拉深变形程度的一种度量参数，是用拉深前后拉深件直径（横断面尺寸）的缩小程度来表达的。

第一次拉深的拉深系数为　$m_1 = \frac{d_1}{D}$

第 n 次拉深的拉深系数为　$m_n = \frac{d_n}{d_{n-1}}$

式中　d_1——第一次拉深时拉深件直径（mm）；

　　D——拉深用毛坯直径（mm）；

d_n、d_{n-1}——第 n 次、第（$n-1$）次拉深时拉深件的直径（mm）。

拉深系数越小，变形量越大，拉深越困难。

拉深过程中主要的质量问题是起皱和拉裂，其中拉裂是首要问题。在每次拉深中，既要充分利用材料的最大变形程度，又要防止应力超过材料许可的抗拉强度。零件究竟需要几次才能拉深成形，一次还是多次，这一问题与极限拉深系数有关。

所谓极限拉深系数，是指在一定拉深条件下，坯料不失稳起皱和破裂而拉深出最深筒形件的拉深系数。极限拉深系数表示了拉深前后毛坯直径的最大允许变化量，是进行拉深工艺计算和模具设计的基础，也是研究板材冲压成形性能的一个重要参数。极限拉深系数越小，板材的拉深极限变形程度越大。常用材料的极限拉深系数见表4-5～表4-7。

表4-5　无凸缘筒形件采用压边圈时的拉深系数

各次拉深系数	材料相对厚度（t/D）×100					
	<2.0～1.5	1.5～1.0	1.0～0.6	0.6～0.3	0.3～0.15	0.15～0.08
m_1	0.48～0.50	0.50～0.53	0.53～0.55	0.55～0.58	0.58～0.60	0.60～0.63
m_2	0.73～0.75	0.75～0.76	0.76～0.78	0.78～0.79	0.79～0.80	0.80～0.82
m_3	0.76～0.78	0.78～0.79	0.79～0.80	0.80～0.81	0.81～0.82	0.82～0.84
m_4	0.78～0.80	0.80～0.81	0.81～0.82	0.82～0.83	0.83～0.85	0.85～0.86
m_5	0.80～0.82	0.82～0.84	0.84～0.85	0.85～0.86	0.86～0.87	0.87～0.88

注：1. 表中小值适用于模具有大的圆角半径（$R_凹=8\sim15t$），大值适用于小的圆角半径（$R_凹=4\sim8t$）。

2. 若采用中间退火工序时，可取比表中数值小3%～5%。

3. 表中小值适用于08、10、15等普通拉深钢及H62。对拉深性能较差的材料，如20、25、Q215、Q235、酸洗钢板、硬铝等，应取比表中数值大1.5%～2%。对于塑性较好的材料05、08、10、软铝等，应取比表中数值小1.5%～2%。

表4-6　无凸缘筒形件不用压边圈时的拉深系数

材料相对厚度（t/D）×100	m_1	m_2	m_3	m_4	m_5	m_6
0.4	0.85	0.90	—	—	—	—
0.6	0.82	0.90	—	—	—	—
0.8	0.78	0.88	—	—	—	—
1.0	0.75	0.85	0.90	—	—	—
1.5	0.65	0.80	0.84	0.87	0.90	—
2.0	0.60	0.75	0.80	0.84	0.87	0.90
2.5	0.55	0.75	0.80	0.84	0.87	0.90
3.0	0.53	0.75	0.80	0.84	0.87	0.90
>3.0	0.50	0.70	0.75	0.78	0.82	0.85

注：表中数值适用于08、10、15等塑性较好的材料，其余各项目同表4-5。

表4-7　其他金属材料的拉深系数

材料名称	材料牌号	首次拉深系数 m_1	以后各次拉深系数 m_n
铝、铝合金	1035、1235、3A21	0.52～0.55	0.70～0.75
硬铝	2A11、2A12	0.56～0.58	0.75～0.80

（续）

材料名称	材料牌号	首次拉深系数 m_1	以后各次拉深系数 m_n
黄铜	H62	0.52～0.54	0.70～0.72
	H68	0.50～0.52	0.68～0.72
纯铜	T2、T3、T4	0.50～0.55	0.72～0.80
镀锌钢板	—	0.58～0.65	0.80～0.85
酸洗钢板	—	0.54～0.58	0.75～0.78
镍铬合金	Cr20Ni80Ti	0.54～0.59	0.78～0.84
合金钢	30CrMnSiA	0.62～0.70	0.80～0.84
不锈钢	06Cr13	0.52～0.56	0.75～0.78
	06Cr19Ni10	0.50～0.52	0.70～0.75
	12Cr18Ni9	0.52～0.55	0.78～0.81

注：1. 当 $(t/D)\times100\geqslant0.6$ 或 $R_{凹}\geqslant(7\sim8)t$ 时，拉深系数取小值。

2. 当 $(t/D)\times100<0.6$ 或 $R_{凹}<6t$ 时，拉深系数应取大值。

（2）拉深系数的影响因素

1）材料相对厚度 $(t/D)\times100$。$(t/D)\times100$ 数值大，则不易起皱，允许较小的拉深系数。

2）材料塑性。材料塑性好，拉深系数可以取小值。材料塑性可由材料的伸长率或由材料的屈强比来表达。深拉深材料要求屈强比≤0.66。

3）拉深时是否使用压边圈。用压边圈时，拉深系数可取小值；不用压边圈时，为防止起皱，拉深系数应取大值。

4）凹模圆角半径。凹模圆角半径大，可以选用较小的拉深系数；但圆角半径数值过大，使拉深材料在压边圈下的面积减小，也易发生起皱。

5）模具状况。凸模与凹模工作表面的表面质量好，间隙正常，凹模和板料润滑良好，有助于拉深，拉深系数可取小值。

6）拉深次数。第一次拉深时，可取较小的拉深系数，以后逐次增大。如采用中间退火后，可选用较小的拉深系数。

4. 拉深次数与工序尺寸计算

（1）无凸缘筒形件的拉深次数与工序尺寸计算

1）无凸缘筒形件的拉深次数。零件能否一次拉出，只需比较实际所需的总拉深系数 $m_{总}$ 和第一次允许的极限拉深系数 m_1 的大小即可。如果 $m_{总}>m_1$，说明拉深该零件的实际变形程度比第一次容许的极限变形程度要小，所以零件可以一次拉深成形；否则需要多次拉深，如图 4-11 所示。计算多次拉深时的拉深次数的方法有多种，生产上经常用推算法进行计算。就是把毛坯直径或中间工序毛坯尺寸依次乘以查出的极限拉深系数 m_1，m_2，m_3，…，m_n，得各次半成品的直径。直到计算出的直径 d_n 小于或等于工件直径 d 为止。

例　求图 4-12 所示零件的拉深次数，零件材料为 08 钢，厚度 $t=2$mm。

解　查表 4-3 得修边余量为 8mm，利用例 1 中结论计算可得毛坯直径 $D=318$mm。

毛坯的相对厚度为 $(t/d)\times100=(2/318)\times100=0.63$

查表 4-6 得各次拉深系数为：$m_1=0.54$，$m_2=0.77$，$m_3=0.80$，$m_4=0.82$，$m_{总}=d/D=108/318=0.34$

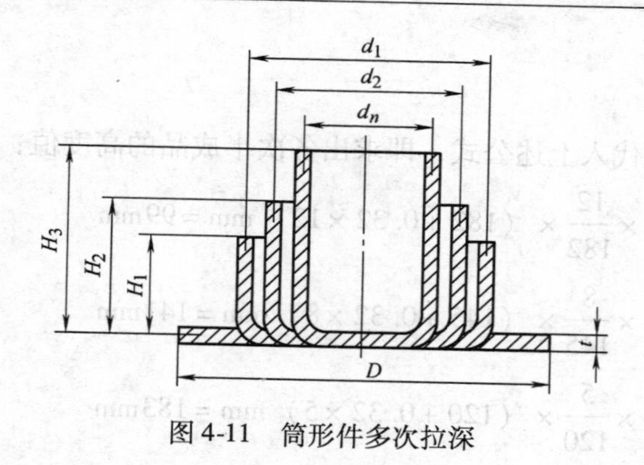

图 4-11 筒形件多次拉深

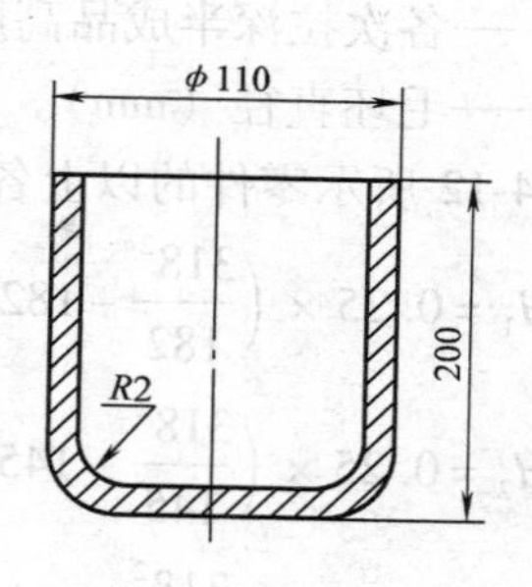

图 4-12 拉深零件图

$m_{总} < m_1$，所以该零件需多次拉深才能成形。

初选各次半成品直径：

$$d_1 = m_1 D = 0.54 \times 318\text{mm} \approx 172\text{mm}$$
$$d_2 = m_2 d_1 = 0.77 \times 172\text{mm} \approx 133\text{mm}$$
$$d_3 = m_3 d_2 = 0.80 \times 133\text{mm} \approx 107\text{mm} < 108\text{mm}$$

所以知该零件至少要拉深 3 次才行，为了提高工艺稳定性，避免在极限情况下拉深，生产中常安排 4 次拉深。

2）无凸缘筒形件工序尺寸的确定。无凸缘筒形件的工序尺寸的确定包括各次拉深半成品的直径 d_n、筒底圆角半径 r_n 和筒壁高度 h_n。

①半成品的直径。拉深次数确定后，应对各次拉深系数进行调整，总的原则是使每次实际采用的拉深系数大于每次拉深时的极限拉深系数，而且尽量满足下面关系式：

$$m_1 - m_1' \approx m_2 - m_2' \approx m_3 - m_3' \approx \cdots \approx m_n - m_n'$$

式中 m_1，m_2，m_3，…，m_n——各次极限拉深系数；

m_1'，m_2'，m_3'，…，m_n'——各次实际使用拉深系数。

按此关系，调整上例中零件实际各次的拉深系数为：$m_1' = 0.57$，$m_2' = 0.80$，$m_3' = 0.83$，$m_4' = 0.85$。调整好拉深系数后，重计算各次拉深的圆筒直径即得半成品直径，零件的各次半成品尺寸为

第一次拉深后 $d_1 = 318 \times 0.57\text{mm} \approx 182\text{mm}$

第二次拉深后 $d_2 = 182 \times 0.80\text{mm} \approx 145\text{mm}$

第三次拉深后 $d_3 = 145 \times 0.83\text{mm} \approx 120\text{mm}$

第四次拉深后 $d_4 = 108\text{mm}$

$$m_4' = 108/120 = 0.90$$

②半成品高度的确定。计算各次拉深后零件的高度前，应先定出各次半成品底部的圆角半径（详见 4.3 节），现取首次拉深 $r_1 = 12\text{mm}$，二次拉深 $r_2 = 8\text{mm}$，三次拉深 $r_3 = 5\text{mm}$。计算各次半成品的高度可由求毛坯直径的公式推出，即

$$H_n = 0.25\left(\frac{D^2}{d_n} - d_n\right) + 0.43\frac{r_n}{d_n}(d_n + 0.32r_n) \quad (4\text{-}6)$$

式中 d_n——各次拉深的直径（中线值）（mm）；

r_n——各次拉深半成品底部的圆角半径（中线值）（mm）；

H_n——各次拉深半成品高度（mm）；

D——毛坯直径（mm）。

将图4-12所示零件的以上各项具体数值代入上述公式，即求出各次半成品的高度值：

$$H_1=0.25\times\left(\frac{318^2}{182}-182\right)\text{mm}+0.43\times\frac{12}{182}\times（182+0.32\times12）\text{mm}=99\text{mm}$$

$$H_2=0.25\times\left(\frac{318^2}{145}-145\right)\text{mm}+0.43\times\frac{8}{145}\times（145+0.32\times8）\text{mm}=141\text{mm}$$

$$H_3=0.25\times\left(\frac{318^2}{120}-120\right)\text{mm}+0.43\times\frac{5}{120}\times（120+0.32\times5）\text{mm}=183\text{mm}$$

$$H_4=199\text{mm}+8\text{mm}=207\text{mm}$$

（2）有凸缘筒形件的拉深次数与工序尺寸计算　有凸缘筒形件的拉深和无凸缘筒形件的拉深从应力状态和变形特点上是相同的。其区别是有凸缘工件首次拉深时，坯料不是全部进入凹模口部，只是拉深到凸缘外径等于所要求的凸缘直径（包括修边量）时，拉深工作就停止，凸缘只有部分材料转移到筒壁。因此，其首次拉深的成形过程及工序尺寸计算与无凸缘的有一定差别。

1）有凸缘筒形件的拉深次数。有凸缘圆筒形件的极限拉深系数比凸缘圆筒形件要小，它决定于三个参数：①凸缘的相对直径 $d_凸/d$；②零件的相对高度 H/d；③底部相对圆角半径 r/d。其中影响最大的是 $d_凸/d$。$d_凸/d$ 和 H/d 值越大，表示拉深时毛坯变形区宽度越大，拉深难度越大，拉深系数越大。而 r/d 值越小，拉深难度越大。表4-8列出了有凸缘圆筒形件第一次拉深时的极限拉深系数。表4-9列出了有凸缘圆筒形件第一次拉深时的最大拉深相对高度。

表4-8　有凸缘筒形件（10钢）第一次拉深时的极限拉深系数 m_1

凸缘相对直径 $d_凸/d_1$	毛坯相对厚度 $(t/D)\times100$				
	2~12.5	<1.5~1.0	<1.0~0.6	<0.6~0.3	<0.3~0.1
≤1.1	0.51	0.53	0.55	0.57	0.59
1.3	0.49	0.51	0.53	0.54	0.55
1.5	0.47	0.49	0.50	0.51	0.52
1.8	0.45	0.46	0.47	0.48	0.48
2.0	0.42	0.43	0.44	0.45	0.45
2.2	0.40	0.41	0.42	0.42	0.42
2.5	0.37	0.38	0.38	0.38	0.38
2.8	0.34	0.35	0.35	0.35	0.35
3.0	0.32	0.33	0.33	0.33	0.33

表4-9　有凸缘筒形件（10钢）第一次拉深时的最大相对高度 H_1/d_1

凸缘相对直径 $d_凸/d_1$	毛坯相对厚度 $(t/D)\times100$				
	2~1.5	<1.5~1.0	<1.0~0.6	<0.6~0.3	<0.3~0.15
≤1.1	0.90~0.75	0.82~0.65	0.70~0.57	0.62~0.50	0.52~0.45
1.3	0.80~0.65	0.72~0.56	0.60~0.50	0.53~0.45	0.47~0.40
1.5	0.70~0.58	0.63~0.50	0.53~0.45	0.48~0.40	0.42~0.35

（续）

凸缘相对直径	毛坯相对厚度（t/D）×100				
$d_凸/d_1$	2～1.5	<1.5～1.0	<1.0～0.6	<0.6～0.3	<0.3～0.15
1.8	0.58～0.48	0.53～0.42	0.44～0.37	0.39～0.34	0.35～0.29
2.0	0.51～0.42	0.46～0.36	0.38～0.32	0.34～0.29	0.30～0.25
2.2	0.45～0.35	0.40～0.31	0.33～0.27	0.29～0.25	0.26～0.22
2.5	0.35～0.28	0.32～0.25	0.27～0.22	0.23～0.20	0.21～0.17
2.8	0.27～0.22	0.24～0.19	0.21～0.17	0.18～0.15	0.16～0.13
3.0	0.22～0.18	0.20～0.16	0.17～0.14	0.15～0.12	0.13～0.10

注：1. 表中数值适用于10钢，对于比10钢塑性更大的金属取接近于大的数值，对于塑性较小的金属，取接近于小的数值。

2. 表中大的数值适用于大的圆角半径，从$(t/D)\times100=2\sim1.5$时的$r=(10\sim12)t$到$(t/D)\times100=0.3\sim0.15$时的$r=(20\sim25)t$。表中小的数值适用于底部及凸缘小的圆角半径$r=(4\sim8)t$。

判断有凸缘筒形件能否一次拉出，只需比较零件总拉深系数$m_总$与表4-8中第一次允许的极限拉深系数m_1的大小即可；或比较零件总的相对高度与表4-9中第一次拉深时的最大相对高度H_1/d_1。如果满足$m_总>m$或$H/d<H_1/d_1$，则零件可以一次拉成；否则需要多次拉深。凸缘的外缘部分只在首次拉深时参与变形，有凸缘的工件若多次拉深，其以后各次拉深与无凸缘的相同。

2）有凸缘筒形件的工序尺寸的确定。有凸缘筒形件的工序尺寸的确定仍可以采用推算法。具体的做法是：先假定$d_凸/d$的值，从表4-8中查出第一次拉深系数m_1，利用公式$d_1=m_1D$，$d_2=m_2d_1$，$d_3=m_3d_3$，…，$d_n=m_nd_{n-1}$，依次计算各次拉深直径d_i，直至$d_n\leqslant d$（工件的直径）为止，n即为拉深次数。然后修正各次拉深系数，计算各次拉深的直径d_{n-1}，d_{n-2}，…，d_2，d_1。

各次拉深的高度为

$$H_n=\frac{0.25}{d_n}(D^2-d_凸^2)+0.43(r_{1n}+r_{2n})+\frac{0.14}{d_n}(r_{1n}^2-r_{2n}^2)\tag{4-7}$$

式中　d_n——各次拉深的直径（中线值）(mm)；

$d_凸$——凸缘直径（mm）；

r_{1n}——各次拉深半成品直壁底部的圆角半径（中线值）(mm)；

r_{2n}——各次拉深半成品凸缘根部圆角半径（中线值）(mm)；

H_n——各次拉深半成品高度（mm）；

D——毛坯直径（mm）。

有凸缘圆筒形以后各次极限拉深系数m，可按无凸缘筒形件表4-5、表4-6中的最大值来取，或略大些。

3）有凸缘圆筒形工件工序安排方法。有凸缘圆筒形可以分为两类，窄凸缘件（$d_凸/d\leqslant1.1\sim1.4$）和宽凸缘筒形工件（$d_凸/d>1.4$）。

对多次拉深的窄凸缘筒形件，可在前几道拉深时按无凸缘进行拉深，在最后两次拉深时拉出带锥形的凸缘，最后校平，如图4-13所示。

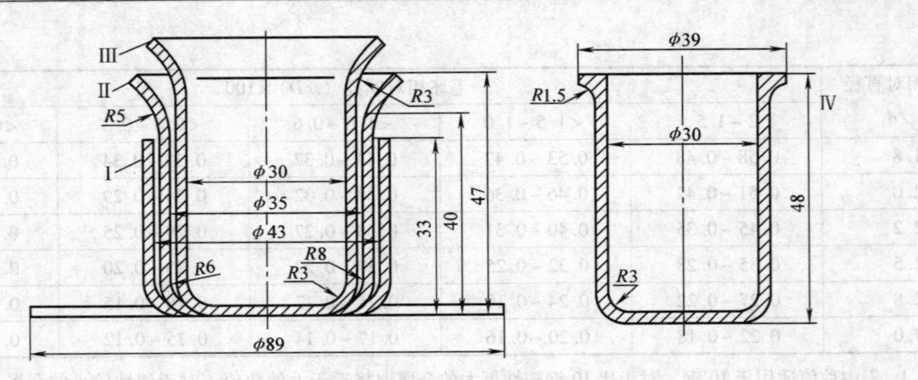

图 4-13 窄凸缘筒形件的多次拉深

I ~ IV—拉深工序

多次拉深的宽凸缘筒形工件，可在第一次拉深时就把凸缘拉到尺寸，为了防止以后的拉深把凸缘拉入凹模（会加大筒壁的力而出现拉裂），通常第一次拉深时拉入凹模的坯料比所需的加大3%~5%（注意此时计算坯料应做相应的放大），而在第二次、第三次多拉入1%~3%，多拉入的材料会逐次返回到凸缘上，这样凸缘可能会变厚或出现微小的波纹，可最后通过校正工序校正过来，不会影响工件的质量。

宽凸缘工件的拉深方法有以下两种：

图4-14a 所示的方法适用 $d_{凸}<200$mm 的中、小型工件的拉深。用这种方法拉深的工件表面易留下痕迹，需要有整形工序。

图 4-14b 所示的方法适用于 $d_{凸}>200$mm 的大型工件的拉深。这种方法适用于毛坯的相对厚度较大，在第一次拉深大圆弧曲面时，不会发生起皱的情况。

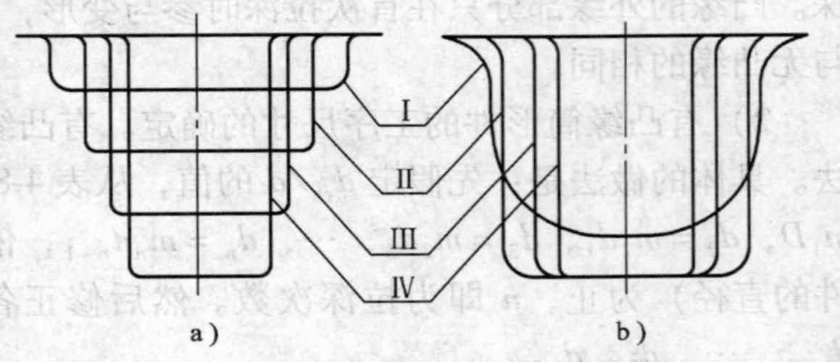

图 4-14 宽凸缘筒形件的多次拉深

I ~ IV—拉深工序

以上所述两种宽凸缘工件拉深的方法，在圆角半径要求较小，或凸缘有平面度要求时，需加整形工序。

4.1.3 压边力、压边装置及拉深力

1. 压边力

（1）采用压边圈的条件 如前所述，采用压边圈是防止拉深起皱的有效方法。是否需要加压边，生产中一般用经验公式进行估算。

1）用普通平端面凹模拉深时，不用加压边圈的条件如下：

首次拉深

$$\frac{t}{D}\geqslant 0.045(1-m) \tag{4-8}$$

以后各次拉深

$$\frac{t}{D}\geqslant 0.045\left(\frac{1}{m}-1\right) \tag{4-9}$$

2）用锥形凹模拉深时，不用加压边的条件如下：

首次拉深

$$\frac{t}{D} \geqslant 0.03(1-m) \tag{4-10}$$

以后各次拉深

$$\frac{t}{D} \geqslant 0.03\left(\frac{1}{m}-1\right) \tag{4-11}$$

3）如果不能满足上述公式的要求，则在拉深模设计时应加压边装置。

4）另外，也可利用表4-10来判断是否需要压边。

表4-10　是否采用压边圈的条件

拉深方法	第一次拉深		后续各次拉深	
	$(t/D)\times100$	m_1	$(t/D)\times100$	m_n
用压边圈	<1.5	<0.6	<1.0	<0.8
可用可不用	1.5~2.0	0.6	1.0~1.5	0.8
不用压边圈	>2.0	>0.6	>1.5	>0.8

（2）压边力的计算　压边力的大小对拉深影响很大，压边力如果太大，将引起拉深力增加，增大工件拉裂的危险；太小则达不到防皱的目的。生产中压边力 F_Q 的经验计算公式见表4-11。

表4-11　压边力 F_Q 的经验计算公式

拉深情况	公式
拉深任何形状的工件	$F_Q = Ap$
圆筒形件第一次拉深	$F_Q = \frac{\pi}{4}[D^2-(d_1+2r_{凹})^2]p$
圆筒形件以后各次拉深	$F_Q = \frac{\pi}{4}(d_{n-1}^2-d_n^2)p$

注：A—在压边圈下的毛坯投影面积（mm^2）；p—单位压边力（MPa），其值见表4-12；D—平板毛坯直径（mm）；d_1、…、d_n—第1、…、n次拉深后工件直径（mm）；$r_{凹}$—拉深凹模圆角半径（mm）。

在实际生产中，实际压边力的大小要根据既不起皱又不被拉裂这个原则，在试模中加以调整。在设计压边装置时，应考虑便于调整压边力。

2. 压边装置的选择

（1）压边圈的类型

1）平面压边圈。平面压边圈是最常用的一种压边结构，可用于首次拉深模的压边，还可用于起伏、成形等的压料，如图4-15所示。

2）局部压边。局部压边可以减少材料与压边圈的接触面积，增大单位压力，适用于宽凸缘拉深件，如图4-16所示。

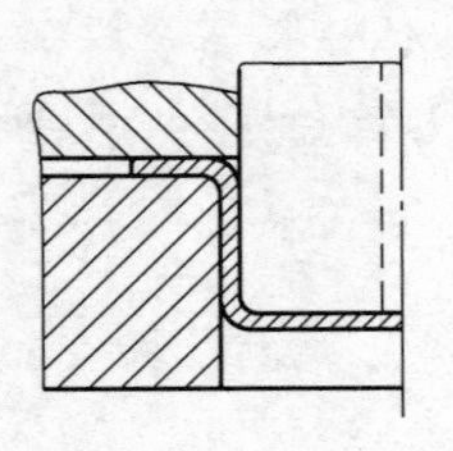

图 4-15　平面压边圈

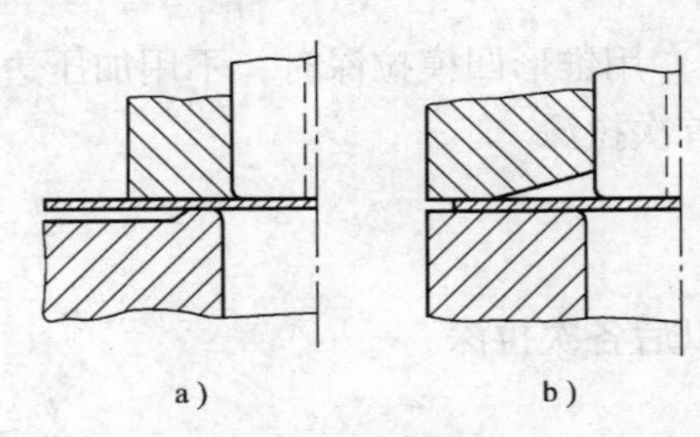

a)　　b)

图 4-16　局部压边结构

a) 带凸筋压边圈　b) 带斜度压边圈

3) 带限位的压边。为避免因压边过紧而使毛坯拉裂，可采用带限位压边装置，如图 4-17 所示。采用销钉或螺钉使压边圈与凹模保持固定的距离 s，调整距离 s 的大小就可以调整压边力的大小。图 4-17a 所示为带限位的平面压边，用于首次拉深。图 4-17b、c 所示结构适用于工件的再次拉深。

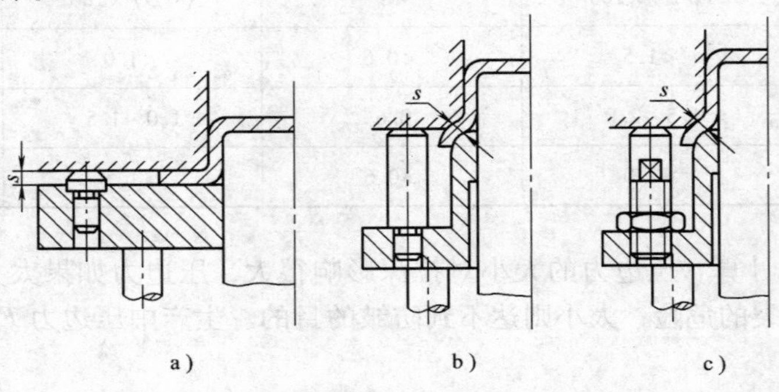

a)　　b)　　c)

图 4-17　带限位压边装置

a)、b) 固定式　c) 可调式

4) 带凸筋压边圈。在压边圈上增加局部或整体的凸筋，可以增大压边力，适用于小凸缘、球形件拉深及起伏成形等，如图 4-18 所示。

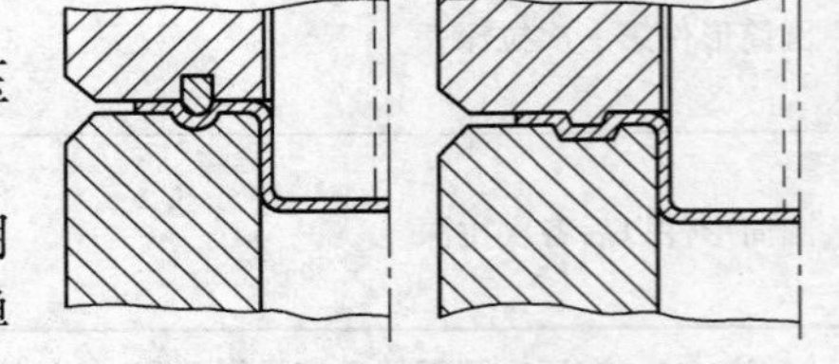

图 4-18　带凸筋压边圈

(2) 压边圈压力的提供方式　按拉深时压边圈压力的提供方式，分为弹性压边和刚性压边两种。

1) 弹性压边。弹性压边装置如图 4-19 所示。所用弹性元器件一般为橡胶、弹簧和气垫，也可采用氮气弹簧技术。

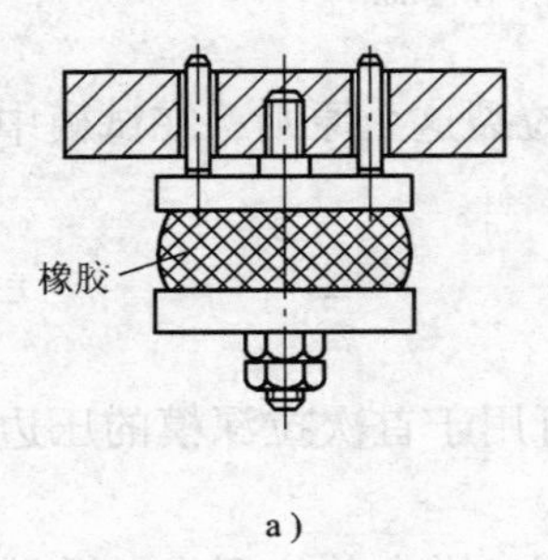

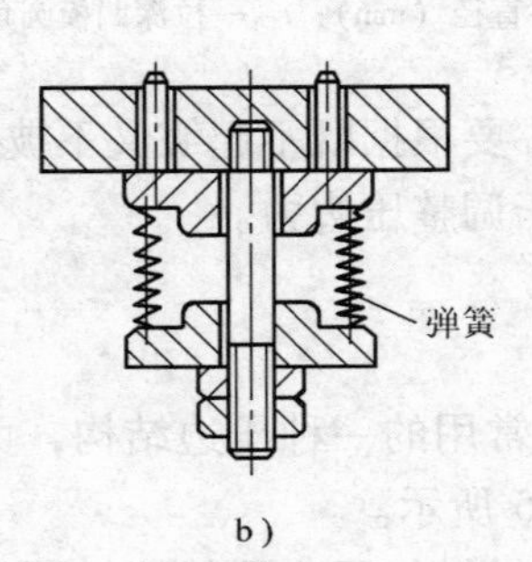

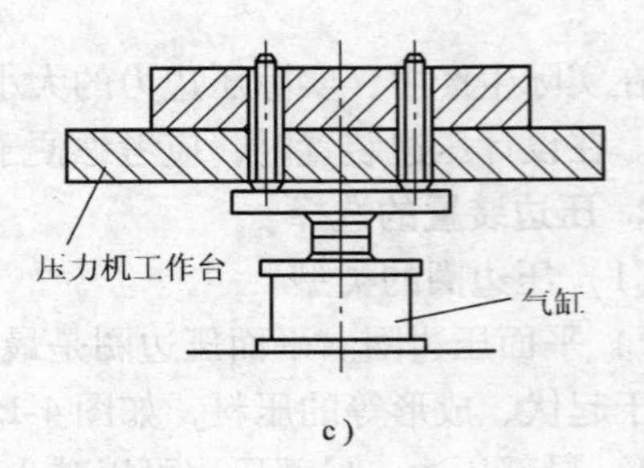

a)　　b)　　c)

图 4-19　弹性压边装置

a) 橡胶弹顶　b) 弹簧弹顶　c) 气缸弹顶

橡胶和弹簧压边装置多用于普通小吨位的单动压力机。由于提供的压边力较小，对厚料、深拉深不宜采用。大吨位的压力机工作台下部带有气垫装置，使用压缩空气，通过调整压缩空气的压力大小来控制压边力。气垫工作平稳，适用于大尺寸、深拉深件的压边。

从行程与压力的关系看，防止拉深材料起皱所需压边力如图4-20b所示，当拉深到 $R_t \approx 0.85R_0$（R_t 为凸缘直径，R_0 为毛坯直径）时，要求的压边力最大，以后压力缓慢减小。而橡胶和弹簧压边装置随行程增加压力增大（见图4-20a），所以随拉深深度加大，材料所承受的拉深应力加大，容易出现“危险断面”的拉裂或变薄，特别是对强度低的非铁金属材料板材（如铝板、纯铜板等）更严重。为避免拉深后期压边力过大带来的危害，可考虑增加限位螺钉或销钉（见图4-17）。气垫压边装置的压边力不随行程变化，其压边效果较好。

2）刚性压边。刚性压边装置用于双动压力机，凸模装在压力机的内滑块上，压边装置装在外滑块上。双动压力机拉深原理如图4-21所示。曲轴1旋转时，首先通过凸轮2带动外滑块3使压边圈6将毛坯压在凹模7上，随后由内滑块4带动凸模5对毛坯进行拉深。在拉深过程中，外滑块保持不动。刚性压边圈压边力的大小的调整，是通过调节连接外滑块的螺杆（丝杠），来调节压边圈与凹模间隙 c 而实现的。考虑到毛坯凸缘变形区在拉深过程中板厚有增加现象，所以调整模具时 c 应略大于板厚 t。用刚性压边，压边力不随行程变化，可以拉深高度较大的工件，拉深效果较好，且模具结构简单。双动压力机上拉深的单位压边力见表4-12。

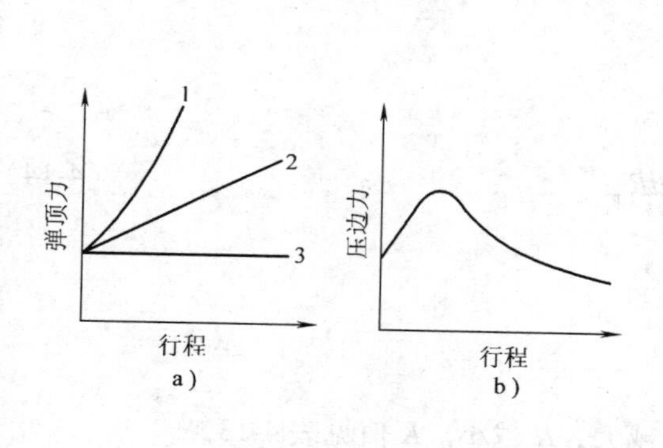

图4-20　弹顶力与压边力需求曲线
a）弹顶力曲线　b）压边力需求
1—橡胶　2—弹簧　3—气垫

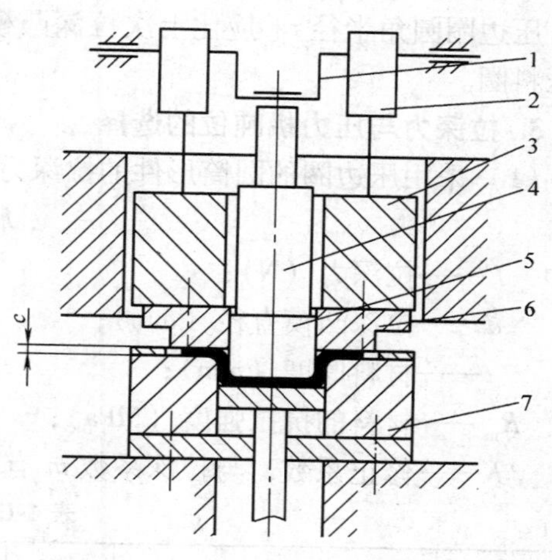

图4-21　双动压力机拉深原理
1—曲轴　2—凸轮　3—外滑块　4—内滑块
5—凸模　6—压边圈　7—凹模

表4-12　双动压力机上拉深的单位压边力　（单位：MPa）

工作复杂程度	难加工件	普通加工件	易加工件
单位压边力 p	3.7	3.0	2.5

（3）压边圈的尺寸确定　首次拉深时（见图4-22），压边圈外径 $D_压$ 按式(4-12)计算：

$$D_{压}=(0.02\sim0.20)+d_p \tag{4-12}$$

式中　$D_压$——压边圈内径（mm）；

d_p——拉深凸模外径（mm）。

以后各次拉深时（见图4-23），压边圈内径 $D_{压}$ 仍按式（4-12）计算，外径 $d_{压}$ 按式（4-13）计算：

$$d_{压} = D - (0.03 \sim 0.08)\,\text{mm} \tag{4-13}$$

式中　$d_{压}$——以后各次拉深压边圈外径（mm）；

D——拉深前半成品工件内径（mm）。

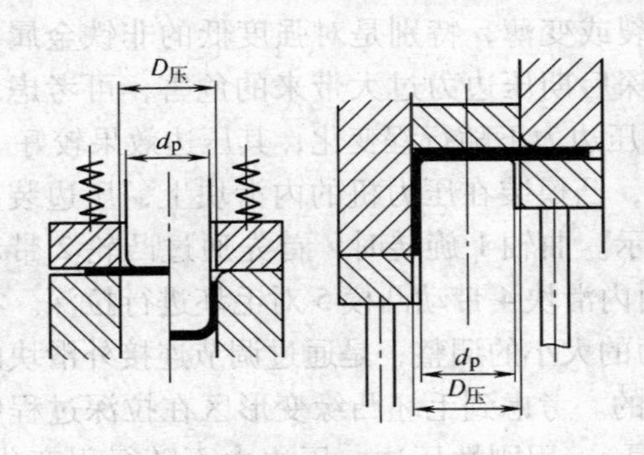

图4-22　首次拉深压边圈

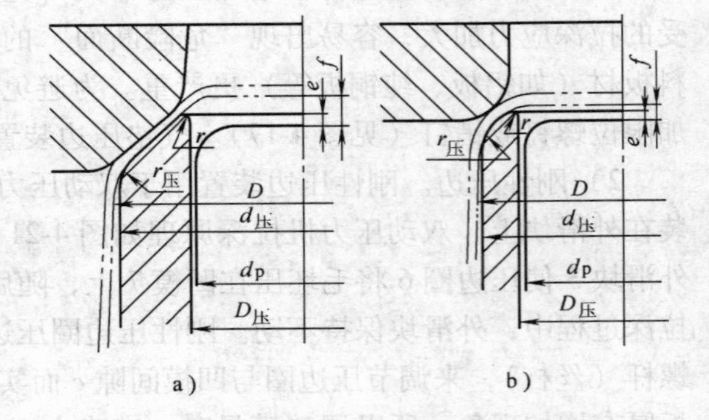

图4-23　以后各次拉深拉边圈

a）斜面端部　b）圆角端部

压边圈圆角半径 $r_{压}$ 应比上次拉深凸模相应的圆角半径大0.5~1mm，以便于将工件套上压料圈。

3. 拉深力与压力机吨位的选择

（1）采用压边圈的圆筒形件的拉深力

$$F = K\pi dtR_m \tag{4-14}$$

式中　F——拉深力（N）；

d——拉深凸模直径（mm）；

t——材料厚度（mm）；

R_m——材料的抗拉强度（MPa）；

K——修正系数，与拉深系数 m 有关，m 越大，K 越小。K 值见表4-13。

表4-13　修正系数 K 值

m_1	0.55	0.57	0.60	0.62	0.65	0.67	0.70	0.72	0.75	0.77	0.80
K_1	1.00	0.93	0.86	0.79	0.72	0.66	0.60	0.55	0.50	0.45	0.40

m_2	0.70	0.72	0.75	0.77	0.80	0.85	0.90	0.95
K_2	1.00	0.95	0.90	0.85	0.80	0.70	0.60	0.50

注：表中 K_1 为首次拉深的修正系数，K_2 为以后各次拉深的修正系数。

（2）不采用压边圈的圆筒形件的拉深力　不采用压边圈的圆筒形工件仍可用式（4-14）来计算其拉深力，其中 $K_1 = 1.25$，$K_2 = 1.3$。

（3）横截面为矩形、椭圆形等拉深件的拉深力

$$F = KLtR_m \tag{4-15}$$

式中　L——横截面周边长度（mm）；

t——材料厚度（mm）；

R_m——材料的抗拉强度（MPa）；

K——修正系数，可取0.5～0.8。

（4）压力机吨位的选择　压力机吨位可按式（4-14）、式（4-15）选择。

浅拉深时：
$$F_{机} \geqslant (1.25 \sim 1.4)(F+F_Q) \tag{4-16}$$

深拉深时：
$$F_{机} \geqslant (1.7 \sim 2)(F+F_Q) \tag{4-17}$$

式中　$F_{机}$——压力机的公称压力（N）；

F——拉深力（N）；

F_Q——压边力（N）。

对双动压力机，内滑块的公称压力仍可用式（4-14）、式（4-15）计算，但不包括 F_Q。外滑块的公称压力应大于 F_Q。

4.2 典型拉深模的结构分析

拉深模按所使用的冲压设备不同，可分为单动压力机用拉深模、双动压力机用拉深模及三动压力机用拉深模；按拉深的次序，可分首次拉深模和以后各次拉深模；按工序的组合来分，可分为单工序拉深模、复合拉深模和连续拉深模；另外，按有无压边装置分，可分为无压边装置拉深模和有压边装置拉深模等。以下介绍几种常见的拉深模典型结构。

1. 无压边装置的首次拉深模

无压边装置的首次拉深模如图4-24所示。这种模具结构简单，上模常做成整体的，当凸模直径过小时，可以加上模柄，以增加上模与滑块的接触面积。模具不设专门的卸件装置，靠工件口部拉深后弹性恢复张开，在凸模上行时被凹模的下底面刮下。这种结构一般适用于厚度大于1.5mm及拉深深度较小的零件。

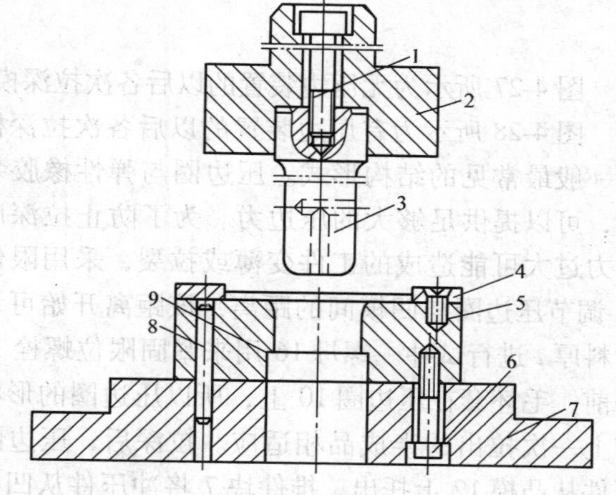

图4-24　无压边装置首次拉深模

1、5、6—螺钉　2—模柄　3—凸模　4—定位板　7—下模板　8—销钉　9—凹模

2. 有压边装置的首次拉深模

有压边装置的拉深模是最广泛采用的拉深模结构形式。压边装置可以装在上模，也可以装在下模。图4-25所示为弹簧压边圈装在上模的结构。由于弹簧装在上模，因此凸模比较长，适宜于拉深深度不大的零件。另外，这种结构由于上模空间位置受到限制，不可能使用很大的弹簧或橡胶，因此上压边装置的压边力较小。而压边装置在下模结构的压边力可以较大，所以拉深模具常采用下压边装置，如图4-26所示。

3. 以后各次拉深模

在以后各次拉深中，毛坯已不是平板形状，而是已经拉深过的半成品，所以毛坯在模具上应有适当的定位方法。

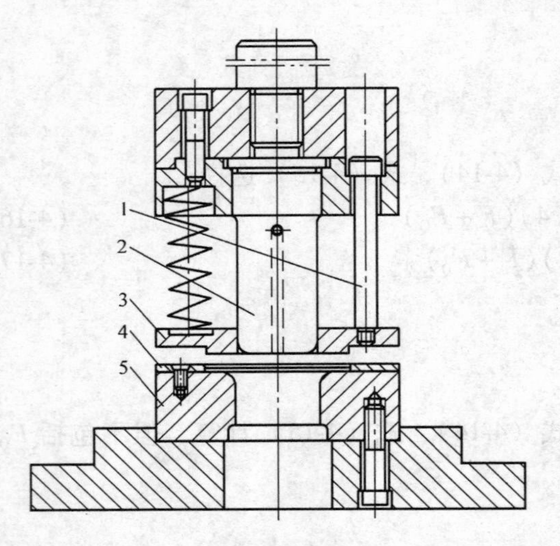

图 4-25 有压边装置首次拉深模 1

1—压边圈螺钉 2—凸模 3—压边圈

4—定位板 5—凹模

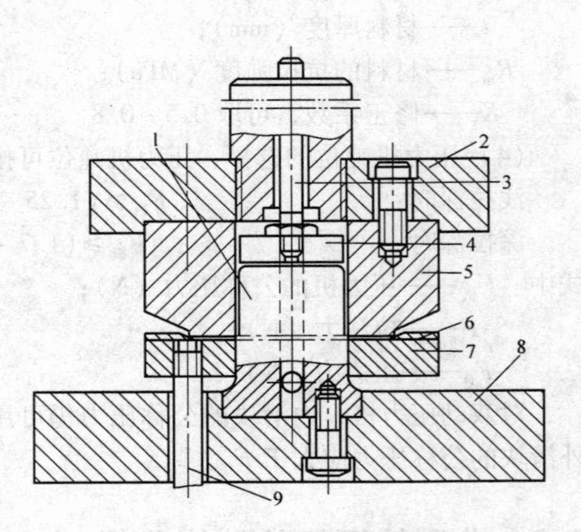

图 4-26 有压边装置首次拉深模 2

1—凸模 2—上模座 3—打料杆 4—推件块

5—凹模 6—定位板 7—压边圈

8—下模座 9—卸料螺钉

图 4-27 所示为无压边装置的以后各次拉深模，该结构仅用于直径缩小量不大的拉深。

图 4-28 所示为有压边装置的以后各次拉深模，这是一般最常见的结构形式。压边圈与弹性橡胶装在下模，可以提供足够大的压边力。为了防止拉深后期压边力过大可能造成的工件变薄或拉裂，采用限位螺栓 15 调节压边圈与凹模间的距离，该距离开始可调为等于料厚 t 进行试冲。螺母 16 用来紧固限位螺栓 15。拉深前，毛坯套在压边圈 10 上，所以压边圈的形状必须与上一次拉出的半成品相适应。拉深后，压边圈将冲压件从凸模 12 上托出，推件块 7 将冲压件从凹模中推出。

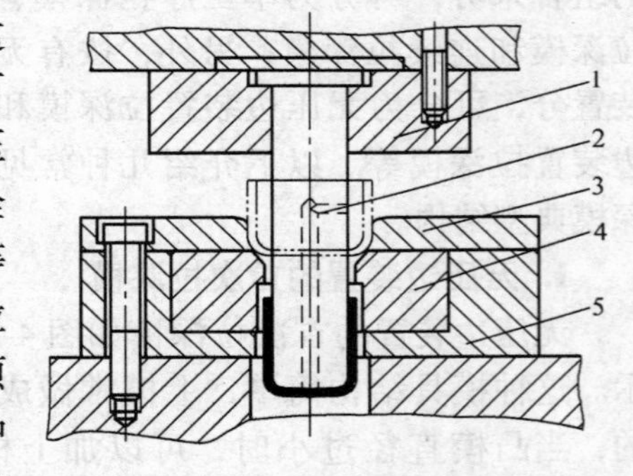

图 4-27 无压边装置的以后各次拉深模

1—凸模固定板 2—凸模 3—定位板 4—凹模 5—凹模固定板

图 4-29 所示为反拉深模。反拉深模具有较好的防皱效果，一般不需要压边装置（也有采用压边装置的）。拉深前，将半成品毛坯套在凹模上定位，拉深后的工件由于口部弹性张开，上模回程时被凹模下边缘刮下。

4. 落料拉深复合模

图 4-30 所示为一典型的落料与首次拉深复合模。凸凹模（落料凸模、拉深凹模）装在上模部分，落料凹模装在下模部分，因落料前毛坯为条料，所以设置了导料板与卸料板。从图 4-30 中可以看出，拉深凸模 9 的顶面稍低于落料凹模 10 刃面约一个料厚，以便落料完成后才进行拉深。拉深时由气垫通过顶杆 7 和压边圈 8 进行压边。拉深后压边圈 8 托出工件，由卸料板 2 对条料卸料。推件块同时具有对工件整形作用。

5. 双动压力机用拉深模

图 4-31 所示为双动压力机用首次拉深模。因双动压力机有两个滑块，其凸模 1 固定于

内滑块（拉深滑块），装有压边圈的上模座固定于外滑块（压边滑块）。拉深时，压边滑块首先带动压边圈压住毛坯，然后拉深滑块带动拉深凸模下行进行拉深。模具结构简单，成本低，但双动压力机投资较高。

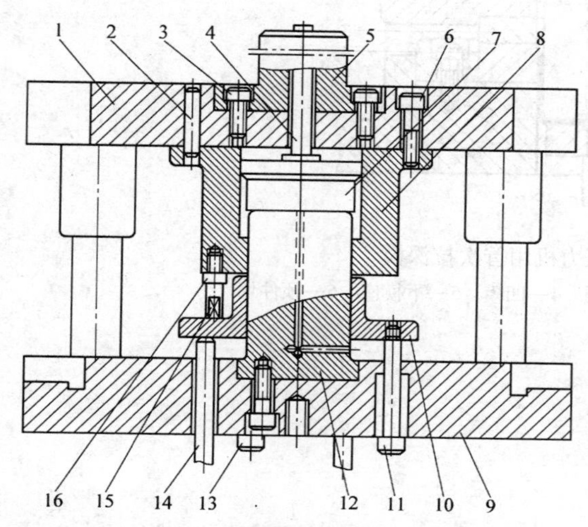

图4-28　有压边装置的以后各次拉深模

1—上模板　2—销钉　3、6、13—螺钉　4—打杆　5—模柄　7—推件块　8—凹模　9—下模板　10—压边圈　11—卸料螺钉　12—凸模　14—顶杆　15—限位螺栓　16—螺母

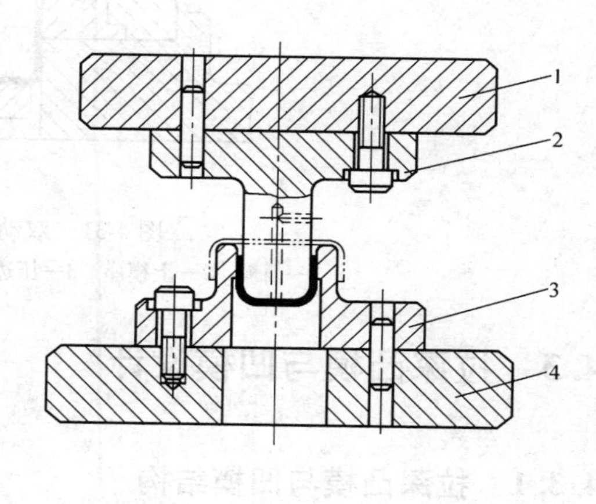

图4-29　反拉深模

1—上模板　2—凸模　3—凹模　4—下模板

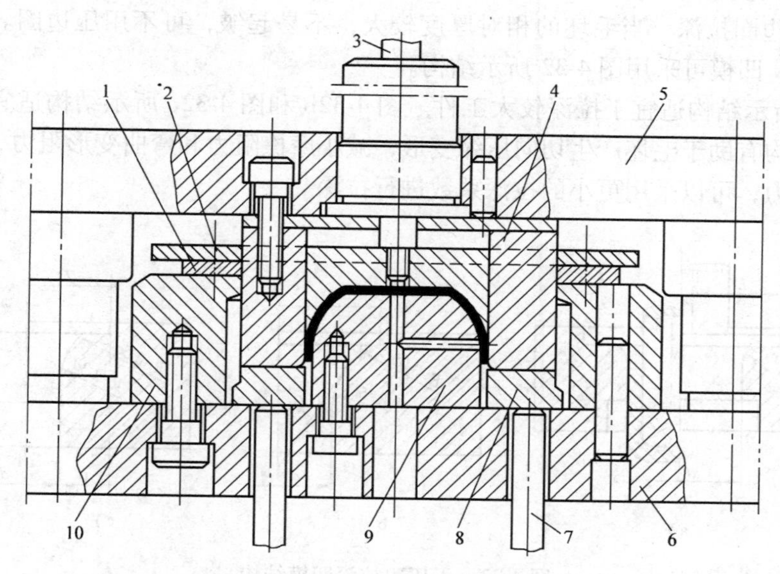

图4-30　落料与首次拉深复合模

1—导料板　2—卸料板　3—打杆　4—凸凹模　5—上模座　6—下模座　7—顶杆　8—压边圈　9—拉深凸模　10—落料凹模

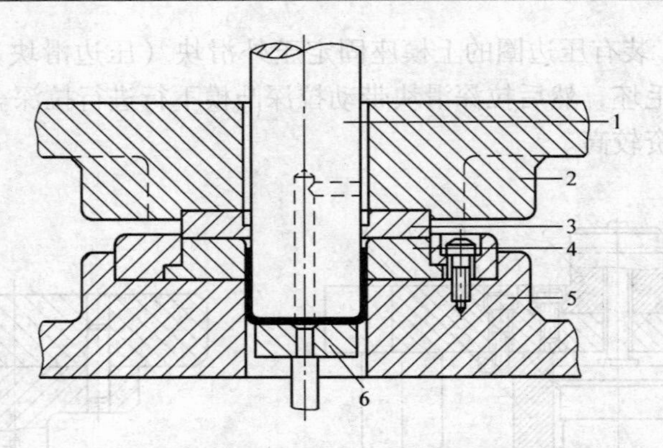

图4-31 双动压力机用首次拉深模

1—凸模 2—上模座 3—压边圈 4—凹模 5—下模座 6—顶件块

4.3 拉深凸模与凹模设计

4.3.1 拉深凸模与凹模结构

拉深凸模与凹模的结构形式取决于工件的形状、尺寸以及拉深方法、拉深次数等工艺要求。合理的凸模与凹模结构形式应有利于拉深变形，这样既有利于提高零件质量，又有利于选用较小的极限拉深系数。凸模与凹模结构可以分为正拉深、反拉深、带压边圈、不带压边圈、正装式、倒装式几种形式。

1. 凸模与凹模结构形式

（1）无压边圈拉深 当毛坯的相对厚度较大，不易起皱，可不用压边圈。对于一次拉成的浅拉深件，凹模可采用图4-32所示结构。

图4-32a所示结构适宜于拉深较大工件。图4-32b和图4-32c所示结构适宜于小件的拉深。这两种结构有助于毛坯产生切向压缩变形，减小摩擦阻力和弯曲变形阻力，因而具有更大的抗失稳能力，可以采用更小的拉深系数进行拉深。

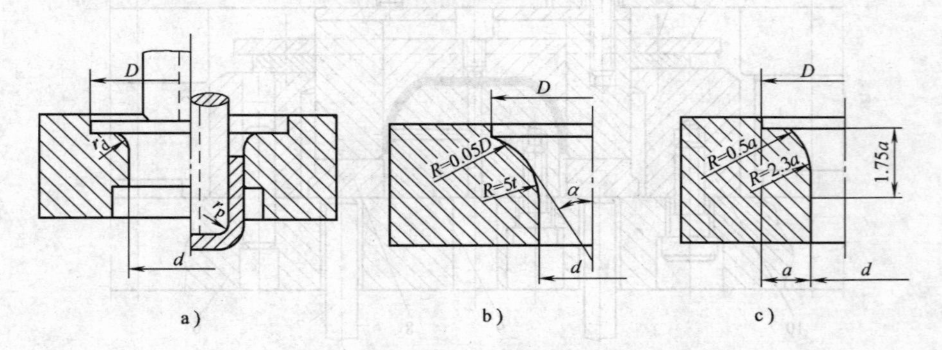

图4-32 无压边拉深凹模结构

a）平端面圆弧口 b）锥形凹模口 c）渐开线凹模口

锥形凹模锥角 α 的大小可根据毛坯的厚度 t 确定。一般当 $t=0.5\sim1.0$mm 时，$\alpha=30°\sim40°$；当 $t=1.0\sim2.0$mm 时，$\alpha=40°\sim50°$。

图4-33所示为无压边圈再次拉深模。定位板用来对拉深前的半成品工件定位。凹模圆角采用圆弧形，多用于较小工件二次以后的拉深。

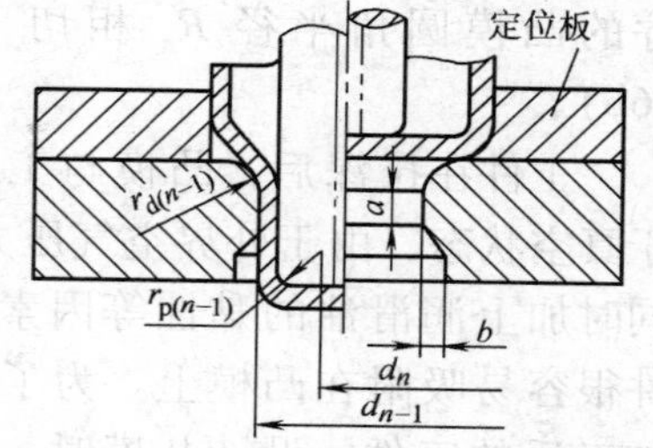

图4-33 无压边圈再次拉深模

（2）有压边圈拉深 当毛坯的相对厚度较小，拉深容易起皱时，必须采用带压边圈模具结构，如图4-34所示。

图4-34a中凸模与凹模具有圆角结构，用于拉深直径$d \leqslant 100$mm的拉深件。上图用于首次拉深，下图用于再次拉深。图4-34b中凸模与凹模具有斜角结构，用于拉深直径$d \geqslant 100$mm的拉深件。采用这种有斜角的凸模和凹模主要优点是：①改善金属的流动，减少变形抗力，材料不易变薄；②可以减轻毛坯反复弯曲变形的程度，提高零件侧壁的质量；③使半成品工件在下次拉深中容易定位。

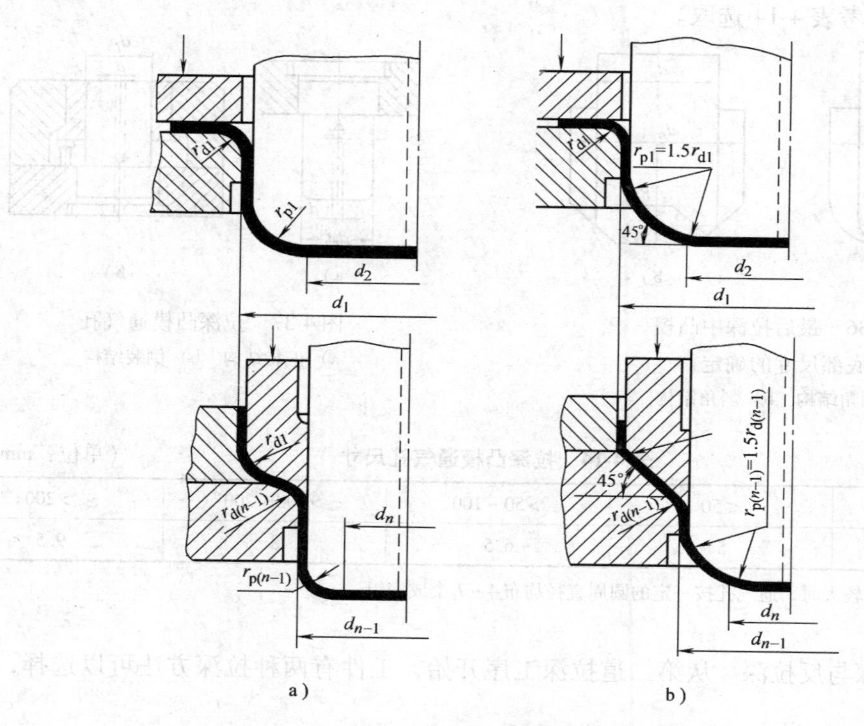

图4-34 有压边圈拉深模结构

a）圆角结构 b）斜角结构

不论采用哪种结构，均需注意前后两道工序的冲模在形状和尺寸上的协调，使前道工序得到的半成品形状有利于后道工序的成形，而压边圈的形状和尺寸应与前道工序凸模的相应部分相同。拉深凹模的锥面角度，也要与前道工序凸模的斜角一致。前道工序凸模的锥顶径d_{n-1}应比后续工序凸模的直径d_n小，以避免毛坯在A部可能产生不必要的反复弯曲，使工件筒壁的质量变差等，如图4-35所示。

为了使最后一道拉深后零件的底部平整，如果是圆角结构的冲模，其最后一次拉深凸模圆角半径的圆心应与倒数第二道（$n-1$道）拉深凸模圆角半径的圆心位于同一条中心线上

（见图4-36a）。如果是斜角的冲模结构，则倒数第二道工序凸模底部的斜线应与最后一道工序的凸模圆角半径 R_n 相切（见图4-36b）。

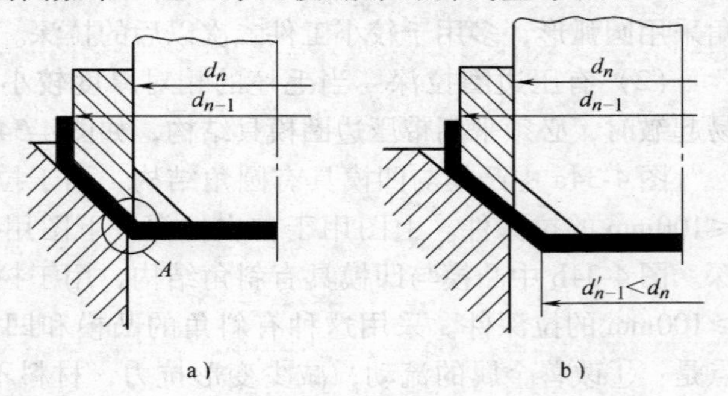

a）　　b）

图4-35　斜角尺寸的确定

a）不合理　b）合理

工件在拉深后，凸模与工件间接近于真空状态，由于外界空气压力的作用，同时加上润滑油的黏性等因素，使得工件很容易吸附在凸模上。为了便于取出加工后的工件，设计凸模时，应开设通气孔，拉深凸模通气孔如图4-37所示。对一般中小型件的拉深，可直接在凸模上钻出通气孔，孔的大小根据凸模尺寸大小而定，可参考表4-14选取。

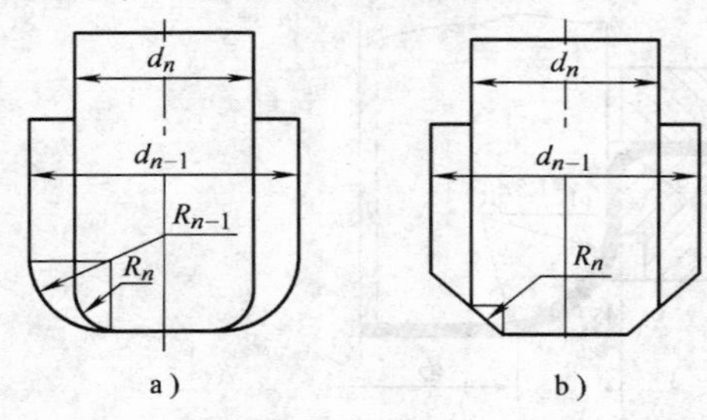

a）　　b）

图4-36　最后拉深中凸模底部尺寸的确定

a）圆角结构　b）斜角结构

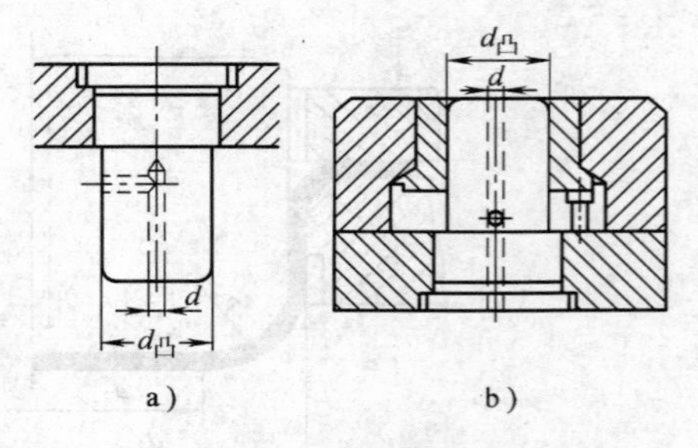

a）　　b）

图4-37　拉深凸模通气孔

a）正装结构　b）倒装结构

表4-14　拉深凸模通气孔尺寸　（单位：mm）

凸模直径 $d_凸$	≤50	>50～100	>100～200	>200
通气孔直径 d	5	6.5	8	9.5

注：当凸模直径较大时，通气孔按一定的圆周直径均布4～7个成一组。

（3）正拉深与反拉深　从第二道拉深工序开始，工件有两种拉深方法可以选择，即正拉深与反拉深。

所谓正拉深，是指本次拉深方向与上一次拉深方向一致（如图4-34a、b的下方两图所示），为一般常用的拉深方法。而反拉深的拉深方向与上一次拉深方向相反，凸模从已拉深件的外底部反向加压，使已拉深的半成品的内表面翻转为外表面，原外表面翻转为内表面，如图4-38所示。

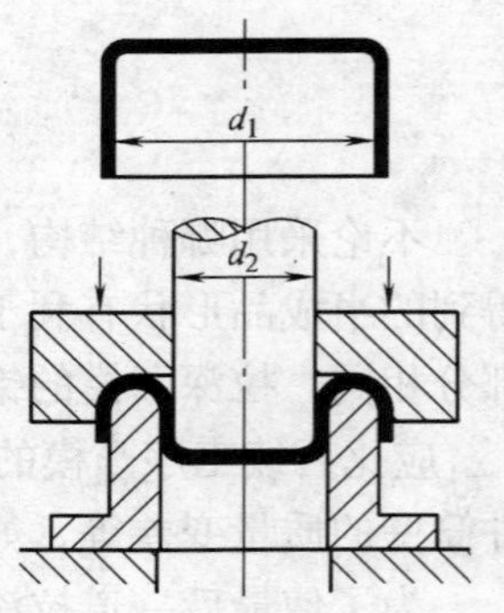

图4-38　反拉深示意图

反拉深与正拉深相比较有如下特点：

1）反拉深时，毛坯侧壁不像正拉深那样同一方向多次弯曲，引起材料加工硬化的程度比正拉深时低，并可抵消部分上次拉深时形成的残余应力，拉深系数能降低10%～15%。

2）反拉深时，毛坯与凹模接触面比正拉深大，材料的流动阻力也大，材料不易起皱，因此一般反拉深可不用压边圈。

3）反拉深时的拉深力一般比正拉深力大10%～20%。

4）反拉深时，凹模壁厚为$(d_1-d_2)/2$（见图4-38），受凹模壁厚的限制，拉深系数不能太大，否则凹模壁厚过薄，强度不足。另外，凹模圆角半径不能大于$(d_1-d_2)/4$。

5）反拉深后圆筒的直径不能太小，最小直径d大于$(30～60)t$，圆角半径r大于$(2～6)t$。

6）反拉深可以加工某些用普通正拉深法难以加工，甚至是不可能加工的零件，如图4-39所示具有双重侧壁的零件。

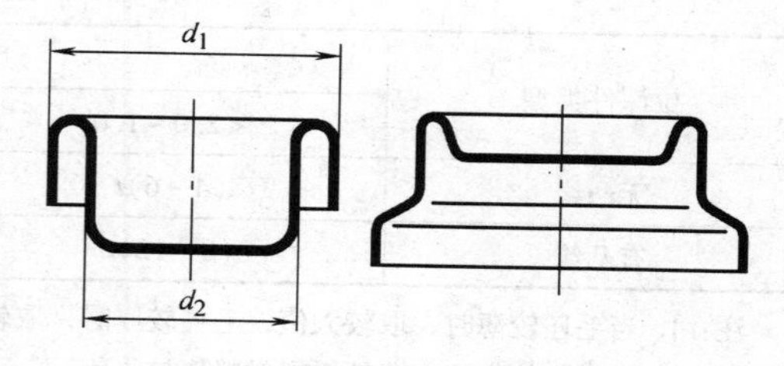

图4-39　反拉深典型零件

（4）正装式、倒装式拉深　根据拉深零件在模具中正置或倒置的不同，有正装式拉深模或倒装式拉深模之分。图4-37b所示为倒装式拉深模，本节其余所有的拉深模均为正装式拉深模。正、倒装式拉深模仅是结构形式上的不同，正装式的拉深凸模和压边圈装在上模部分，而倒装式的拉深凸模和压边圈装在下模部分，其工作部分形状与尺寸的设计是相同的。这两种结构形式之分，在其他冲模（如冲裁模、翻边模等）中也有类似情况。

2. 拉深模的结构选择

拉深模的结构选择，首先应考虑结构的工艺性。

1）拉深模结构应尽量简单。在充分保证工件质量的前提下，应以数量少、重量轻、制造和装配方便的零件来组成拉深模。

2）拉深模上的各零部件，应尽可能利用本单位现有的设备能力来制造。

3）所设计的拉深模的结构应尽量与现有的冲压设备相适应。

4）拉深模结构应适合工件的批量。

5）拉深模结构应使安装调试与维修尽量方便，模架及零部件应尽量选择通用件。

4.3.2　拉深凸模与凹模圆角半径及间隙

1. 凸模与凹模圆角半径

凸模与凹模圆角半径的大小对拉深影响很大，尤其是凹模圆角半径$r_凹$。若$r_凹$过小，则板料被拉入凹模时阻力就大，结果将引起总的拉深力增大，零件容易产生划痕、变薄甚至拉裂，模具寿命也低；若$r_凹$过大，则压边圈下板料的受压面积减小，尤其在拉深后期，会使毛坯外边缘过早地脱离压边圈的作用呈自由状态而起皱。

在不产生起皱的前提下，$r_凹$的取值越大越好。

凸模圆角半径$r_凸$对拉深工作的影响不像凹模圆角半径那样显著。如果$r_凸$过小，则毛坯在角部受到过大的弯曲变形，结果降低了毛坯危险断面的强度，使毛坯在危险断面被拉裂，或引起危险断面的严重变薄，影响零件的质量；如果$r_凸$过大，在拉深初始阶段，凸模下毛坯悬空的面积增大，与模具表面接触的面积减小，也容易使这部分毛坯起皱。

在设计模具时，凸模与凹模圆角半径一般可按经验值选取。

（1）凹模圆角半径$r_凹$　在不产生起皱的前提下，凹模圆角半径$r_凹$越大越好，经验公式$r_凹$的最小值为

$$r_{凹} = 0.8\sqrt{(D-d)t} \tag{4-18}$$

式中　D——毛坯或上道工序的拉深直径（mm）；

d——本道工序的拉深直径（mm）；

t——材料厚度（mm）。

首次拉深的 $r_{凹}$ 也可由表4-15、表4-16查得。

表4-15　拉深凹模的圆角半径

拉深件类型	毛坯相对厚度(t/D)×100		
	<2.0~1.0	<1.0~0.3	<0.3~0.1
无凸缘	(4~6)t	(6~8)t	(8~12)t
有凸缘	(8~12)t	(12~15)t	(15~20)t

注：1. 当毛坯较薄时，取较大值，毛坯较厚时，取较小值。
2. 钢材取较大值，非铁金属材料取较小值。

表4-16　连续拉深凹模的圆角半径

材料厚度 t	0.25	0.50	1.0	1.5
无切口拉深	(6~7)t	(5~6)t	(4~5)t	(3~4)t
有切口拉深	(5~6)t	(4~5)t	(3~4)t	(2.5~3)t

以后各次的拉深模 $r_{凹}$ 按式（4-19）来逐步减小，但不应小于材料厚度的1/2，否则需增加整形工序。

$$r_{凹_n} = (0.6 \sim 0.8)r_{凹_{n-1}} \tag{4-19}$$

（2）凸模圆角半径 $r_{凸}$　除最后一次拉深，凸模的圆角半径 $r_{凸}$ 应比 $r_{凹}$ 略小，可按式（4-20）来取。

首次拉深　$r_{凸} = (0.6 \sim 1)r_{凹}$

以后各次拉深　$r_{凸_n} = (0.6 \sim 1)r_{凸_{n-1}}$　（4-20）

或取为各次拉深中直径减小量的一半　$r_{凸_n} = \dfrac{d_{n-1} - d_n - 2t}{2}$

最后一次拉深时，$r_{凸}$ 应等于工件的内圆半径，但不得小于材料厚度。如果工件的内圆角半径要求小于料厚，则要由整形工序来完成。

2. 凸模与凹模间隙

拉深模凸模与凹模间隙是指凸模与凹模横向尺寸的差值，双边间隙用 Z 来表示（见图4-40）。凸模与凹模间隙过小，工件质量较好，但拉深力大，工件易拉断，模具磨损严重，寿命低。凸模与凹模间隙过大，拉深力小，模具寿命虽提高了，但工件易起皱、变厚，侧壁不直，出现锥度，口部边线不齐，口部的变厚得不到消除。

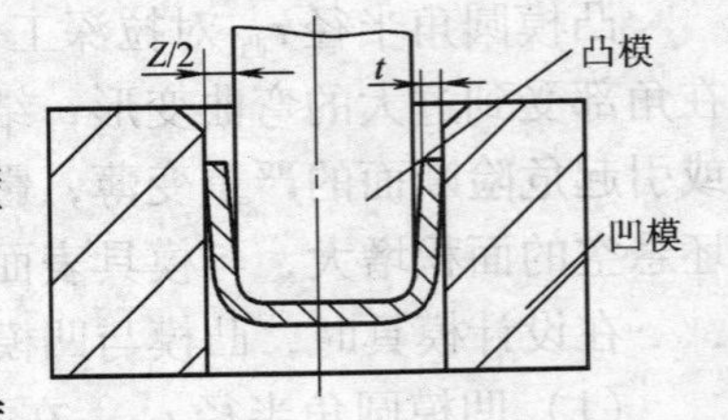

图4-40　凸模与凹模间隙

因此，确定间隙的原则是：既要考虑板料公差的影响，又要考虑毛坯口部增厚的现象，故间隙值一般应比毛坯厚度略大。当零件要求外形尺寸时，间隙取在凸模上，当零件要求内形尺寸时，间隙取在凹模上。

1）用压边圈时，凸模与凹模单边间隙值可参考表4-17选取。

表4-17 有压边圈拉深时凸模与凹模单边间隙值 $Z/2$

总拉深次数	拉深次序	单边间隙 $Z/2$	总拉深次数	拉深次序	单边间隙 $Z/2$
1	一次拉深	$(1\sim1.1)t$	4	第一、二次拉深	$1.2t$
2	第一次拉深	$1.1t$	4	第三次拉深	$1.1t$
2	第二次拉深	$(1\sim1.05)t$	4	第四次拉深	$(1\sim1.05)t$
3	第一次拉深	$1.2t$	5	前三次拉深	$1.2t$
3	第二次拉深	$1.1t$	5	前四次拉深	$1.1t$
3	第三次拉深	$(1\sim1.05)t$	5	第五次拉深	$(1\sim1.05)t$

注：材料厚度 t 取材料允许偏差的中间值。

2）不用压边圈时应考虑到起皱的可能，间隙取得较大，单边间隙可按式(4-21)取值。

$$\frac{Z}{2}=(1.0\sim1.1)t_{max} \tag{4-21}$$

式中 t_{max}——材料厚度的最大值。

3）精度要求高的拉深件，单边间隙可按式（4-22）取值。

$$\frac{Z}{2}=(0.90\sim0.95)t \tag{4-22}$$

式中，材料厚度 t 取材料允许偏差的中间值。

4.3.3 拉深凸模与凹模工作部分尺寸及公差

1）对最后一次拉深，凸模与凹模尺寸与公差应按工件的要求来确定。

当零件要求外形尺寸精度较高时（见图4-41a），应以凹模为设计基准，考虑到凹模磨损后增大，其计算公式见式(4-23)和式（4-24）。

凹模尺寸
$$D_{凹}=(D_{max}-0.75\Delta)_{0}^{+\delta_d} \tag{4-23}$$

凸模尺寸
$$D_{凸}=(D_{max}-0.75\Delta-Z)_{-\delta_p}^{0} \tag{4-24}$$

式中 D_{max}——零件外形最大尺寸；

Δ——零件公差；

δ_p、δ_d——凸模与凹模的制造公差。一般取IT6～IT8；若工件公差为IT14以下，则取IT10，也可按表4-18来取。

当零件要求内形尺寸精度较高时（见图4-42a），应以凸模为设计基准，考虑到凸模会越磨越小，其尺寸计算见式（4-25）和式（4-26）。

凸模尺寸
$$d_{凸}=(d_{min}+0.4\Delta)_{-\delta_p}^{0} \tag{4-25}$$

凹模尺寸
$$d_{凹}=(d_{min}+0.4\Delta+Z)_{0}^{+\delta_d} \tag{4-26}$$

式中 d_{min}——零件内形的最小尺寸。

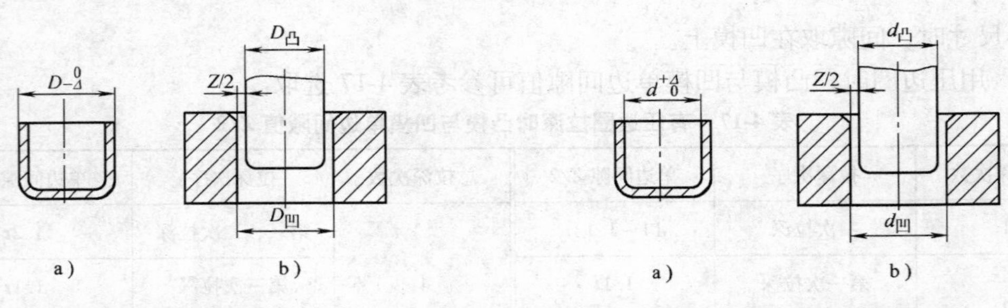

图 4-41　零件要求外形尺寸
a）拉深件　b）凸模、凹模

图 4-42　零件要求内形尺寸
a）拉深件　b）凸模、凹模

表 4-18　筒形件拉深模凸模与凹模制造公差　　（单位：mm）

材料厚度	拉深件公称直径							
	≤10		>10 ~ 50		>50 ~ 200		>200 ~ 500	
	δ_d	δ_p	δ_d	δ_p	δ_d	δ_p	δ_d	δ_p
0.25	0.015	0.01	0.02	0.01	0.03	0.015	0.03	0.015
0.35	0.02	0.01	0.03	0.02	0.04	0.02	0.04	0.025
0.50	0.03	0.015	0.04	0.03	0.05	0.03	0.05	0.035
0.80	0.04	0.025	0.06	0.035	0.06	0.04	0.06	0.04
1.00	0.045	0.03	0.07	0.04	0.08	0.05	0.08	0.06
1.20	0.055	0.04	0.08	0.05	0.09	0.06	0.10	0.07
1.50	0.065	0.05	0.09	0.06	0.10	0.07	0.12	0.08
2.00	0.080	0.055	0.11	0.07	0.12	0.08	0.14	0.09
2.50	0.095	0.06	0.13	0.085	0.15	0.10	0.17	0.12
3.00	—	—	0.15	0.10	0.18	0.12	0.20	0.14

注：1. 表中数值用于未精压的薄钢板。
2. 如用于精压钢板，取表中数值的 25%。
3. 用于非铁金属材料，取表中数值的 50%。

2）当零件需多次拉深时，对中间半成品的尺寸不需要严格要求，模具尺寸等于半成品的尺寸就可，计算方法如下：

凹模尺寸

$$D_{凹} = (D_{max})^{+\delta_d}_{0} \tag{4-27}$$

凸模尺寸

$$D_{凸} = (D_{max} - Z)^{0}_{-\delta_p} \tag{4-28}$$

式中　D_{max}——零件半成品外形的公称尺寸。

4.4　其他零件的拉深

4.4.1　非直壁旋转体件的拉深

1. 阶梯圆筒形零件的拉深

阶梯圆筒形件（见图 4-43）相当于若干个直壁圆筒形件的组合，所以与直壁圆筒形件的拉深基本相似，每一个阶梯的拉深即相当于相应的圆筒形件的拉深，但拉深工艺的设计与直壁圆筒形件有较大的差别。

（1）拉深次数的确定　判断阶梯形件能否一次拉成，可用式（4-29）来判断：

$$\frac{h_1+h_2+h_3+\cdots+h_n}{d_n}\leqslant\frac{h}{d_n} \tag{4-29}$$

式中　h_1、h_2、h_3、…、h_n——各个阶梯的高度(mm)；

d_n——最小阶梯直径（mm）；

h/d_n——直径为 d_n 的圆筒形件第一次拉深时的最大相对高度（mm），可查表4-9。

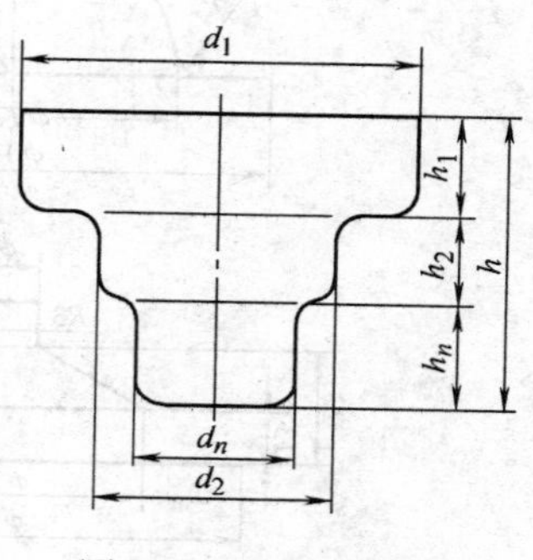

图4-43　阶梯形零件

如果上述条件不能满足，则需多次拉深。

（2）多次拉深时拉深方法的确定

1）如果两个相邻阶梯的直径之比 d_n/d_{n-1} 大于相应的圆筒形件的极限拉深系数，则先从大阶梯拉起，每次拉深一个阶梯，逐一拉深到最小的阶梯，阶梯数也就是拉深次数，如图4-44a所示。

2）如果相邻两阶梯直径之比 d_n/d_{n-1} 小于相应的圆筒形件的极限拉深系数，则按带凸缘圆筒形件的拉深进行，先拉小直径 d_n，再拉大直径 d_{n-1}，即由小阶梯拉深到大阶梯，如图4-44b所示。图中 d_2/d_1 小于相应的圆筒形件的极限拉深系数，所以先拉 d_2、d_n，再用工序Ⅴ拉出 d_1。

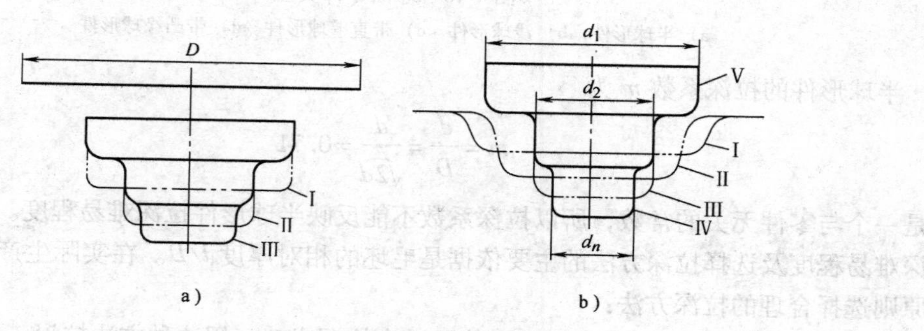

图4-44　阶梯筒形件拉深次序

a）由大直径到小直径　b）由小直径到大直径

Ⅰ～Ⅴ—拉深工序

3）如果最小阶梯直径 d_n 过小，即 d_n/d_{n-1} 过小，h_n 又不大时，最小阶梯可用胀形法得到。

4）如果阶梯形件较浅，而且每个阶梯的高度又不大，但相邻阶梯直径相差较大，而又不能一次拉出时，可先拉成圆形或带有大圆角的筒形，最后通过整形得到所需零件，如图4-45所示。

2. 球面形状的拉深

球形零件有半球形件、浅球形件、带直壁球形件和带凸缘球形件几类，如图4-46所示。

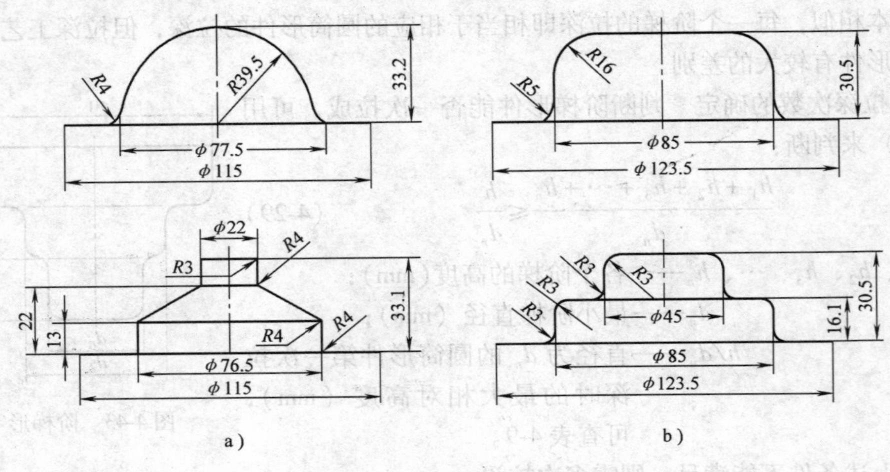

图 4-45　浅阶梯形件的拉深方法

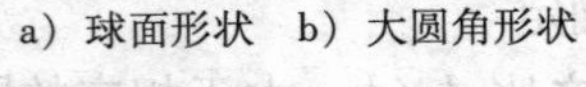

a）球面形状　b）大圆角形状

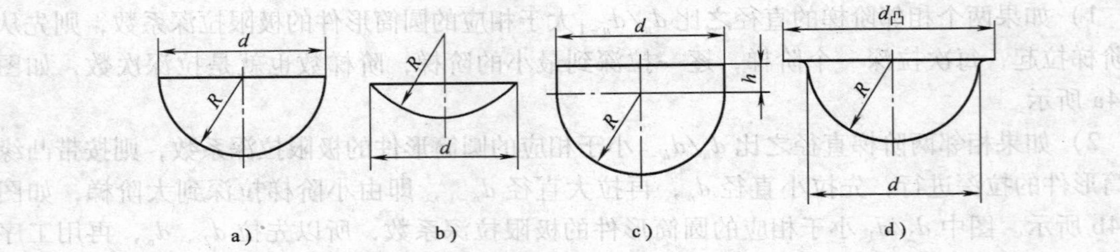

图 4-46　球面零件类型

a）半球形件　b）浅球形件　c）带直壁球形件　d）带凸缘球形件

半球形件的拉深系数 m 为

$$m=\frac{d}{D}=\frac{d}{\sqrt{2}d}=0.71$$

它是一个与零件无关的常数，所以拉深系数不能反映半球形件拉深难易程度。决定半球形件拉深难易程度及选择拉深方法的主要依据是毛坯的相对厚度 t/D。在实际生产中，可参考以下原则选择合理的拉深方法：

1）当 $t/D>0.03$ 时，可不用压边装置一次拉深成功。用这种方法拉深，坯料贴模不良，仍可能起小皱，所以必须用球形底的凹模，在拉深工作行程终了时进行校正，如图 4-47a 所示。

2）当 $t/D=0.005\sim0.03$ 时，需采用带压料装置的拉深模进行拉深，以防止起皱。

3）当 $t/D<0.005$ 时，应采用反拉深法或有拉深筋的拉深模进行拉深，如图4-47b、c 所示。

4）当球形拉深件带有一定高度的直壁或带有一定宽度的凸缘时，虽然拉深系数有所减小，但对球面的成形却有好处。同理，对于不带凸缘和不带直边的球形拉深件的表面质量和尺寸精度要求较高时，可加大坯料尺寸，形成凸缘，在拉深之后再用切边的方法去除。

5）对于浅球形零件，拉深工艺可分为以下两类：

①当坯料直径 $D\leqslant9\sqrt{Rt}$时，不容易起皱，可以不设压料装置，用球形底的凹模一次成

形。但当球面半径较大，毛坯厚度和深度较小时，必须按回弹量修正模具。

②当坯料直径 $D>9\sqrt{Rt}$时，较易起皱，常用强力压边装置或带拉深筋的模具进行拉深，这时零件的尺寸精度和表面质量都会有所提高，回弹减小。

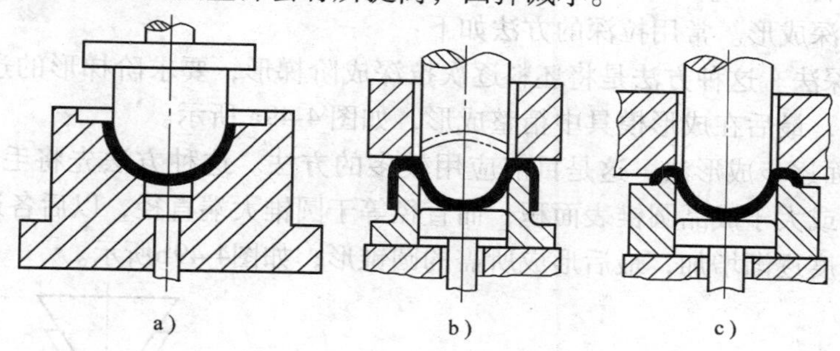

图 4-47 半球形件的拉深

a）带整形 b）反拉深 c）带拉深筋

3. 锥形零件的拉深

锥形零件的拉深（见图 4-48）与球面零件有相似的地方，即坯料与凸模接触面积小，压力集中，容易引起局部变薄，自由面积大使压边圈作用相对减弱，容易起皱等。而锥形零件还由于零件口部与底部直径差别大，回弹特别严重，所以比拉深球面零件更不易保证质量。

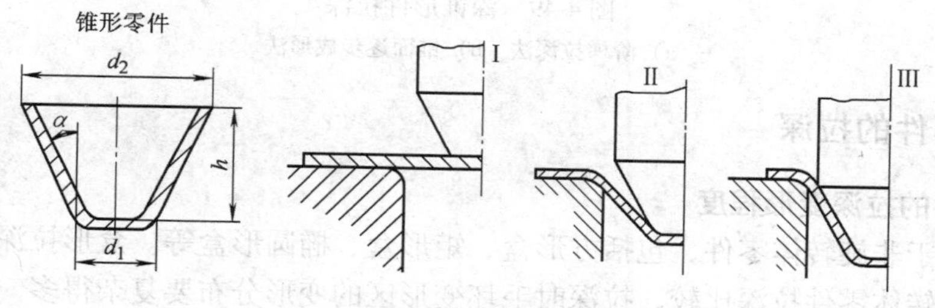

图 4-48 锥形件拉深

I ~ III—拉深工序

锥形零件的拉深方法主要由锥形零件的相对高度 h/d_2、相对锥顶直径 d_1/d_2 和毛坯相对厚度 t/D 这三个参数所决定。h/d_2 越大，d_1/d_2、t/D 越小，拉深难度越大。根据锥形件的形状特征，可将锥形件分为三种类型。

（1）浅锥形件（$h/d_2=0.1\sim0.25$） 浅锥形件一般可以一次拉深成形。若零件相对厚度较小（$t/D<0.02$）或锥顶角较大（$\alpha>45°$）时，拉深后回弹严重，可以采用增加工艺凸缘，用压边圈或带有拉深筋的模具拉深，或使用液体和橡胶代替凸（凹）模拉深。

（2）中锥形件（$h/d_2=0.3\sim0.7$） 按毛坯相对厚度的不同，可分为以下三种情况：

1）当 $t/D>0.025$ 时，可一次拉深成形，且不需要压边，只需要在行程末用凹模进行校正整形。

2）当 $t/D=0.015\sim0.025$ 时，可采用压边装置一次拉深成形，但对无凸缘零件应按有凸缘零件拉深，最后修边，切去凸缘。

3）当 $t/D<0.015$ 时，因材料较薄，易于起皱，一般应采用压边装置并经过两次或三次

拉深成形。第一次拉深成形带有大圆角圆筒形件或球形件，然后再采用正拉深或反拉深成形。

（3）深锥形件（$h/d_2>0.7$）　因变形程度大，容易产生变薄、破裂、起皱等现象，所以须经过多次拉深成形。常用拉深的方法如下：

1）阶梯拉深法。这种方法是将坯料逐次拉深成阶梯形，要求阶梯形的过渡毛坯应与锥形成品内侧相切，最后在成形模具中精整成形，如图 4-49a 所示。

2）锥形表面逐步成形法。这是目前应用较多的方法。这种方法先将毛坯拉成圆筒形，使其表面积等于或大于成品圆锥表面积，而直径等于圆锥大端直径，以后各道工序逐步拉出圆锥面，使其高度逐渐增加，最后形成所需的圆锥形，如图4-49b所示。

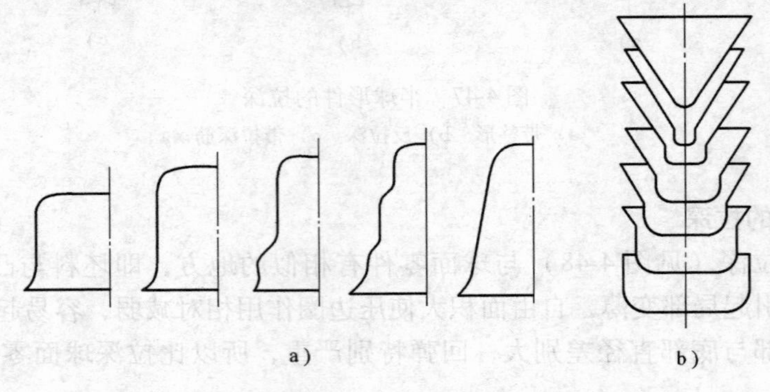

图 4-49　深锥形件拉深
a）阶梯拉深法　b）锥面逐步成形法

4.4.2　盒形件的拉深

1. 盒形件的拉深变形程度

盒形件属于非旋转体零件，包括方形盒、矩形盒、椭圆形盒等。盒形拉深件的变形是不均匀的，与旋转体零件拉深比较，拉深时毛坯变形区的变形分布要复杂得多。圆角部分变形大，直边部分变形很小，甚至接近弯曲变形。但在拉深过程中，圆角部分和直边部分必然存在着相互影响，影响程度随盒形的形状不同而不同。可以用相对圆角半径 r/B（r 为盒形件的圆角半径，B 为盒形件短边边长）和相对高度 H/B（H 为盒形件的高度）来表示盒形件的形状特征。拉深时，盒形件圆角与直边部分相互影响体现在以下方面：

1）相对圆角半径 r/B 越小时，直边部分对圆角部分的变形影响就越大；反之，影响就越小。当方形盒 $r/B=0.5$ 时，盒形件就成为筒形件，上述变形差别也不再存在。

2）当相对高度 H/B（或 H/r）越大时，在同样的 r 下，圆角部分的拉深变形大（即“多余三角形”材料挤出来的多)，则直边部分必定会多变形一些，所以圆角部分对直边部分的影响就越大。

这两个因素决定了圆角部分材料向直边部分转移的程度和直边部分高度的增加量。

盒形件首次拉深时圆角部分的受力和变形比直边大，起皱和拉裂都容易在圆角部位发生，故盒形件初次拉深时的极限变形量由圆角部分传力的强度确定。

首次拉深时圆角部分的变形程度仍用拉深系数表示：

$$m=d/D$$

式中 d——与盒形件角部圆角半径相同的筒形件直径；

D——相应筒形件展开毛坯直径。

当 $r = r_{底}$ 时，则有：

$$m = \frac{d}{D} = \frac{2r}{2\sqrt{2rH}} = \frac{1}{\sqrt{2\frac{H}{r}}}$$

由上式可知，盒形件首次拉深的变形程度可用其相对高度 H/r 来表示，H/r 越大，表示变形程度越大。同时，盒形件的极限变形程度还受相对料厚 t/D 的影响。盒形件首次拉深允许的最大相对高度值 H/r 见表4-19。

表4-19 盒形件首次拉深允许的最大相对高度值 H/r（10钢）

r/B	方形盒			矩形盒		
	毛坯相对厚度（t/D）×100					
	0.3～0.6	>0.6～1	>1～2	0.3～0.6	>0.6～1	>1～2
0.4	2.2	2.5	2.8	2.5	2.8	3.1
0.3	2.8	3.2	3.5	3.2	3.5	3.8
0.2	3.5	3.8	4.2	3.8	4.2	4.6
0.1	4.5	5.0	5.5	4.5	5.0	5.5
0.05	5.0	5.5	6.0	5.0	5.5	6.0

盒形件首次拉深的极限变形程度也可以用相对高度 H/B 来表示，见表4-20。如果零件的 H/r 或 H/B 小于表中的数值，则可一次拉成，否则必须采用多道拉深。

表4-20 盒形件首次拉深允许的最大相对高度值 H/B（10钢）

r/B	毛坯相对厚度（t/D）×100			
	0.2～0.5	>0.5～1.0	>1.0～1.5	>1.5～2.0
0.3	0.85～0.9	0.9～1.0	0.95～1.1	1.0～1.2
0.2	0.7～0.8	0.7～0.85	0.82～0.9	0.9～1.0
0.15	0.6～0.7	0.65～0.75	0.7～0.8	0.75～0.9
0.10	0.45～0.6	0.5～0.65	0.55～0.7	0.6～0.8
0.05	0.35～0.5	0.4～0.55	0.45～0.6	0.5～0.7
0.02	0.25～0.35	0.3～0.4	0.35～0.45	0.4～0.5

注：1. 对较小尺寸的盒形件（$B<100$mm）取上限值，对大尺寸盒形件取较小值。
2. 对于塑性好于10钢的材料，表中数值适当增大5%～15%，对于塑性比10钢差的材料，表中数值适当减小5%～15%。

盒形件多次拉深时，以后各次拉深系数按下式计算：

$$m_i = \frac{r_i}{r_{i-1}} \tag{4-30}$$

式中 r_i、r_{i-1}——以后各次拉深工序角部的圆角半径；

m_i——以后各次拉深工序圆角处的拉深系数，其极限值可查表4-21。

表 4-21 盒形件以后各次的极限拉深系数 m（10 钢）

r/B	毛坯相对厚度（t/D）×100			
	0.3～0.6	>0.6～1	>1～1.5	>1.5～2
0.025	0.52	0.50	0.48	0.45
0.05	0.56	0.53	0.50	0.48
0.10	0.60	0.56	0.53	0.50
0.15	0.65	0.60	0.56	0.53
0.20	0.70	0.65	0.60	0.56
0.30	0.72	0.70	0.65	0.60
0.40	0.75	0.73	0.70	0.67

注：对于塑性好于 10 钢的材料，表中数值适当增大 5%～15%，对于塑性比 10 钢差的材料，表中数值适当减小 5%～15%。

2. 盒形件毛坯形状与尺寸确定

盒形件拉深毛坯的设计原则是：在保证毛坯面积与工件面积相等的前提下，应使材料的分配尽可能地满足“获得口部平齐的拉深件”之要求。遵循这一原则设计的毛坯，将有助于降低盒形件拉深时的不均匀变形和减小材料不必要的浪费，也有利于提高盒形件拉深成形极限和保证零件的质量。

拉盒形件形状特征和拉深次数，可以将盒形件分为一次拉成的低盒形件和多次拉成的高盒形件，其毛坯尺寸的计算和拉深方法都有所不同。

（1）一次拉成的低盒形件（$H \leqslant 0.3B$，B 为盒形件短边长度）毛坯的计算　因这类零件拉深时仅有微量材料从圆角部分转移到直边部分，因此可认为圆角部分发生拉深变形，直边部分只是弯曲变形。

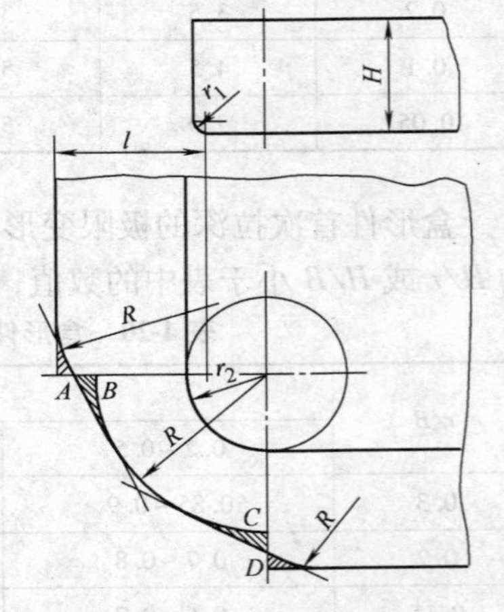

图 4-50　一次拉成的低盒形件毛坯尺寸的计算

如图 4-50 所示的盒形工件，只需一次拉深。其毛坯的求法如下：

1）直边部分按弯曲计算展开，长度为

$$l = H + 0.57r_1 \tag{4-31}$$

式中　H——盒形件的高度（mm），包括修边余量 Δh，Δh 的值见表 4-22；

r_1——盒形件底边圆角的半径（mm）。

表 4-22　无凸缘盒形件的修边余量 Δh　（单位：mm）

工件相对高度 H/r	2.5～6	7～17	18～44	45～100
修边余量	(0.03～0.05) H	(0.04～0.06) H	(0.05～0.08) H	(0.06～0.1) H

注：r 为盒形件角部圆角半径。

2）如果设想把盒形件四个圆角部分合在一起，共同组成一个圆筒，则其展开半径为

$$R = \sqrt{r_2^2 + 2r_2H - 0.86r_1r_2 - 0.14r_1^2} \tag{4-32}$$

式中　r_2——盒形件圆角半径（mm）；

H——包括修边余量 Δh 的盒形件的高度（mm），Δh 根据表4-22确定。

3）按所计算的 l 和 R 值做未修正的毛坯图。

4）未修正的毛坯图还没有考虑拉深时圆角部分材料向直边的转移，而且，拉深件的毛坯轮廓要求为光滑曲线，不能有急剧转折，所以要对毛坯图进行修正。

分别过 AB 和 CD 的中点向 R 圆弧做切线，并用半径为 R 的圆弧连接切线与直边，就得到最终的毛坯图。可以看出，增加的面积与减少的面积（图4-50中阴影部分）基本相等，拉深后可不必修边。如工件质量要求高，有修边要求，展开坯料可简化为矩形切去4个角的平板毛坯，从而简化了落料凸、凹模的加工。

（2）多次拉深的高盒形件（$H \geqslant 0.5B$）毛坯的计算　高盒形件拉深时，圆角部分有大量的材料向直边部分流动，直边部分拉深变形也大，毛坯计算必须考虑圆角部分的影响。这类零件的毛坯形状可以为圆形、椭圆形或长圆形，根据盒形件的形状特点而定。

1）多次拉深的高正方形零件的毛坯（见图4-51）。正方形零件的毛坯是圆形的，可用等面积方法求出毛坯直径 D。

$$D = 1.13\sqrt{B^2 + 4B(H - 0.43r_1) - 1.72r_2(H + 0.5r_2) - 4r_1(0.11r_1 - 0.18r_2)} \tag{4-33}$$

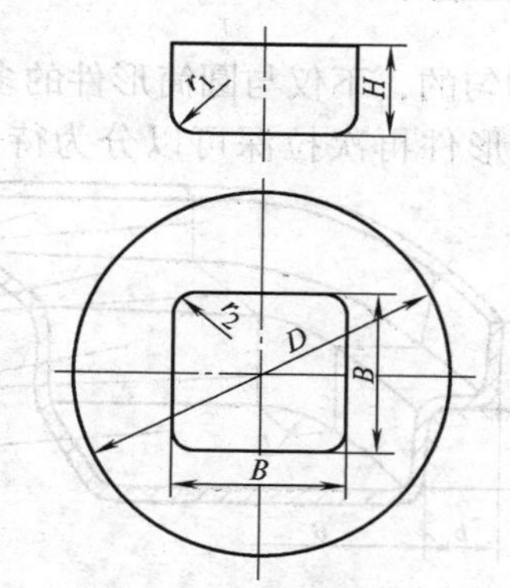

图4-51　高方形工件毛坯

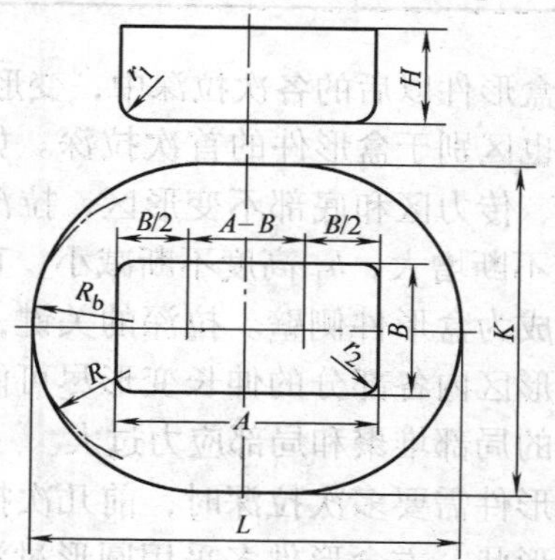

图4-52　高矩形工件毛坯

2）多次拉深的高矩形零件的毛坯（见图4-52）。高矩形拉深零件的毛坯为长圆形或椭圆形。计算时，可将高矩形工件看作宽度为 B（高矩形件的短边边长）的正方形零件从中分开后，中间增加了一个宽度为 B，长度为 $A-B$ 的槽形部分。因此，做未修正毛坯图，两端为两个半圆形，中间为槽形部分展开的矩形毛坯。

半圆形部分毛坯半径 R_b 为

$$R_b = \frac{1}{2}D \tag{4-34}$$

式中，D 按式（4-33）计算。

毛坯总长 L 为

$$L = 2R_b + A - B = D + A - B \tag{4-35}$$

毛坯宽度 K 为

$$K = \frac{D(B - 2r_2) + [B + 2(H - 0.43r_1)](A - B)}{A - 2r_2} \tag{4-36}$$

然后对上述毛坯图进行修正。用 $R=K/2$ 的圆弧在毛坯两端做圆弧，使其既与 R_b 的圆弧相切，又与两长边相切，就得到最终毛坯图。如 $K\approx L$，则毛坯做成圆形，半径为 $R=0.5K$。

3. 盒形件多次拉深及工序尺寸确定

当盒形件需要多次拉深时，其拉深次数可以根据表 4-23 初步确定。

表 4-23　盒形件多次拉深能达到的最大相对高度 H/B

拉深次数	毛坯相对厚度 $(t/D)\times100$			
	0.3~0.5	0.5~0.8	0.8~1.3	1.3~2.0
1	0.50	0.58	0.65	0.75
2	0.70	0.80	1.0	1.2
3	1.20	1.30	1.6	2.0
4	2.0	2.2	2.6	3.5
5	3.0	3.4	4.0	5.0
6	4.0	4.5	5.0	6.0

在盒形件以后的各次拉深中，变形仍然是复杂且不均匀的，不仅与圆筒形件的多次拉深不同，也区别于盒形件的首次拉深。如图 4-53 所示，盒形件再次拉深可以分为待变形区、变形区、传力区和底部不变形区，拉深的过程是 h_2 高度不断增大，h_1 高度不断减小，直到全部进入凹模成为盒形件侧壁。拉深的关键，是保证拉深时变形区内各部分的伸长变形尽可能均匀，减少材料的局部堆聚和局部应力过大。

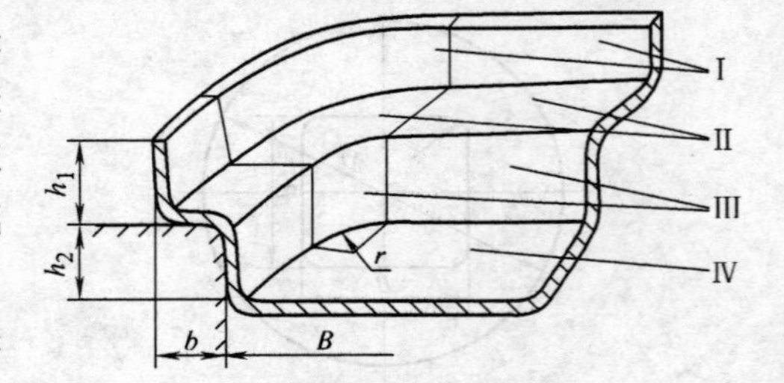

图 4-53　盒形件再次拉深时变形分析

Ⅰ—待变形区　Ⅱ—变形区

Ⅲ—传力区　Ⅳ—不变形区

盒形件需要多次拉深时，前几次拉深都是采用过渡形状。方盒形件多采用圆形过渡，长盒形件多采用长圆或椭圆形过渡，而在最后一次才拉成所需形状。当前广泛采用通过适当的角部壁间距来确定半成品的形状和尺寸的方法。

（1）方盒形件　方盒形件的毛坯为圆形，中间拉深工序都拉成圆筒形的半成品，最后一道工序拉成零件要求的形状和尺寸。计算时，由倒数第二道工序（即$n-1$道工序）向前推算。

$n-1$ 道工序半成品尺寸为

$$D_{n-1}=1.41B-0.82r+2\delta \tag{4-37}$$

式中　D_{n-1}——$n-1$ 道拉深工序后，圆筒形半成品的内径（mm）；

B——方盒形件的宽度（按内表面计算）（mm）；

r——方盒形件角部的内圆角半径（mm）；

δ——$n-1$ 道拉深后得到的半成品圆角部分的内表面到盒形件内表面之间的距离（mm），简称为角部壁间距离，如图 4-54 所示。

角部壁间距离 δ，对最后一道拉深工序的变形区变形程度的大小和分布的均匀程度影响很大。角部壁间距离 δ 可按照下式来取：

$$\delta = Kr \tag{4-38}$$

式中，$K=0.1\sim0.45$，推荐 $K=0.2\sim0.25$。

其他各道中间工序的计算，因均为圆筒形零件，可以参照圆筒形零件的拉深工艺计算方法，也就是由直径 D 的平板毛坯拉深成直径为 D_{n-1}、高度为 H_{n-1} 的圆筒形零件。

（2）矩形盒形件　矩形盒形件的毛坯为长圆形或椭圆形，中间拉深工序一般都拉成椭圆形的半成品，最后一道工序拉成零件要求的形状和尺寸。与方盒形件的计算一样，由 $n-1$ 道工序向前推算。

1）$n-1$ 道拉深工序是一个椭圆形半成品，其在长轴和短轴方向上的曲率半径计算见式（4-39），圆弧 $R_{a(n-1)}$、$R_{b(n-1)}$ 的圆心可按图 4-55 确定。

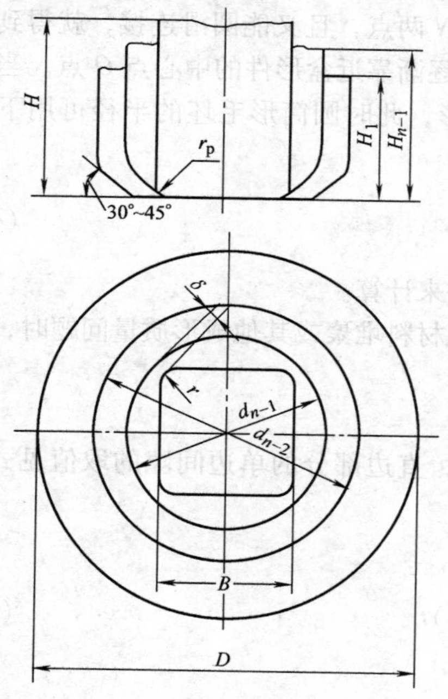

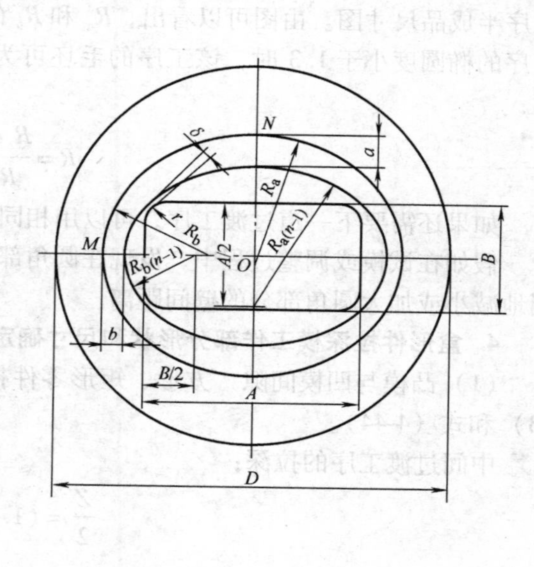

图 4-54　方盒件拉深的半成品形状尺寸　　　图 4-55　矩形盒件拉深的半成品形状尺寸

$$\left.\begin{aligned} R_{a(n-1)} &= 0.707A - 0.41r + \delta \\ R_{b(n-1)} &= 0.707B - 0.41r + \delta \end{aligned}\right\} \tag{4-39}$$

式中　$R_{a(n-1)}$、$R_{b(n-1)}$——$n-1$ 道拉深工序所得椭圆形半成品在长轴和短轴方向上的曲率半径（mm）；

A、B——矩形盒的长度和宽度（mm）；

δ——角部的壁间距离（mm），按式（4-38）计算；

r——矩盒形件角部的内圆角半径（mm）。

2）椭圆形半成品的长半轴和短半轴计算如下：

$$\left.\begin{aligned} 长半轴_{(n-1)} &= R_{b(n-1)} + (A-B)/2 \\ 短半轴_{(n-1)} &= R_{a(n-1)} - (A-B)/2 \end{aligned}\right\} \tag{4-40}$$

3）$n-1$道椭圆形半成品的高度为：$H_{(n-1)} \approx 0.88H$，H 为矩形盒的高度。

4）得到 $n-1$ 道拉深工序的椭圆形半成品后，可以用前述盒形件首次拉深的计算方法检查是否能用平板毛坯一次拉成该半成品，如果不能，则需要计算 $n-2$ 道拉深工序半成品尺寸。$n-2$ 道过渡工序的半成品仍然是一椭圆形件，其尺寸应保证下面的关系式：

$$\frac{R_{a(n-1)}}{R_{a(n-1)}+a}=\frac{R_{b(n-1)}}{R_{b(n-1)}+b}=0.75\sim0.85$$

即
$$\left.\begin{aligned}a&=(0.18\sim0.33)R_{a(n-1)}\\b&=(0.18\sim0.33)R_{b(n-1)}\end{aligned}\right\}\tag{4-41}$$

式中 a、b——椭圆形半成品之间长轴与短轴上的壁间距离（参考图4-55）。

由 a、b 可以在图4-55长轴与短轴上找到 M 点和 N 点，然后，用做图法选定 $R_{a(n-2)}$ 和 $R_{b(n-2)}$（即图中的 R_a 和 R_b），使所做圆弧通过 M 与 N 两点，且又能圆滑连接，就得到该道工序半成品尺寸图。由图可以看出，R_a 和 R_b 的圆心逐渐靠近盒形件的中心点 O 点。当中间工序的椭圆度小于1.3时，该工序的毛坯可为圆筒形，此时圆筒形毛坯的半径可用下式计算：

$$R=\frac{R_ba-R_ab}{R_b-R_a}\tag{4-42}$$

如果还需要下一道过渡工序，可以用相同的方法来计算。

假如在试模或调整过程中，发现在圆角部分出现材料堆聚或其他成形质量问题时，可适当地减小或加大圆角部分的壁间距离。

4. 盒形件拉深模工作部分形状和尺寸确定

（1）凸模与凹模间隙 方形、矩形零件拉深时，直边部分的单边间隙的取值见式（4-43）和式（4-44）。

中间过渡工序的拉深：

$$\frac{Z}{2}=(1.1\sim1.3)t\tag{4-43}$$

末次拉深：

$$\frac{Z}{2}=t\tag{4-44}$$

圆角部分的间隙要比直边部分大0.1t，这是因为圆角部分在拉深时会增厚。如图4-56所示，当零件要求外径尺寸时，增大间隙取在凸模上；当零件要求内径尺寸时，增大间隙取在凹模上。图中点画线为未增大间隙时凸模、凹模轮廓。

（2）凸模与凹模圆角半径 拉深凹模的圆角半径为

$$R_{凹}=(4\sim10)t\tag{4-45}$$

一般在冲模设计时，总是先取较小的 $R_{凹}$ 值，然后在冲模试冲时根据实际情况适当的修磨加大。凸模底部圆角半径 $r_{凸}$ 可按照筒形件的计算方法来取。

（3）凸、凹模工作部分的尺寸和公差 盒形件拉深凸、凹模工作部分的尺寸和公差计算方法与筒形件相同；但要注意圆角部分间隙比直边大0.1t（见图4-56）。圆角部分尺寸计算如下：

当零件要求外径尺寸时，凹模的角部圆角半径 $R_{角d}$ 为

$$R_{角d}=(R_{max}-0.75\Delta)_0^{+\delta_p}\tag{4-46}$$

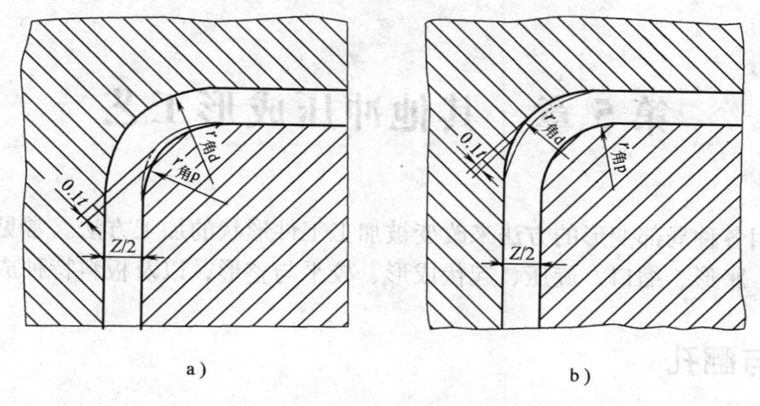

图4-56　矩形零件凸凹模间隙
a）零件要求外径尺寸　b）零件要求内径尺寸

凸模的角部圆角半径 $R_{角p}$ 为

$$R_{角p} = (R_{角d} - 0.5Z - 0.1t)_{-\delta_p}^{\ 0} \tag{4-47}$$

当零件要求内径尺寸时，凸模的角部圆角半径 $r_{角p}$ 为

$$r_{角p} = (r_{min} + 0.4\Delta)_{-\delta_p}^{\ 0} \tag{4-48}$$

凹模的角部圆角半径 $r_{角d}$ 为

$$r_{角d} = (r_{角p} + 0.5Z + 0.1t)_{\ 0}^{+\delta_d} \tag{4-49}$$

式中　R_{max}、r_{min}——零件角部外径最大尺寸、内径最小尺寸（mm）；

Δ——零件公差（mm）；

δ_p、δ_d——凸、凹模的制造公差（mm），取值与筒形件同。

（4）$n-1$ 道拉深工序凸模形状

为了有利于最后一道拉深工序中毛坯的变形和提高零件侧壁的表面质量，在 $n-1$ 道拉深工序后所得到的半成品应具有图4-57b所示的底部形状，即半成品的底面和盒形件的底平面尺寸相同，并用30°～45°的斜面过渡到半成品的侧壁。尺寸关系如图4-57a所示。图中斜面开始尺寸为

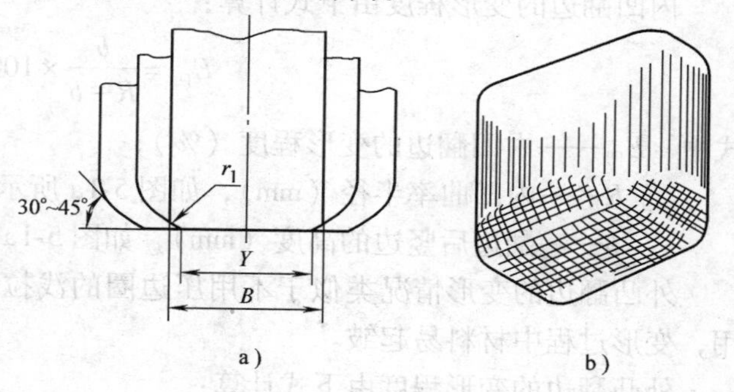

图4-57　$n-1$ 次拉深半成品形状

$$Y = B - 1.11r_1$$

这时，$n-1$ 道工序的拉深凸模要做成与此相同的形状和尺寸，而最后一道拉深工序的凹模和压边圈的工作部分也要做成与 $n-1$ 道工序半成品尺寸相适应的斜面。

第 5 章　其他冲压成形工艺

成形是指用各种局部变形的方法来改变被加工工件形状的加工方法。常见的成形方法包括翻边、翻孔、胀形、缩口、旋压、起伏成形、校平与整形，以及板料特种成形技术等。

5.1　翻边与翻孔

翻边是沿工件外形曲线周围将材料翻成侧立短边的冲压工序，又称为外缘翻边。翻孔是沿工件内孔周围将材料翻成侧立凸缘的冲压工序，又称为内孔翻边。

1. 翻边

常见的翻边形式如图 5-1 所示。图 5-1a 为内凹翻边，也称为伸长类翻边；图 5-1b 为外凸翻边，也称为压缩类翻边。

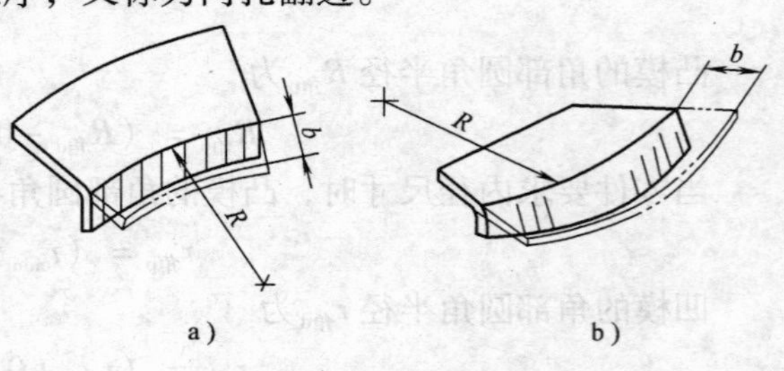

图 5-1　翻边形式
a) 内凹翻边　b) 外凸翻边

（1）翻边的变形程度　内凹翻边时，变形区的材料主要受切向拉应力的作用。这样翻边后的竖边会变薄，其边缘部分变薄最严重，使该处在翻边过程中成为危险部位。当变形超过许用变形程度时，此处就会开裂。

内凹翻边的变形程度由下式计算：

$$E_{凹}=\frac{b}{R-b}\times 100\% \tag{5-1}$$

式中　$E_{凹}$——内凹翻边的变形程度（%）；

R——内凹曲率半径（mm），如图 5-1a 所示；

b——翻边后竖边的高度（mm），如图 5-1a 所示。

外凸翻边的变形情况类似于不用压边圈的浅拉深，变形区材料主要受切向压应力的作用，变形过程中材料易起皱。

外凸翻边的变形程度由下式计算：

$$E_{凸}=\frac{b}{R+b}\times 100\% \tag{5-2}$$

式中　$E_{凸}$——外凸翻边的变形程度（%）；

R——外凸曲率半径（mm），如图 5-1b 所示；

b——翻边后竖边的高度（mm），如图 5-1b 所示。

翻边的极限变形程度与工件材料的塑性、翻边时边缘的表面质量及凹凸形的曲率半径等因素有关。翻边允许的极限变形程度可以由表 5-1 查得。

（2）翻边力的计算　翻边力可以用下式近似计算：

$$F=cLtR_{m} \tag{5-3}$$

式中　F——翻边力（N）；

c——系数，可取 $c=0.5\sim0.8$；

L——翻边部分的曲线长度（mm）；

t——材料厚度（mm）；

R_m——抗拉强度（MPa）。

表5-1　翻边允许的极限变形程度

材料名称及牌号		$E_{凸}$(%)		$E_{凹}$(%)	
		橡胶成形	模具成形	橡胶成形	模具成形
铝合金	1035(软)	25	30	6	40
	1035(硬)	5	8	3	12
	3A21(软)	23	30	6	40
	3A21(硬)	5	8	3	12
	5A02(软)	20	25	6	35
	5A03(硬)	5	8	3	12
	2A12(软)	14	20	6	30
	2A12(硬)	6	8	0.5	9
	2A11(软)	14	20	4	30
	2A11(硬)	5	6	0	0
黄铜	H62(软)	30	40	8	45
	H62(半硬)	10	14	4	16
	H68(软)	35	45	8	55
	H68(半硬)	10	14	4	16
钢	10	—	38	—	10
	20	—	22	—	10
	12Cr18Ni9(软)	—	15	—	10
	12Cr18Ni9(硬)	—	40	—	10

2. 翻孔

常见的翻孔为圆形翻孔，如图5-2所示。翻孔前毛坯孔径为 d_0，翻孔变形区是内径为 d_0，外径为 D 的环形部分。当凸模下行时，d_0 不断扩大，并逐渐形成侧边，最后使平面环形变成竖直的侧边。变形区毛坯受切向拉应力 σ_θ 和径向拉应力 σ_r 的作用，其中切向拉应力 σ_θ 是最大主应力，而径向拉应力 σ_r 值较小，它是由毛坯与模具的摩擦而产生的。在整个变形区内，孔的外缘处于切向拉应力状态，且其值最大，该处的应变在变形区内也最大。因此在翻孔过程中，竖立侧边的边缘部分最容易变薄、开裂。

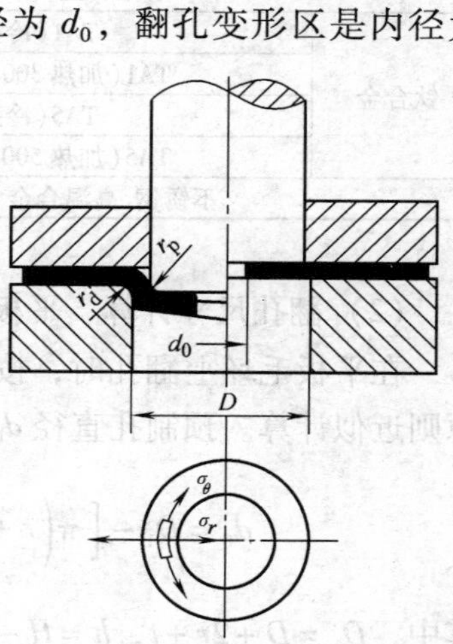

（1）翻孔系数　翻孔的变形程度用翻孔系数 K 来表示：

$$K=\frac{d_0}{D} \tag{5-4}$$

图5-2　翻孔时变形区的应力状态

翻孔系数 K 越小，翻孔的变形程度越大。翻孔时孔的边缘不破裂所能达到的最小翻孔系数，称为极限翻孔系数。影响翻孔系数的主要因素如下：

1）材料的性能。塑性越好，极限翻孔系数越小。

2）预制孔的加工方法。钻出的孔没有撕裂面，翻孔时不易出现裂纹，极限翻孔系数较小。冲出的孔有部分撕裂面，翻孔时容易开裂，极限翻孔系数较大。如果冲孔后对材料进行退火或将孔整修，可以得到与钻孔相接近的效果。此外，还可以将冲孔的方向与翻孔的方向相反，使毛刺位于翻孔内侧，这样也可以减小开裂，降低极限翻孔系数。

3）如果翻孔前预制孔径 d_0 与材料厚度 t 的比值 d_0/t 较小，在开裂前材料的绝对伸长可以较大，因此极限翻孔系数可以取较小值。

4）采用球形、抛物面形或锥形凸模翻孔时，孔边圆滑地逐渐胀开，所以极限翻边系数可以较小，而采用平面凸模则容易开裂。

表 5-2 为低碳钢的极限翻孔系数。表 5-3 为翻圆孔时各种材料的翻孔系数。

表 5-2　低碳钢的极限翻孔系数

翻孔凸模形状	孔的加工方法	材料相对厚度 d_0/t										
		100	50	35	20	15	10	8	6.5	5	3	1
球形凸模	钻后去毛刺	0.70	0.60	0.52	0.45	0.40	0.36	0.33	0.31	0.30	0.25	0.20
	冲孔模冲孔	0.75	0.65	0.57	0.52	0.48	0.45	0.44	0.43	0.42	0.42	—
圆柱形凸模	钻后去毛刺	0.80	0.70	0.60	0.50	0.45	0.42	0.40	0.37	0.35	0.30	0.25
	冲孔模冲孔	0.85	0.75	0.65	0.60	0.55	0.52	0.50	0.50	0.48	0.47	—

表 5-3　各种材料的翻孔系数

经退火的毛坯材料		翻孔系数 m_0	翻孔系数 m_{min}
镀锌钢板（白铁皮）		0.70	0.65
软钢	t = 0.25 ~ 2.0mm	0.72	0.68
	t = 3.0 ~ 6.0mm	0.78	0.75
黄铜 H62　t = 0.5 ~ 6.0mm		0.68	0.62
铝　t = 0.5 ~ 5.0mm		0.70	0.64
硬铝合金		0.89	0.80
钛合金	TA1（冷态）	0.64 ~ 0.68	0.55
	TA1（加热 300 ~ 400℃）	0.40 ~ 0.50	
	TA5（冷态）	0.85 ~ 0.90	0.75
	TA5（加热 500 ~ 600℃）	0.70 ~ 0.65	0.55
不锈钢、高温合金		0.69 ~ 0.65	0.61 ~ 0.57

（2）翻孔尺寸计算　平板毛坯翻孔的尺寸如图 5-3 所示。

在平板毛坯上翻孔时，按工件中性层长度不变的原则近似计算。预制孔直径 d_0 由下式计算：

$$d_0 = D_1 - \left[\pi\left(r + \frac{t}{2}\right) + 2h\right] \tag{5-5}$$

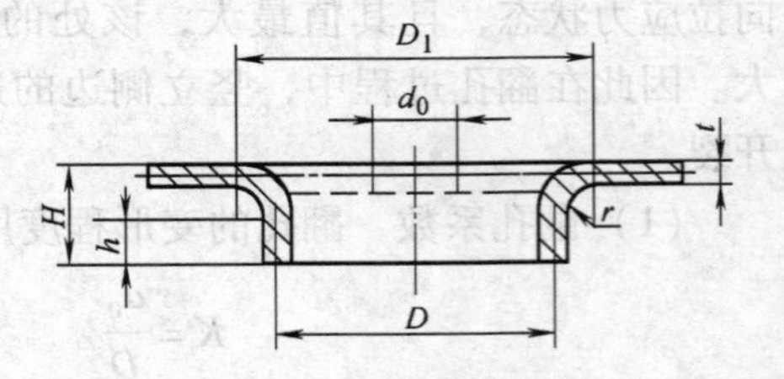

图 5-3　平板毛坯翻孔

其中，$D_1 = D + 2r + t$，$h = H - r - t$。

翻孔后的高度 H 由下式计算：

$$H=\frac{D-d_0}{2}+0.43r+0.72t$$

$$=\frac{D}{2}(1-K)+0.43r+0.72t \tag{5-6}$$

在式（5-6）中代入极限翻孔系数，即可求出最大翻孔高度。当工件要求的高度大于最大翻孔高度时，就难以一次翻孔成形。这时应先进行拉深，在拉深件的底部预制孔，然后再进行翻孔，如图5-4所示。

（3）翻孔力计算　有预制孔的翻孔力由下式计算：

$$F=1.1\pi tR_{eL}(D-d_0) \tag{5-7}$$

式中　F——翻孔力（N）；

R_{eL}——材料的下屈服强度（MPa）；

D——翻孔后中性层直径（mm）；

d_0——预制孔直径（mm）；

t——材料厚度（mm）。

无预冲孔的翻孔力要比有预冲孔的翻孔力大1.3~1.7倍。

例　固定套翻孔件的工艺计算。工件如图5-5所示，材料为08钢，料厚$t=1$mm。

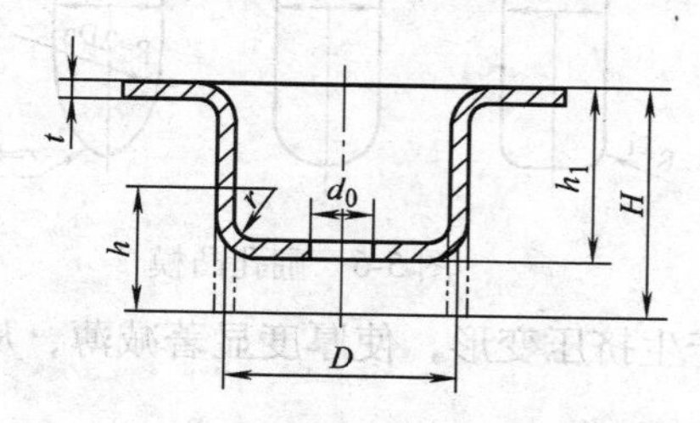

图5-4　拉深后再翻孔

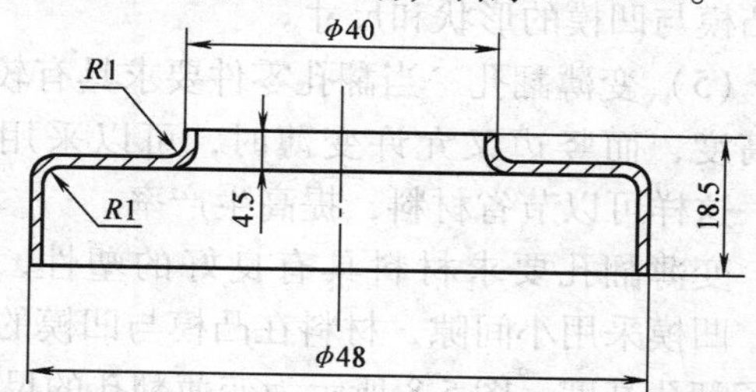

图5-5　固定套翻孔件

解　1）计算预制孔：

$$D=39\text{mm}$$

$$D_1=D+2r+t=(39+2\times1+1)\text{mm}=42\text{mm}$$

$$H=4.5\text{mm}$$

$$h=H-r-t=(4.5-1-1)\text{mm}=2.5\text{mm}$$

$$d_0=D_1-\left[\pi\left(r+\frac{t}{2}\right)+2h\right]$$

$$=42\text{mm}-[\pi(1+0.5)+2\times2.5]\text{mm}=32.3\text{mm}$$

预制孔直径为32.3mm。

2）计算翻孔系数：

$$K=\frac{d_0}{D}=\frac{32.3}{39}=0.828$$

由$d_0/t=32.3$，查表5-2，若采用圆柱形凸模，得低碳钢极限翻边系数为0.65，小于计算值，所以该工件能一次翻边成形。

3）计算翻孔力：

查有关手册：　　$R_{eL}=200\text{MPa}$

$$F=1.1\pi t R_{eL}(D-d_0)=1.1\times\pi\times1\times200(39-32.3)\text{N}=4628\text{N}$$

（4）翻孔凸模、凹模设计

1）翻孔时凸模与凹模的间隙。因为翻孔时竖边变薄，所以凸模与凹模的间隙小于厚度，其单边间隙值可按表 5-4 选取。

表 5-4　翻孔凸模与凹模的单边间隙　　（单位：mm）

材料厚度	0.3	0.5	0.7	0.8	1.0	1.2	1.5	2.0
平毛坯翻边	0.25	0.45	0.6	0.7	0.85	1.0	1.3	1.7
拉深后翻边	—	—	—	0.6	0.75	0.9	1.1	1.5

2）翻孔凸模与凹模。翻孔时凸模圆角半径一般较大，甚至做成球形或抛物面形，以利于变形，如图 5-6 所示。

一般翻孔凸模端部直径 d_0 先进入预制孔，导正工件位置，然后再进行翻孔；翻孔后靠肩部对工件圆弧部分整形。图 5-7 所示为几种常见的圆孔翻孔凸模与凹模的形状和尺寸。

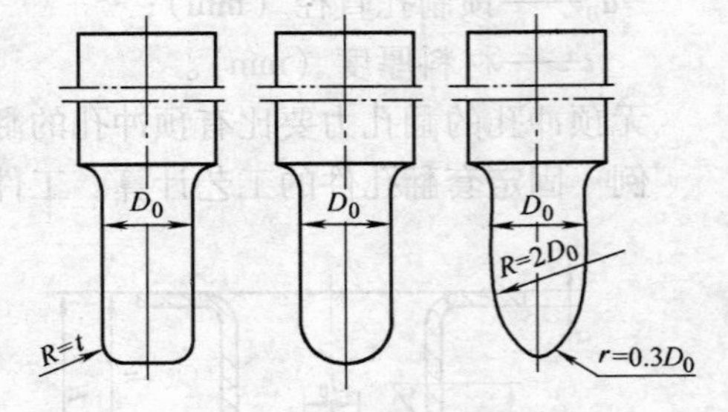

图 5-6　翻孔凸模

（5）变薄翻孔　当翻孔零件要求具有较高的竖边高度，而竖边又允许变薄时，可以采用变薄翻孔。这样可以节省材料，提高生产率。

变薄翻孔要求材料具有良好的塑性，变薄时凸、凹模采用小间隙，材料在凸模与凹模的作用下产生挤压变形，使厚度显著减薄，从而提高了翻孔高度。图 5-8 所示为变薄翻孔的尺寸变化。

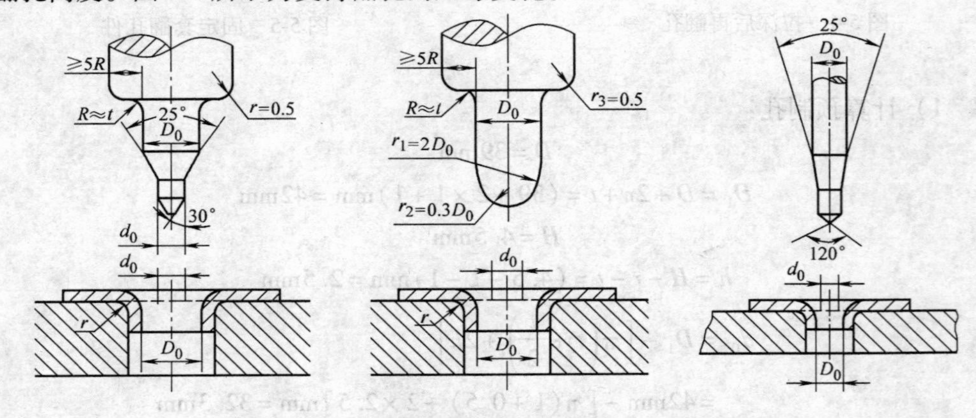

图 5-7　圆孔翻孔凸模与凹模的形状和尺寸

变薄翻孔时的变形程度用变薄系数 k 表示：

$$k=\frac{t_1}{t} \tag{5-8}$$

式中　t_1——变薄翻孔后的竖边厚度（mm）；

　　t——毛坯厚度（mm）。

试验表明：一次变薄翻孔的变薄系数 k 可达 0.4～0.5，甚至更小。

变薄翻孔的预制孔尺寸及变薄后的竖边高度，应按翻孔前后体积不变的原则确定。

变薄翻孔多采用阶梯形凸模成形，如图 5-9 所示。变薄翻孔力比普通翻孔力大得多，并且与变薄量成正比。翻孔时凸模受到较大的侧压力，可以把凹模压入套圈内。变薄翻孔时，凸模与凹模之间应具有良好的导向，以保证间隙均匀。

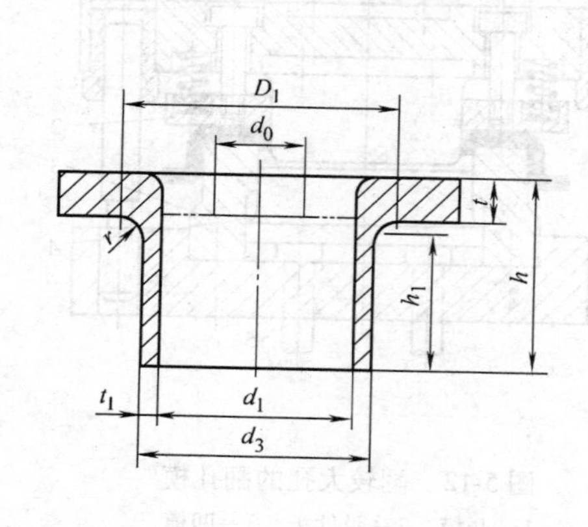

图 5-8　变薄翻孔的尺寸变化

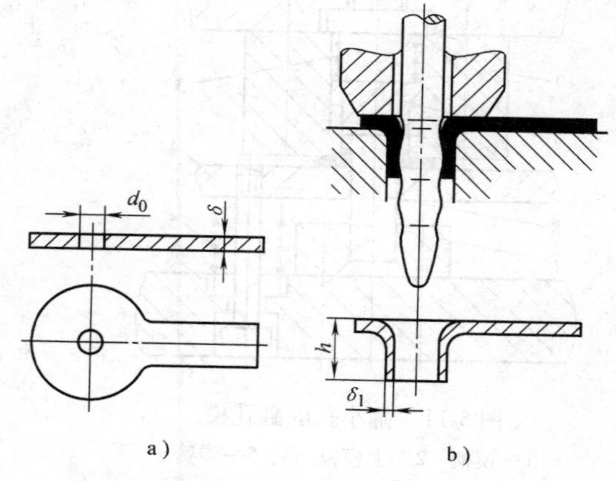

图 5-9　采用阶梯形凸模的变薄翻孔
a）平板毛坯　b）变薄翻孔

变薄翻孔通常用在平板毛坯或半成品上冲制小螺钉孔（多为 M6 以下）。在螺孔加工中，为保证使用强度，对于低碳钢或黄铜零件的螺孔深度，不小于直径的 1/2；而铝件的螺孔深度，不小于直径的 2/3。为了保证螺孔深度，又不增加工件厚度，生产中常采用变薄翻孔的方法加工小螺孔。常用材料的螺纹变薄翻孔数据可查有关手册。

（6）异形孔的翻孔　异形孔由不同半径的凸弧、凹弧和直线组成，各部分的受力状态与变形性质有所不同，直线部分仅发生弯曲变形，凸弧部分为拉深变形，凹弧部分则为翻孔变形。

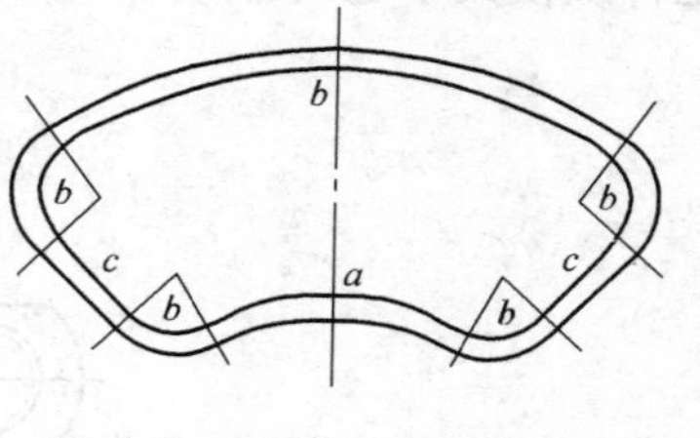

图 5-10　异形翻孔件的轮廓

图 5-10 所示为异形翻孔件的轮廓，其预制孔可以按几何形状的特点分为三种类型：圆弧 a 为凸弧，按拉深计算其展开尺寸；圆弧 b 为凹弧，按翻孔计算其展开尺寸；直线 c 按弯曲计算其展开尺寸。

在设计计算时，可以按上述三种情况分别考虑，将理论计算出来的孔的形状再加以适当的修正，使各段平滑连接，即为所求预制孔的形状。

异形翻孔时，曲率半径较小的部位，切向拉应力和切向伸长变形较大；曲率半径较大的部位，切向拉应力和切向伸长变形都较小。因此，核算变形程度时，应以曲率半径较小的部分为依据。由于曲率半径较小的部分在变形时受到相邻部分材料的补充，使得切向伸长变形得到一定程度的缓解，因此异形孔的翻孔系数允许小于圆孔的翻孔系数，一般取：

$$K' = (0.9 \sim 0.85)K \tag{5-9}$$

式中　K'——异形孔的翻孔系数；

K——圆孔的翻孔系数。

（7）翻孔模结构设计　翻孔模的结构与一般拉深模相似，图 5-11 所示为翻小孔的翻孔模。图 5-12 所示为翻较大孔的翻孔模。

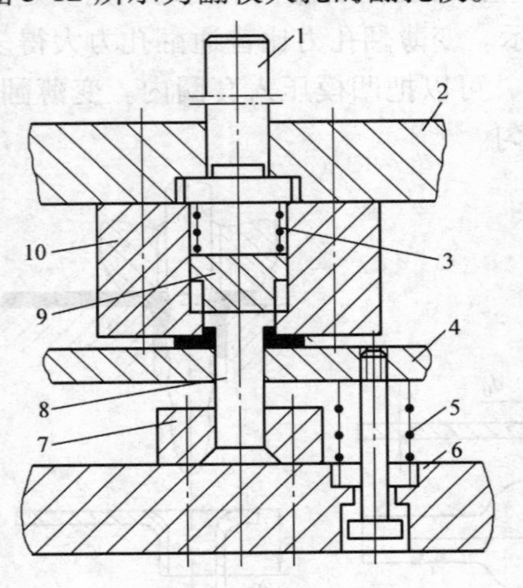

图 5-11　翻小孔的翻孔模

1—模柄　2—上模板　3、5—弹簧　4—脱件板　6—下模板　7—凸模固定板　8—凸模　9—顶件器　10—凹模

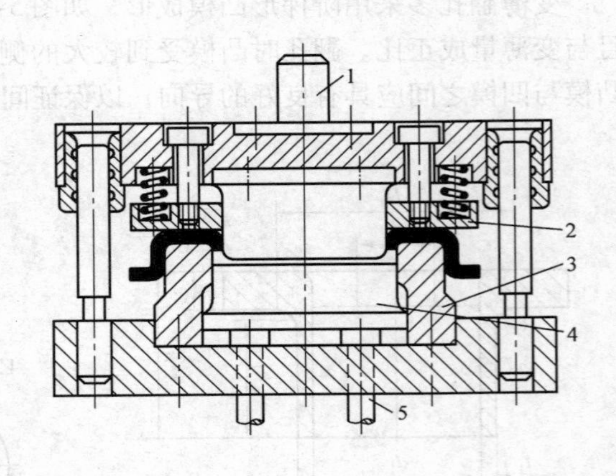

图 5-12　翻较大孔的翻孔模

1—凸模　2—脱件板　3—凹模　4—顶件器　5—弹顶器

图 5-13 所示为黄铜材料变薄翻孔模。该模具在双动压力机上使用，外滑块上的压边圈 2 对工件施加压边力，阶梯凸模 1 与凹模 3 完成变薄翻孔。翻孔后，橡胶弹顶器推动顶杆 4 将工件从模具中顶出。

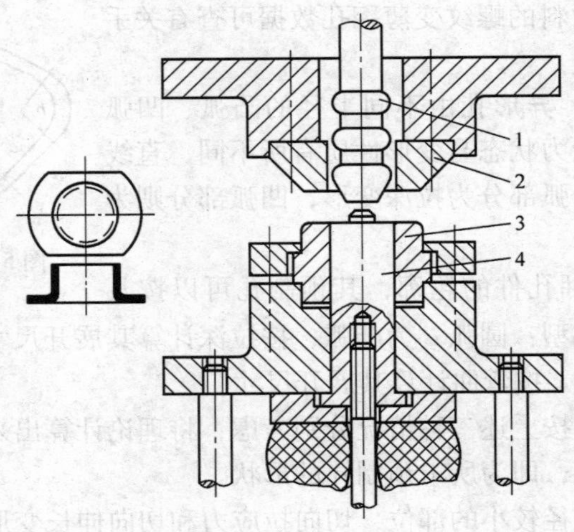

图 5-13　变薄翻孔模

1—阶梯凸模　2—压边圈　3—凹模　4—顶杆

5.2　胀形

胀形是将空心件或管状毛坯沿径向向外扩张的冲压工序。

1. 胀形的变形程度

胀形变形时，毛坯的塑性变形局限于一个固定的变形区范围内，材料不向变形区外转移，也不从外部进入变形区，仅靠毛坯厚度的减薄来达到表面积的增大。因此，在胀形时毛坯处于双向受拉的应力状态。在这种应力状态下，变形区毛坯不会产生失稳起皱现象，所以胀形零件表面光滑、质量好。胀形时，由于材料受切向拉应力，所以胀形的变形程度受材料极限伸长率的限制，一般用胀形系数 K_z 来表示：

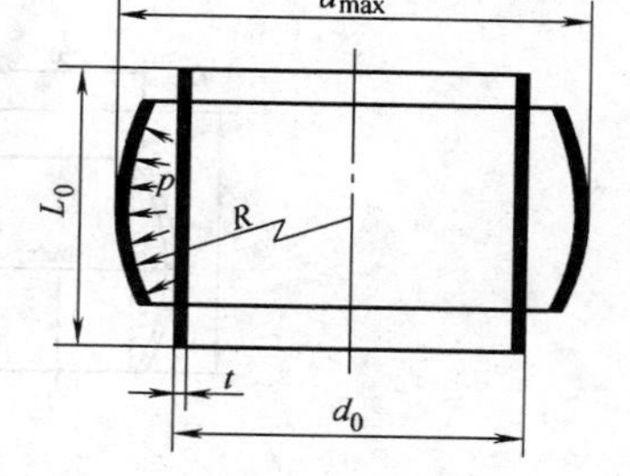

图 5-14　圆筒毛坯胀形

$$K_z = \frac{d_{max}}{d_0} \tag{5-10}$$

式中　d_{max}——胀形后的最大直径（mm），如图 5-14 所示；

d_0——圆筒毛坯胀形前的直径（mm）。

由式（5-10）可知，随着胀形系数 K_z 的增大，变形程度也增大。胀形系数的近似值可查表 5-5。胀形时，如果在对毛坯径向施加压力的同时，也对毛坯轴向加压，则胀形变形程度可以增加；如果对变形区的部分局部加热，会显著增大胀形系数。铝管毛坯的试验胀形系数见表 5-6。

表 5-5　胀形系数的近似值

材　料	毛坯相对厚度$(t/d)\times100$			
	0.45～0.35		0.35～0.28	
	不退火	退火后	不退火	退火后
10 钢	1.10	1.20	1.05	1.15
铝	1.20	1.25	1.15	1.20

表 5-6　铝管毛坯的试验胀形系数

胀　形　方　法	极限胀形系数
简单的橡胶胀形	1.2～1.25
带轴向压缩毛坯的橡胶胀形	1.6～1.7
局部加热到 200～250℃的胀形	2.0～2.1
用锥形凸模并加热到 380℃的边缘胀形	2.5～3.0

2. 胀形工艺计算

（1）毛坯尺寸计算　如图 5-15 所示，空心毛坯胀形时，如果毛坯两端允许自由收缩，则毛坯长度按下式计算：

$$L_0 = L(1 + c\varepsilon) + B \tag{5-11}$$

式中　L_0——毛坯长度（mm）；

L——工件母线长度（mm）；

c——系数，一般取 0.3～0.4；

B——切向余量，平均取 5～15mm；

ε——胀形伸长率，$\varepsilon=\dfrac{d_{max}-d_0}{d_0}$。

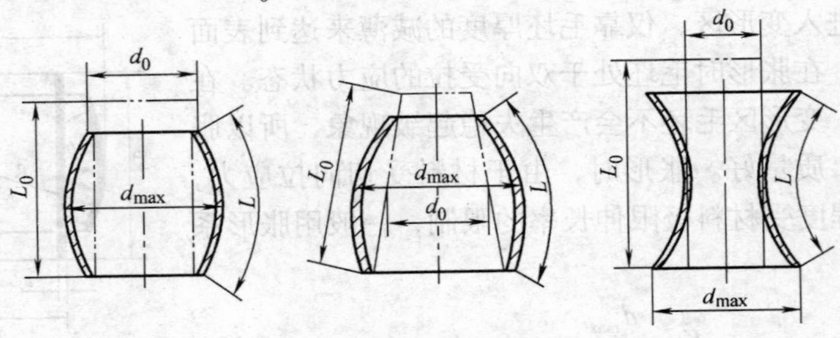

图 5-15　胀形尺寸计算的有关参数

（2）胀形力的计算　胀形力可按下式计算：

$$F=qA=1.15R_m\frac{2t}{d_{max}}A \tag{5-12}$$

式中　F——胀形力（N）；

q——单位胀形力（MPa）；

A——参与胀形的材料表面面积（mm^2）；

R_m——材料抗拉强度（MPa）；

d_{max}——胀形最大直径（mm）；

t——材料厚度（mm）。

例　图 5-16 所示为罩盖零件图，材料为 10 钢（未退火），料厚 0.5mm。计算分析该零件的胀形工艺。

解　由该工件的形状可知，其侧壁是由空心毛坯胀形而成的。

1）计算胀形系数：

$d_0=140\text{mm}$，$d_{max}=150\text{mm}$

$$K_z=\frac{d_{max}}{d_0}=\frac{150}{140}=1.07$$

由 $(t/d)\times100=0.357$，查表 5-5 得胀形系数为 1.10，大于工件的实际胀形系数，所以可以一次胀形成形。

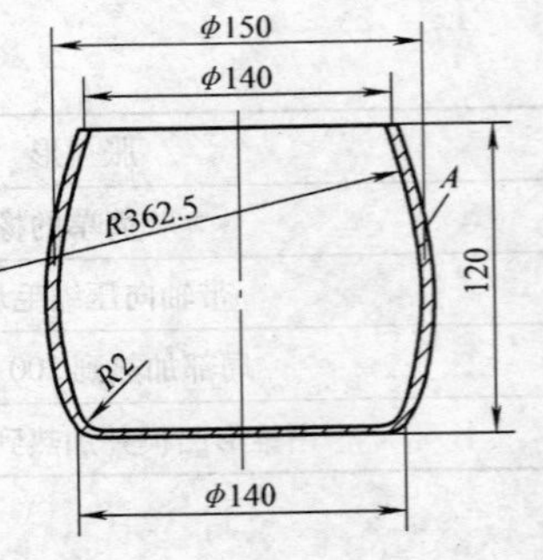

图 5-16　罩盖零件图

2）计算胀形前工件的原始长度 L_0：

$$\varepsilon=\frac{d_{max}-d_0}{d_0}=\frac{150-140}{140}\approx0.07$$

取 $c=0.4$，$B=10\text{mm}$，由几何关系得 $L\approx120.5\text{mm}$，

所以　$L_0=L(1+c\varepsilon)+B=120.5(1+0.4\times0.07)\text{mm}+10\text{mm}=134\text{mm}$

3）胀形力计算：

查相关手册：$R_m=430\text{MPa}$

$$A=\pi d_0L_0=\pi\times140\times134\text{mm}^2=5.89\times10^4\text{mm}^2$$

$$F=qA=1.15R_m\frac{2t}{d_{max}}A=1.15\times430\times\frac{2\times0.5}{150}\times5.89\times10^4\text{N}=1.94\times10^5\text{N}$$

5.3　缩口

缩口是将预先拉深好的空心工件或管坯件的开口端直径缩小的冲压工序。

1. 缩口的变形程度

缩口工序的应力、应变如图5-17所示。

变形区的金属受切向压应力 σ_1 和轴向压应力 σ_3 的作用，在轴向和厚度方向产生伸长变形 ε_3 和 ε_2，切向产生压缩变形 ε_1。在缩口变形过程中，材料主要受切向压应力的作用，使直径减小，壁厚和高度增加。由于切向压应力的作用，在缩口时坯料易于失稳起皱；同时，非变形区的筒壁，由于承受全部缩口压力，也易失稳产生变形，所以防止失稳是缩口工艺的主要问题。

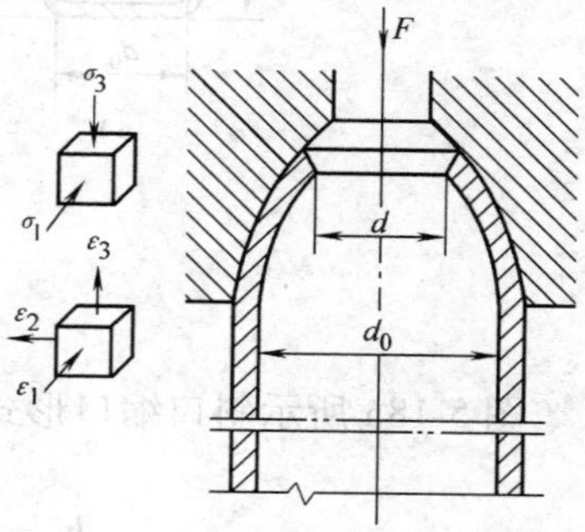

图5-17　缩口工序的应力、应变

缩口的变形程度用缩口系数 K_s 来表示：

$$K_s=\frac{d}{d_0} \tag{5-13}$$

式中　d——缩口后工件的直径（mm）；

d_0——缩口前工件的直径（mm）。

缩口的最大变形程度用极限缩口系数来表示。极限缩口系数的大小主要与材料性质、材料厚度、坯料的表面质量及缩口模具的形状有关。表5-7为各种材料的平均缩口系数。表5-8为材料厚度与缩口系数的关系。当工件的缩口系数小于极限缩口系数时，工件要通过多道缩口达到尺寸要求。在多道缩口工序中，第一道工序采用比平均值 K_{sp} 小10%的缩口系数，以后各道工序采用比平均值大5%～10%的缩口系数。

表5-7　各种材料的平均缩口系数 K_{sp}

材　料	模具形式		
	无支承	外部支承	内部支承
软钢	0.70～0.75	0.55～0.60	0.30～0.35
黄铜	0.65～0.70	0.50～0.55	0.27～0.32
铝	0.68～0.72	0.53～0.57	0.27～0.32
硬铝(退火)	0.75～0.80	0.60～0.63	0.35～0.40
硬铝(淬火)	0.75～0.80	0.68～0.72	0.40～0.43

注：1. 外部支承指外径夹紧支承。

2. 内部支承指内孔用芯轴支承。

表5-8　材料厚度和缩口系数的关系

材　料	材料厚度/mm		
	<0.5	0.5～1	>1
	缩口系数		
黄　铜	0.85	0.8～0.7	0.7～0.65
软　钢	0.8	0.75	0.7～0.65

2. 缩口工艺计算

常见的缩口形式如图5-18所示。

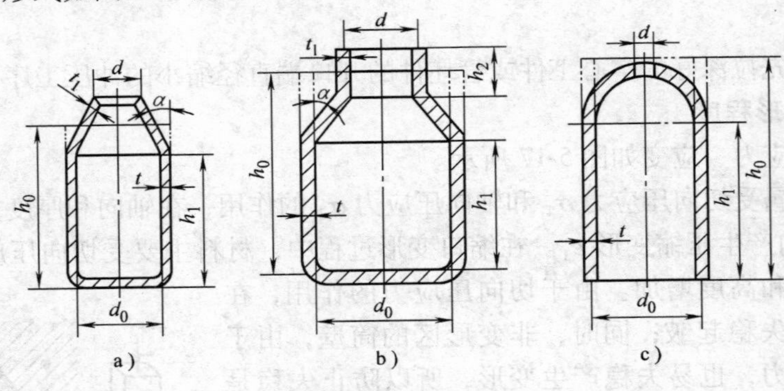

图5-18 缩口形式

a) 斜口 b) 直口 c) 球面

图5-18a所示斜口缩口形式的毛坯尺寸由下式计算：

$$h_0 = (1 \sim 1.05)\left[h_1 + \frac{d_0^2 - d^2}{8d_0\sin\alpha}\left(1 + \sqrt{\frac{d_0}{d}}\right)\right] \tag{5-14}$$

图5-18b所示直口缩口形式的毛坯尺寸由下式计算：

$$h_0 = (1 \sim 1.05)\left[h_1 + h_2\sqrt{\frac{d}{d_0}} + \frac{d_0^2 - d^2}{8d_0\sin\alpha}\left(1 + \sqrt{\frac{d_0}{d}}\right)\right] \tag{5-15}$$

图5-18c所示球面缩口形式的毛坯尺寸由下式计算：

$$h_0 = h_1 + \frac{1}{4}\left(1 + \sqrt{\frac{d_0}{d}}\right)\sqrt{d_0^2 - d^2} \tag{5-16}$$

式中，d_0、d 取中径。

缩口凹模的半锥角 α 对缩口成形起着重要作用，一般应使 α 在30°以内，这样有利于缩口成形。

图5-18a所示的锥形缩口件，若用无内支承的模具进行缩口，缩口力可由下式计算：

$$F = k\left[1.1\pi d_0 t R_m\left(1 - \frac{d}{d_0}\right)(1 + \mu\cot\alpha)\frac{1}{\cos\alpha}\right] \tag{5-17}$$

式中 F——缩口力（N）；

k——系数，采用压力机时取1.15；

d_0——缩口前直径（mm）；

t——缩口前料厚（mm）；

R_m——材料抗拉强度（MPa）；

d——缩口部分直径（mm）；

μ——工件与凹模的摩擦因数；

α——凹模圆锥半角。

例　压力气瓶缩口件如图5-19a所示，材料为08钢，料厚 $t=1\text{mm}$。压力气瓶缩口前的毛坯如图5-19b所示。计算缩口工序工艺参数。

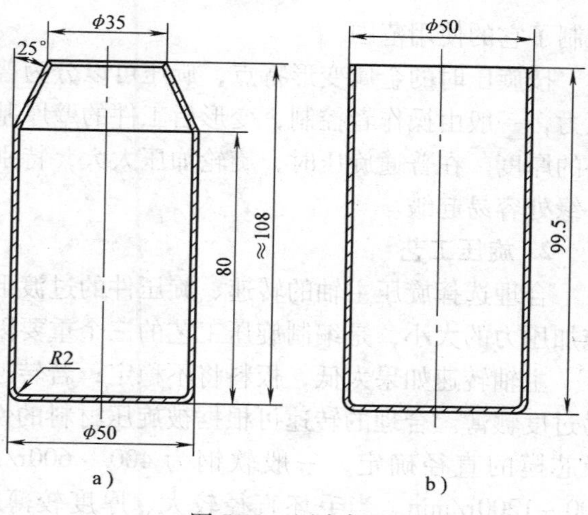

图5-19　压力气瓶

a）缩口件　b）缩口前毛坯

解　1）计算缩口系数：$d=35\text{mm}$，$d_0=49\text{mm}$，缩口系数为

$$K_s=\frac{d}{d_0}=\frac{35}{49}=0.71$$

因为该工件是有底的缩口件，所以只能采用外支承方式的缩口模具。查表5-7，平均缩口系数 $K_{sp}=0.55\sim0.60$，因为 $K_s>K_{sp}$，所以该工件可以一次缩口成形。

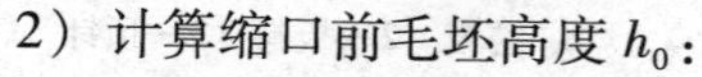

2）计算缩口前毛坯高度 h_0：

$$h_0=(1\sim1.05)\left[h_1+\frac{d_0^2-d^2}{8d_0\sin\alpha}\left(1+\sqrt{\frac{d_0}{d}}\right)\right]$$

$$=(1\sim1.05)\left[79+\frac{49^2-35^2}{8\times49\times\sin25°}\times\left(1+\sqrt{\frac{49}{35}}\right)\right]\text{mm}$$

$$=94.5\sim99.2\text{mm}$$

取 $h_0=99\text{mm}$。

3）计算缩口力：凹模与工件的摩擦因数 $\mu=0.1$，工件材料的抗拉强度 $R_m=430\text{MPa}$，缩口力为

$$F=k\left[1.1\pi d_0tR_m\left(1-\frac{d}{d_0}\right)(1+\mu\cot\alpha)\frac{1}{\cos\alpha}\right]$$

$$=1.15\left[1.1\pi\times49\times1\times430\times\left(1-\frac{35}{49}\right)\times(1+0.1\cot25°)\times\frac{1}{\cos25°}\right]\text{N}$$

$$=32057\text{N}$$

$$\approx32\text{kN}$$

5.4　旋压

旋压是一种特殊的成形工艺，多用于搪瓷和铝制品工业中，在航天和导弹工业中，应用也较广泛。

1. 旋压成形原理、特点及应用

旋压是将毛坯压紧在旋压机（或供旋压用的车床）的芯模上，使毛坯同旋压机的主轴一起旋转，同时操纵旋轮（或赶棒、赶刀），在旋转中加压于毛坯，使毛坯逐渐紧贴芯模，从而达到工件所要求的形状和尺寸。图5-20所示为旋压原理图。旋压可以完成类似拉深、翻边、凸肚、缩口等工艺，但不需要类似于拉深、胀形等复杂的模具结构，适用性较强。

旋压的优点是所使用的设备和工具都比较简单，但是它的生产率低，劳动强度大，所以

限制了它的使用范围。

按旋压时的金属变形特点，旋压可以分为普通旋压和变薄旋压。普通旋压时旋轮施加的压力，一般由操作者控制，变形后工件的壁厚基本保持板料的厚度。在普通旋压时，旋轮加压太大，特别是在板料外缘处容易起皱。

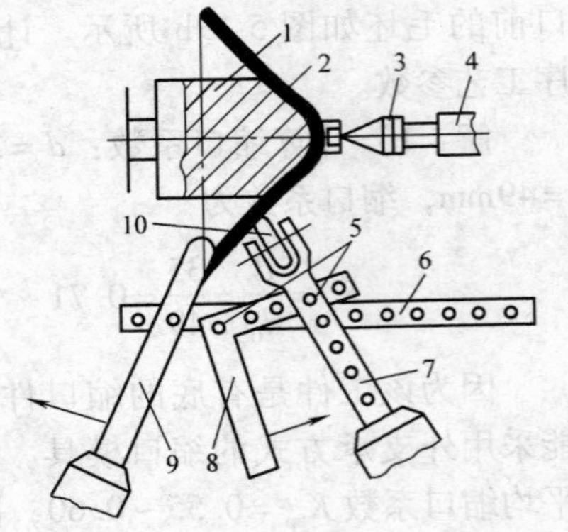

图 5-20　旋压原理图

1—芯模　2—板料　3—顶针　4—顶针架　5—定位钉　6—机床固定板　7—旋压杠杆　8—复式杠杆限位垫　9—成形垫　10—旋轮

2. 旋压工艺

合理选择旋压主轴的转速、旋压件的过渡形状及旋轮施加压力的大小，是编制旋压工艺的三个重要因素。

主轴转速如果太低，板料将不稳定；若转速太高，容易过度辗薄。合理的转速可根据被旋压材料的性能、厚度及芯模的直径确定，一般软钢为 400 ~ 600r/min，铝为 800 ~ 1200r/min。当毛坯直径较大、厚度较薄时取小值，反之则取较大的转速。

旋压操作时，应掌握好合理的过渡形状，先从毛坯靠近芯模底部圆角半径开始，由内向外赶辗，逐渐使毛坯转为浅锥形，然后再由浅锥形向圆筒形过渡。

旋压成形虽然是局部成形，但是，如果材料的变形量过大，也易起皱甚至破裂，所以变形量大的则需要多次旋压成形。旋压的变形程度以旋压系数 m 表示。对于圆筒形旋压件，其一次旋压成形的许用变形程度为

$$m=\frac{d}{d_0}\geqslant 0.6\sim 0.8 \tag{5-18}$$

式中　d——工件直径（mm）；

d_0——毛坯直径（mm）。

多次旋压成形中，如由圆锥形过渡到圆筒形，则第一次成形时圆锥许用变形程度为

$$m=\frac{d_{\min}}{d_0}\geqslant 0.2\sim 0.3 \tag{5-19}$$

式中　$d_{\min}$——圆锥最小直径（mm）；

d_0——毛坯直径（mm）。

旋压件的毛坯尺寸计算与拉深工艺一样，按工件的表面积等于毛坯的表面积，求出毛坯直径。但由于毛坯在旋压过程中有变薄现象，因此，实际毛坯直径可比理论计算直径小 5% ~7%。由于旋压的加工硬化比拉深严重，所以工序间均应安排退火处理。

3. 变薄旋压（强力旋压、旋薄）

变薄旋压加工如图 5-21 所示。旋压机顶块 3 把毛坯 2 紧压于芯模 1 的顶端。芯模、毛坯和顶块随同主轴一起旋转，旋轮 5 沿设定的靠模板按与芯模母线（锥面线）平行的轨迹移动。由于芯模和旋轮之间保持着小于坯料厚度的间隙，旋轮施加高压于毛坯（压力可达 2500MPa），迫使毛坯贴紧芯模并被辗薄，逐渐成形为零件。由此可见，变薄

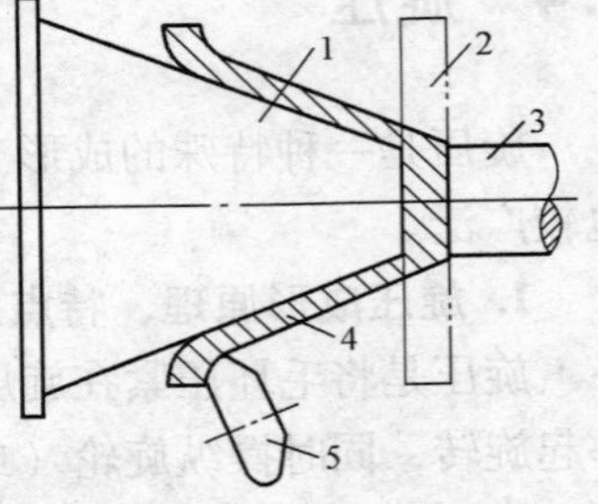

图 5-21　变薄旋压加工

1—芯模　2—毛坯　3—顶块　4—工件　5—旋轮

旋压在加工过程中，毛坯凸缘不产生收缩变形，因而没有凸缘起皱问题，也不受毛坯相对厚度的限制，可以一次旋压出相对深度较大的零件。与冷挤压比较，变薄旋压是局部变形，而冷挤压变形区较大，因此，变薄旋压的变形力较冷挤压小得多。经变薄旋压后，材料晶粒致密细化，提高了强度，降低了表面粗糙度值。变薄旋压一般要求使用功率大、刚度大的旋压机床。变薄旋压多用于加工薄壁锥形件或薄壁的长管形件，所得零件尺寸精度和表面质量都比较好。

变薄旋压的变形程度用变薄率 ε 表示：

$$\varepsilon = \frac{t_0 - t_1}{t_0} = 1 - \frac{t_1}{t_0} \tag{5-20}$$

式中　t_0——旋压前毛坯厚度（mm）；

t_1——旋压后工件的壁厚（mm）。

圆筒形件的变薄旋压不能用平面毛坯旋压变形，只能采用壁厚较大、长度较短而内径与之相同的圆筒形毛坯。

圆筒形件变薄旋压可分为正旋压和反旋压两种，如图5-22所示。按使用机床的不同，旋压也可分为卧式和立式旋压两种。

正旋压时，材料流动方向与旋轮移动方向相同，一般是朝向机头架。反旋压时，材料流动方向与旋轮移动方向相反，未旋压的部分不移动。

圆筒形件变薄旋压时，一般塑性好的材料一次的变薄率可达50%以上（如铝可达60%~70%），多次旋压总的变薄率也可达90%以上。

立式旋压如图5-23所示。立式旋压模用多个钢球代替旋轮，这样旋压点增多了，不仅提高了生产率，而且也降低了工件表面粗糙度值。钢球的数目随零件的大小而不同，并在钢球组成一个圆圈后，保持圆周方向有0.5~1mm的间隙。

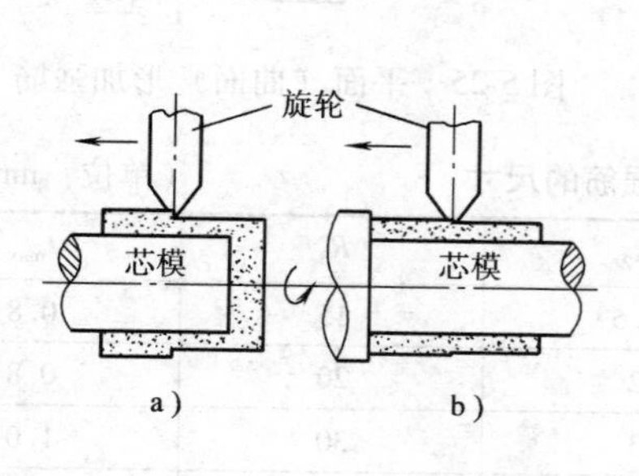

图5-22　筒形件变薄旋压

a）正旋压　b）反旋压

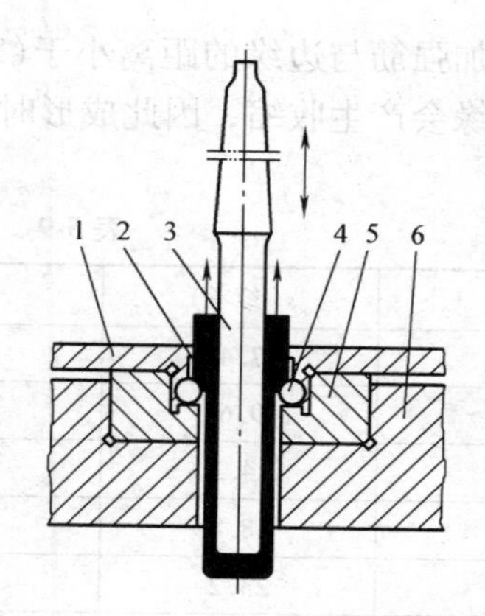

图5-23　立式旋压

1—压环　2—毛坯　3—芯模

4—钢球　5—凹模　6—底座

立式旋压可以获得比较大的变形程度。如对于黄铜、低碳钢、不锈钢等材料，一次最大的变薄率可达85%左右。立式旋压可在专用的立式旋压机上进行，也可在普通的钻床上进行。

5.5　起伏成形

起伏成形是依靠材料的延伸，使工件局部产生凹陷或凸起的冲压工序。起伏成形主要用于压制加强筋、文字图案及波浪形表面。图 5-24 所示为起伏成形的实例。起伏成形广泛应用于汽车、飞机、仪表、电子等工业中。起伏成形可以采用金属模，也可以采用橡皮模或液体压力成形。

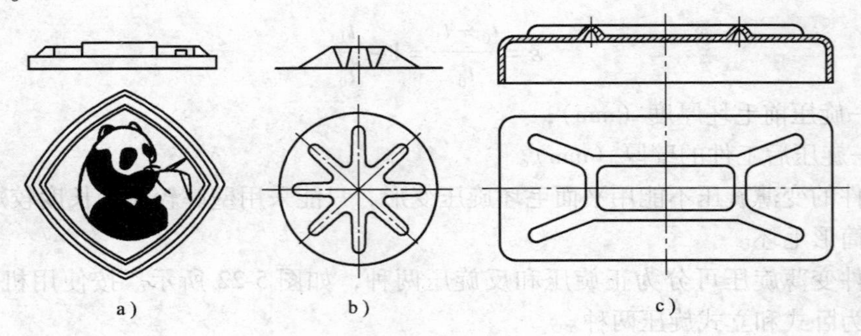

图 5-24　起伏成形的实例

a）图案　b）压筋　c）加强筋

1. 加强筋的成形和尺寸

常见的加强筋有平面形加强筋和直角形加强筋。平面形加强筋的形式如图 5-25 所示，其尺寸见表 5-9。直角形加强筋如图 5-26 所示，其尺寸见表 5-10。

如果加强筋与边缘的距离小于 $(3\sim5)t$ 时，在成形中边缘会产生收缩，因此成形时要增加切边余量。

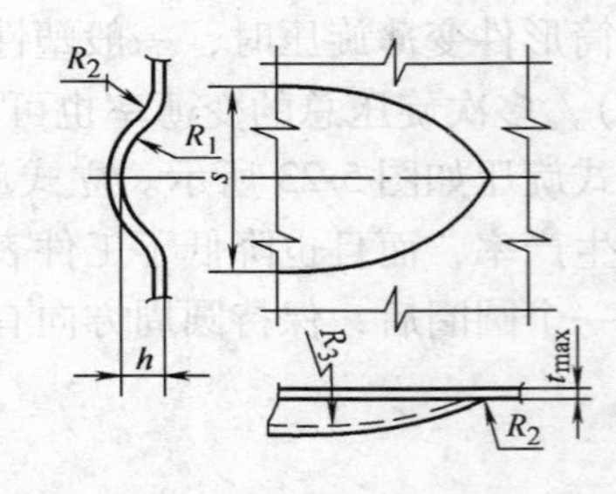

图 5-25　平面（曲面）形加强筋

表 5-9　平面（曲面）形加强筋的尺寸　　（单位：mm）

h	s(参考)	R_1	R_2	R_3	t_{max}
1.5	7.4	3	1.5	15	0.8
2	9.6	4	2	20	0.8
3	14.3	6	3	30	1.0
4	18.8	8	4	40	1.5
5	23.2	10	5	50	1.5
7.5	34.9	15	8	75	1.5
10	47.3	20	12	100	1.5
15	72.2	30	20	150	1.5
20	94.7	40	25	200	1.5
25	117.0	50	30	250	1.5
30	139.4	60	35	300	1.5

注：本表适用于低碳钢、铝合金、镁合金。

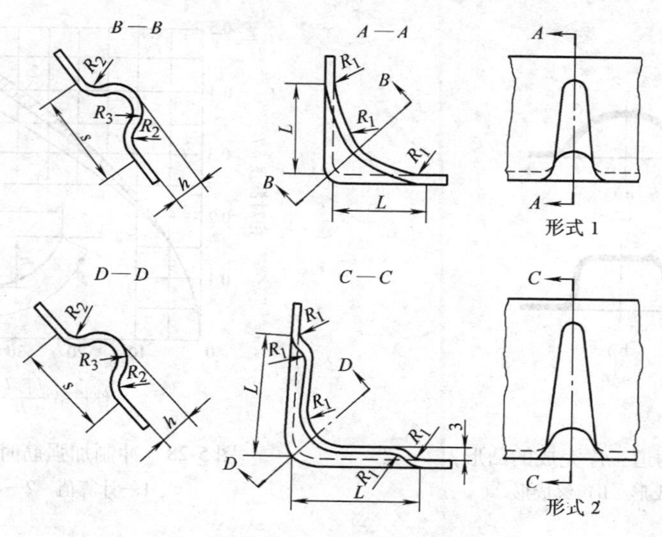

图 5-26　直角形加强筋

表 5-10　直角形加强筋的尺寸　（单位：mm）

形式	L	h	R_1	R_2	R_3	s(参考)	筋与筋的间距
1	12	3	6	9	5	17.3	65
	16	5	8	16	6.5	28.2	75
2	30	6.5	9	22	8	37.3	85

2. 起伏成形的变形极限

起伏成形的变形程度可用伸长率表示：

$$\varepsilon = \frac{L_1 - L}{L} \times 100\% \tag{5-21}$$

式中　ε——伸长率（%）；

L_1——材料变形后的长度（mm）；

L——材料变形前的原有长度（mm）。

起伏成形的极限变形程度主要受材料的塑性、凸模的几何形状和润滑等因素的影响。为简化计算，以材料拉伸试验的伸长率 A 的 70% ~75% 计算，即

$$\varepsilon_{极} = (0.7 \sim 0.75)A > \varepsilon \tag{5-22}$$

式中　$\varepsilon_{极}$——起伏成形的极限变形程度（%）；

A——材料的伸长率（%）；

ε——起伏成形的变形程度（%）。

如果计算结果符合式（5-22），则可以一次成形。否则，应先压制成半球形的过渡形状，然后再压出工件所需要的形状，如图 5-27 所示。

图 5-28 所示为冲制加强筋时材料的伸长率曲线。曲线 1 是伸长率的计算值，曲线 2 画斜线部分是实际值。因为成形区域外围的材料也被拉长，所以实际伸长率略低于计算值。

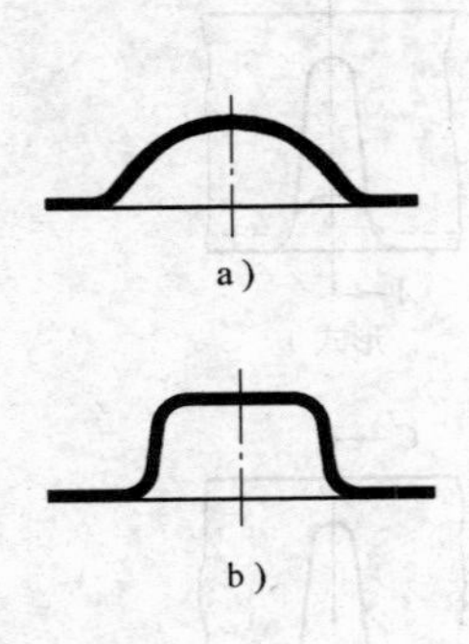

图 5-27　两道工序完成的凸形

a) 预成形　b) 终成形

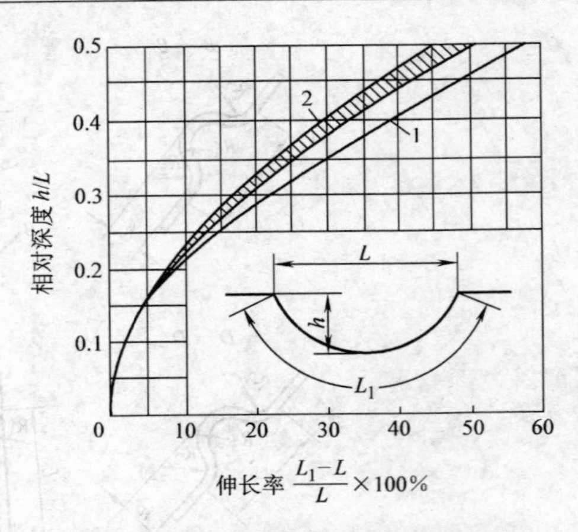

图 5-28　冲制加强筋时材料的伸长率

1—计算值　2—实际值

3. 起伏成形的压力计算

1）压制加强筋时的压制力可以用下式计算：

$$F = L_2 t R_m K \tag{5-23}$$

式中　F——压制力（N）；

L_2——加强筋的周长（mm）；

K——系数，与筋的宽度和深度有关，$K=0.7\sim1$（当加强筋形状窄而深时取大值，宽而浅时取小值）；

t——材料的厚度（mm）；

R_m——材料的抗拉强度（MPa）。

2）薄材料（厚1.5mm以下）起伏成形的近似压力可用下面经验公式计算：

$$F = AKt^2 \tag{5-24}$$

式中　F——起伏成形的压力（N）；

A——起伏成形的面积（mm^2）；

K——系数，对于钢为 $300\sim400N/mm^4$，对于黄铜为 $200\sim250N/mm^4$；

t——材料的厚度（mm）。

例　在板厚为1mm的20钢板上，压制尺寸如图5-29的加强筋。校核其变形程度，并计算压制力。

解　1）校核变形程度：

$L=15mm$，$h=3mm$，$L_1=17.7mm$

$$\varepsilon = \frac{L_1-L}{L}\times100\% = 18\%$$

查相关手册：对于20钢，$\varepsilon_{极}=17.5\%\sim18.8\%$，取中值为 $\varepsilon_{极}=18.2\%>\varepsilon$，变形程度满足要求。

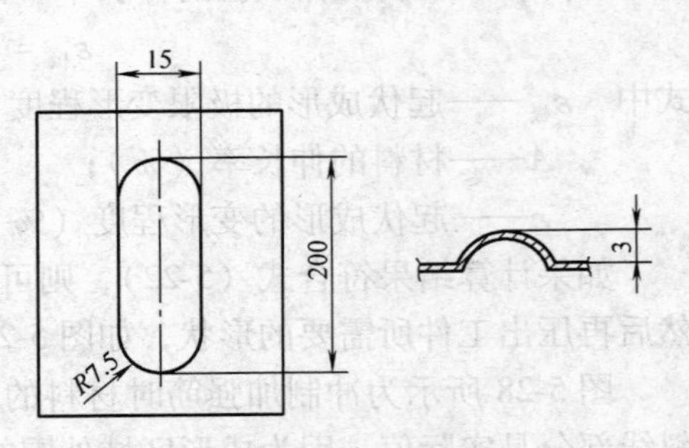

图 5-29　加强筋

2）计算压制力：

$t=1mm$，取 $K=350$

$$A = 15 \times (200 - 15)\text{mm}^2 + \pi \times 7.5^2\text{mm}^2 \approx 2952\text{mm}^2$$
$$F = AKt^2 = 2952 \times 350 \times 1^2\text{N} \approx 1033 \times 10^3\text{N}$$

5.6 校平与整形

校平是将不平的工件放在两块平滑的或带有齿形刻纹的平模板之间加压，使不平整的工件产生反复弯曲变形，从而得到高平直度零件的加工方法。整形是将已成形的工件校正成准确的形状和尺寸的方法。

1. 校平与整形（校形）的特点及应用

校形工序的特点主要是：局部成形，变形量小；校形工序对模具的精度要求比较高；校形时的应力状态应有利于减小卸载后工件的弹性恢复而引起的形状和尺寸变化。

校形可分为两种：①平板零件的校平，通常用来校正冲裁件的平面度；②空间零件的整形，主要用于减小弯曲、拉深或翻边等工序件的圆角半径，使工件符合零件规定的要求。

2. 平板零件的校平

（1）校平模　按板料的厚度和对表面质量的要求不同，校平模可分为光面模和齿形模两种。

图5-30所示为光面校平模。一般对于薄料和表面不允许有压痕的板料，应采用光面校平模。为了使校平不受压力机滑块导向误差的影响，校平模应做成浮动式。采用光平面校平模校正材料强度高、回弹较大的工件，其校平效果不太理想，而采用齿形校平模，校平效果要远优于光面校平模。

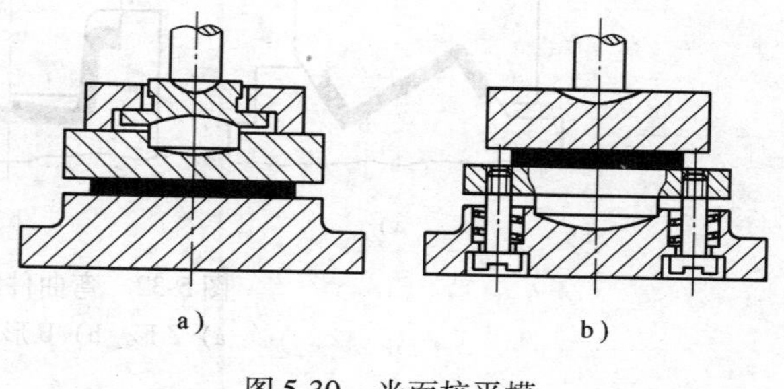

图5-30　光面校平模
a）上模浮动式　b）下模浮动式

齿形校平模又分为细齿模和粗齿模，如图5-31所示。细齿模用于材料较厚且表面允许有压痕的工件。齿形在平面上呈正方形或菱形，齿尖模钝，上下模的齿尖相互叉开。用细齿模校平时，制件表面会留有较深的压痕，模齿也易于磨损。粗齿模用于薄料及铜、铝等非铁金属材料，工件不允许有较深的压痕，齿顶有一定的宽度。

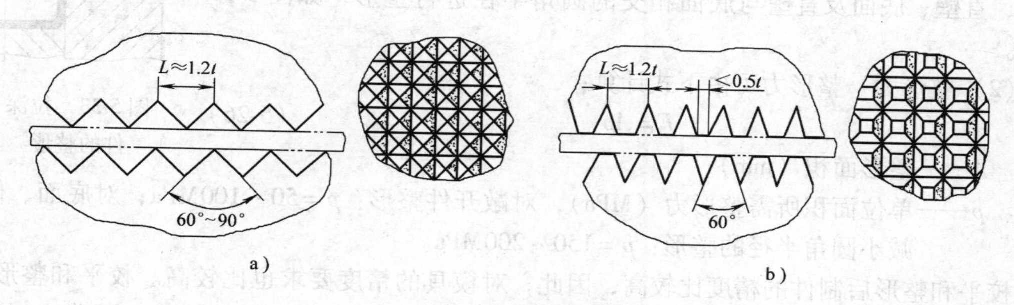

图5-31　齿形校平模
a）细齿模　b）粗齿模

（2）校平力　校平时的校平力按下式计算：

$$F = Aq \tag{5-25}$$

式中　F——校平力（N）；

A——校平工件的校平面积（mm^2）；

q——单位校平力（MPa）。

对于软钢或黄铜，q 取值情况为：光面模，$q = 50 \sim 100$MPa；细齿模，$q = 100 \sim 200$MPa；粗齿模，$q = 200 \sim 300$MPa。

3. 空间形状零件的整形

空间形状零件的整形模与一般弯曲、拉深模的结构基本相同，只是整形模工作部分的精度比成形模更高，表面粗糙度值更低。

（1）整形模　图 5-32 所示为弯曲件的整形模。在整形模的作用下，不仅在与零件表面垂直的方向上毛坯受压应力的作用，而且在长度方向上也受压应力的作用，产生不大的压缩变形。这样就从本质上改变了毛坯断面内各点的应力状态，使其受三向压应力作用。三向压应力状态有利于减小回弹，保证零件的形状及尺寸。

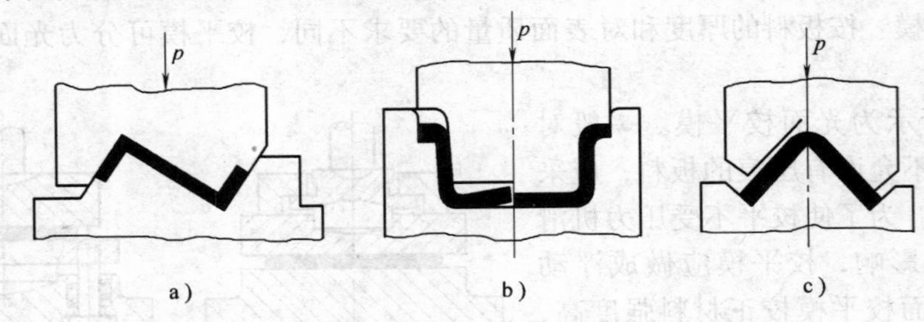

图 5-32　弯曲件的整形模
a）Z 形　b）U 形　c）L 形

由于拉深件的形状、尺寸精度等要求不同，所采用的整形方法也有所不同。对于不带凸缘的直壁拉深件，通常都是采用变薄拉深的整形方法来提高零件侧壁的精度。可将整形工序和最后一道拉深工序结合进行，即在最后一道拉深时取较大的拉深系数，其拉深模间隙仅为（0.9～0.95）t，使直壁产生一定程度的变薄，以达到整形的目的。当拉深件带有凸缘时，可对凸缘平面、直壁、底面及直壁与底面相交的圆角半径进行整形，如图 5-33 所示。

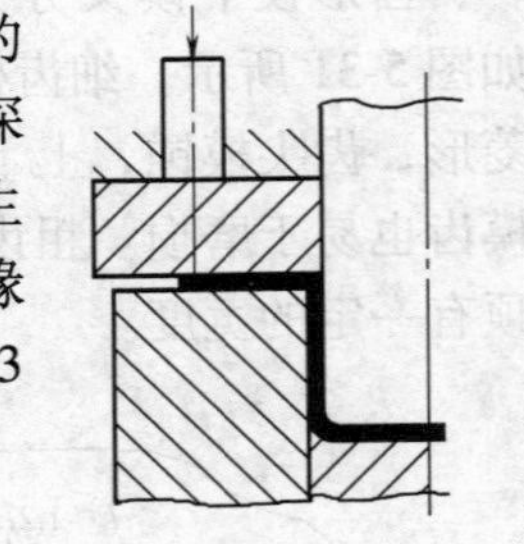

图 5-33　拉深件的整形

（2）整形力　整形力可由下式计算：

$$F = Ap \tag{5-26}$$

式中　A——整形面积（mm）；

p——单位面积所需整形力（MPa），对敞开件整形：$p = 50 \sim 100$MPa；对底面、侧面减小圆角半径的整形：$p = 150 \sim 200$MPa。

校平和整形后制件的精度比较高，因此，对模具的精度要求也比较高。校平和整形时，都需要在压力机下死点对材料进行刚性卡压，因此，所用设备最好为精压机，或带有过载保护装置的、较好的机械压力机，以防损坏设备。

5.7　板料特种成形技术

5.7.1　电磁成形

电磁成形原理如图5-34所示。由升压变压器1和整流器2组成的高压直流电源向电容器充电。当放电回路中开关5闭合时，电容器所储存的电荷在放电回路中形成很强的脉冲电流。由于放电回路中的阻抗很小，在成形线圈6中的脉冲电流在极短的时间内（10～20ms）迅速地增长和衰减，并在其周围的空间中形成了一个强大的变化磁场。毛坯7放置在成形线圈内部，在这强大的变化磁场作用下，毛坯内部产生了感应电流。毛坯内部感应电流所形成的磁场和成形线圈所形成的磁场相互作用，使毛坯在磁力的作用下产生塑性变形，并以很大的运动速度贴紧模具。图示成形线圈放置在毛坯外，是管子缩颈成形（图中模具未画出）。如成形线圈放置在毛坯内部，则可以完成胀形。假如采用平面螺旋线圈，也可以完成平板毛坯的拉深成形，如图5-35所示。

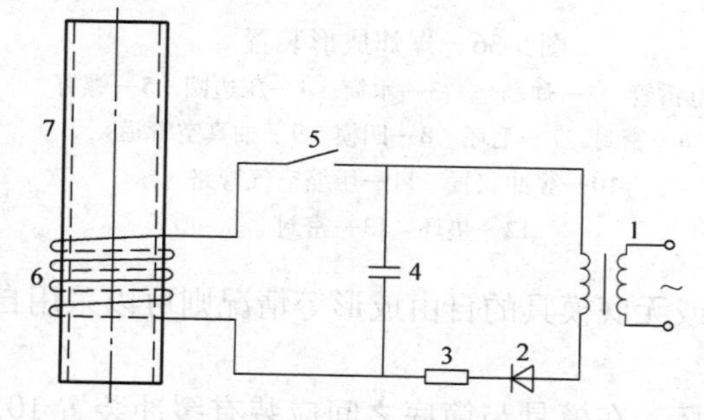

图5-34　电磁成形原理

1—升压变压器　2—整流器　3—限流电阻
4—电容器　5—开关　6—成形线圈　7—毛坯

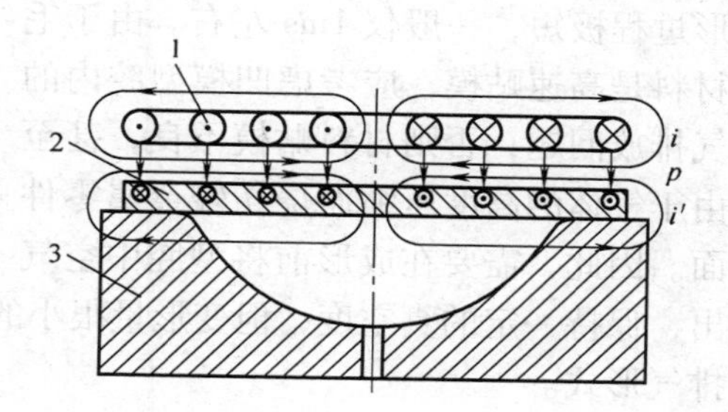

图5-35　电磁拉深成形原理

1—成形线圈　2—平板毛坯　3—凹模

电磁成形的加工能力取决于充电电压和电容器容量。电磁成形时，常用的充电电压为5～10kV，充电能量为5～20kJ。

电磁成形不但能提高材料的塑性和成形零件的尺寸精度，而且模具结构简单，生产率高，设备调整方便，可以对能量进行准确的控制，成形过程稳定，容易实现机械化和自动化，并可和普通的加工设备组成生产流水线。由于电磁成形是通过磁场作用力来进行的，所以加工时没有机械摩擦，工件可以在电磁成形前预先进行电镀、喷漆等工序。

电磁成形加工的材料，应具有良好的导电性，如铝、铜、低碳钢、不锈钢等，对于导电性差或不导电材料，可以在工件表面涂覆一层导电性能好的材料或放置由薄铝板制成的驱动片来带动毛坯成形。

电磁成形的加工能力受到设备的限制，只能用来加工厚度不大的小型零件。由于加工成本较高，电磁成形法主要用于普通冲压方法不易加工的零件。

5.7.2　爆炸成形

图5-36所示为爆炸成形装置。毛坯固定在压边圈4和凹模8之间。在距毛坯一定的距

离上放置炸药包2和电雷管1。炸药一般采用TNT，药包必须密实、均匀，炸药量及其分布要根据零件形状尺寸的不同而定。

爆炸装置一般放在一特制的水筒内，以水作为成形的介质，可以产生较高的传压效率，同时水的阻尼作用可以减小振动和噪声，保护毛坯表面不受损伤。爆炸时，炸药以2000～8000m/s的传爆速度在极短的时间内完成爆炸过程。位于爆炸中心周围的水介质，在高温高压气体骤然作用下，向四周急速扩散形成压力极高的冲击波。当冲击波与毛坯接触时，由于冲击压力大大超过毛坯材料的塑性变形抗力，从而产生塑性变形，并以一定的速度紧贴在凹模内腔表面，完成成形过程。零件的成形过程极短，一般仅1ms左右。由于毛坯材料是高速贴模，应考虑凹模型腔内的空气排放问题；否则材料贴模不良，甚至会由于气体的高度压缩而烧伤轻金属零件表面。因此，需要在成形前将型腔中空气抽出，保持一定的真空度，但变形量很小的校形或无底模具的自由成形等情况则可以采用自然排气形式。

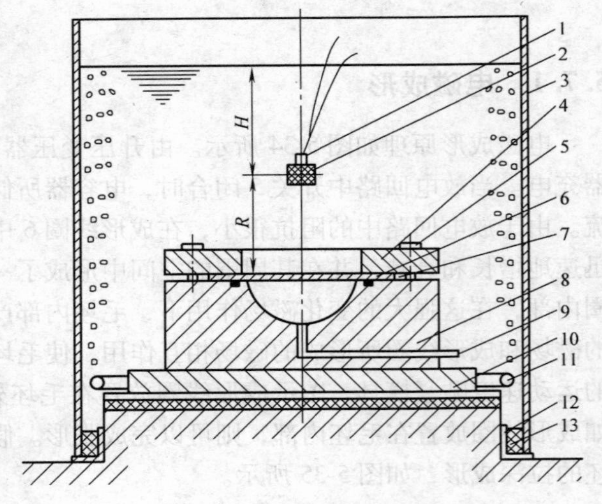

图5-36 爆炸成形装置

1—电雷管 2—炸药包 3—水筒 4—压边圈 5—螺钉 6—密封 7—毛坯 8—凹模 9—抽真空管道 10—缓冲装置 11—压缩空气管路 12—垫环 13—密封

为了防止筒底部的基座受到爆炸冲击力而损坏，在模具与筒底之间应装有缓冲装置10。为了减小对筒壁部分的冲击作用，可采用压缩空气管路11产生气幕来保护。

由于爆炸成形的模具较简单，不需要冲压设备，对于批量小的大型板壳类零件的成形，具有显著的优点。对于塑性差的高强度合金材料的特殊零件，爆炸成形是一种理想的成形方法。目前该工艺在航空、造船、化工设备制造等领域的复杂形状或大尺寸小批量零件生产中起到了重要作用。

爆炸成形可以对板料进行剪切、冲孔、拉深、翻边、胀形、弯曲、扩口、缩口、压花等工艺，也可以进行爆炸焊接、表面强化、构件装配、粉末压制等。

5.7.3 电水成形

电水成形有两种形式：电极间放电成形和电爆成形。电水成形原理如图5-37所示。利用升压变压器1将交流电电压升高至20～40kV，经整流器2变为高压直流电，并向电容器4进行充电。当充电电压达到一定值时辅助间隙5被击穿，高电压瞬时间加到两放电电极9上，产生高压放电，在放电回路中形成非常强大的冲击电流（可达30000A），结果在电极周围的介质中形成冲击波，使毛坯在瞬时间完成塑性变形，最后贴紧在模具型腔上。

电水成形可以对板料或管坯进行拉深、胀形、校形、冲孔等工序。

与爆炸成形相比，电水成形的能量调整和控制较简单，成形过程稳定，操作方便，容易实现机械化和自动化，生产率高。其不足之处是加工能力受到设备能量的限制，并且不能如爆炸成形那样灵活地改变炸药形状，以适合各种不同零件的成形要求。因此，电水成形仅用于加工直径为 ϕ400mm 以下的简单形状零件。

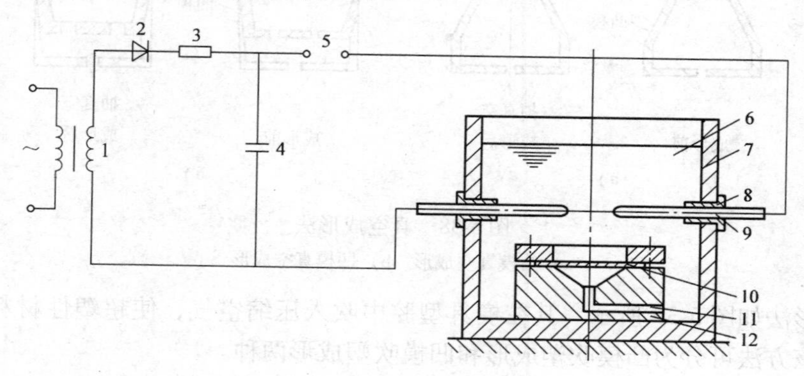

图 5-37 电水成形原理

1—升压变压器 2—整流器 3—充电电阻 4—电容器 5—辅助间隙 6—水 7—水箱 8—绝缘圈 9—电极 10—毛坯 11—抽气孔 12—凹模

如果将两电极间用细金属丝连接起来，在电容器放电时，强大的脉冲电流会使得金属丝迅速熔化并蒸发成高压气体，这样在介质中形成冲击波而使得毛坯成形，这就是电爆成形。电爆成形的成形效果要比电极间放电成形好。电极间所连接的金属丝必须是良好的导电体，生产中常采用钢丝、铜丝及铝丝等。

5.7.4 超塑性成形

金属材料在某些特定的条件下，呈现出异常好的延伸性，这种现象称为超塑性。超塑性材料的伸长率可超过 100% 而不产生缩颈和断裂。而一般钢铁材料在室温条件下的伸长率只有 30% ~40%，非铁金属材料如铝、铜及其合金，也只能达到 50% ~60%。超塑性成形就是利用金属材料的超塑性，对板料进行加工以获得各种所需形状零件的一种成形工艺。

由于超塑性成形可充分利用金属材料塑性好，变形抗力小的特点，因此可以成形各种复杂形状零件，成形后零件基本上没有残余应力。

对材料进行超塑性成形，首先应找到该材料的超塑性成形条件，并在工艺上严格控制这些条件。金属超塑性条件有几种类型，目前应用最广的是微细晶粒超塑性（又称恒温超塑性）。

微细晶粒超塑性成形的条件如下：

1）温度：超塑性材料的成形温度一般在 $(0.5\sim0.7)T_{m}$（T_{m} 为以热力学温度表示的熔化温度）。

2）稳定而细小的晶粒：超塑性材料一般要求晶粒直径为 0.5 ~5μm。

3）成形压力：一般为十分之几兆帕至几兆帕。

此外，应变硬化指数、晶粒形状、材料内应力对成形也有一定的影响。

超塑性成形方法有：真空成形法、吹塑成形法及对模成形法。

真空成形法是在模具的成形型腔中抽真空，使处于超塑性状态下的毛坯成形，其具体方法可分为凸模真空成形法和凹模真空成形法（见图 5-38）。

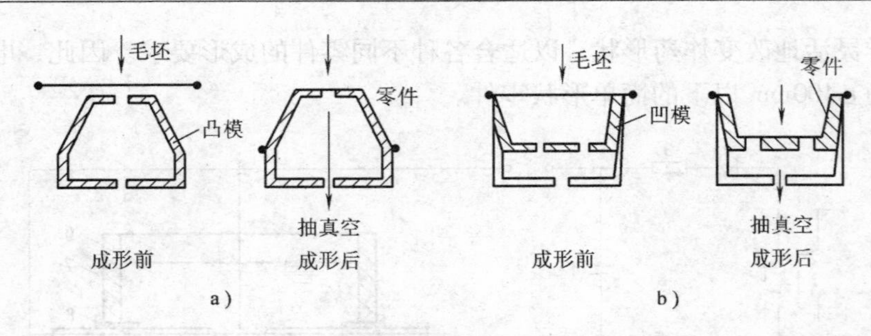

图 5-38　真空成形法

a）凸模真空成形　b）凹模真空成形

吹塑成形法如图 5-39 所示。其在模具型腔中吹入压缩空气，使超塑性材料紧贴在模具型腔内壁。该方法可分为凸模吹塑成形和凹模吹塑成形两种。

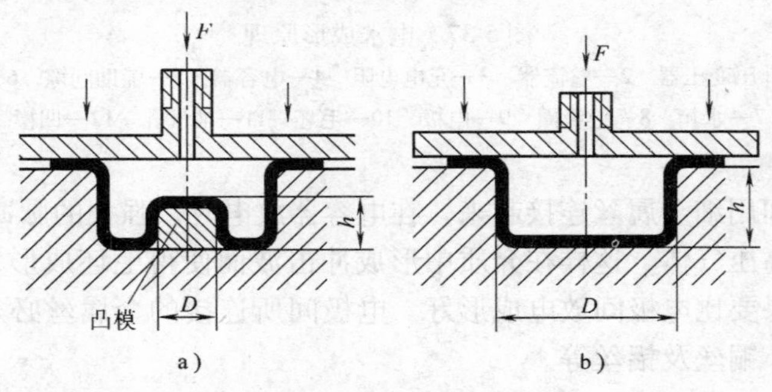

图 5-39　吹塑成形法

a）凸模吹塑成形　b）凹模吹塑成形

对模成形法成形的零件精度较高，但由于模具结构特殊，加工困难，在生产中应用得较少。

5.7.5　激光冲击成形

激光冲击成形与爆炸成形、电水成形一样，利用强大的冲击波，使板料产生塑性变形，贴模，而获得各种所需形状及尺寸的零件。在成形中，材料瞬间受到高压的冲击波，形成高速高压的变形条件，使得用传统成形方法难以成形的材料塑性得到较大的提高。成形后的零件材料表层存在加工硬化，可以提高零件的抗疲劳性能。图 5-40 所示为激光冲击成形原理图。毛坯在激光冲击成形前必须进行所谓的“表面黑化处理”，即在其表面涂上一层黑色涂覆层。毛坯用压边圈压紧在凹模上，凹模型腔内通过抽气孔抽成真空。毛坯涂覆层上覆盖一层称之为透明层的材料，一般采用水来做透明层。激光通过透明层，激光束能量被涂覆层初步吸收，涂覆层蒸发，蒸发了的涂覆层材料继续吸收激光束的剩余能量，从而迅速形成高压气体。高压气体受到透明层的限制而产生了强大的冲击波。冲击波作用在毛坯材料表面，使之产生塑性变形，最后贴紧在凹模型腔。

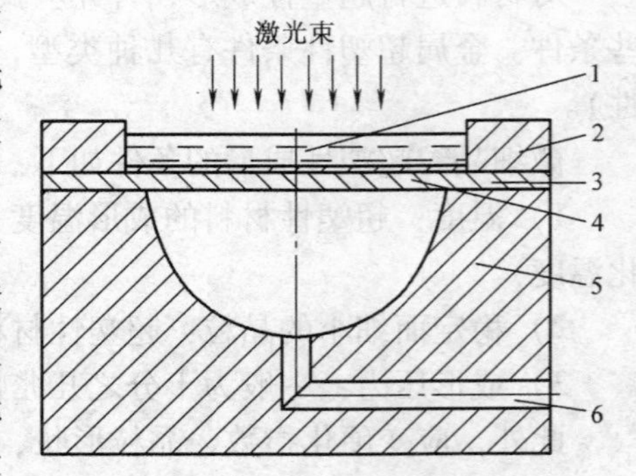

图 5-40　激光冲击成形原理

1—透明层　2—压边圈　3—涂覆层

4—毛坯　5—凹模　6—抽气孔

第6章 冲模制造

6.1 冲模制造的基本要求、特点及过程

1. 冲模制造的基本要求

在模具生产中，除了正确进行模具结构设计外，还必须以先进的模具制造技术作为保证。制造模具时，应满足如下几项基本要求。

（1）制造精度高　模具的精度主要是由模具零部件精度和模具装配结构的要求来决定的。为了保证工件精度，模具工作部分的精度通常要比工件精度高2~4级，模具结构对上、下模之间的配合有较高要求，因此组成模具的零部件都必须有足够高的制造精度。

（2）使用寿命长　模具是比较昂贵的工艺装备，其使用寿命长短直接影响加工成本的高低。因此，除了小批量生产和新产品试制等特殊情况外，一般都要求模具有较长的使用寿命。

（3）制造周期短　模具制造周期的长短主要取决于制模技术和生产管理水平的高低。为了满足生产需要，提高产品竞争能力，必须在保证质量的前提下尽量缩短模具制造周期。

（4）制造成本低　模具制造成本与模具结构的复杂程度、模具材料、制造精度要求及加工方法等有关，必须根据工件要求合理设计模具和制订其加工工艺，以尽量降低成本。

上述四项基本要求是相互关联、相互影响的。在设计与制造模具时，应根据实际情况作全面考虑，即在保证工件质量的前提下，选择与生产量相适应的模具结构和制造方法，使模具成本降到最低。

2. 模具制造的特点

模具制造属于机械制造范畴，但与一般机械制造相比，它具有许多特点。

（1）单件生产　用模具成形工件时，每种模具一般只生产1或2套。每制造一套新的模具，都必须从设计重新开始，制造周期比较长。

（2）制造质量要求高　模具制造不仅要求加工精度高，而且还要求加工表面质量好。一般来说，模具工作部分制造公差应控制在±0.01mm左右；工作部分的表面粗糙度 Ra 小于0.8μm。

（3）形状复杂　模具的工作部分一般都是二维或三维复杂曲面，而不是一般简单几何体。

（4）材料硬度高　模具实际上相当于一种机械加工工具，硬度要求高，一般采用淬火工具钢或硬质合金等材料，采用传统的机械加工方法制造有时十分困难。

3. 模具制造的工艺过程

模具制造的工艺过程如图6-1所示。首先根据零件图或实物进行工艺分析及估算，然后进行模具设计、零部件加工、装配调整、试模，直到生产出符合要求的工件。

（1）工艺分析及估算

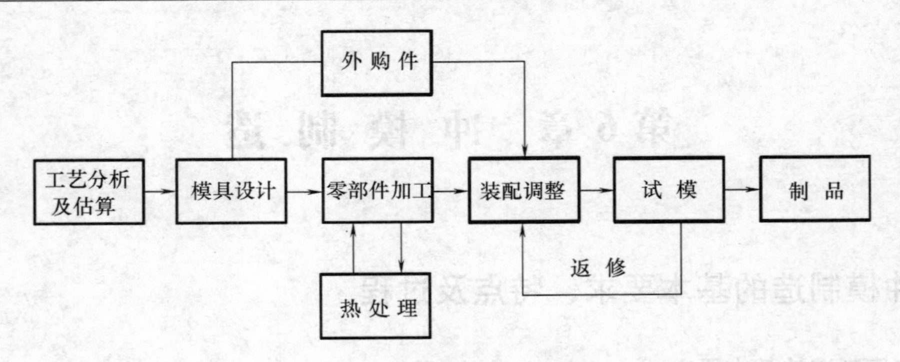

图 6-1　模具制造的工艺过程

1）分析零件的形状、尺寸、材料、产量、热处理和表面处理要求，以及其他技术条件，判断零件是否符合工艺要求。

2）拟定各种可能的工艺方案，结合必要的工艺计算（展开料、各种成形系数等），选择一个最合理的方案。

3）根据所选定的工艺方案，进行详细的工艺计算（条料的排样及宽度、凸模和凹模的刃口尺寸等）。

4）在接受模具制造的委托时，首先确定模具套数、模具结构及主要加工方法，然后估算模具费用及交货期等。

（2）模具设计　经过认真的工艺分析后，开始进行模具设计。在设计过程中，应注意考虑工人的劳动条件，以及模具的工艺性、经济性、使用及维修等问题。

1）设计过程中的有关计算如下：

①计算冲压力、功率、弹簧、压力中心，判断是否使用压边圈，进行强度验算等。

②模具基本工作部分（凸模、凹模、凸凹模）设计。

③模座形式与尺寸的选择，导柱和导套等模具零件的选择。

④根据模具所需的力和功率、模座尺寸、模具工作时开启和闭合高度、行程要求等因素，选择合适的压力机。

⑤根据所选的压力机规格选择模柄。

⑥辅助工作部分（进料、卸料、推件、顶件装置等）设计。

⑦定位连接件（螺钉、销钉等）的选择。

2）装配图设计。模具设计方案及结构确定后，结合上述的在关计算绘制模具装配图。

3）零件图设计。根据装配图拆绘零件图，使其满足装配关系和工作要求，并注明尺寸、公差、表面粗糙度等技术要求。

（3）零件加工　每个需要加工的零件都必须按照图样制订其加工工艺，然后分别进行毛坯设备、粗加工、半精加工、热处理及精加工或修研抛光等加工工序。

（4）装配调整　装配就是将加工好的零部件组合在一起构成一套完整的模具。除紧固定位用的螺钉和销钉外，一般零件在装配调整过程中仍需一定的机械加工或人工修整。

（5）试模　装配调整好的模具，需要安装到机器设备上进行试模。检查模具在运行过程中是否正常，所得到的工件是否符合要求。如有不符合要求的则必须拆下模具加以修正，然后再次试模，直到能够完全正常运行并能加工出合格的工件。

6.2 常规加工方法

6.2.1 车削加工

1. 车削运动及车削用量

车床按其结构和用途的不同可以分为卧式和落地车床、立式车床、转塔车床、单轴和多轴自动和半自动车床、仿形车床、专门化车床、数控车床和车削中心等。各种车床加工精度差别较大，常用车床加工尺寸精度可达 IT6 ~ IT7，表面粗糙度 Ra 为 0.8 ~ 1.6μm，精密车床的加工精度更高，可以进行精密和超精密加工。

因为车床通用性强，所以在模具加工中，车床是常用的设备之一。车床可以车削模具零件上各种回转面（如内外圆柱面、圆锥面、回转曲面、环槽等）、端面和螺纹面等形面，还可以进行钻孔、扩孔、铰孔及滚花等加工。如图 6-2 所示为车床的主要用途。

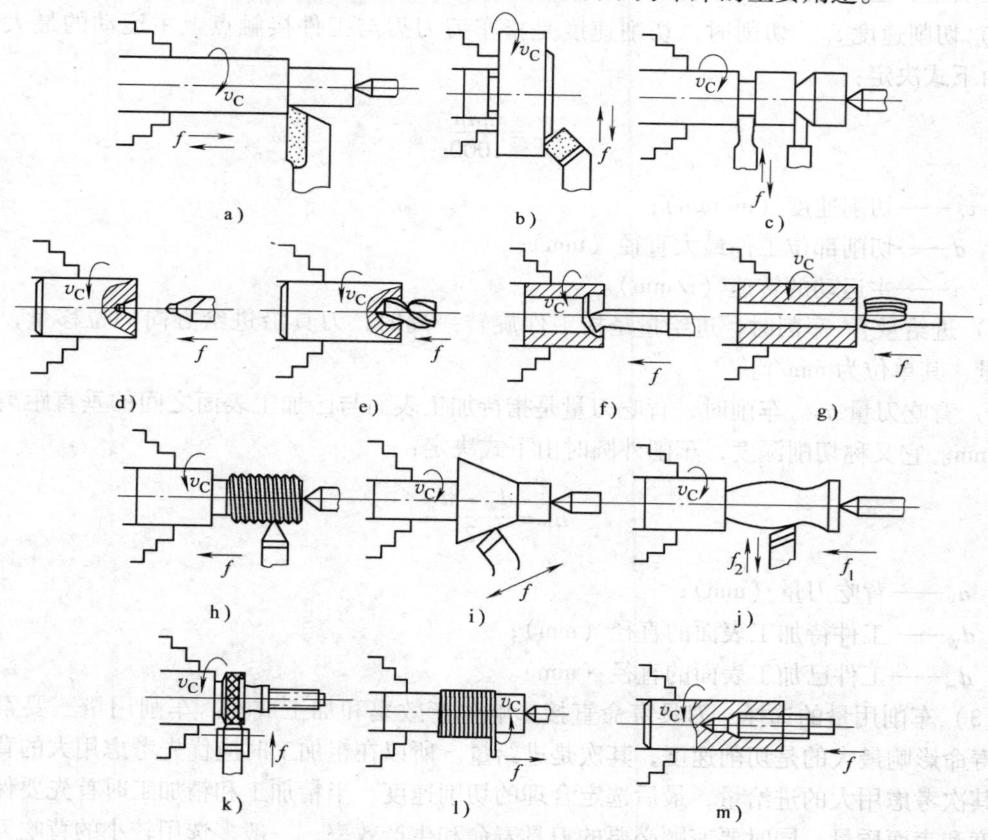

图 6-2 车床的主要用途

a）车外圆 b）车端面 c）切槽和切断 d）钻顶尖孔 e）钻孔 f）车内孔 g）铰孔 h）车螺纹 i）车圆锥 j）车成形面 k）滚花 l）绕弹簧 m）攻螺纹

（1）车削运动及车削表面

1）车削运动（见图 6-3）。在车床上，车削运动是由刀具和工件做相对运动而实现的。

按其所起的作用，通常可分为两种。

①主运动。主运动是切除工件上多余金属，形成工件表面必不可少的基本运动。其特征是速度最高，消耗功率最多。车削时工件的旋转为主运动。切削加工时主运动只能有一个。

②进给运动。进给运动是使切削层间断或连续投入切削的一种附加运动。其特征是速度小，消耗功率少。车削时刀具的纵、横向移动为进给运动。切削加工时进给运动可能不止一个。

2）车削表面。在车削外圆时，工件上存在着3个不断变化着的表面（见图6-3）：待加工表面、已加工表面和过渡表面。

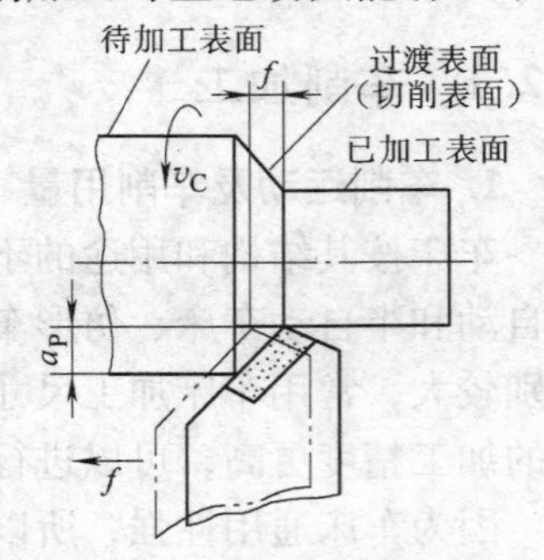

图6-3　车削运动及车削用量

（2）车削用量（见图6-3）　在车削时，车削用量是切削速度v_C、进给量f和背吃刀量a_P三个切削要素的总称。它们对加工质量、生产率及加工成本有很大影响。

1）切削速度v_C。切削时，切削速度是指车刀刀刃与工件接触点上主运动的最大线速度，由下式决定：

$$v_C = \frac{\pi dn}{1000}$$

式中　v_C——切削速度（m/min）；

d——切削部位工件最大直径（mm）；

n——主运动的转速（r/min）。

2）进给量f。车削时，进给量是指工件旋转一周时，刀具沿进给方向的位移量，又称走刀量，其单位为mm/r。

3）背吃刀量a_P。车削时，背吃刀量是指待加工表面与已加工表面之间的垂直距离，单位为mm。它又称切削深度，车削外圆时由下式决定：

$$a_P = \frac{d_W - d_m}{2}$$

式中　a_P——背吃刀量（mm）；

d_W——工件待加工表面的直径（mm）；

d_m——工件已加工表面的直径（mm）。

（3）车削用量的选择　刀具寿命直接影响生产效率和加工成本。车削用量三要素中对刀具寿命影响最大的是切削速度，其次是进给量。所以在粗加工时应优先考虑用大的背吃刀量，其次考虑用大的进给量，最后选定合理的切削速度。半精加工和精加工时首先要保证加工精度和表面质量，同时要兼顾必要的刀具寿命和生产效率，一般多选用较小的背吃刀量和进给量，在保证合理刀具寿命前提下确定合理的切削速度。

1）背吃刀量a_P的选择。背吃刀量的选择按零件的加工余量而定，在中等功率车床上，粗加工时可达8～10mm，在保留后续加工余量的前提下，尽可能一次走刀切完。当采用不重磨刀具时，背吃刀量所形成的实际切削刃长度不宜超过总切削刃长度的2/3。

2）进给量f的选择。粗加工时进给量的选择按刀杆强度和刚度、刀片强度、机床功率和转矩许可的条件，选一个最大的值。精加工时，则在获得满意的表面粗糙度的前提下选一个较大值。

3）切削速度 v_C 的选择。在 a_P 和 f 已定的基础上，按选定的刀具寿命，通过查手册来确定 v_C。切削速度确定后，可以按工件最大部分直径 d_{max} 计算出车床主轴转速 n（单位为 r/min），即

$$n = 1000 \times \frac{v_C}{\pi d_{max}}$$

2. 刀具材料

刀具材料是决定刀具切削性能的根本因素，对于加工效率、加工质量、加工成本及刀具寿命影响很大。使用碳素工具钢作为刀具材料时，切削速度只有 10m/min 左右；使用高速钢刀具材料时，切削速度可提高到每分钟几十米；使用硬质合金钢材料时，切削速度可达每分钟 100 多米至几百米；当使用陶瓷刀具和超硬材料刀具时，切削速度可提高到每分钟 1000m 以上。

（1）刀具材料应具备的性能

1）高硬度和高耐磨性。刀具材料硬度必须高于被加工材料硬度才能切下金属，这是刀具材料必备的基本要求，现有刀具材料硬度都在 60HRC 以上。刀具材料越硬，其耐磨性越好，但由于切削条件较复杂，材料的耐磨性还取决于它的化学成分和金相组织的稳定性。

2）足够的强度与冲击韧性。强度是指抵抗切削力的作用而不至于刀刃崩碎与刀杆折断应具备的性能。一般用抗弯强度来表示。

冲击韧性是指刀具材料在间断切削或有冲击的工作条件下保证不崩刃的能力，一般来说，硬度越高，冲击韧性越低，材料越脆。硬度和韧性是一对矛盾，在具体选用时要根据工件材料的性能和切削的特点来定。

3）高耐热性。耐热性又称热硬性，是衡量刀具材料的重要指标。它综合反映了刀具材料在高温下保持硬度、耐磨性、强度、抗氧化性、抗黏结和抗扩散的能力。

（2）常用刀具材料　常用刀具材料有工具钢、高速钢、硬质合金、陶瓷和超硬刀具材料，目前用得最多的是高速钢和硬质合金。表 6-1 为常用刀具材料的牌号、性能及用途。

1）高速钢。高速钢（又称锋钢、风钢、白钢）是以钨、铬、钒和钼为主要合金元素的高合金工具钢，有良好的综合性能。虽然高速钢的硬度、耐热性、耐磨性及允许的切削速度远不及硬质合金，但由于高速钢的抗弯强度、冲击韧性比硬质合金高，而且有切削加工方便、磨削容易、可以锻造及热处理等优点，所以常用来制造形状复杂的刀具，如钻头、丝锥、拉刀、铣刀、齿轮刀具和成形刀具等。又因为它容易刃磨成锋利的切削刃，所以常用来做低速精加工车刀及成形车刀。

高速钢可分为普通高速钢和高性能高速钢。普通高速钢，如 W18Cr4V，广泛用于制造各种复杂刀具。其切削速度一般不太高，切削普通钢材料时为 40～60m/min。高性能高速钢，如 W12Cr4V4Mo，是在普通高速钢中再增加一些碳含量、钒含量及添加钴、铝等元素冶炼而成的。它的寿命为普通高速钢的 1.5～3 倍。

粉末冶金高速钢是 20 世纪 70 年代投入市场的一种高速钢，其强度和韧性分别提高 30%～40% 和 80%～90%，寿命可提高 2～3 倍。

表 6-1　常用刀具材料的牌号、性能及用途

材料种类		典型牌号	按GB分类类别	按ISO分类类别	硬度 HRC (HRA)[HV]	抗弯强度 /GPa	冲击韧度 /(kJ/m^2)	热导率 /[W/(m·K)]	耐热性 /℃	切削速度大致比值（相对高速钢）	应用范围
工具钢	碳素工具钢	T10A T12A			60~65	2.16	—	≈41.87	200~250	0.32~0.4	只用于手动工具，如手动丝锥、板牙、铰刀、锯条、锉刀等
	合金工具钢	9SiCr CrWMn			60~65	2.35	—	≈41.87	300~400	0.48~0.6	只用于手动或低速机动刀具，如丝锥、板牙、拉刀等
	高速钢	W18Cr4V		SI	63~70	1.96~4.41	98~558	16.75~25.1	600~700	1~1.2	用于各种刀具，特别是形状较复杂的刀具，如钻头、铣刀、拉刀、齿轮刀具等，切削各种金属材料和非金属材料
硬质合金	钨钴类	YG6X	K类	K10	(89~91.5)	1.08~2.16	19~59	75.4~87.9	800	3.2~4.8	用于连续切削铸铁、非铁金属材料的粗车，间断切削的精车、半精车等
		Y8		K30							
	钨钛钴类	YT15	P类	P10	(89~92.5)	0.882~1.37	2.9~6.8		900	4~4.8	用于碳钢及合金钢的粗加工和半精加工，碳素钢的精加工
		YT30		P01				20.9~62.8			用于碳素钢、合金钢和淬硬钢的精加工
	含有碳化物	YW1	M类	M10	(≈92)	≈1.47	—	—	1000~1100	6~10	用于耐热钢、高锰钢、不锈钢及高级合金钢等难加工材料的精加工，也适用于一般钢材和普通铸铁的精加工
	钽、铌类	YW2		M20							用于耐热钢、高锰钢、不锈钢及高级合金钢等难加工材料的半精加工，也适合于一般钢材和普通铸铁及非铁金属材料的半精加工
	碳化钛基类	YN05	P类	P01	(92~93.3)	0.91	—	—	1100	6~10	用于钢、铸钢和合金铸铁的高速精加工
		YN10		P05~P10		1.1					用于钢、合金钢、工具钢及淬硬钢的连续面精加工
陶瓷	氧化铝	AM			(>91)	0.44~0.686	9.4~11.7	4.19~20.93	1200	8~12	用于高速、小进给量精车、半精车铸铁和调质钢
	氧化铝	T8			(93~94)	0.54~0.64	4.9~11.7	4.19~20.93	1100	6~10	用于粗精加工冷硬铸铁、淬硬合金钢
	碳化混合物	T1			(92.5~93)	0.71~0.88					
超硬材料	立方碳化硼				[8000~10000]	≈0.294	—	75.55	1400~1500		用于精加工调制钢、淬硬钢、高速钢、高强度耐热钢及非铁金属材料
	人造金刚石				[9000]	0.21~0.48		146.54	700~800	≈25	用于加工非铁金属材料的高精度、低表面粗糙度值切削，*Ra* 可达 0.04~0.12μm

2）硬质合金。按 GB/T 18376.1—2008，切削工具用硬质合金牌号按使用领域的不同分成P、M、K、N、S、H 6类。其中，P类用于长切屑材料的加工，如钢、铸钢、长切削可锻铸铁等的加工；M类用于不锈钢、铸钢、锰钢、可锻铸铁、合金钢、合金铸铁等的加工；K类用于短切屑材料的加工，如铸铁、冷硬铸铁、短切屑可锻铸铁、灰铸铁等的加工；N类用于非铁金属材料、非金属材料的加工，如铝、镁、塑料、木材等的加工；S类用于耐热和优质合金材料的加工，如耐热钢，含镍、钴、钛的各类合金材料的加工；H类用于硬切削材料的加工，如淬硬钢、冷硬铸铁等材料的加工。

（3）涂层刀具　涂层刀具是在一些韧性较好的硬质合金或高速钢刀具基体上，涂覆一层耐磨性高的难熔化金属化合物而获得的。它有效地解决了刀具材料中硬度耐磨与强度、韧性之间的矛盾。常用的涂层材料有 TiC、TiN 和 Al_2O_3 等。

在高速钢基体上刀具涂层多为 TiN，常用物理气相沉积法（PVD法）涂覆，一般用于钻头、丝锥、铣刀、滚刀等复杂刀具上，涂层厚度为几微米，涂层硬度可达 80HRC，相当于一般硬质合金的硬度，寿命可提高2～5倍，切削速度可提高20%～40%。

硬质合金的涂层是在韧性较好的硬质合金基体上，涂覆一层几微米至几十微米厚的高耐磨难熔化的金属化合物，一般采用化学气相沉积法（CVD法）。

但涂层刀具不适宜加工高温合金、钛合金和非金属材料，也不适宜粗加工有夹砂、硬皮的铸、锻件。

（4）其他刀具材料　目前使用的刀具材料还有陶瓷、金刚石和立方氮化硼。

陶瓷比硬质合金刀具有更高的硬度、耐磨性、耐热性、化学稳定性和抗黏结性，切削速度可比硬质合金提高2～5倍；但陶瓷的抗弯强度较低，冲击韧性差。

金刚石可分为天然和人造的两类；是目前已知的最硬物质，硬度可达10000HV。

人造金刚石又可分为人造聚晶金刚石和金刚石复合刀片。金刚石热稳定性较低，切削温度超过700～800℃时，就会完全失去其硬度。

立方氮化硼可分为整体聚晶立方氮化硼和立方氮化硼复合刀片，后者是在硬质合金基体上烧结一层厚度为0.05mm的立方氮化硼。立方氮化硼硬度可高达8000～9000HV，仅次于金刚石，耐磨性和耐热性都很高，热稳定性可高达1400℃，但抗弯强度较低。

3. 车削精度和车削经济精度

（1）车削精度　车削零件主要由旋转表面和端面组成，车削精度可分为尺寸精度、形状精度和位置精度3部分。

1）尺寸精度。尺寸精度是指尺寸的准确程度，零件的尺寸精度是由尺寸公差来保证，公差小则精度高；公差大则精度低。GB/T 1800.4—2009 规定标准公差可分为20个等级，以IT01、IT02、IT1、IT2、…、IT18 表示。IT01公差最小，精度最高，IT18公差最大，精度最低。

车削时一般零件的尺寸精度为IT7～IT12，精细车时可达IT5～IT6。

为了测量和使用上的需要，不同尺寸精度等级应有相应的表面粗糙度。

车削时尺寸公差等级和相应的表面粗糙度如表6-2所示。

2）形状精度。形状精度是指零件上被测要素相对于理想形状的准确度，由形状公差来控制 GB/T 1182—2008 规定了6项形状公差，常用的为直线度、平面度、圆柱度和圆度。

形状精度主要和机床本身精度有关，如车床主轴在高速旋转时，旋转轴线有跳动就会使零件的圆度变差；又如车床纵横滑板导轨不直或磨损，则会造成圆柱度、直线度变差。因此，要求加工形状精度高的零件，一定要在精度较高的机床上加工。当然操作方法不当也会影响形状精度，如在车外圆时用锉刀或砂布修饰外表面后，就容易使圆度或圆柱度变差。

表 6-2　常用车削精度与相应表面粗糙度

加工类别	加工精度	相应表面粗糙度 Ra/μm	标注代号	表面特征
粗车	IT12	50～25	$\sqrt{Ra\frac{50}{25}}$	可见明显刀痕
	IT11	25	$\sqrt{Ra12.5}$	可见刀痕
半精车	IT10	6.3	$\sqrt{Ra\,6.3}$	可见加工痕迹
	IT9	3.2	$\sqrt{Ra\,3.2}$	微见加工痕迹
精车	IT8	1.6	$\sqrt{Ra\,1.6}$	不见加工痕迹
	IT7	0.8	$\sqrt{Ra\,0.8}$	可辨加工痕迹方向
精细车	IT6	0.4	$\sqrt{Ra\,0.4}$	微辨加工痕迹方向
	IT5	0.2	$\sqrt{Ra\,0.2}$	不辨加工痕迹方向

3）位置精度。零件的位置精度是指零件上被测要素相对于基准之间的位置准确度。GB/T 1182—2008 规定了 8 项位置公差，常用的有平行度、垂直度、同轴度或圆跳动等。

位置精度主要和工件装夹加工顺序安排及操作人员技术水平有关，如车外圆时多次装夹有可能使被加工外圆表面同轴度变差。

（2）车削经济精度　经济精度是指正常条件下，所能达到的加工精度。

切削加工中，用同一种加工方法加工一个零件时，随着加工条件的变化（如改变切削用量），得到零件的加工精度也不同，可能获得相邻的几级加工精度。而较高的加工精度，往往是靠降低生产率和提高加工费用而获得的。图 6-4 所示为加工误差与加工成本的关系曲线。图 6-5 所示为加工费用与表面粗糙度的关系曲线。

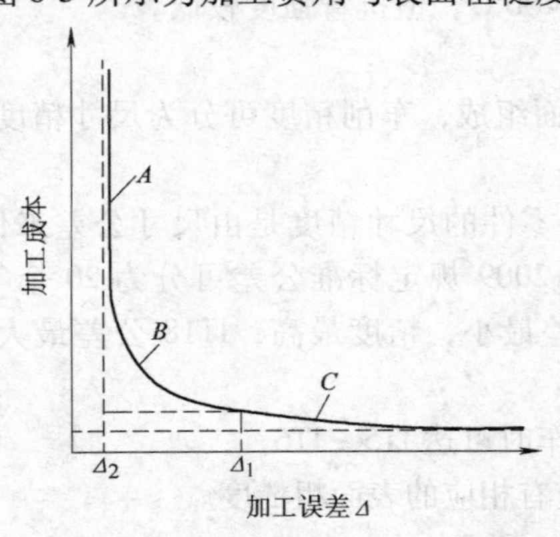

图 6-4　误差与加工成本的关系曲线

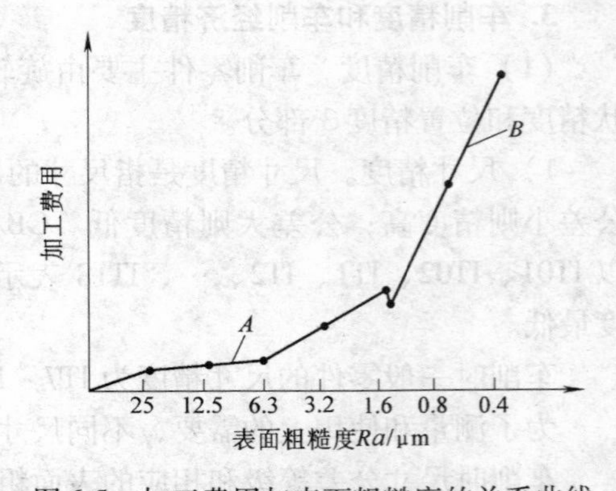

图 6-5　加工费用与表面粗糙度的关系曲线

由图 6-4 和图 6-5 可知，某一种加工方法所能达到的精度都有一定的极限，超出极限时加工就变得很不经济。图 6-4B 区域和图 6-5A 区域为加工最经济区，一般精车后所能达到的经济精度为 IT7 ~ IT8，表面粗糙度 Ra 为 0.8 ~ 1.6μm。

当零件表面粗糙度值要求越低时，加工费用就越大，这是因为同一台机床达到较低表面粗糙度值时，就要进行多次切削加工，加工次数越多，加工费用就越高。

4. 车削加工路线

在模具加工中，车床是常用的设备之一。主要用于回转体类零件或回转体类型腔、凹模的加工，有时也用于平面的粗加工。车削的工艺过程常常采用：粗车→半精车→精车或粗车→半精车→精车→研磨。对尺寸精度和表面质量要求较高的零件在精车之后再安排研磨，根据实际情况选定合适的加工路线。

（1）回转体类零件车削　主要用于导柱、导套、浇口套等回转体类零件热处理前的粗加工，成形零件的回转曲面型腔、型芯、凸模和凹模等零件的粗、精加工。对要求具有较高的尺寸精度、表面质量和耐磨性的零件，如导柱、导套、浇口套、凸模和凹模等，需在半精车后再热处理，最后在磨床上磨削；但对拉杆等零件，车削可以直接作为成形加工。毛坯为棒料的零件，一般先加工中心孔，然后以中心孔作为定位基准。

（2）回转曲面型腔车削　型腔车削加工中，除内形表面为圆柱、圆锥表面可以应用普通的内孔车刀进行车削外，对于球形面、半圆面或圆弧面的车削加工，为了保证尺寸、形状和精度的要求，一般都采用样板车刀进行最后的成形车削。

图 6-6 所示为一个多段台阶内孔的对拼式曲面型腔。车削时，用销钉定位，通过螺钉或焊接将型腔板两部分连接在一起。走刀过程中，要控制刀架在 X、Y 两个方向上的运动，可以使用定程挡块实现。

此类曲面还可以在仿形车床上加工，即应用与曲面截面形状相同的靠模仿形车削。图 6-7 所示为仿形车削。靠模 2 上有与型腔曲面形状相同的沟槽。车削时大拖板纵向移动，小拖板和车刀在滚子 3 和连接板 4 的作用下随靠模 2 做横向进给，由此完成仿形车削。这种方式适合于精度要求不高的、需要侧向分模的模具型腔的加工。

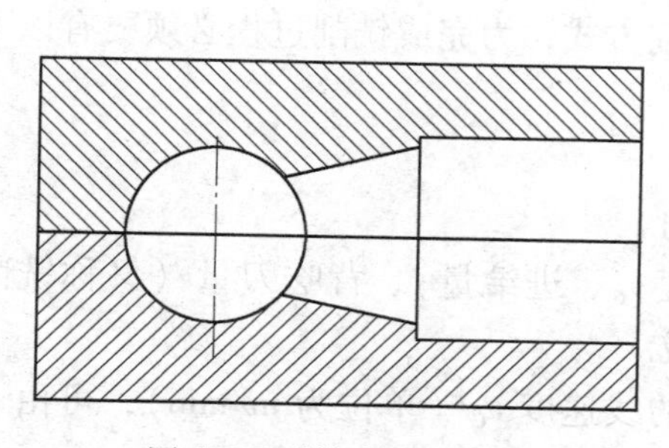

图 6-6　对拼式曲面型腔

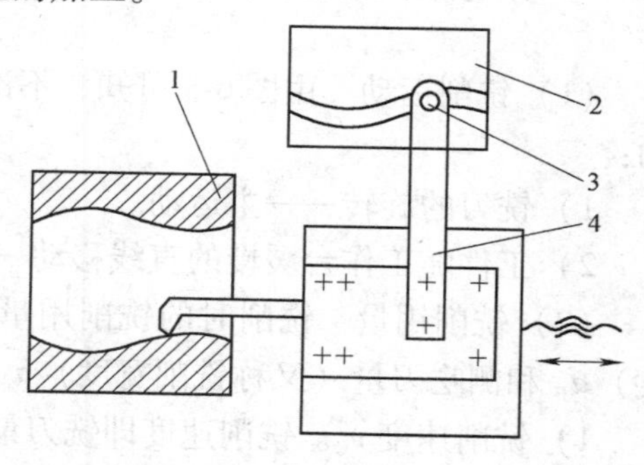

图 6-7　仿形车削

1—工件　2—靠模　3—滚子　4—连接板

6.2.2　铣削加工

1. 铣削运动及铣削用量

铣削是一种应用范围极广的加工方法。在铣床上可以对平面、斜面、沟槽、台阶、成形面等表面进行铣削加工，图 6-8 所示为铣削加工常见的加工方式。铣床加工时，多齿铣刀连续切削，切削量可以较大，所以加工效率高。铣床加工成形的经济精度为 IT10，表面粗糙

度 Ra 为 3.2μm；用作精加工时，尺寸精度可达 IT8，表面粗糙度 Ra 为 1.6μm。

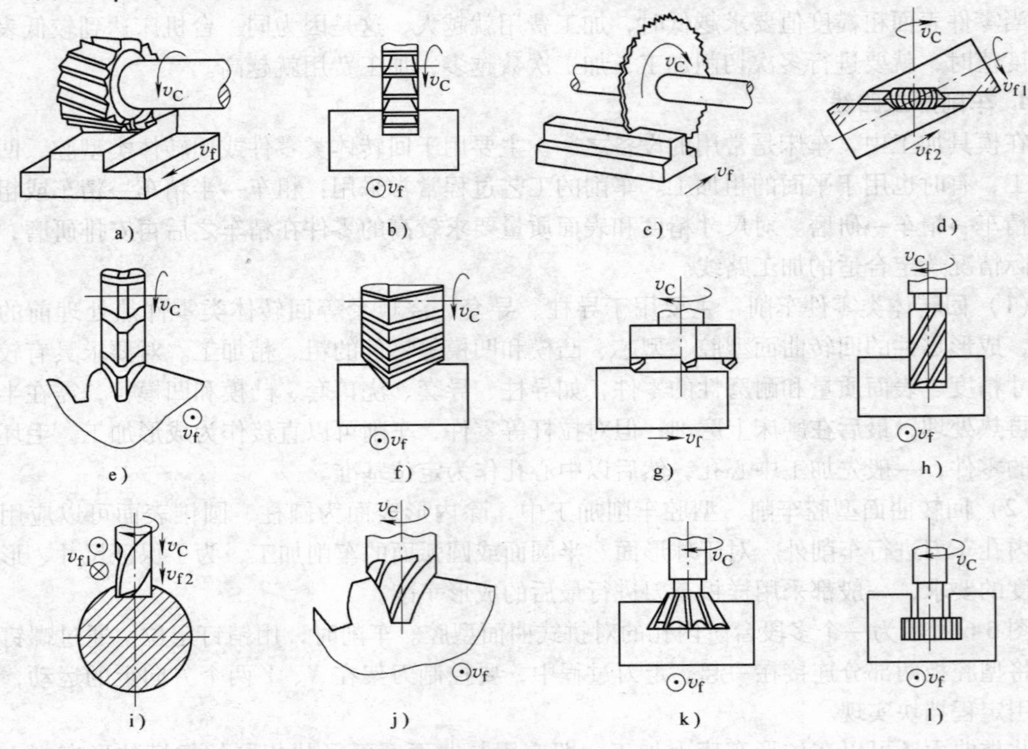

图 6-8　常见的铣削方式

a）圆柱铣刀铣平面　b）三面刃铣刀铣直槽　c）锯片铣刀切断　d）成形铣刀铣螺旋槽　e）模数铣刀铣齿轮　f）角度铣刀铣角度　g）面铣刀铣平面　h）立铣刀铣直槽　i）键槽铣刀铣键槽　j）指状模数铣刀铣齿轮　k）燕尾槽铣刀铣燕尾槽　l）T 形槽铣刀铣 T 形槽

（1）铣削运动　由图 6-8 可知，不论哪一种铣削方式，为完成铣削过程必须要有以下运动：

1）铣刀的旋转——主运动。

2）工件随工作台缓慢的直线移动——进给运动。

（2）铣削用量　铣削时的铣削用量由铣削速度 v_C、进给量 f、背吃刀量（又称铣削深度）a_P 和侧吃刀量（又称铣削宽度）a_e 四要素组成。

1）铣削速度 v_C。铣削速度即铣刀最大直径处的线速度 v_C（单位为 m/min），可由下式计算：

$$v_C = \pi d_0 n/1000$$

式中　d_0——铣刀直径（mm）；

n——铣刀转速（r/min）。

2）进给量 f。铣削时，工件在进给运动方向上相对刀具的移动量即为铣削时的进给量。由于铣刀为多刃刀具，计算时按单位时间不同，有以下三种度量方法。

①每齿进给量 f_Z。其单位为 mm/齿。

②每转进给量 f。其单位为 mm/r。

③每分钟进给量v_f。又称进给速度，其单位为mm/min。

上述三者的关系为

$$v_f = fn = f_Z Zn$$

一般铣床标牌上所指出的进给量为v_f。

3）背吃刀量（铣削深度）a_P。如图6-9所示，背吃刀量为平行于铣刀轴线方向测量的切削层尺寸，单位为mm。因周铣与面铣时相对于工件的方位不同，故a_P在图中标示也有所不同。

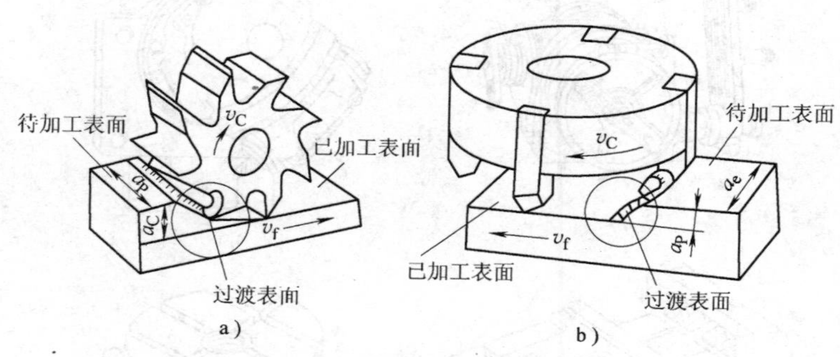

图6-9 铣削运动和铣削要素

a）周铣 b）面铣

4）侧吃刀量（铣削宽度）a_e。它是垂直于铣刀轴线方向测量的切削层尺寸，单位为mm，如图6-9所示。

2. 常用铣床附件

铣床的主要类型有卧式升降台铣床、立式升降台铣床、龙门铣床、万能工具铣床、刻模铣床、仿形铣床等。除其自身的结构特点外，铣床加工功能的实现主要是依靠附件。

常用铣床附件指万能分度头、万能铣头、平口钳、回转工作台等，如图6-10所示。

（1）万能分度头 万能分度头是一种分度的装置，由底座、转动体、主轴、顶尖和分度盘等构成。主轴装在转动体内，并可随转动体在垂直平面内扳动成水平、垂直或倾斜位置，可以完成铣六方、齿轮、花键等工作。

（2）万能铣头 万能铣头是一种扩大卧式铣床加工范围的附件，利用它可以在卧式铣床上进行立铣工作。使用时卸下卧式铣床横梁、刀杆，装上万能铣头，根据加工需要，其主轴在空间可以转成任意方向。

（3）平口钳 平口钳主要用于装夹工件。装夹时，工件的被加工面要高出钳口，并需找正工件的装夹位置。

（4）回转工作台 回转工作台也是主要用于装夹工件。利用回转工作台可以加工斜面、圆弧面和不规则曲面。加工圆弧面时，使工件的圆弧中心与回转工作台中心重合，并根据工件的实际形状确定主轴中心与回转工作台中心的位置关系。加工过程中控制回转工作台的转动，由此加工出圆弧面。

3. 铣削加工种类

（1）平面铣削 平面铣削在模具中应用最为广泛，模具中的定、动模板等模板类零件，在精磨前均需通过铣削来去除较大的加工余量；铣削还用于模板上的安装模膛镶块的方槽、滑块的导滑槽、各种孔的止口等部分的精加工和镶块、压板、锁紧块热处理前的加工。

（2）孔系加工　直接用立铣工作台的纵、横走刀来控制平面孔系的坐标尺寸，所达到的孔距精度远高于划线钻孔的加工精度，可以满足模具上低精度的孔系要求。对于坐标精度要求高时，可用量块和千分表来控制铣床工作台的纵、横向移动距离，加工的孔距精度一般为 ±0.01mm。

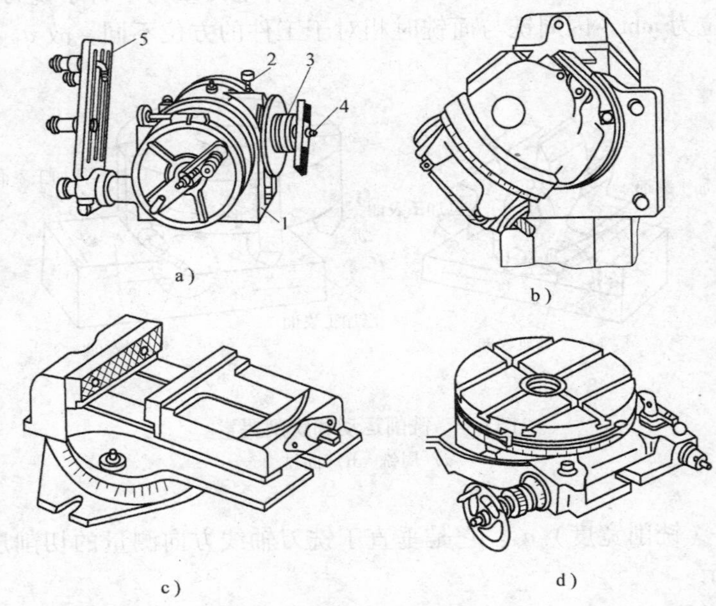

图6-10　常用铣床附件

a）分度头　b）万能铣头　c）平口钳　d）回转工作台

1—底座　2—转动体　3—主轴　4—顶尖　5—分度盘

（3）镗削加工　卧式和立式铣床也可以代替镗床进行一些加工，如斜导柱孔系的加工，一般是在模具相关部分装配好后，在铣床上一次加工完成。

加工斜孔时可将工件水平装夹，而把立铣头倾斜一角度，或用正弦夹具、斜垫铁装夹工件。加工斜孔前，用立铣刀切去斜面余量，然后用中心钻确定斜孔中心，最后加工到所需尺寸。

（4）成形面铣削　成形铣削可以加工圆弧面、不规则形面及复杂空间曲面等各种成形面。模具中常用的加工工艺方法有下面介绍的两种。

1）立铣。利用回转工作台可以加工圆弧面和不规则曲面。安装时使工件的圆弧中心与回转工作台中心重合，并根据工件的实际形状确定主轴中心与回转工作台中心的位置关系。加工过程中控制回转工作台的转动，由此加工出圆弧面。如图6-11所示。图中圆弧槽的加工需要严格控制回转工作台的转动角度 θ 和直线段与圆弧段的平滑连接。这种方法一般用于加工回转体上的分浇道，还可以用来加工多型腔模具，从而很好地保证上下模具型腔的同心和减小各型腔之间的形状、尺寸误差。

2）仿形铣削。仿形铣削是以预先制成的靠模来控制铣刀轨迹运动的铣削方法。靠模具有与型腔相同的形状。加工时，仿形头在靠模上做靠模运动，铣刀同步做仿形运动。仿形铣削主要使用圆头立铣刀，加工的工件表面质量差，而且影响加工质量的因素非常复杂，所以仿形铣削常用于粗加工或精度要求不高的型腔加工。仿形铣床有卧式和立式仿形铣床，都可以在 X、Y、Z 三个方向相互配合完成运动。

（5）雕刻加工　如图 6-12 所示，工件和模板分别安装在工件工作台和靠模工作台上。通过缩放机构在工件上缩小雕刻出模板上的字、花纹、图案等。

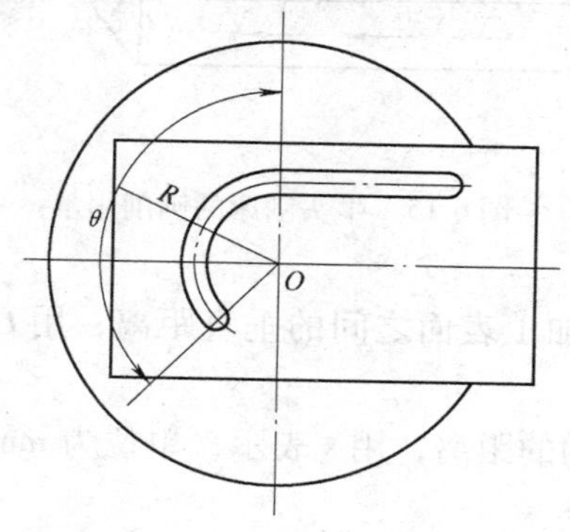

图 6-11　回转工作台铣削圆弧面

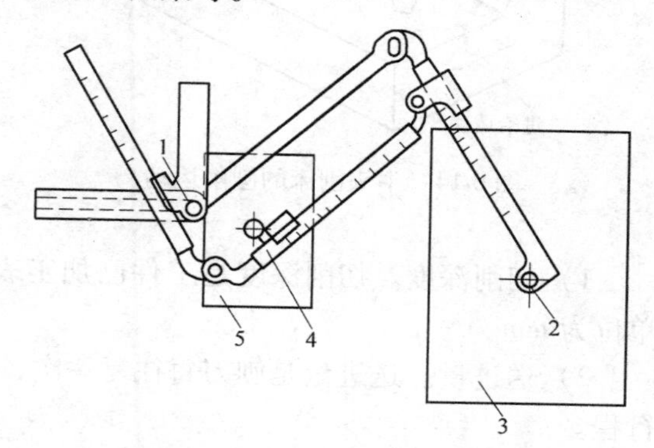

图 6-12　刻模铣床示意图
1—支点　2—触头　3—靠模工作台
4—刻刀　5—工件工作台

6.2.3　刨削加工

1. 刨削运动及刨削用量

刨削加工主要用来加工水平面、垂直面、斜面、台阶、燕尾槽、直角沟槽、T 形槽、V 形槽等（见图 6-13）。刨削类机床有牛头刨床、龙门刨床和插床等。刨削加工精度可达 IT8 ~ IT9，表面粗糙度 Ra 为 1.6 ~ 6.3μm。

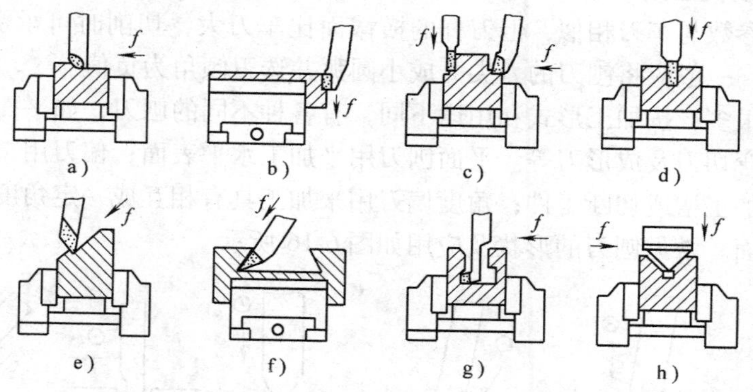

图 6-13　刨削加工范围
a）刨平面　b）刨垂直面　c）刨台阶　d）刨直角沟槽　e）刨斜面
f）刨燕尾形工件　g）刨 T 形槽　h）刨 V 形槽

（1）刨削运动　牛头刨床刨削运动如图 6-14 所示。刨刀的直线往复运动为主运动，刨刀回程时工作台做横向水平或垂直移动为进给运动。

（2）刨削用量　牛头刨床的刨削用量是指切削时所采用的切削深度 t、送进量 s 和切削速度 v，如图 6-15 所示。

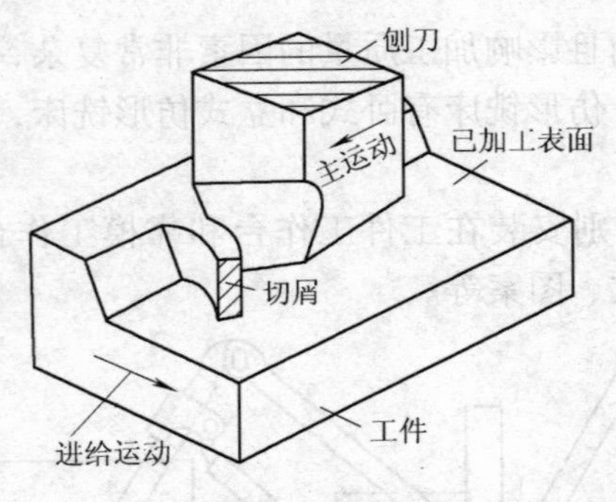

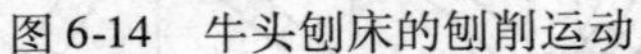
图 6-14 牛头刨床的刨削运动

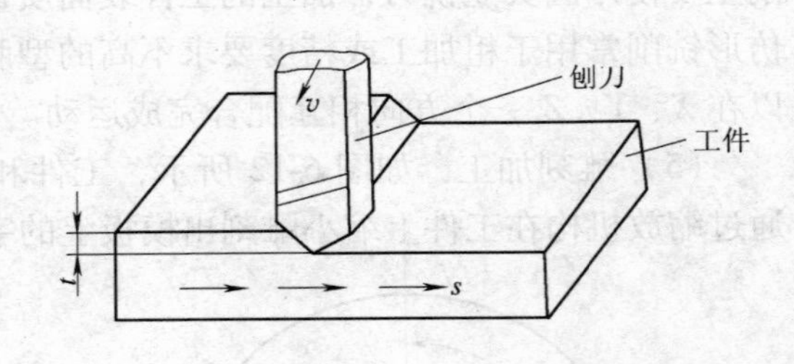

图 6-15 牛头刨床的刨削用量

1）切削深度。切削深度是工件已加工表面和待加工表面之间的垂直距离，用 t 表示，单位为 mm。

2）送进量。送进量是刨刀每往复一次，工件移动的距离，用 s 表示，单位为 mm/往复行程。

3）切削速度。切削速度是工件和刨刀在切削时的相对速度，用 v 表示，单位为 m/min。一般 v 为 17～50m/min。其计算公式为

$$v=\frac{2Ln}{1000}$$

式中 L——行程长度（mm）；

n——滑枕每分钟的往复行程次数。

牛头刨床结构简单，调整方便，操作灵活。刨刀简单，刃磨安装方便。因此，刨削的通用性良好，牛头刨床在单件生产及修配工作中被广泛使用。

2. 刨刀种类及其应用

刨刀的几何参数与车刀相似，但刀杆的横截面比车刀大，切削时可承受较大的冲击力。为增加刀尖强度，一般应将刨刀的刀尖磨成小圆弧并选刃倾角为负值。

刨刀的种类很多，按加工形式和用途不同，有各种不同的刨刀，如平面刨刀、偏刀、角度偏刀、切刀、弯切刀及成形刀等。平面刨刀用来加工水平表面；偏刀用来加工垂直表面或斜面；切刀用来加工槽或切断工件；角度偏刀用来加工具有相互成一定角度的表面；成形刀用来加工成形表面。常见刨刀的形状及应用如图 6-16 所示。

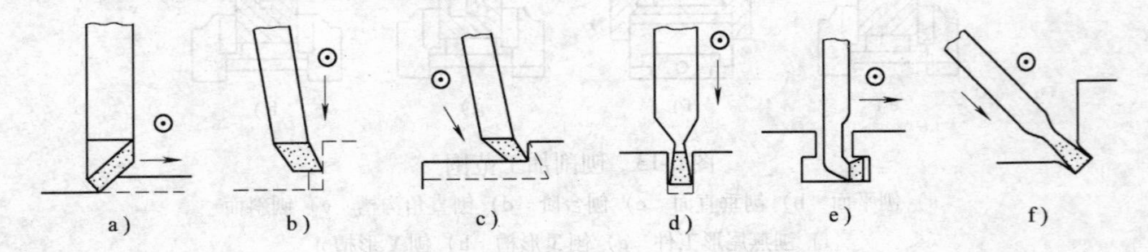

图 6-16 常见刨刀的形状及应用

a）平面刨刀 b）偏刀 c）角度偏刀 d）切刀 e）弯切刀 f）成形刀

以上几种刨刀，按其形状和结构一般还可以分为左偏刀和右偏刀、整体刨刀和组合刨刀等。此外，刨刀又有粗刨刀和精刨刀之分。

在刨床上工件的装夹方法主要用平口钳装夹和压板、螺栓装夹。

3. 刨削加工种类

由于一般只用一把刀具切削，返回行程又不工作，刨刀切入和切出会产生冲击和振动，限制了切削速度的提高，故刨削的生产率较低，但加工狭而长的表面生产率则较高。又由于刨削刀具简单，加工调整灵活，故在单件生产及修配工作中，仍广泛应用。

（1）平面刨削 平面刨削主要用于模板类零件的表面加工，加工路线为：

1）粗刨→半精刨→精刨。

2）粗刨→半精刨→精刨→刮研。

3）粗刨→半精刨→精磨。

以上的工艺方案可根据模板的精度要求，结合企业的生产条件、技术状况等具体情况进行选择。

（2）成形刨削 刨削在加工等截面的异形零件具有比较突出的优势。因此，用刨床加工模具成形零件，如凸模、型芯等，具有较好的经济效果，目前仍被广泛使用。

刨削加工凸模前，模具零件需要在非加工端面进行划线或粘贴样板，作为刨削时的依据。划线必须线条明显、清晰、准确，最好能点样冲，以免加工中造成线条不清。加工过程中，每次切削深度和送进量不要太大，零件夹紧要牢固。对刨削零件要以量具和样板配合检验。对于精度要求高的零件，刨削后应留有精加工余量。一般粗刨后单边余量为0.2mm左右，精刨后单边余量为0.02mm左右。

6.2.4 钻削加工

钻削加工是一种在实体工件上加工孔的加工方法，包括对已有的孔进行扩孔、铰孔、锪孔及攻螺纹等二次加工，主要在钻床上进行。孔加工的切削条件比加工外圆面时差，刀具受孔径的限制，只能使用定值刀具。加工时，排屑困难，散热慢，切削液不易进入切削区，钻头易钝化。因此，钻孔能达到的尺寸公差等级为IT11～IT12，表面粗糙度 Ra 为12.5～50μm。对精度要求高的孔，还应进行扩孔、铰孔等工序。

钻床加工孔时，刀具绕自身轴线旋转，即机床的主运动，同时刀具沿轴线进给。由于常用钻床的孔中心定位精度、尺寸精度和表面质量都不高，所以钻削加工属于粗加工，用于精度要求不高的孔加工，或孔的粗加工。钳工加工中钻床是必不可少的设备之一。常见的钻床有立式钻床、卧式钻床、摇臂钻床、台式钻床、坐标镗钻床、深孔钻床、中心孔钻床和钻铣床等。模具加工中应用最多的是台式钻床和摇臂钻床，一般以最大的钻削孔径作为机床的主要参数。

1. 钻孔

钻孔主要用于孔的粗加工。普通孔的钻削主要有两种方法：一种是在车床上钻孔，工件旋转而钻头不转；另一种是在钻床或镗床上钻孔，钻头旋转而工件不转。当被加工孔与外圆有同轴度要求时可在车床上钻孔，更多的模具零件孔是在钻床或镗床加工的。

麻花钻是钻孔的常用刀具，一般由高速刚制成，经热处理后其工作部分硬度达62HRC以上。钻孔时，按工件的大小、形状、数量和钻孔直径，选用适当的夹持方法和夹具，钻较硬的材料和大孔时，切削速度要小；钻小孔时，切削速度要大些；遇大于 ϕ30mm 的孔径应分两次钻出，先钻出0.6～0.8倍孔径的小孔，再钻至要求的孔径。进给速度要均匀，快慢适中。钻不通孔要做好深度标记，钻通孔时当孔将钻通时，应减慢进给量，以免卡钻，甚至折断钻头。钻削时切削条件差，刀具不易散热，排屑不畅，故需加注切削液进行冷却和润滑减摩。钻深孔时，必须不时地退出钻头，以排屑、冷却，注入切削液。

在模具加工中钻床主要用于孔的预加工（如导柱导套孔、型腔孔、螺纹底孔、各种零件的线切割穿丝孔等），也用于对一些孔的成形加工（如推杆过孔、螺纹过孔、水道孔等）。另外，对于拉杆孔系，为保证拉杆正常工作，设计时要求的精度较高，应用坐标镗孔将增加加工成本。可以把相关模板固定在一起，并通过导柱定位，对孔系一起加工。这种加工孔系的方法虽不能达到孔系间距的要求，但可以保证相关模板孔中心相互重合，不影响其使用功能且制造上很容易实现。

2. 扩孔

扩孔是用扩孔钻对已经钻出的孔进一步加工，以提高孔的加工精度的加工方法。扩孔钻结构与麻花钻相似，但齿数较多，有三四个齿，导向性好；中心处没有切削刃，消除了横刃影响，改善了切削条件；切削余量较小，容屑槽小，使钻芯增大，刚度好，切削时，可采用较大的切削用量。因此，扩孔的加工质量和生产率都高于钻孔。

扩孔可作为孔的最终加工，但通常作为镗孔、铰孔或磨孔前的预加工。扩孔能达到的公差等级为IT9～IT10，表面粗糙度 Ra 为3.2～6.3μm。

3. 锪孔

在原有孔的孔口表面需要加工成圆柱形沉孔、锥形沉孔或凸台端面时，可用锪钻锪孔，如图6-17所示。

锪孔常用于螺钉过孔和弹簧过孔的加工。在实际生产中，往往以立铣刀或端部磨平的麻花钻代替锪钻。

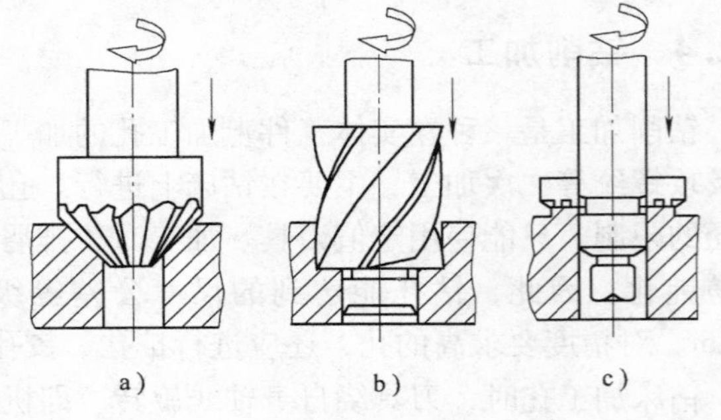

图6-17　锪孔

a）锪锥形沉孔　b）锪圆柱形沉孔　c）锪凸台端面

4. 铰孔

铰孔是中小孔径的半精加工和精加工方法之一，是用铰刀在工件孔壁上切除微金属层的加工方法。铰刀刚度和导向性好，刀齿数多，所以铰孔相对于扩孔在加工的尺寸精度和表面质量上又有所提高。铰孔的加工精度主要不是取决于机床的精度，而在于铰刀的精度、安装方式和加工余量等因素。机铰精度达IT7～IT8，表面粗糙度 Ra 为0.2～1.6μm；手铰精度达IT6～IT7，表面粗糙度 Ra 为0.2～0.4μm。由于手铰切削速度低，切削力小，热量低，不产生积屑瘤，无机床振动等影响，所以加工质量比机铰高。

当工件孔径小于25mm时，钻孔后可直接铰孔；工件孔径大于25mm时，钻孔后需扩孔，然后再铰孔。

铰孔时，首先应合理选择铰削用量，铰削用量包括铰削余量、切削速度（机铰时）和进给量。应根据所加工孔的尺寸公差等级、表面粗糙度要求，以及孔径大小、材料硬度和铰刀类型等合理选择，如用标准高速钢铰刀铰孔，孔径大于50mm，精度要达到IT7，铰削余量取小于等于0.4mm为宜，需要再精铰的，留精铰余量0.1～0.2mm。手铰时，铰刀应缓缓进给，均匀平稳。机铰时，以标准高速钢铰刀加工铸铁，切削速度应小于等于10m/min，进给量为0.8mm/r左右；加工钢件，切削速度应小于等于8m/min，进给量为0.4mm/r左右。

手铰是间歇作业，应变换每次铰刀停歇的位置，以消除刀痕。铰刀不能反转，以防止细切屑擦伤孔壁和刀齿。

用高速钢铰刀加工钢件时，用乳化液或液压切削油；加工铸铁件时，用清洗性好、渗透性较好的煤油为宜。

铰孔常用于推杆孔、浇口套和点浇口的锥浇道等的加工和镗削的最后一道工序。

6.2.5 镗削加工

1. 镗削加工

镗孔是一种应用非常广泛的孔及孔系加工方法。它可用于孔的粗加工、半精加工和精加工，可以用于加工通孔和不通孔。对工件材料的适用范围也很广，一般非铁金属材料、灰铸铁和结构钢等都可以镗削。镗孔可以在各种镗床上进行，也可以在卧式车床、立式或转塔车床、铣床和数控机床、加工中心上进行。与其他孔加工方法相比，镗孔的一个突出优点是，可以用一种镗刀加工一定范围内各种不同直径的孔。在数控机床出现以前，对于直径很大的孔，它几乎是可供选择的唯一方法。此外，镗孔可以修正上一工序所产生的孔的位置误差。

镗孔的加工精度一般为IT7~IT9，表面粗糙度 Ra 一般为0.8~6.3μm。如在坐标镗床、金刚石镗床等高精度机床上镗孔，加工精度可达IT7以上，表面粗糙度 Ra 一般为0.8~1.6μm，用超硬刀具材料对铜、铝及其合金进行精密镗削时，表面粗糙度 Ra 可达0.2μm。

由于镗刀和镗杆截面尺寸及长度受到所镗孔径、深度的限制，所以镗刀的刚性差，容易产生变形和振动，加之切削液的注入和排屑困难、观察和测量的不便，所以生产率较低，但在单件和中、小批生产中，仍是一种经济的应用广泛的加工方法。

2. 坐标镗削

坐标镗床的种类较多，有立式和卧式的，有单柱和双柱的，有光学、数显和数控的。镗床的可倾工作台不仅能绕主轴做任意角度的分度转动，还可以绕辅助回转轴做0~90°的倾斜转动，由此实现镗床上加工和检验互相垂直孔、径向分布孔、斜孔和斜面上的孔。此外，坐标镗铣床还可以加工复杂的型腔。光学坐标镗床定位精度可达0.002~0.004mm，可倾工作台的分度精度有10′和12′两种。在模具加工中，坐标镗床和坐标镗铣床是应用非常广泛的设备。

坐标镗床主要用于模具零件中加工对孔距有一定精度要求的孔，也可做准确的样板划线、微量铣削、中心距测量和其他直线性尺寸的检验工作。因此，在多孔冲模、连续冲模的制造中得到广泛的应用。

（1）加工前的准备

1）模板的放置。将模板进行预加工并将基准面精度加工到0.01mm以上，然后将模板放置在镗床恒温室一段时间，以减少模板受环境温度的影响产生的尺寸变化。

2）确定基准并找正。在坐标镗削加工中，根据工件形状特点，定位基准主要有以下几种：

①工件表面上的划线。

②圆形件上已加工的外圆或孔。

③矩形件或不规则外形件的已加工孔。

④矩形件或不规则外形件的已加工的相互垂直的面。

对外圆、内孔和矩形工件的找正方法主要有以下几种：

①用百分表找正外圆柱面。

②用百分表找正内孔。

③用标准槽块找正矩形工件侧基准面。

④用量块辅助找正矩形工件侧基准面。

⑤用专用槽块找正矩形工件侧基准面。

根据以上基准找正方法可以看出，一般对圆形工件的基准找正是使工件的轴心线和机床主轴轴心线相重合。对矩形工件的基准找正是使工件的侧基面与机床主轴轴心线对齐，并与工作台坐标方向平行。

3）确定原始点位置和坐标值的转换。原始点可以选择相互垂直的两基准线（面）的交点（线），也可以利用寻边器或光学显微镜来确定，还可以用中心找正器找出已加工好孔的中心作为原始点。

此后，通常需要对工件已知尺寸按照已确定的原始点进行坐标值的转换计算。对模板孔的镗削，需根据模板图样计算出需要加工的各孔的坐标值并记录。

（2）镗孔加工　镗孔加工的一般顺序为孔中心定位→钻定心孔→钻孔→扩孔→半精镗→精铰或精镗。

为消除镗孔锥度以保证孔的尺寸精度和形状精度，一般将铰孔作为精加工（终加工）。对于孔径小于8mm、尺寸精度小于IT7、表面粗糙度 Ra 小于1.6μm的小孔加工，由于无法选用镗刀和铰刀，可以用精钻代替镗孔。

在应用坐标镗加工时，要特别注意基准的转换和传递的问题，机床的精度只能保证孔与孔间的位置精度，但不能保证孔与基准间的位置精度，这个概念不要混淆。一般在坐标镗削加工后，即以其加工出的孔为基准，进行后续的精加工。

坐标镗削的加工精度和加工生产率与工件材料、刀具材料及镗削用量有着直接关系。坐标镗床加工孔的切削用量见表6-3；坐标镗床加工孔的精度和表面粗糙度见表6-4。

表6-3　坐标镗床加工孔的切削用量

加工方式	刀具材料	切削深度 /mm	进给量 /(mm/r)	切削速度/(m/min)			
				软钢	中硬钢	铸铁	铜合金
钻孔	高速钢	—	0.08～0.15	20～25	12～18	14～20	60～80
扩孔	高速钢	2～5	0.1～0.2	22～28	15～18	20～24	60～90
半精镗	高速钢	0.1～0.8	0.1～0.3	18～25	15～18	18～22	30～60
	硬质合金	0.1～0.8	0.08～0.25	50～70	40～50	50～70	150～200
精钻、精铰	高速钢	0.05～0.1	0.08～0.2	6～8	5～7	6～8	8～10
精镗	高速钢	0.05～0.2	0.02～0.08	25～28	18～20	22～25	30～60
	硬质合金	0.05～0.2	0.02～0.06	70～80	60～65	70～80	150～200

表 6-4 坐标镗床加工孔的精度和表面粗糙度

加 工 步 骤	孔距精度（机床坐标精度的倍数）	孔径精度级	表面粗糙度 Ra/μm	适应孔径/mm
钻中心孔→钻→精钻	1.5~3	IT7	1.6~3.2	<8
钻→扩→精钻	1.5~3	IT7	1.6~3.2	<8
钻中心孔→钻→精铰	1.5~3	IT7	1.6~3.2	<20
钻→扩→精铰	1.5~3	IT7	1.6~3.2	<20
钻→半精镗→精钻	1.2~2	IT7	1.6~3.2	<8
钻→半精镗→精铰	1.2~2	IT7	0.8~1.6	<20
钻→半精镗→精镗	1.2~2	IT6~IT7	0.8~1.6	—

6.2.6 磨削加工

磨削加工是零件精加工的主要方法。磨削时可采用砂轮、磨石、磨头、砂带等作为磨具，而最常用的磨具是用磨料和黏结剂做成的砂轮。通常磨削能达到的经济精度为 IT5~IT7，表面粗糙度 Ra 一般为 0.2~0.8μm。

磨削的加工范围很广，不仅可以加工内外圆柱面、内外圆锥面和平面，还可以加工螺纹、花键轴、曲轴、齿轮、叶片等特殊的成形表面。图 6-18 所示为常见的磨削方法。

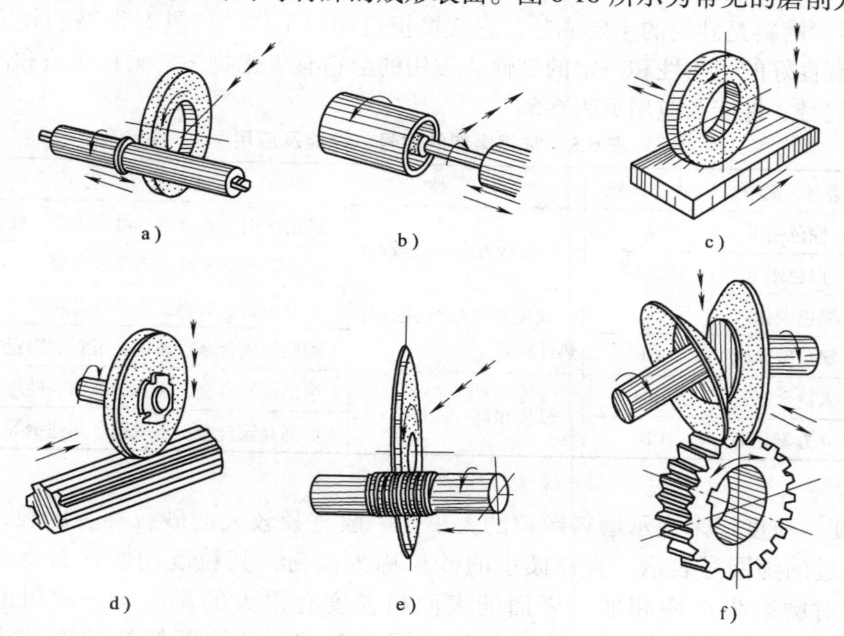

图 6-18 常见的磨削方法

a）外圆磨削 b）内圆磨削 c）平面磨削 d）花键磨削 e）螺纹磨削 f）齿形磨削

从本质上看，磨削加工是一种切削加工，但与车削、铣削、刨削加工相比，又有所不同。其特点如下：

1）磨削属多刀、多刃切削。磨削用的砂轮是由许多细小而且极硬的磨粒黏结而成的，在砂轮表面上杂乱地布满很多棱形多角的磨粒，每一磨粒就相当于一个切削刃。因此，磨削加工实质上是一种多刀、多刃切削的高速切削。图6-19所示为磨粒切削示意图。

2）磨削属微刃切削。切削厚度极薄，每一磨粒切削厚度可小到数微米，故可获得很高的加工精度和低的表面粗糙度值。

3）磨削速度大。一般砂轮的圆周速度达2000～3000m/min，目前的高速磨削砂轮线速度已达到60～250m/s。磨削时温度很高，磨削时的瞬时温度可达800～1000℃，因此磨削时一般都使用切削液。

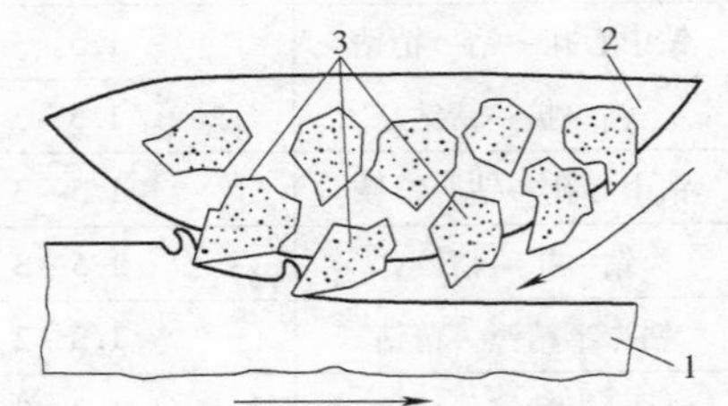

图6-19　磨粒切削示意图
1—工件　2—砂轮　3—磨粒

4）加工范围广。磨粒硬度很高，因此磨削不仅可以加工碳钢、铸铁等常用金属材料，还能加工一般金属难以加工的高硬度、高脆性材料，如淬火钢、硬质合金等。但磨削不宜加工硬度低而塑性很好的非铁金属材料。

1. 砂轮的特性及选用

(1) 砂轮特性　砂轮是由磨料和结合剂经压坯、干燥、烧结而成的疏松体，由磨粒、结合剂和气孔三部分组成。砂轮磨粒暴露在表面部分的尖角即为切削刃。结合剂的作用是将众多磨粒结合在一起，并使砂轮具有一定的形状和强度，气孔在磨削中主要起容纳切屑和磨削液，以及散发磨削液的作用。砂轮特性包括磨料、粒度、结合剂、硬度、组织、形状和尺寸六大要素。

1）磨料。磨料是砂轮的主要成分，它直接担负切削工作，应具有很高的硬度和锋利的棱角，并要有良好的耐热性和一定的韧性。常用的磨料有氧化物系、碳化物系和高硬度磨料系三种，其代号、性能及应用见表6-5。

表6-5　常用磨料的代号、性能及应用

系　列	磨料名称	代　号	特　性	适用范围
氧化物系 Al_2O_3	棕色刚玉	A	硬度较好、韧性较好	磨削碳钢、合金钢、可锻铸铁、硬青钢
	白色刚玉	WA		磨削淬硬钢、高速钢及成形磨
碳化物系 SiC	黑色碳化硅	C	硬度高、韧性差、导热性较好	磨削铸铁、黄铜、铝及非金属等
	绿色碳化硅	GC		磨削硬质合金、玻璃、玉石、陶瓷等
高硬磨料系 C，BN	人造金刚石	SD	硬度很高	磨削硬质合金、宝石、玻璃、硅片等
	立方氮化硼	CBN		磨削高温合金、不锈钢、高速钢等

2）粒度。粒度用来表示磨料颗粒的大小。一般直径较大的砂粒称为磨粒，其粒度用磨粒所能通过的筛网号表示。直径极小的砂粒称为微粉，其粒度用磨料自身的实际尺寸表示。粒度对磨削生产率和加工表面的表面粗糙度有很大的影响。一般粗磨和磨软材料是选用粗磨粒；精磨或磨硬而脆的材料选用细磨粒。常用磨粒的粒度及应用范围见表6-6。

3）结合剂。结合剂的作用是将磨粒黏结在一起，并使砂轮具有所需要的形状、强度、耐冲击性、耐热性等。黏结越牢固，磨削过程中磨粒就越不易脱落。常用结合剂分无机和有机两大类，无机结合剂主要有陶瓷结合剂，这种结合剂制造的砂轮只能在速度小于35m/s时使用；有机结合剂主要有树脂结合剂和橡胶结合剂。砂轮结合剂的种类、性能及应用见表6-7。

表6-6 常用磨料的粒度及应用范围

粒度	应用范围	粒度	应用范围
F20、F24、F30	荒磨钢锭，打磨铸件毛刺，切断钢坯等	F100、F150	半精磨、精磨、珩磨、成形磨、工具磨等
F40、F46、F60	磨内圆、外圆和平面，无心磨，刀具刃磨等	F280、F320、F360、F400	精磨、超精磨、珩磨、螺纹磨、镜面磨等
F70、F80、F90	半精磨、精磨内外圆和平面，无心磨和工具磨等	F500或更细	精磨、超精磨、镜面磨、研磨、抛光等

表6-7 砂轮结合剂的种类、性能及应用

名称	代号	性能	应用范围
陶瓷结合剂	V	耐热，耐水，耐油，耐酸碱，气孔率大，强度高，韧性及弹性差	应用范围最广，除切断砂轮外，大多数砂轮都采用陶瓷结合剂
树脂结合剂	B	强度高，弹性好，耐冲击，有抛光作用，耐热性，耐蚀性差	制造高速砂轮、薄砂轮
橡胶结合剂	R	强度和弹性更好，有极好的抛光作用，但耐热性更差，不耐酸	制造无心磨床导轮、薄砂轮、抛光砂轮

4）硬度。硬度是指砂轮表面上的磨粒在磨削力的作用下脱落的难易程度。磨粒容易脱落，则砂轮的硬度低，称为软砂轮；磨粒难脱落，则砂轮的硬度就高，称为硬砂轮。砂轮的硬度主要取决于结合剂的黏结能力及含量，与磨粒本身的硬度无关。砂轮的硬度等级与代号见表6-8。

表6-8 砂轮的硬度等级与代号

硬度等级	大级	超软	软			中软		中		中硬			硬		超硬
	小级	超软	软$_1$	软$_2$	软$_3$	中软$_1$	中软$_2$	中$_1$	中$_2$	中硬$_1$	中硬$_2$	中硬$_3$	硬$_1$	硬$_2$	超硬
代号		D、E、F	G	H	J	K	L	M	N	P	Q	R	S	T	Y

选择砂轮的硬度主要根据工件材料特性和磨削条件来决定。一般磨削软材料时应选用硬砂轮，磨削硬材料时应选用软砂轮，成形磨削和精密磨削也应选用硬砂轮。

5）组织。砂轮的组织是指磨粒和结合剂疏密程度，它反映了磨粒、结合剂、气孔三者之间的体积比例关系。按照GB/T 2484—2006的规定，砂轮组织分为紧密、中等和疏松三大类15级，见表6-9。

表6-9 砂轮的组织与代号

组织号	0	1	2	3	4	5	6	7	8	9	10	11	12	13	14
磨粒率(%)	62	60	58	56	54	52	50	48	46	44	42	40	38	36	34
疏密程度	紧密					中等						疏松			

砂轮的组织对磨削生产率和工件表面质量有直接影响。一般的磨削加工广泛使用中等组织的砂轮，成形磨削和精密磨削则采用紧密组织的砂轮，而平面端磨、内圆磨削等接触面积较大的磨削及磨削薄壁零件、非铁金属、树脂等软材料时应选用疏松组织的砂轮。

6）砂轮的形状和尺寸。为了适应不同形状和尺寸的工件，砂轮也需要做出不同的形状和尺寸。表6-10为常用砂轮的形状、代号及用途。

表6-10　常用砂轮的形状、代号及用途

砂轮名称	代号	简图	主要用途
平形砂轮	P		平面磨、内外圆磨、成形磨、无心磨、刃磨等
双斜边形砂轮	PSX		磨削齿轮和螺纹
双面凹砂轮	PSA		外圆磨、平面磨、刃磨刀具、无心磨
薄片砂轮	PB		切断和开槽等
筒形砂轮	N		立轴端面磨
杯形砂轮	B		磨削刀具、工具、模具形面，内外圆磨
碗形砂轮	BW		刀具角度刃磨、模具形面磨削
碟形砂轮	D		用于磨铣刀、铰刀、拉刀等，大尺寸的用于磨齿轮端面

（2）砂轮的选用　选用砂轮时，应综合考虑工件的形状、材料性质及磨床条件等各因素，见表6-11。在考虑尺寸大小时，应尽可能把外径选得大些，以提高砂轮的圆周速度，有利于提高磨削生产率、降低表面粗糙度值。磨内圆时，砂轮的外径取工件孔径的2/3左右，有利于提高磨具的刚度。但应特别注意的是，不能使砂轮工作时的线速度超过所标志的数值。

表6-11　砂轮的选用

磨削条件	粒度		硬度		组织		结合剂		
	粗	细	软	硬	松	紧	V	B	R
外圆磨削				●			●		
内圆磨削			●				●		
平面磨削			●				●		
无心磨削				●			●		
荒磨、打磨毛刺	●							●	●
精密磨削		●		●		●	●	●	
高精密磨削		●		●		●	●	●	
超精密磨削		●		●		●	●	●	

（续）

磨削条件	粒度		硬度		组织		结合剂		
	粗	细	软	硬	松	紧	V	B	R
镜面磨削		●	●			●		●	
高速磨削		●		●					
磨削软金属	●			●		●			
磨韧性、延展性大的材料	●				●			●	
磨硬脆材料		●	●						
磨削薄壁材料	●		●		●			●	
干磨	●		●						
湿磨		●		●					
成形磨削		●		●		●	●		
磨热敏性材料	●				●				
刀具刃磨			●						
钢材切断			●					●	●

注：“●”表示选用。

2. 磨削运动与磨削用量

磨削时砂轮与工件的切削运动也分为主运动和进给运动，主运动是砂轮的高速旋转；进给运动一般为圆周进给运动（即工件的旋转运动）、纵向进给运动（即工作台带动工件所做的纵向直线往复运动）和径向进给运动（即砂轮沿工件径向的移动）。描述这四个运动的参数即为磨削用量。常用磨削用量的定义、计算及选用见表6-12。

表 6-12 常用磨削用量的定义、计算及选用

磨削用量	定义及计算	选用原则
砂轮圆周速度 v_S/(m/s)	砂轮外圆的线速度 $v_S=\frac{\pi d_S n_S}{1000\times60}$	一般陶瓷结合剂砂轮 $v_S\leqslant35$m/s 特殊陶瓷结合剂砂轮 $v_S\leqslant50$m/s
工件圆周速度 v_W/(m/s)	被磨削工件外圆处的线速度 $v_W=\frac{\pi d_W n_W}{1000\times60}$	一般 $v_W=\left(\frac{1}{160}\sim\frac{1}{80}\right)\times60$m/s 粗磨时取大值，精磨时取小值
纵向进给量 f_a/mm	工件每转一圈沿本身轴向的移动量	一般取 $f_a=(0.3\sim0.6)B$，B 为砂轮宽度 粗磨时取大值，精磨时取小值
径向进给量 f_r/mm	工作台一次往复行程内，砂轮相对工件的径向移动量（又称磨削深度）	粗磨时取 $f_r=0.01\sim0.06$mm 精磨时取 $f_r=0.005\sim0.02$mm

3. 平面与外圆磨削加工

（1）平面磨削　平面磨床的主轴分为立轴和卧轴两种，工作台也分为矩形和圆形两种，分别称为卧轴矩台磨床和立轴圆台平面磨床。与其他磨床不同的是工作台上装有电磁吸盘，用于直接吸住工件。

平面的磨削方式有周磨法和端磨法。磨削时主运动为砂轮的高速旋转，进给运动为工件随工作台直线往复运动或圆周运动以及磨头做间隙运动。周磨法的磨削用量如下：

1）磨钢件的砂轮外圆的线速度：粗磨22～25m/s，精磨25～30m/s。

2）纵向进给量一般选用1～12m/min。

3）径向进给量（垂直进给量）：粗磨0.015～0.05mm，精磨0.005～0.01mm。

平面磨削尺寸精度为IT5～IT6，两平面平行度误差小于100:0.01，表面粗糙度*Ra*为0.2～0.8μm，精密磨削时*Ra*为0.01～0.1μm。

平面磨削作为模具零件的终加工工序，一般安排在精铣、精刨和热处理之后。磨削模板时，直接用电磁吸盘将工件装夹；对于小尺寸零件，常用精密平口钳、导磁角铁或正弦夹具等装夹工件。

磨削平行平面时，两平面互相作为加工基准，交替进行粗磨、精磨和1～2次光整。磨削垂直平面时，先磨削与之垂直的两个平行平面，然后以此为基准进行磨削。除了模板面的磨削外，模具中与分模面配合精度有关的零件都需要磨削，以满足平面度和平行度的要求。

（2）外圆磨削　外圆磨削是指磨削工件的外圆柱面、外圆锥面等。外圆磨削可以在外圆磨床上进行，也可以在无心磨床上进行。某些外圆磨床还具备有磨削内圆的内圆磨头附件，用于磨削内圆柱面和内圆锥面。凡带有内圆磨头的外圆磨床，习惯上称为万能外圆磨床。

外圆磨削方法分为纵向磨削法、横向磨削法、混合磨削法和深磨法等。外圆磨削的磨削用量如下：

1）砂轮外圆的线速度：陶瓷结合剂砂轮小于等于35m/s，树脂结合剂砂轮大于50m/s。

2）工件线速度：一般选用13～20m/min，淬硬钢大于等于26m/min。

3）径向进给量（磨削深度）：粗磨0.02～0.05mm，精磨0.005～0.015mm。

4）纵向进给量：粗磨时取0.5～0.8砂轮宽度，精磨时取0.2～0.3砂轮宽度。

外圆磨削的精度可达IT5～IT6，表面粗糙度*Ra*一般为0.2～0.8μm，精磨时*Ra*可达0.01～0.16μm。

在外圆磨床上磨削外圆时，工件主要有以下几种装夹方法：前后顶尖装夹，但与车削不同的是两顶尖均为死顶尖，具有装夹方便、加工精度高的特点，适用于装夹长径比大的工件，如导柱、复位杆等；用自定心或单动卡盘装夹，适用于装夹长径比小的工件，如凸模、顶块、型芯等；用卡盘和顶尖装夹较长的工件；用反顶尖装夹，磨削细长小尺寸轴类工件，如小凸模、小型芯等；配用芯棒装夹，磨削有内外圆同轴度要求的套类工件，如凹模嵌件、导套等。

外圆磨削主要用于圆柱形型腔型芯、凸凹模、导柱导套等具有一定硬度和表面粗糙度要求的零件精加工。

4. 成形磨削加工

（1）成形磨削方法　在模具制造中，利用成形磨削的方法加工凸模、凹模拼块、凸凹模及电火花加工用的电极是目前最常用的一种工艺方法。这是因为成形磨削后的零件精度高，质量好，并且加工速度快，减少了热处理后的变形现象。

形状复杂的模具零件一般都是由若干平面、斜面和圆弧面所组成的。成形磨削的原理，即是把零件的轮廓分解成若干直线和圆弧，然后按照一定的顺序逐段磨削，使其连接圆滑、光整，并达到图样的技术要求。

成形磨削的方法主要有两种，如图6-20所示。

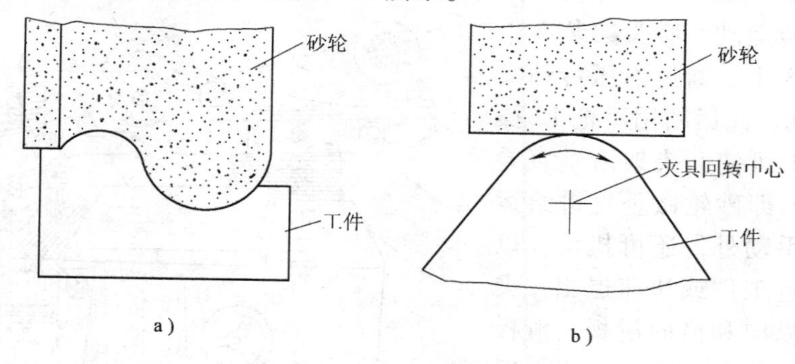

图6-20 成形磨削的两种方法
a）成形砂轮磨削法 b）夹具磨削法

1）成形砂轮磨削法是指利用修正砂轮夹具把砂轮修正成与工件形面完全吻合的反形面，然后再用此砂轮对工件进行磨削，使其获得所需的形状，如图6-20a所示。该方法适用于磨削小圆弧、小尖角和槽等无法用分段磨削的工件。利用成形砂轮对工件进行磨削是一种简便有效的方法，可使磨削生产率高，但砂轮消耗较大。修整砂轮的专用夹具主要有砂轮角度修整夹具、砂轮圆弧修整夹具、砂轮万能修整夹具和靠模修整夹具等几种。

2）夹具磨削法是指将工件按一定的条件装夹在专用夹具上，在加工过程中，通过夹具的调节使工件固定或不断改变位置，从而使工件获得所需的形状，如图6-20b所示。利用夹具法对工件进行磨削其加工精度很高，甚至可以使零件具有互换性。

成形磨削的专用夹具主要有磨平面及斜面夹具、分度磨削夹具、万能夹具及磨大圆弧夹具等几种。

上述两种磨削方法虽然各有特点，但在加工模具零件时，为了保证零件质量，提高生产率，降低成本，往往需要两者联合使用，并且，将专用夹具与成形砂轮配合使用时，常可磨削出形状复杂的工件。

成形磨削所使用的设备可以是特殊专用磨床，如成形磨床，也可以是一般平面磨床。由于设备条件的限制，利用一般平面磨床并借助专用夹具及成形砂轮进行成形磨削的方法，在模具零件的制造过程中占有很重要的地位。

在成形磨削的专用机床中，除成形磨床外，生产中还常用一些数控成形磨床、光学曲线磨床、工具曲线磨床、缩放尺曲线磨床等精密磨削专用设备。

（2）成形磨削常用机床

1）平面磨床。在平面磨床上借助于成形磨削专用夹具进行成形磨削时，模具零件及夹具安装在模具的磁性吸盘上，夹具的基面或轴心线必须校正与磨床纵向导轨平行。当磨削平面时，工件及夹具随工作台做纵向直线运动，磨头在高速旋转的同时做间歇的横向直线运动，从而磨出光洁的平面；当磨削圆弧时，工件及夹具相对于磨头只做纵向运动，在磨头高速旋转的同时，通过夹具的旋转部件带动工件的转动，从而磨出光滑的圆弧；当采用成形砂轮磨削工件成形表面时，首先调整好工件及夹具相对于磨头的轴向位置，然后，通过工件及夹具随工作台的纵向直线运动、磨头的高速旋转，并用切入法对工件进行成形切削。在上述的磨削中，砂轮沿立柱上的导轨做垂直进给。

2）成形磨床。图6-21所示为模具专用成形磨床。砂轮6由装在磨头架4上的电动机5带动做高速旋转运动，磨头架装在精密的纵向导轨3上，通过液压传动实现纵向往复运动，此运动用手把12操纵；转动手轮1可使磨头架沿垂直导轨2上下运动，即砂轮做垂直进给运动，此运动除手动外，还可机动，以使砂轮迅速接近工件或快速退出；夹具工作台具有纵向和横向滑板，滑板上固定着万能夹具8，它可在床身13右端精密导轨上做调整运动，只有机动；转动手轮10可使万能夹具做横向移动。床身中间是测量平台7，它是放置测量工具，以及校正工件位置、测量工件尺寸用的；有时，修正成形砂轮用的夹具也放在此测量平台上。

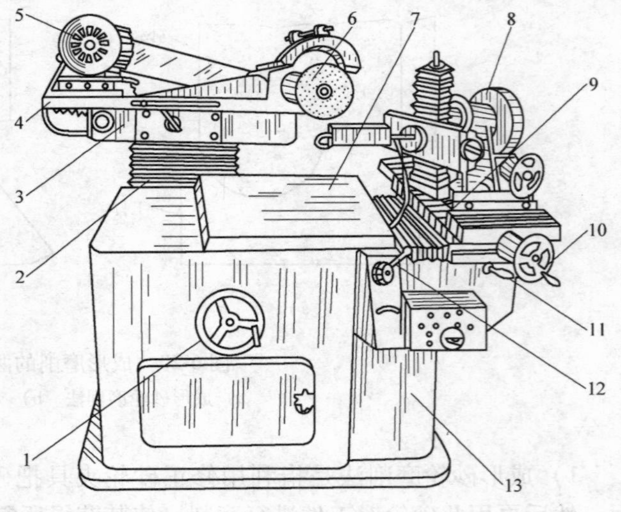

图6-21　成形磨床

1—手轮　2—垂直导轨　3—纵向导轨　4—磨头架　5—电动机　6—砂轮　7—测量平台　8—万能夹具　9—夹具工作台　10—手轮　11、12—手把　13—床身

在成形磨床上进行成形磨削时，工件装在万能夹具上，夹具可以调节在不同的位置。通过夹具的使用能磨削出平面、斜面和圆弧面。必要时配合成形砂轮，则可加工出更为复杂的曲面。

3）光学曲线磨床。图6-22所示为M9017A型光学曲线磨床，它是由光学投影仪与曲线磨床相结合的磨床。在这种机床上可以磨削平面、圆弧面和非圆弧形的复杂曲面，特别适合单件或小批生产中复杂曲面零件的磨削。

光学曲线磨床的磨削方法为仿形磨削法。其操作过程是：把所需磨削的零件的曲面放大50倍绘制在描图样上，然后将描图样夹在光学曲线磨床的投影屏幕1上，再将工件装夹在工作台4上，并用手柄3、5、6调整工件的加工位置。在透射照明的照射下，使被加工工件及砂轮通过放大镜放大50倍后，投影到屏幕上。为了在屏幕上得到浓黑的工件轮廓的影像，可通过转动手柄调节工作台升降运动来实现。由于工件在磨削前留有加工余量，故其外形超出屏幕上放大图样的曲线。磨削时只需根据

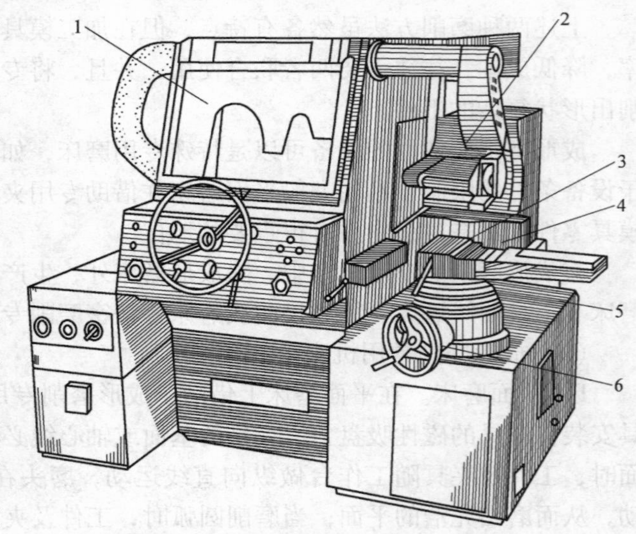

图6-22　M9017A型光学曲线磨床

1—投影屏幕　2—砂轮架　3、5、6—手柄　4—工作台

屏幕上放大图样的曲线，相应移动砂轮架2，使砂轮磨削掉由工件投影到屏幕上的影像覆盖放大图样上曲线的多余部分，这样就磨削出较理想的曲线来。

光学曲线磨削表面粗糙度 Ra 可达0.4μm以下，加工误差一般为3~5μm。采用陶瓷砂轮磨削，最小圆角半径可达3μm，一般砂轮也可磨出0.1mm的圆角半径。

4）数控成形磨床。数控成形磨床是以平面磨床为基础，工作台作纵向往复直线运动和横向进给运动，砂轮除了旋转运动外，还可做垂直进给运动。数控成形磨床的特点是对砂轮的垂直进给和工作台的横向进给运动采用了数控。在机床工作台纵向往复直线运动的同时，由计算机数控（CNC）控制砂轮架的垂直进给和工作台的横向进给，使砂轮沿着工件的轮廓轨迹自动对工件进行磨削，为适应凹形曲线的磨削，砂轮应修整成圆形和V形，如图6-23所示。

在数控成形磨床上也可使用成形砂轮磨削法，即用计算机来控制修整砂轮，然后用此成形砂轮磨削工件。磨削时，工件做纵向往复直线运动，砂轮高速旋转并垂直进给，如图6-24所示。

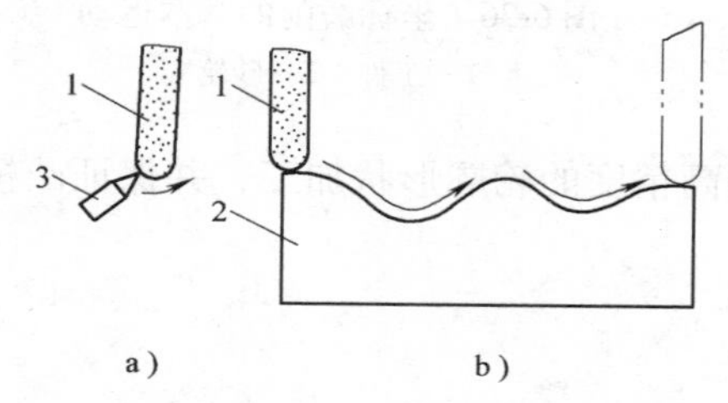

图6-23 数控成形磨削
a）修整成形砂轮 b）磨削工件
1—砂轮 2—工件 3—金刚刀

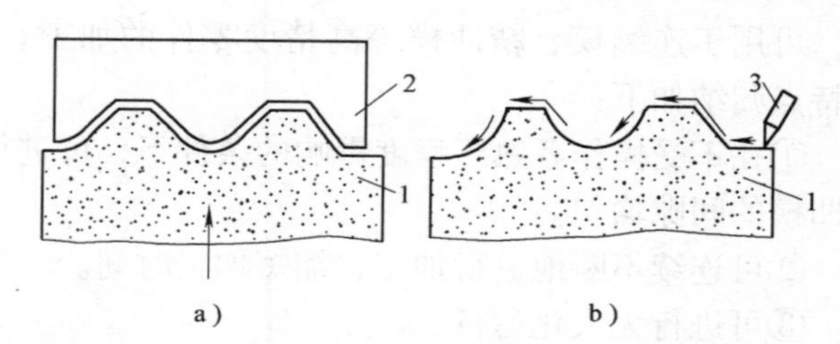

图6-24 数控成形磨削
a）修整成形砂轮 b）磨削工件
1—砂轮 2—工件 3—金刚刀

除以上两种方法外，还可以把这两种方法结合在一起，用来磨削具有多个相同形面的工件。图6-25所示为复合磨削。

用数控成形磨床磨削模具零件，可使模具制造朝着高精度、高质量、高效率、低成本和自动化的方向发展，并便于采用CAD/CAM技术设计与制造模具。

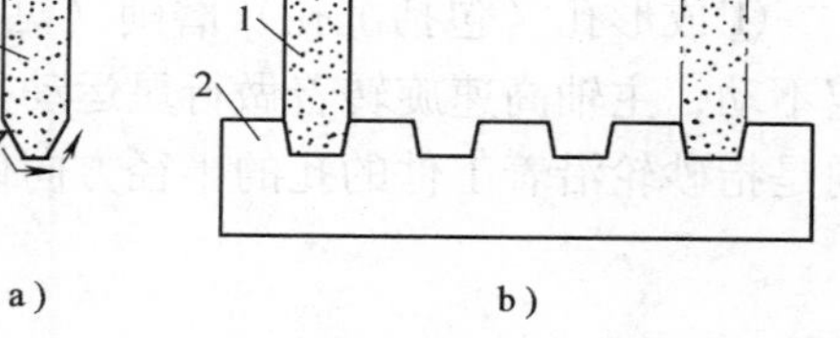

图6-25 复合磨削
a）修整成形砂轮 b）磨削工件
1—砂轮 2—工件 3—金刚刀

5. 坐标磨削

（1）坐标磨床 坐标磨削和坐标镗削加工一样，是按准确的坐标位置来保证加工尺寸的精度，只是将镗刀改为了砂轮。它是一种高精度的加工方法，主要用于淬火工件、高硬度工件的加工。对消除工件热处理变形、提高加工精度尤为重要。坐标磨削的适用范围较大，坐标磨床加工的孔径范围为0.4~90mm，表面粗糙度 Ra 为0.08~0.32μm，坐标误差小于3μm。

坐标磨削能完成三种基本运动，即砂轮的高速自转运动、行星运动（砂轮回转轴线的圆周运动）及砂轮沿机床主轴方向的直线往复运动，如图6-26所示。

坐标磨削主要用于模具精加工，如精密间距的孔、精密型孔、轮廓等。在坐标磨床上，可以完成内孔磨削、外圆磨削、锥孔磨削（需要专门机构）、直线磨削等。

坐标磨床有手动和数控连续轨迹两种。前者用手动点定位，无论是加工内轮廓还是外轮廓，都要把工作台移动或转动到正确的坐标位置，然后由主轴带动高速磨头旋转，进行磨削；数控连续轨迹坐标磨削是由计算机控制坐标磨床，使工作台根据数控系统的加工指令进行移动或转动。

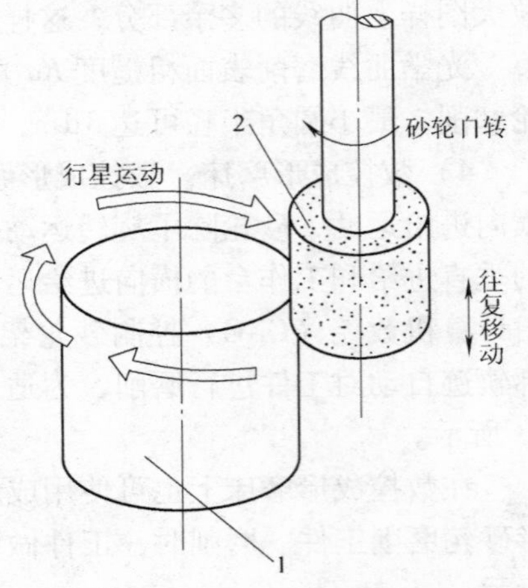

图 6-26　坐标磨削的基本运动
1—工件　2—砂轮

（2）数控坐标磨床

1）数控坐标磨床的特点。数控坐标磨床由于设置了CNC系统和交直流伺服驱动多轴，可磨削连续轨迹的模具复杂形面，所以也称之为连续轨迹坐标磨床。连续轨迹坐标磨床的特点是可以连续进行高精度的轮廓形状加工。例如，凸轮形状的凸模，如果没有专用磨床，很难进行磨削，但在连续轨迹坐标磨床上就可以进行高精度加工。连续轨迹坐标磨床还可以加工曲线组合而成的形槽，可用于连续模、精冲模等高精度零件的加工。其主要特点归纳如下：

①在不受操作者熟练程度影响的条件下，可进行最高精度的轮廓形状加工，并保证凸模与凹模的间隙均匀。

②可连续不断地进行加工，缩短加工时间。

③可进行无人化运行。

2）数控坐标磨削的方式如下：

①圆周面磨削，即利用砂轮的圆周面进行磨削，这是最常见的磨削方式。

②端面磨削，即利用砂轮的端面进行磨削。由于热量及切屑不易排除，为了改善磨削条件，需将砂轮的底端面修成凹陷状。

3）数控坐标磨削在模具加工中的主要应用如下：

①成形孔（包括沉孔）磨削（见图6-27、图6-28）：砂轮修成所需形状，加工时工件固定不动，主轴高速旋转着做行星运动并逐渐向下走刀，这种运动方式也叫径向连续切入，径向是指砂轮沿着工件的孔的半径方向做少量的进给，连续切入是指砂轮不断地向下走刀。

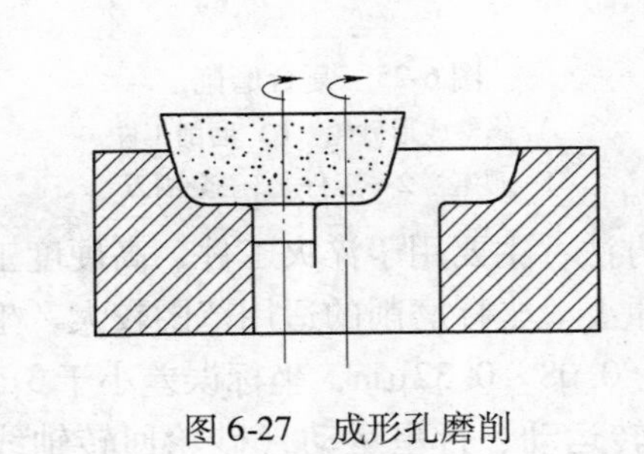
图 6-27　成形孔磨削

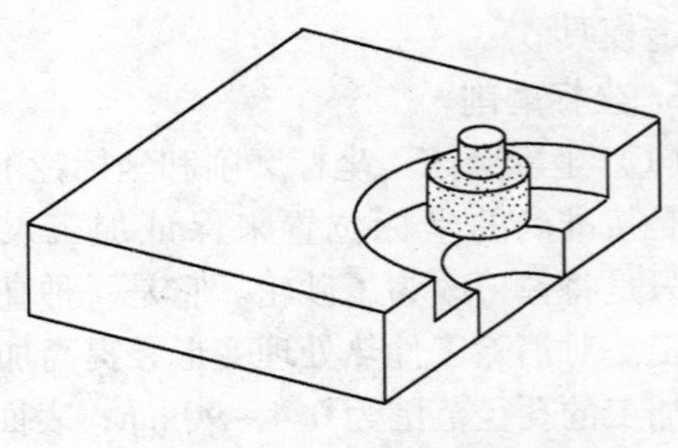
图 6-28　沉孔磨削

②内腔底面磨削（见图6-29）：采用碗形砂轮，主轴高速旋转着在水平面内走刀，在轴向做少量的进给。

③凹球面磨削（见图6-30）：砂轮修成成形所需形状，主轴与凹球面的轴线成45°交叉，砂轮的底棱边与凹球面的最低点相切。

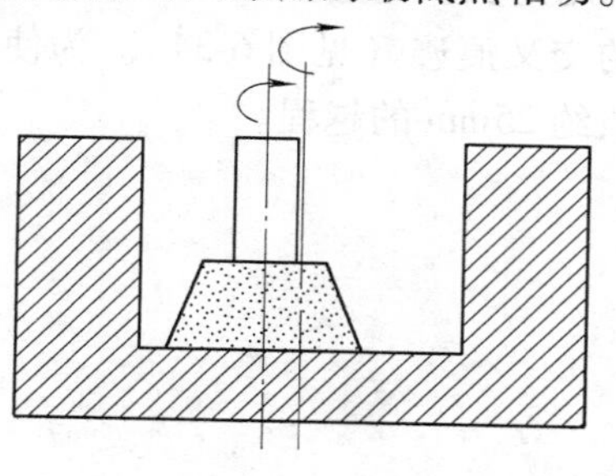

图6-29 内腔底面磨削

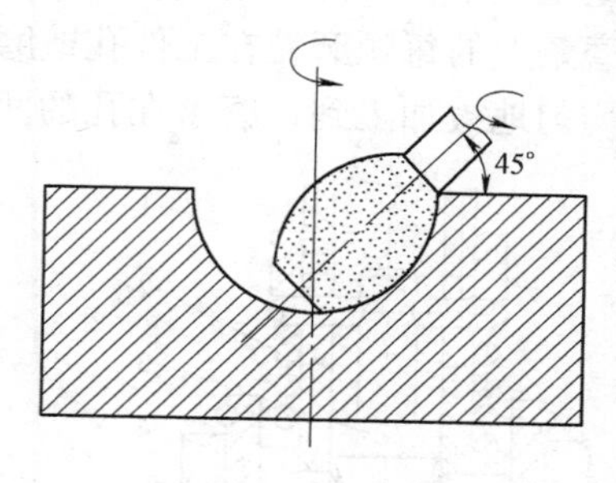

图6-30 凹球面磨削

④二维轮廓磨削（见图6-31）：采用圆柱或成形砂轮，工件在 X—Y 平面做插补运动，主轴逐渐向下走刀。

⑤三维轮廓磨削（见图6-32）：采用圆柱或成形砂轮，砂轮运动方式与数控铣削相同。

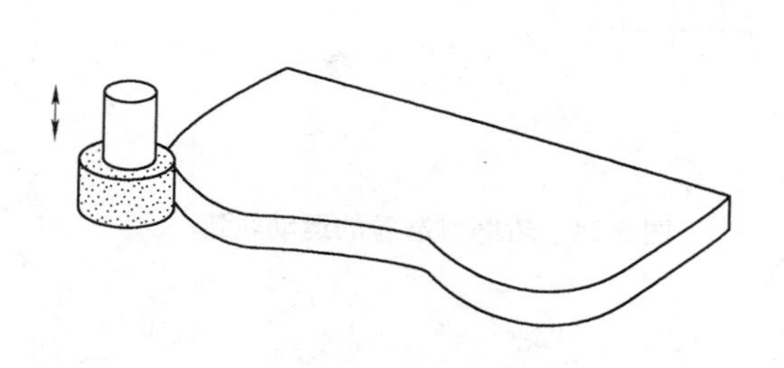

图6-31 二维轮廓磨削

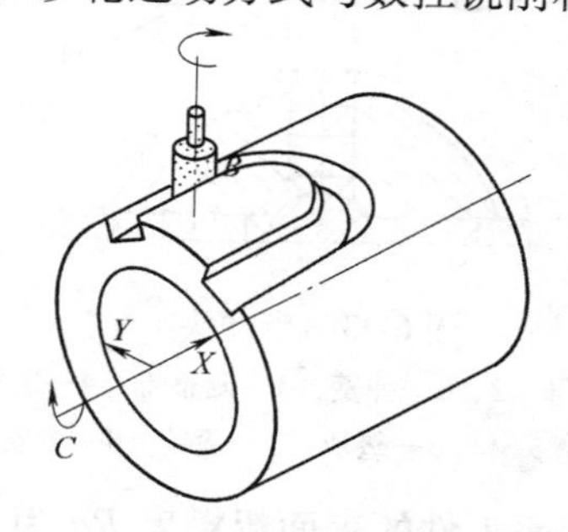

图6-32 三维轮廓磨削

4）数控坐标磨削的工艺特点如下：

①基准选择：必须是用校表方法能精确找到的位置。

②磨削余量：单边余量0.05～0.3mm。视前道工序可保证的几何公差和热处理情况而定。

③进给量：径向连续切入时为0.1～1mm/min；轮廓磨削时，始磨为0.03～0.1mm/次，终磨为0.004～0.01mm/次。应视工件材料和砂轮性能而定。

④进给速度：10～30mm/min。应视工件材料和砂轮性能而定。

6.2.7 珩磨

珩磨是用磨粒很细的磨条（也叫磨石）来进行加工的，多用于加工圆柱孔。

珩磨孔用的工具叫珩磨头，其结构有很多种，图6-33所示为一种简单的珩磨头。磨头体通过浮动联轴器与机床主轴连接，以消除机床主轴和工件内孔不同心的有害影响。四块磨条（也有三、五、六块的）用结合剂（或机械方法）与垫块固结在一起，并装进磨头体的槽中。垫块两端由弹簧箍住，使磨条保持在磨头体上。当转动螺母时，通过调整锥和顶销使磨条张开以调整磨头的工作尺寸及磨条的工作压力。这种珩磨头难以保证磨条对孔壁的工作压力调整得准确，原因是磨条的磨损、孔径的增大，以及磨条对孔壁的压力也不能保持恒定。因此，在珩磨过程中，需要经常停车转动螺母来调整工作压力，从而降低了生产率。在成批大量生产中，广泛采用气动、液动调节工作压力的珩磨头。珩磨头工作时有两种运动的结果，磨条上的每颗磨粒在工件孔壁磨出左右螺旋形的交叉痕迹（见图6-34）。为使整个工件表面均匀地被加工到，磨条在孔的两端都要露出一段约25mm的越程。

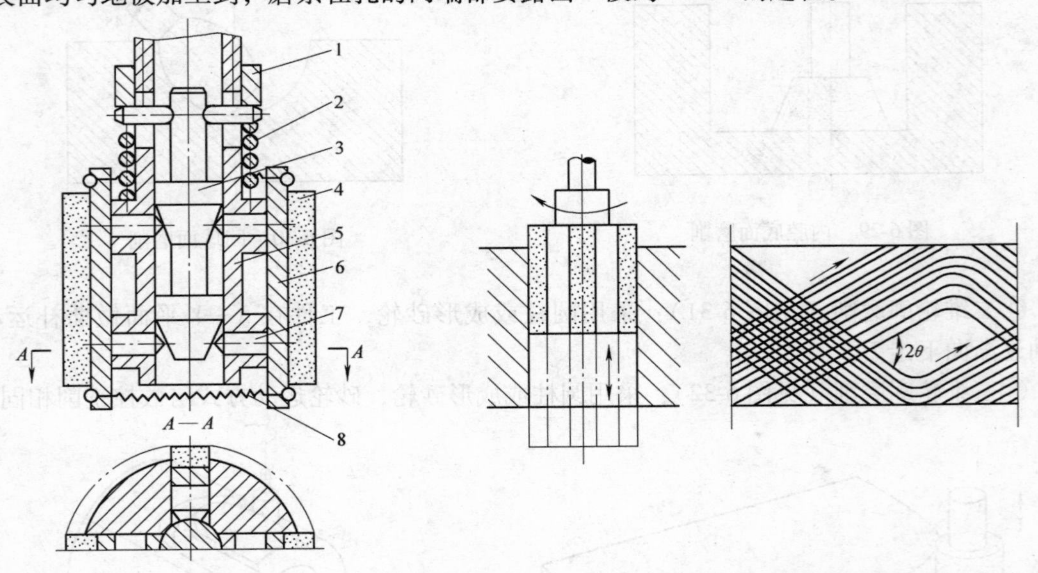

图6-33　珩磨头

1—螺母　2、8—弹簧　3—调整锥　4—磨条　5—磨头体　6—垫块　7—顶销　8—弹簧

图6-34　珩磨时磨粒的运动轨迹

珩磨工件的表面粗糙度 Ra 为0.05～0.4μm，尺寸精度为IT6，圆度或圆柱度误差可控制在0.003～0.005mm。珩磨加工余量见表6-13。

表6-13　珩磨余量

被加工孔的直径/mm	直径上余量/mm	
	铸　铁	钢
25～125	0.02～0.10	0.10～0.04
125～250	0.06～0.15	0.02～0.05
>250	0.10～0.20	0.04～0.06

6.3　特种加工

6.3.1　电火花成形加工

1. 电火花加工系统

电火花加工是在电火花机床上对工件进行的一种放电加工。图6-35所示为电火花加工的示意图。

电火花加工机床一般由三部分组成：机床主机、脉冲电源及工作液循环系统，如图6-36所示。

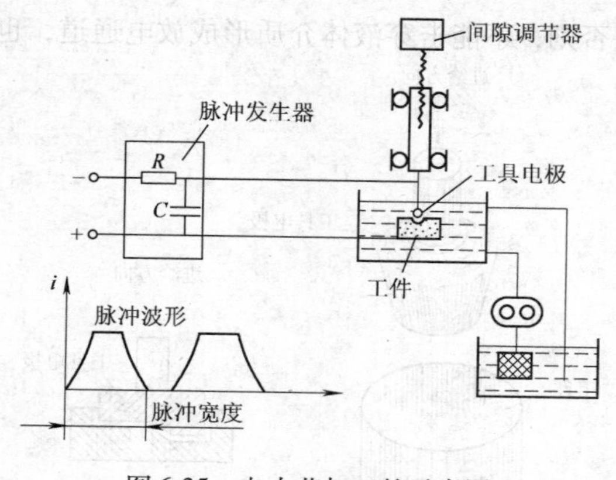

图6-35　电火花加工的示意图

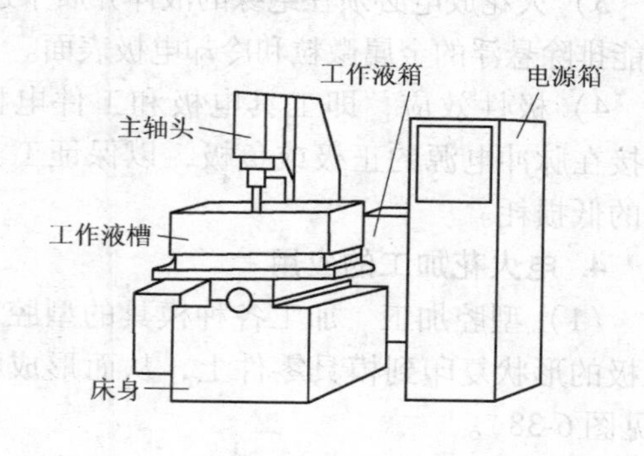

图6-36　电火花加工机床的组成

2. 电火花加工的原理

电火花加工时，脉冲电源的一极接工具电极，另一极接工件电极。两极浸入绝缘的工作液（煤油或矿物油）中，工具电极由放电间隙自动调节器控制，向工件移近。当两极间达到一定距离时，极间最近点处的液体介质被击穿，形成放电通道。由于通道截面很小，放电时间极短，电流密度很高，能量高度集中，在放电区产生高温，致使工件的局部金属熔化和汽化，并被抛出工件表面，形成一个小凹坑。第二个脉冲又在另一最近点处击穿液体介质，重复上述过程。如此循环下去，工具电极的轮廓和截面形状将复印在工件上，形成所需的加工表面。工具电极也会因放电而产生损耗。电蚀过程如图6-37所示。

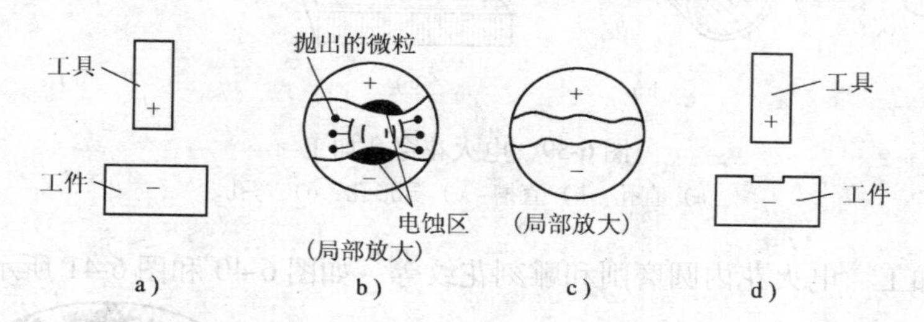

图6-37　电蚀过程

a）工具电极在自动调节器带动下向工件电极靠近　b）两极最近点处液体介质被电离产生火花放电，局部金属熔化、汽化并被抛离　c）多次脉冲放电后，加工表面形成无数个小凹坑　d）工具电极的轮廓和截面形状复印在工件上

3. 电火花加工的条件

如上所述，利用电火花放电对工件进行电蚀加工时，必须具备下列条件：

1）必须采用脉冲电源，以便形成极短的脉冲（1ms）放电，才能使能量集中于微小的区域而来不及传递到周围材料中去。如果形成连续放电，便会像电焊一样出现电弧，工件表面会被烧成不规则形状。

2）工具电极与工件电极之间必须保持一定的间隙。间隙过大，工作电压击不穿液体介质；间隙过小，形成短路接触，极间电压接近于零，两种情况都无法形成火花放电。为此，工具电极的进给速度应与电蚀的速度相适应。

3）火花放电必须在绝缘的液体介质中进行；否则，不能击穿液体介质形成放电通道，也不能排除悬浮的金属微粒和冷却电极表面。

4）极性效应，即工具电极和工件电极分别接在脉冲电源的正极或负极，以保证工具电极的低损耗。

4. 电火花加工的应用

（1）型腔加工　加工各种模具的型腔，将电极的形状复印到模具零件上，从而形成型腔（见图6-38）。

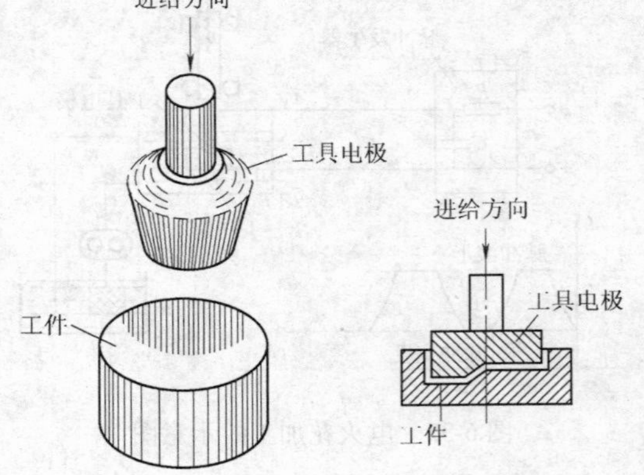

图6-38　电火花加工模具型腔

（2）穿孔加工　各种截面形状的型孔（圆孔、方孔、异形孔）、曲线孔（弯孔、螺旋孔）和微小孔（$<\phi0.1$mm）等均可用电火花穿孔加工（见图6-39）。

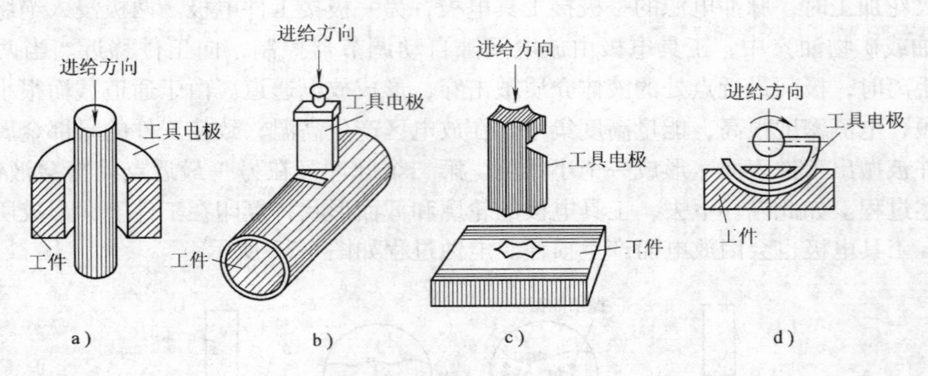

图6-39　电火花穿孔加工
a）直孔　b）直槽　c）异形孔　d）弯孔

（3）其他加工　电火花内圆磨削和雕刻花纹等，如图6-40和图6-41所示。

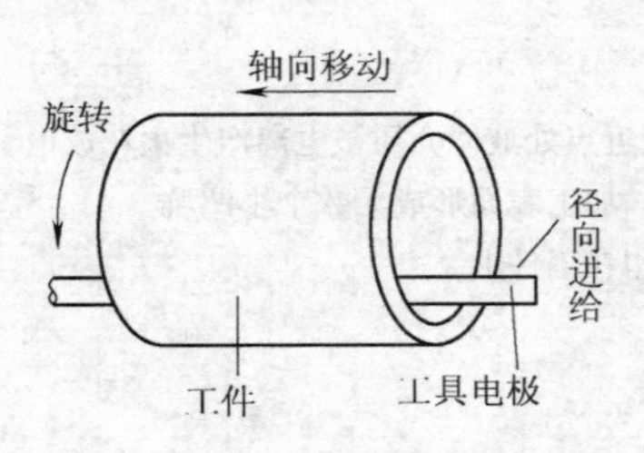

图6-40　电火花内圆磨削
注：磨削小孔，工件旋转，并做轴向移动和径向进给。

图6-41　电火花雕刻花纹

6.3.2　电火花线切割加工

电火花线切割加工是在电火花线切割机床上对工件进行切割加工。其加工系统示意图如图6-42所示。

其加工原理与电火花成形加工相同，与电火花成形加工相比较主要有以下特点：

1）不需要制造成形电极，工件材料的预加工量少。

2）能方便地加工复杂形状的工件、小孔和窄缝等。

3）加工电流较小，属中、精加工范畴，所以采用正极性加工，即脉冲电源正极接工件，负极接电极丝。加工时基本是一次成形，中途无须更换电规准。

4）只对工件进行轮廓图形加工，余料仍可利用。

5）由于采用移动的长电极丝进行加工，单位长度电极丝损耗较小，所以当切割工件的周边长度不长时，对加工精度影响较小。

6）自动化程度高，操作方便，加工周期短，成本低，较安全。

7）单向走丝线切割机上的自动化穿丝装置，能自动地实现多个形状的加工。

8）单向走丝线切割机由于 $X—Y$ 工作台以每一脉冲 0.25μm 的速度驱动，而且使用激光测长仪测量机床的误差和进行修正，因而可以进行高精度尺寸的加工。

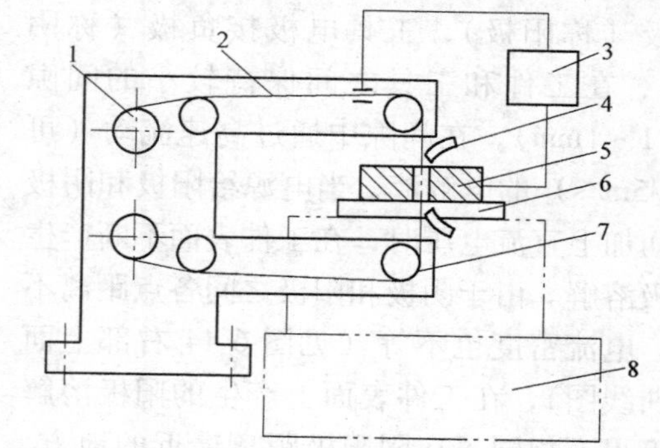

图 6-42　电火花线切割加工系统示意图

1—储丝筒　2—丝线　3—脉冲电源　4—工作液　5—工件　6—工作台　7—导向轮　8—床身

国内外电火花线切割最高加工精度和最佳表面粗糙度比较见表 6-14。

表 6-14　国内外电火花线切割最高加工精度和最佳表面粗糙度比较

项　目	国　内	国　外
加工精度/mm	±0.005	0.002 ~ 0.005（瑞士五次切割） ±0.001 ~ 0.020（俄罗斯微精切割）
表面粗糙度 Ra/μm	0.4（v_{wi} ≥13mm²/min） 0.8（v_{wi} ≥20mm²/min）	0.2（v_{wi} ≥10mm²/min）（瑞士） 0.1 ~ 0.05（v_{wi} ≥0.03 ~ 0.30mm²/min）（俄罗斯）

注：v_{wi} 为切割速度。

国内外电火花线切割加工最小切缝比较见表 6-15。

表 6-15　国内外电火花线切割加工最小切缝比较

项　目	国　内	国　外
最小切缝宽度/mm	0.07 ~ 0.09	0.0045 ~ 0.014（俄罗斯） 0.035 ~ 0.04（瑞士）
电极丝直径 d/mm	0.05 ~ 0.07	0.003 ~ 0.01（俄罗斯） 0.03（瑞士）

电火花线切割加工可以用来切割各种异形曲线，如图 6-43 所示。

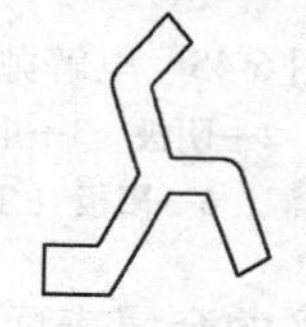

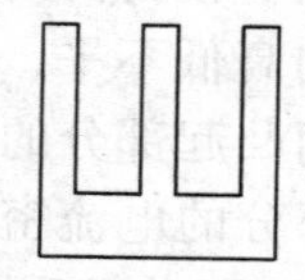
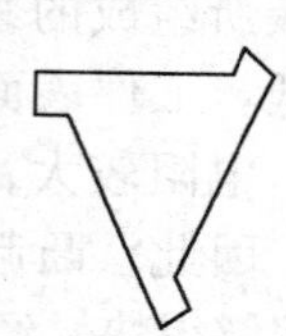

图 6-43　电火花线切割加工的异形曲线

6.3.3　电解成形加工

电解成形加工是利用金属在外电场作用下的阳极溶解，使工件加工成形的一种加工方法。图 6-44 所示为电解成形加工的原理图。在工件和工具电极之间接上直流电源，工件接正极（称阳极），工具电极接负极（称阴极），在工件和工具之间保持较小的间隙（0.1 ~ 1mm），在间隙中通过高速流动（可达 75m/s）的电解液，当电源给阳极和阴极之间加上直流电压时，在工件表面不断产生阳极溶解。由于阴极和阳极之间各点距离不等，电流密度也不等（见图 6-44 右部上面的曲线图），在工件表面上产生的阳极溶解速度也不相同，在阴阳极距离最近的地方，电流密度最大，阳极溶解速度也最快，随着阴极的不断进给，电解产物不断被电解液冲走，最终工件型面与阴极表面达到基本吻合（见图 6-44 右部下面的曲线图）。

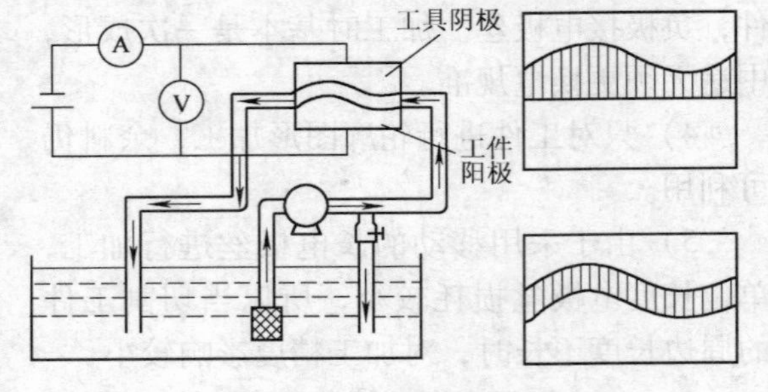

图 6-44　电解加工原理图

型腔电解加工的主要特点如下：

1）生产率高。电解加工型腔比电火花加工效率高 4 倍以上，比切削加工成形效率高几倍至十几倍。

2）表面粗糙度值低，$Ra = 0.8 \sim 3.2\mu m$。

3）工具阴极不损耗，阴极可以长期使用。

4）不受材料硬度限制，可以在模具淬火后加工。

5）尺寸精度可达 ±0.05 ~ ±0.2mm。

6）电解液（主要是氯化钠）对设备和工艺装备有腐蚀作用。

7）设备投资和占地面积较大。

6.3.4　电解抛光

1. 基本原理

电解抛光实际上是利用电化学阳极溶解的原理对金属表面进行抛光的一种方法。如图 6-45 所示，阳极为要进行抛光的工件，阴极为用铅板制成的与工件加工面相似形状的工具电极，与工件形成一定的电解间隙。当电解液中通以直流电时，阳极表面发生电化学溶解，工件表面被一层溶解的阳极金属和电解液所组成的黏膜所覆盖，其黏度很高，电导率很低。工件表面的高低不平，凹入部分的黏膜较厚，电阻较大，而凸起部分的黏膜较薄，电阻较小。因此，凸起部分的电流密度比凹入部分的大，溶解得快，经过一段时间后，就逐渐将不平的金属表面蚀平，从而得到与机械抛光相同的效果。

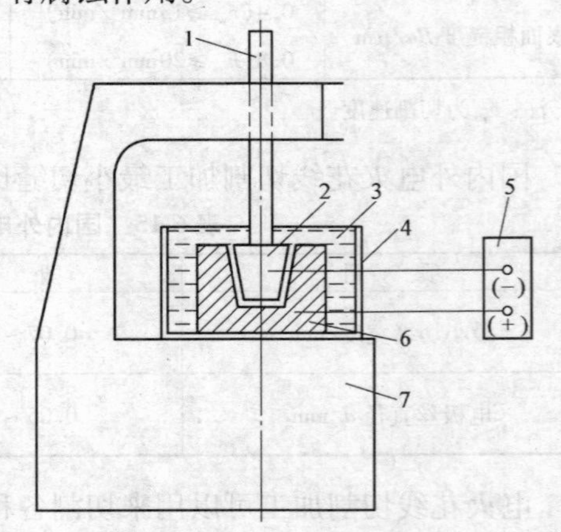

图 6-45　电解抛光示意图

1—主轴头　2—阴极　3—电解液　4—电解液槽　5—电源　6—阳极（工件）　7—床身

2. 电解抛光的特点

1）电火花加工后的型腔表面，经电解抛光后，其表面粗糙度 *Ra* 可由 1.2 ~2.5μm 降低到 0.4 ~0.8μm。

2）效率高。当加工余量为 0.1 ~0.15mm 时，电解抛光的时间仅需 10 ~15min。

3）对于表面质量要求不太高的模具，经电解抛光后，即可使用。对表面质量要求高的模具，经电火花加工后，用电解抛光去除硬化层和降低表面粗糙度值，再进行手工抛光，可大大缩短模具制造周期。

4）电解抛光不能消除原始表面的波纹，因此要求在电解抛光前，型腔应无波纹。另外，抛光质量还取决于工件材料组织的均匀性和纯度。经电解抛光后，金属结构的缺陷往往会更明显地暴露出来。

5）由于表层金属产生溶解，工件尺寸将略有改变，故对尺寸精度要求高的工件不宜采用。

3. 电解抛光工艺过程

电火花加工后的型腔→制造阴极→电解抛光前的预处理（化学脱脂、清洗）→电解抛光→后处理（清洗、钝化、干燥处理）。

1）电解抛光设备分为电源和机床两部分，如图 6-45 所示。直流电源常用可控硅整流，电压为 0 ~50V，电流视工件大小而定，一般以电流密度为 80 ~100A/dm^2 来计算电源的总电流。工具电极的上下运动，由伺服电动机控制。工作台上有纵横滑板，电解槽由塑料制成，电解液设有恒温控制装置。

2）工具电极由电解铅制成。电极与加工表面应保持 5 ~10mm 的电解间隙。对于较复杂的型腔，可将电解铅加热熔化后直接浇注在模具型腔内，冷却后取出再用手工加工使之均匀缩小 5 ~10mm。经实验证实，阴极的形状和电解间隙之间不存在严格的关系。

3）作为模具材料电解抛光的电解液，推荐的配方（质量分数）为：$H_3PO_4$65%，$H_2SO_4$15%，$CrO_3$6%，H_2O14%。

阳极电流密度为 35 ~40A/dm^2，电解液温度为 65 ~75℃。

配置完后，电解液必须进行预处理。处理方法有以下两种：

第一种：把电解液在 110 ~120℃温度下加热 2 ~3h。

第二种：采用铅板做阳极进行通电处理。阳极电流密度选用 25 ~30A/dm^2，处理到 5A·h/L。

6.3.5 电解修磨与电解磨削

电解修磨加工是通过阳极溶解作用对金属进行腐蚀。工件为阳极，修磨工具即磨头为阴极，两极由一低压直流电源供电，两极间通以电解液。为了防止两电极接触时形成短路，在磨头表面覆上一层起绝缘作用的金刚石磨粒。通电后，电解液在两极间流动时，工件表面被溶解并生成很薄的氧化膜，这层氧化膜被移动着的磨头上磨粒所刮除，在工件表面露出新的金属层，并继续被电解。由于电解作用和刮除氧化膜作用的交替

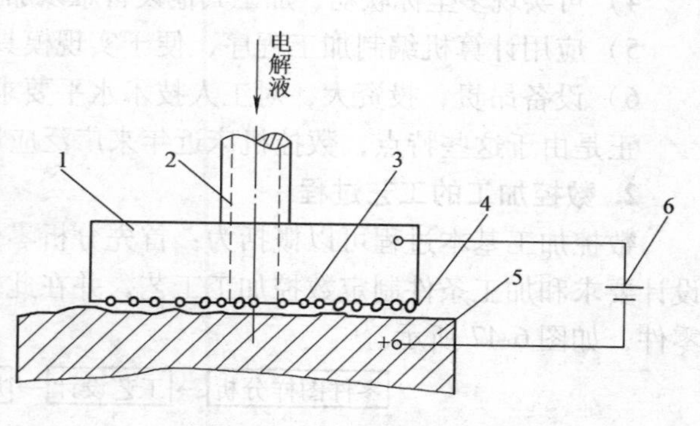

图 6-46 电解修磨原理图

1—修磨工具（阴极） 2—电解液管 3—磨料
4—电解液 5—工件（阳极） 6—电源

进行，达到去除氧化膜和降低表面粗糙度值的目的。图6-46所示为电解修磨的原理。

电解磨削的原理与电解修磨原理一样，都是结合电解作用和机械作用进行加工的。

6.4 数控加工技术

数控机床是一种以数字信号控制机床运动及其加工过程的设备，简称为NC(Numerical Control)机床。它是随着计算机技术的发展，为解决多品种、单件小批量机械加工自动化问题而出现的。使用计算机代替数控机床专门的控制装置的数控机床称为计算机控制数控机床（Computer Numerical Control，CNC)。随着数控机床的进一步发展，产生了带有刀库和自动换刀装置的数控机床，即加工中心（Machining Center，MC)。工件在加工中心上一次装夹以后，能连续进行车、铣、钻、镗等多道工序加工。近年出现的直接数控技术(Direct Numerical Control，DNC)，是指用一台或多台计算机对多台数控机床实施综合控制。数控机床由于加工精度高、柔性好，在模具制造中应用日益广泛。

数控机床种类繁多，分类标准也不统一。按控制方式可以分为开环控制数控机床、半闭环控制和闭环控制机床。按机械运动轨迹分为点位控制机床、直线控制机床和轮廓控制机床。根据数控机床的控制联动坐标数的不同，有两坐标联动数控机床、三坐标联动数控机床和多坐标联动数控机床。在模具加工中常用的数控机床有数控铣床、数控电火花加工机床和加工中心等。

6.4.1 数控加工技术概述

1. 数控加工特点

1）加工过程柔性好，适宜多品种、单件小批量加工和产品开发试制，对不同的复杂工件只需要重新编制加工程序，对机床的调整很少，加工适应性强。

2）加工自动化程度高，减轻工人的劳动强度。

3）加工零件的一致性好，质量稳定，加工精度高。机床的制造精度高，刚性好，加工时工序集中，一次装夹，不需要钳工划线。数控机床的定位精度和重复定位精度高，依照数控机床的不同档次，一般定位精度可达±0.005mm，重复定位精度可达±0.002mm。

4）可实现多坐标联动，加工其他设备难以加工的数学模型描述的复杂曲线或曲面轮廓。

5）应用计算机编制加工程序，便于实现模具的计算机辅助制造（CAM)。

6）设备昂贵，投资大，对工人技术水平要求高。

正是由于这些特点，数控机床近年来广泛应用于模具加工。

2. 数控加工的工艺过程

数控加工基本过程可以概括为：首先分析零件图样，进行数控加工工艺性审查，然后按设计要求和加工条件制定数控加工工艺，并在此基础上编写加工程序，最后由数控机床加工零件，如图6-47所示。

零件图样分析→工艺设计→加工程序编制→NC加工

图6-47　数控机床加工过程

数控加工与普通加工的最大差别在于控制方式上，所以两者的加工工艺设计存在很大的差别。在传统加工中，操作内容及其参数多数是由现场工人把握的，或者由靠模、凸轮等硬控制实现的；而数控加工的自动化程度高，自适应性差，加工过程的所有控制内容都严格地写入加工程序，因此数控工艺设计必须十分严格、明确和具体，并在加工代码中实现。数控加工工艺设计的质量不仅影响加工效率和质量，工艺设计不当甚至可能导致加工事故。

数控加工工艺设计的主要内容和步骤包括：

1）工艺分析。对零件图样进行工艺性分析，审查数控加工的可行性和经济性；确定数控加工的加工对象和加工内容，在此基础上把零件的几何模型转化为工艺模型。

2）工艺规划。根据所得到的工艺数据和加工条件，安排加工工艺路线和加工顺序，划分工序；进一步安排加工工序，选择定位方案和加工基准，选择刀具、夹具等工装设备，确定对刀点与换刀点、切削量等加工参数，选择测量方法。

3）编写数控加工工艺技术文件。数控加工的工艺文件作为加工过程的参考说明和产品验收依据，包括数控加工工序卡、数控加工程序说明卡和走刀路线图等。

3. 数控编程

数控机床加工零件之前首先需要编制加工程序。工艺设计完成之后，按照数控系统规定的指令和程序格式及工艺设计过程所得到的全部工艺过程、工艺参数，编写加工程序。然后把加工程序通过一定的介质（如电缆等）传给 NC 机床，由 NC 机床完成工件的加工。程序编制属于工艺规划内容，是在工艺分析和几何计算的基础上完成的。编程方法有手工编程和自动编程。

1）早期的加工程序大多是采用手工编制的，是以数控指令编写的加工程序。在手工编程中，工艺处理和几何计算都由人工完成。几何计算包括刀具轨迹计算、几何元素关系运算（如交点、切点、圆弧圆心等求解）、曲线、曲面逼近等。手工编程工作量大，对技术人员要求较高，主要用于处理一些不很复杂的零件加工程序。

2）自动编程是借助于计算机来编制加工程序，所以又称为计算机辅助编程。自动编程方法有数控语言编程和图形编程两种形式。数控语言编程编写的程序称为源程序，与手工编写的加工代码不同，源程序不能直接控制数控机床，而是由几何定义语句、工艺参数语句和运动语句组成。数控源程序需要经过编译和后置处理转换成机床的控制指令。最有代表性的编程语言是美国开发的 APT，后来各国相继开发了多种数控语言，如 EXAPT、HAPT 及我国的 ZCK、SKC 等。

6.4.2　常用的数控加工方式

1. 数控铣削

数控铣床有两轴（两坐标联动）、两轴半和多轴等数控铣床。两轴铣床常用于加工平面类零件；两轴半铣床一般用于粗加工和二维轮廓的精加工；三轴及三轴以上的数控铣床称为多轴铣床，可以用于加工复杂的三维零件。按结构形式数控铣床可以分为三类：立式数控铣床、卧式数控铣床和龙门数控铣床。

在模具加工中，数控铣床使用非常广泛，可以用于加工具有复杂曲面及轮廓的型腔、型芯以及电火花加工所需的电极等，也可以对工件进行钻、扩、铰、镗孔加工和攻螺纹等。

另外，数控系统配备了数据采集功能后，可以通过传感器对工件或实物进行测量和采集所需的数据。有些系统能对实物进行扫描并自动处理扫描数据，然后生成数控加工程序，这在反求工程中具有重要的应用。

2. 加工中心加工

加工中心按结构形式分为立式加工中心、卧式加工中心和龙门加工中心等；按功能分为以镗为主的加工中心、以铣削为主的加工中心和高速铣削加工中心等。

加工中心主轴转速与进给速度高，一次装夹后通过自动换刀完成多个表面的自动加工，自动处理切屑，而且具有复合加工功能，所以加工效率高；另一方面，加工中心具有很高的定位精度和重复定位精度，可以达到很高的加工质量并具有较高的加工质量稳定性。

加工中心是机电一体化的高技术设备，投资大，运行成本高，所以选用适合的加工对象对取得良好的经济效益很重要。下列工件适于在加工中心上加工：

1）多工序集约型工件，即一次安装后需要对多表面进行加工，或需要用多把刀具进行加工的工件。

2）复杂、精度要求高的单件小批量工件。

3）成组加工、重复生产型的工件。

4）形状复杂的工件，如具有复杂形状或异形曲面的模具、航空零件等。

加工中心的这些特点非常适合于具有复杂型腔曲面模具单件生产。在模具加工中应用广泛，表现为以下几个方面：

1）模板类零件的孔系加工。

2）石墨电极加工中心，用于石墨电极的加工。

3）模具型腔、型芯面的加工。

4）文字、图案雕刻。

6.4.3　模具 CAM 技术

广义地说，模具计算机辅助制造（CAM）是利用计算机对模具制造全过程的规划、管理和控制。一般模具 CAM 技术包括计算机辅助编程、数控加工、计算机辅助工艺设计（CAPP）、模具辅助生产管理等。这里 CAM 仅指计算机辅助编程。

模具 CAM 系统充分利用 CAD 中已经建立的零件几何信息，通过人工或自动输入工艺信息，由软件系统生成 NC 代码，并对加工过程进行动态仿真，最后在数控机床上完成零件的加工。现在的 CAM 软件大多具有如下特点与功能：

1）从 CAD 中获得零件的几何信息。CAM 系统通过人机交互的方式或自动提取 CAD 信息，这点既不同于手工编程的人工计算，又不需要用数控语言的语句来描述零件。多数系统都能把 CAD 与 CAM 很好地集成。

2）数控加工的前置处理，即把零件模型转换成加工所需的工艺模型。

3）生成各种加工方法的刀具轨迹，选择刀具、工艺参数，计算切削时间等。

4）根据刀具轨迹文件生成数控机床的数控程序。

5）对加工过程进行仿真，预先检验加工过程。

6）编辑管理 NC 程序，实现 CAM 软件与 NC 设备的通信。

目前，我国比较著名的 CAM 软件有北航海尔的 CAXA 系列，广州红地公司的金银花系列；国外的有英国 Delcam 公司的 PowerMILL，以色列 Cimatron 公司的 Cimatron 10.0，法国 Dassault 公司的 CATIA VSR20 和 VSR21，美国 CNC software 公司的 MasterCAM，美国 EDS 公司的 UNIGRAPHICS（UG），美国 PTC 公司的 Pro/Engineer 中文野火版 UG NX5.0、UG

NX60、UG NX8.0、UG NX9.0、UG NX10.0 和 Manusoft 公司的 Mastercam X5、Creo Parametric 1.0、Creo Parametric 2.0、Creo Parametric 3.0 等软件。

6.4.4 高速加工

高速加工（High Speed Machine，HSM，主要指高速切削加工）是指使用超硬材料刀具，在高转速、高进给速度下提高加工效率和加工质量的现代加工技术。由于这种加工方法可以高效率地加工出高精度及高表面质量的零件，因此，在模具加工中得到广泛的应用。

1. 高速切削速度

对于不同的加工方式、不同的工件材料，高速切削的速度是不同的。通常高速切削的切削速度比常规切削速度一般高出 5 ~ 10 倍。

1）常用材料的高速切削速度范围为：铝合金 1000 ~ 7000m/min，铜 900 ~ 5000m/min，钢 500 ~ 2000m/min，灰铸铁 800 ~ 3000m/min，钛合金 100 ~ 1000m/min，镍基合金 50 ~ 500m/min。

2）不同加工方式的高速切削速度范围为：车削 700 ~ 7000m/min，铣削 200 ~ 7000m/min，钻削 100 ~ 1000m/min，铰削 20 ~ 500m/min，拉削 30 ~ 75m/min，磨削 5000 ~ 10000m/min。与之对应的进给速度一般为 2 ~ 25m/min，高的可达 60 ~ 80m/min。

2. 高速铣削加工的工艺特点

高速铣削加工与传统数控铣削加工方法的主要区别在于进给速度、切削速度和背吃刀量的工艺参数值不同。高速铣削加工采用高进给速度和小切削参数，而传统数控铣削加工则采用低进给速度和大切削参数。具体地说，从切削用量的选择看，高速铣削加工的工艺特点表现在以下几个方面。

（1）主轴转速（切削速度）高　在高速加工中，主轴转速能够达到 10000 ~ 30000r/min，一般在 20000r/min 以上。高速加工的这个特点必须依赖于良好的机床设备。

（2）进给速度快　典型的钢件高速加工进给速度在 5m/min 以上。有的数控机床的切削进给速度远远超过这个值，如德国的 XHC240 加工中心，最大进给速度可达 60m/min。

（3）背吃刀量小　高速加工的背吃刀量一般为 0.3 ~ 0.6mm，在特殊情况下背吃刀量也可以达到 0.1mm 以下。小的背吃刀量可以减小切削力，降低加工过程中产生的切削热，延长刀具的使用寿命。从加工方式上讲，小的背吃刀量和快的进给速度能够获得加工时更好的刀具长径比 L/D（其中 L 指刀具长度，D 指刀具直径），使得许多深度很大的零件也能完成加工。

（4）切削行距小　高速铣削加工采用的刀具轨迹行距一般在 0.2mm 以下。一般来说，小的刀具轨迹行距可以降低加工后工件的表面粗糙度值，提高加工质量，大幅度减少后续的抛光等精加工过程。

表 6-16 列出几种材料典型的高速铣削加工参数。

表 6-16　典型的高速铣削加工参数

材　料	切削速度/(m/min)	进给速度/(m/min)	刀具/刀具涂层
铝	2000	12 ~ 20	整体硬质合金/无涂层
铜	1000	6 ~ 12	整体硬质合金/涂层
钢(42 ~ 52HRC)	400	3 ~ 7	整体硬质合金/TiCH-TiAlCN 涂层
钢(54 ~ 60HRC)	200	3 ~ 4	整体硬质合金/TiCH-TiAlCN 涂层

3. 高速加工的优点

高速切削时，刀具高速旋转，而轴向、径向切入量小，大量的切削热量被高速离去的切屑带走，因此切削温度及切削力会小。刀具的磨损小也使得加工精度进一步提高。在高速加工中加入高压的切削液或压缩空气，不仅可以冷却，而且将切屑排除加工表面，避免刀具的损坏。

（1）加工效率高　高速切削的加工效率高，极大地缩短了模具制造周期，主要表现在以下几个方面。

1）高速切削加工使用较大的切削速度，比常规切削加工提高5~10倍，单位时间材料切除率可提高3~6倍，加工时间可大大减少。

2）为避免应力集中，高速加工时先对金属材料整体淬火，再利用硬质合金刀具直接切除多余材料，并获得最终加工尺寸，与传统的工艺过程（粗加工—淬火—精加工）相比省去了许多工序，因此加工效率大幅度提高。

3）高速铣削可以达到很高的模具表面质量，几乎不需要手工研磨抛光。

4）高速加工中通常选用的刀具较少，选用小直径的刀具，一次性安装就可以完成粗加工和精加工。省去手工操作，减少了刀具的准备时间。

（2）加工质量高　一方面由于切削速度高，剪切变形区窄，剪切角增大，切削力可降低30%~90%，切屑和加工表面塑性变形小；另一方面，95%以上的切削热量被切屑带离工件，工件积聚热量极少，切削热影响小，使得刀具、工件变形小，保持了尺寸的精确性。所以刀具与工件间的摩擦减小，高速切削的刀具磨损小，切削破坏层变薄，可以获得高精度、低表面粗糙度的加工质量。同时在高速切削下，积屑瘤、鳞刺、表面残余应力和加工硬化均受到抑制。一般来说，高速加工精度为10μm，甚至更高，且表面粗糙度 Ra 小于1μm。

（3）刀具磨损小　从理论上说，随着刀具切削速度提高，刀具使用寿命会降低，但高速切削时使用专用的高速切削刀具，刀具的磨损反而减小，延长了刀具的使用寿命。高速切削与传统加工相比，不仅切削条件得到极大的改善，而且刀具本身无论是材料还是结构都具有不可比拟的优越性，高速切削的刀具材料常用陶瓷、立方氮化硼（CBN）、涂层硬质合金等，这些材料稳定性好，硬度高，耐热性好，具有良好的耐磨性，与工件材料有较小的化学亲和力；结构上，刀具切削角度，刀尖、刃形结构都做了优化，使其具有足够的抗磨损能力。高速切削刀具的前角比常规切削刀具的前角要小，后角稍大。为防止刀尖处的热磨损，主副切削刃连接处修圆或倒角，以增大刀尖角，加大刀尖附近切削刃的长度和刀具材料体积，提高刀具刚性。另外，由于高速切削条件下，刀具受热小，排屑通畅，切削条件得到改善。

4. 高速加工应用

现在各种商业化高速机床已经进入市场，应用于飞机、汽车及模具制造。

模具型腔一般是形状复杂的自由曲面，材料硬度高。常规的加工方法是粗切削加工后进行热处理，然后进行磨削或电火花精加工，最后手工打磨、抛光，这样使得加工周期很长。高速切削加工可以达到模具加工的精度要求，减少甚至取消了手工加工，而且采用新型刀具材料（如PCD、CBN、金属陶瓷等），高速切削可以加工硬度达到60HRC甚至硬度更高的工件材料，可以加工淬硬后的模具。高速铣削加工在模具制造中具有高效、高精度及可加工高硬材料的优点，在模具加工中得到广泛的应用。将高速切削加工技术引进模具加工，主要应用于以下几个方面：

（1）淬硬模具型腔的直接加工　由于高速切削采用极高的切削速度和超硬刀具，可直接加工淬硬材料，因此，高速铣削可以在某些情况下取代电火花型腔加工。与电火花加工相比，加工质量和加工效率都不逊色，甚至更优，而且省略了电极的制造。

（2）电火花加工用电极制造　应用高速切削技术加工电极可以获得很高的表面质量和精度，并且提高电火花的加工效率。

（3）快速模具制造　由于高速切削技术具有很高的加工效率，可以使由模具型腔的三维实体模型到满足设计要求的模具的快速转化，真正实现快速制模。

6.5　快速制模技术

随着科学技术的进步，市场竞争日趋激烈，产品更新换代周期越来越短。因此，缩短新产品的开发周期，降低开发成本，是每个制造厂商面临的亟待解决的问题，对模具快速制造的要求便应运而生。

快速制模技术包括传统的快速制模技术（如低熔点合金模具、电铸模具等）和以快速成形技术（Rapid Prototyping，RP）为基础的快速制模技术。

6.5.1　快速成形技术的基本原理与特点

快速成形技术的具体工艺方法很多，但其基本原理都是一致的，即以材料添加法为基本方法，将三维CAD模型快速（相对机加工而言）转变为由具体物质构成的三维实体原型。首先在CAD造型系统中获得一个三维CAD模型，或通过测量仪器测取实体的形状尺寸，转化为CAD模型，再对模型数据进行处理，沿某一方向进行平面“分层”离散化，然后通过专用的CAM系统（成形机）对坯料分层成形加工，并堆积成原型。

快速成形技术开辟了不用任何刀具而迅速制造各类零件的途径，并为用常规方法不能或难于制造的零件或模型提供了一种新的制造手段。它在航天航空、汽车外形设计、轻工产品设计、人体器官制造、建筑美工设计、模具设计制造等技术领域已展现出良好的应用前景。归纳起来，快速成形技术有如下应用特点：

1）由于快速成形技术采用将三维形体转化为二维平面分层制造机理，对工件的几何构成复杂性不敏感，因而能制造复杂的零件，充分体现设计细节，并能直接制造复合材料零件。

2）快速制造模具。

①能借助电铸、电弧喷涂等技术，由零件制造金属模具。

②将快速制造的原型当作消失模（也可通过原型翻制制造消失模的母模，用于批量制造消失模），进行精密铸造。

③快速制造高精度的复杂母模，进一步浇铸金属件。

④通过原型制造石墨电极，然后由石墨电极加工出模具型腔。

⑤直接加工出陶瓷型壳进行精密铸造。

3）在新产品开发中的应用，通过原型（物理模型），设计者可以很快地评估一次设计的可行性并充分表达其构思。

①外形设计。虽然CAD造型系统能从各个方向观察产品的设计模型，但无论如何也比不上由RP所得原型的直观性和可视性，对复杂形体尤其如此。制造商可用概念成形的样件作为产品销售的宣传工具，即采用RP原型，可以迅速地让用户对其开发的新产品进行比较评价，确定最优外观。

②检验设计质量。以模具制造为例，传统的方法是根据几何造型在数控机床上开模，这对昂贵的复杂模具而言，风险太大，设计上的任何不慎，就可能造成不可挽回的损失。采用RPM技术，可在开模前精确地制造出将要冲压成形的零件，设计上的各种细微问题和错误都能在模型上一目了然，大大减少了盲目开模的风险。RP制造的模型又可作为数控仿形铣床的靠模。

③功能检测。利用原型快速进行不同设计的功能测试，优化产品设计。

4）快速成形过程是高度自动化，长时间连续进行的，操作简单，可以做到昼夜无人看管，一次开机，可自动完成整个工件的加工。

5）快速成形技术的制造过程不需要工装模具的投入，其成本只与成形机的运行费、材料费及操作者工资有关，与产品的批量无关，很适宜于单件、小批量及特殊、新试制品的制造。

6）快速造型中的反向工程具有广泛的应用。激光三维扫描仪、自动断层扫描仪等多种测量设备能迅速高精度地测量物体内外轮廓，并将其转化成CAD模型数据，进行RP加工。

6.5.2　快速成形技术的典型方法

1. 光固化立体成形

光固化立体成形（Stereo Lithography Apparatus，SLA）的工作原理如图6-48所示。在液槽中盛满液态光敏树脂，该树脂可在紫外线照射下快速固化。开始时，可升降的工作台处于液面下一个截面层（CAD模型离散化合的截面层）厚的高度，聚焦后的激光束，在计算机的控制下，在截面轮廓范围内，对液态树脂逐点进行扫描，使被扫描区域的树脂固化，从而得到该截面轮廓的塑料薄片。然后，升降机构带动工作台下降一层薄片的高度，已固化的塑料薄片就被一层新的液态树脂覆盖，以便进行第二层激光扫描固化，新固化的一层牢固地黏结在前一层上，如此重复直到整个模型成形完毕。一般截面薄片的厚度为0.07～0.4mm。

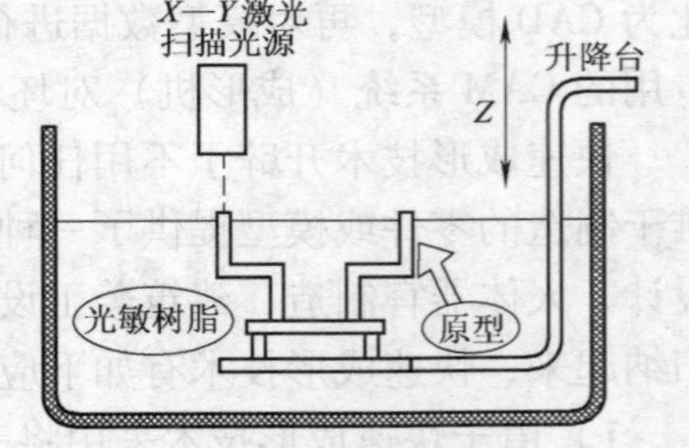

图6-48　光固化立体成形的工作原理

工件从液槽中取出后还要进行后固化，工作台上升到容器上部，排掉剩余树脂，从SLA机取走工作台和工件，用溶剂清除多余树脂，然后将工件放入后固化装置，经过一段时间紫外线曝光后，工件完全固化。固化时间由零件的几何形状、尺寸和树脂特性确定，大多数零件的固化时间不小于30min。从工作台上取下工件，去掉支撑结构，进行打光、电镀、喷漆或着色即成。

紫外线可以由HeCd激光器或者UV argon-ion激光器产生。激光的扫描速度可由计算机自动调整，以使不同的固化深度有足够的曝光量。*X—Y*扫描仪的反射镜控制激光束的最终落点，并可提供矢量扫描方式。

SLA是第一种投入商业应用的快速成形技术。其特点是能制造精细的零件，尺寸精度较高，可确保工件的尺寸精度在0.1mm以内；表面质量好，工件的最上层表面很光滑；可直接制造塑料件，产品为透明体。不足之处有：设备昂贵，运行费用很高；可选的材料种类有限，必须是光敏树脂；工件成形过程中不可避免地使聚合物收缩产生内部应力，从而引起工件翘曲和其他变形；需要设计工件的支撑结构，确保在成形过程中工件的每一结构部位都能可靠定位。

2. 叠层实体制造

叠层实体制造（Laminated Object Manufacturing，LOM）是近年来发展起来的又一种快速成形技术，它通过对原料纸进行层合与激光切割来形成零件，如图6-49所示。LOM工艺先将单面涂有热熔胶的胶纸带通过加热辊加热加压，与先前已形成的实体黏结（层合）在一起，此时，位于其上方的激光器按照分层CAD模型所获得的数据，将一层纸切割成所制零件的内外轮廓。轮廓以外不需要的区域，则用激光切割成小方块（废料），这些小方块在成形过程中可以起支撑和固定作用。该层切割完后，工作台下降一个纸厚的高度，然后新的一层纸再平铺在刚成形的面上，通过热压装置将它与下面已切割层黏结在一起，激光束再次进行切割。经过多次循环工作，最后形成由许多小废料块包围的三维原型零件。然后取出原型，将多余的废料块剔除，就可以获得三维产品。胶纸片的厚度一般为0.07~0.15mm。由于LOM工艺无须激光扫描整个模型截面，只要切出内外轮廓即可，因此，制模的时间取决于零件的尺寸和复杂程度，成形速度比较快，制成模型后用聚氨酯喷涂即可使用。

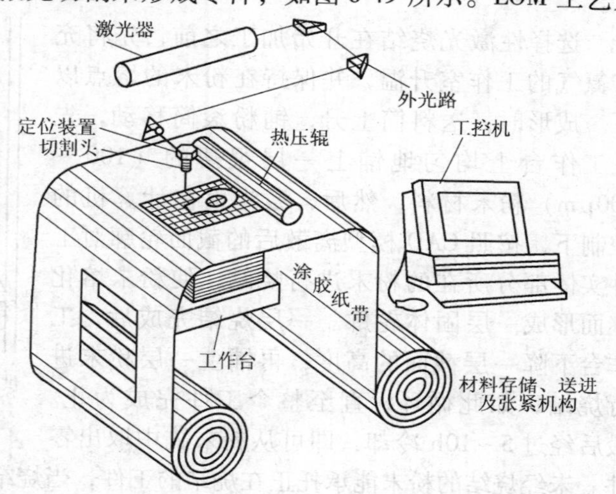

图6-49 叠层实体制造原理图

LOM的优点如下：

1）设备价格低廉（与SLA相比），采用小功率CO_2激光器，不仅成本低廉，而且使用寿命也长，造型材料成本低。

2）造型材料一般是涂有热熔树脂及添加剂的纸，制造过程中无相变，精度高，几乎不存在收缩和翘曲变形，原型强度和刚度高，几何尺寸稳定性好，可用常规木材加工的方法对表面进行抛光。

3）采用SLA方法制造原型，需对整个截面扫描才能使树脂固化，而LOM方法只须切割截面轮廓，成形速度快，原型制造时间短。

4）无须设计和构建支撑结构。

5）能制造大尺寸零件，工业应用面广。

6）代替蜡材，烧制时不膨胀，便于熔模铸造。

该方法也存在一些不足：

1）可供应用的原材料种类较少，如纸、塑料、陶土及合成材料等，常用的是纸。

2）纸质零件很容易吸潮，必须立即进行后处理、上漆。

3）难以制造精细形状的零件，即仅限于结构简单的零件。

4）由于难以去除里面的废料，该工艺不宜制造内部结构复杂的零件。

3. 选择性激光烧结

选择性激光烧结（Selected Laser Sintering，SLS）采用 CO_2 激光器对粉末材料（塑料粉、陶瓷与黏结剂的混合粉、金属与黏结剂的混合粉等）进行选择性烧结，是一种由离散点一层层堆积成三维实体的工艺方法，如图 6-50 所示。

选择性激光烧结在开始加工之前，先将充有氮气的工作室升温，并保持在粉末的熔点以下。成形时，送料筒上升，铺粉滚筒移动，先在工作台上均匀地铺上一层很薄的（100～200μm）粉末材料，然后，激光束在计算机的控制下，按照 CAD 模型离散后的截面轮廓对工件实体部分所在的粉末进行烧结，使粉末熔化继而形成一层固体轮廓。一层烧结完成后，工作台下降一层截面的高度，再铺上一层粉末进行烧结，如此循环，直至整个工件完成为止。最后经过 5～10h 冷却，即可从粉末缸中取出零件。未经烧结的粉末能承托正在烧结的工件，当烧结工序完成后，取出零件。未经烧结的粉末基本可自动脱落（必要时可用低压压缩空气清理），并重复利用。

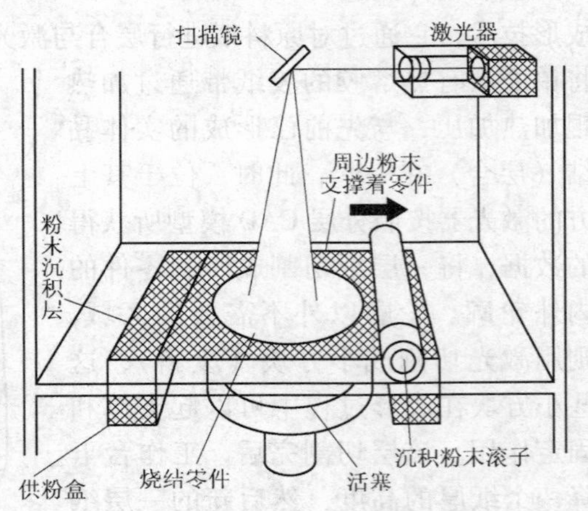

图 6-50 选择性激光烧结原理图

SLS 与其他快速成形工艺相比，能制造很硬的零件；可以采用多种原料，如绝大多数工程用塑料、蜡、金属和陶瓷等；无须设计和构建支撑结构。

SLS 的缺点是预热和冷却时间长，总的成形周期长；零件表面粗糙度值的高低受粉末颗粒及激光点大小的限制；零件的表面一般是多孔性的，后处理较为复杂。

选择性激光烧结工艺适合成形中小型零件，零件的翘曲变形比液态光固化立体成形工艺要小，适合于产品设计的可视化表现和制造功能测试零件。由于它可采用各种不同成分金属粉末进行烧结，进行渗铜后置处理，因而其制成的产品具有与金属零件相近的力学性能，故可用于制造 EDM 电极、金属模具及小批量零件生产。

4. 熔丝堆积成形

熔丝堆积成形（Fused Deposition Modeling，FDM）工艺是一种不依靠激光作为成形能源，而将各种丝材加热熔化的成形方法，如图 6-51 所示。

熔丝堆积成形的原理是：加热喷头在计算机的控制下，根据产品零件的截面轮廓信息，做 X—Y 平面运动，热塑性丝材由供丝机构送至喷头，并在喷头中被加热至略高于其熔点，呈半流动状态，从喷头中挤压出来，很快凝固后形成一层薄片轮廓。一层截面成形完成后，工作台下降一层高度，再进行下一层的熔覆，一层叠一层，最后形成整体。每层厚度范围为 0.025～0.762mm。

FDM可快速制造瓶状或中空零件，工艺相对简单，费用较低；不足之处是精度较低，难以制造复杂的零件，且与截面垂直的方向强度小。

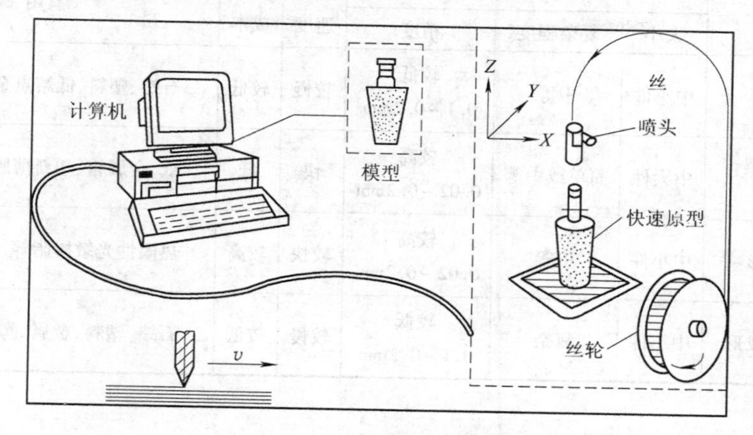

图6-51 熔丝堆积成形原理图

5. 3D打印

3D打印与选择性激光烧结有些相似，不同之处在于它的成形方法是用黏结剂将粉末材料黏结，而不是用激光对粉末材料进行烧结，在成形过程中没有能量的直接介入。由于它的工作原理与打印机或绘图仪相似，因此，通常称为3D打印（Three Dimensional Printing，TDP），如图6-52所示。

3D打印的工作过程是：含有水基黏结剂的喷头在计算机的控制下，按照零件截面轮廓的信息，在铺好一层粉末材料的工作平台上，有选择性地喷射黏结剂，使部分粉末黏结在一起，形成截面轮廓。一层粉末成形完成后，工作台下降一个截面层高度，再铺上一层粉末，进行下一层轮廓的黏结，如此循环，最终形成三维产品的原型。为提高原型零件的强度，可用浸蜡、树脂或特种黏结剂做进一步的固化。

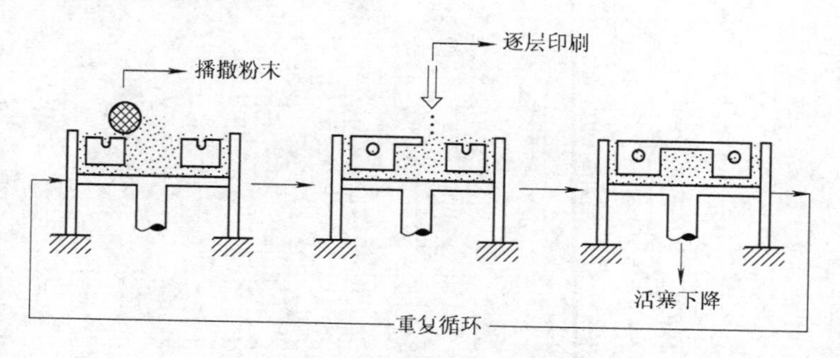

图6-52 3D打印原理图

3D打印具有设备简单，粉末材料价格较便宜，制造成本低和成形速度快（高度方向可达25~50mm/h）等优点，但3D打印制成的零件尺寸精度较低（一般为0.1~0.2mm），强度较低。3D打印法适用的材料范围很广，甚至可以制造陶瓷模，主要问题是表面质量较差。

四种快速成形方法的特点及常用材料见表6-17。

表6-17　四种快速成形方法的特点及常用材料

成形方法	零　件			成形速度	制造成本	常用材料
	大小	复杂程度	精度			
熔丝堆积成形	中小件	中等	较低 0.1～0.2mm	较慢	较低	石蜡、塑料、低熔点金属等
叠层实体成形	中大件	简单或中等	较高 0.02～0.2mm	快	低	纸、金属箔、塑料薄膜等
光固化立体成形	中小件	中等	较高 0.02～0.2mm	较快	较高	热固性光敏树脂等
选择性激光烧结成形	中小件	复杂	较低 0.1～0.2mm	较慢	较低	石蜡、塑料、金属、陶瓷等粉末

第 7 章　冲模典型零件加工实例

制造冲模零件时，应根据零件的结构、技术要求、材料、使用寿命等，充分利用现有设备，采用经济、合理的工艺路线，加工出符合设计要求的模具零件。

7.1　冲裁模

7.1.1　冲孔凸模

手柄孔的冲孔凸模如图 7-1 所示。这是一个典型的台阶式凸模结构。

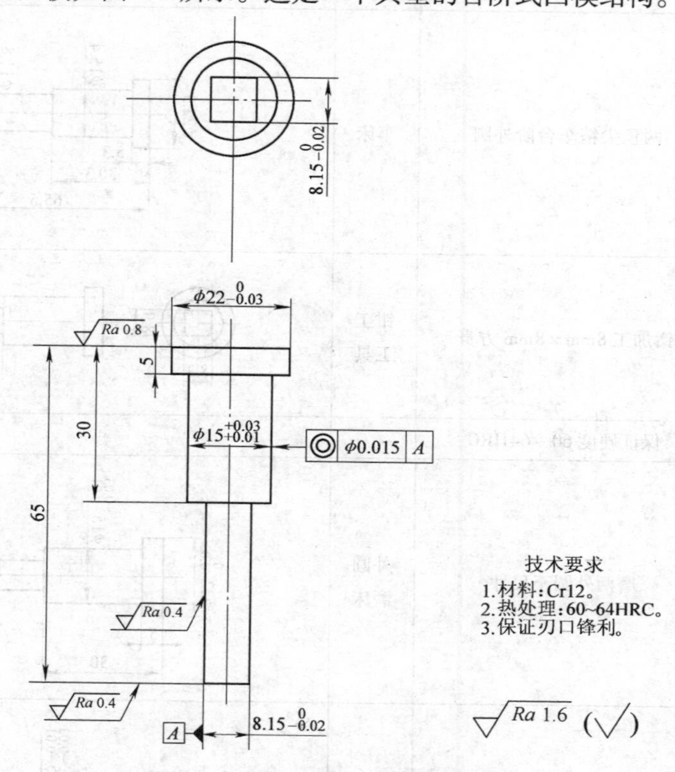

图 7-1　冲孔凸模

该冲孔凸模的加工工艺过程为：备料→粗车（外圆）→精车（外圆）→钳工粗加工方形刃口→热处理→手动精密磨削加工→钳工整修→检验，见表 7-1。

在加工过程中，能通过手动精密磨削消除热处理工序产生的变形量，降低工作部分的表面粗糙度值，尺寸精度较高。但由于外圆磨削与刃口磨削是在两次装夹中完成的，刃口中心线与定位固定圆中心线之间的同轴度有一定的误差，对精度要求较高的工件，影响冲裁间隙和工件同轴度。

表 7-1　冲孔凸模加工工艺过程

序号	名称	内容	设备	简　图
1	备料	锯床下圆棒料	锯床	φ25　70
2	粗车	粗车台阶外圆	车床	φ23　φ12.5　φ16　5.7　30.8　66
3	精车	两顶尖精车台阶外圆	车床	φ22.3　φ15.4　φ11.8　5.3　30.3　65.5
4	钳工划线并加工	钳加工 8mm × 8mm 方身	钳工工具	8.3　8.3　35.2
5	热处理	保证硬度 60 ~ 64HRC		
6	磨外圆	磨两外圆至尺寸	外圆磨床	$\phi22^{0}_{-0.03}$　$\phi15^{+0.03}_{+0.01}$　5　30
7	磨平面	磨方身、两端面至尺寸	手动磨床	$\phi22^{0}_{-0.03}$　$\phi15^{-0.03}_{-0.01}$　8　5　30　65
8	钳工整修	全面达到设计要求		
9	检验			

7.1.2　落料凹模

外形坯料落料凹模如图7-2所示。这是一个阶梯式的结构，$\phi152.9^{+0.04}_{0}$mm为落料刃口尺寸，$\phi165$mm是起推料套圈导向作用的。

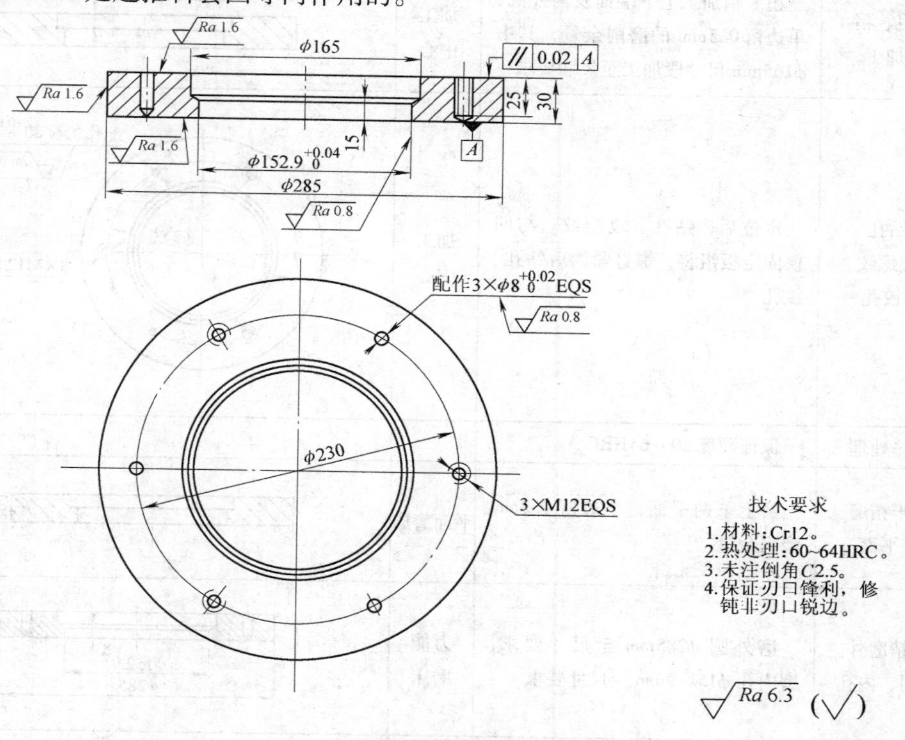

图7-2　落料凹模

该落料凹模的加工工艺过程为：备料→锻造→热处理→数控粗、精加工各表面→数控钻孔、攻螺纹、铰孔→热处理→半精磨平面→精磨内圆$\phi152.9$mm→精磨平面→钳工精修→检验→装配，见表7-2。

加工设备为数控加工中心，使凹模加工精度得以保证，钻孔、攻螺纹、铰孔可在一次装夹工位内完成，减少装夹次数，降低劳动强度，保证了工件精度，但制造成本较高。

表7-2　落料凹模加工工艺过程

序号	名称	内容	设备	简　图
1	备料	锯床下圆棒料	锯床	128; φ160
2	锻造	将坯料锻成圆环类锻件		φ296; φ140; 40

（续）

序号	名称	内容	设备	简图
3	热处理	退火		
4	粗、精加工	粗、精加工上下端面及内外圆，单边留0.5mm的磨削余量，其中ϕ165mm尺寸段加工至尺寸要求	加工中心	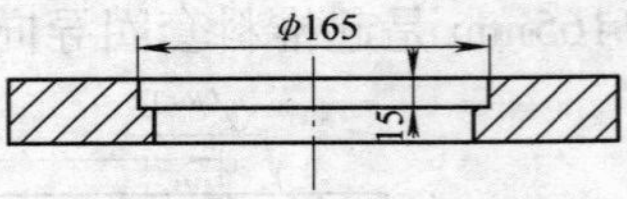
5	钻孔、攻螺纹、铰孔	定位后，钻孔、攻螺纹。与凹模固定板组装，螺钉紧固后钻孔、铰孔	加工中心	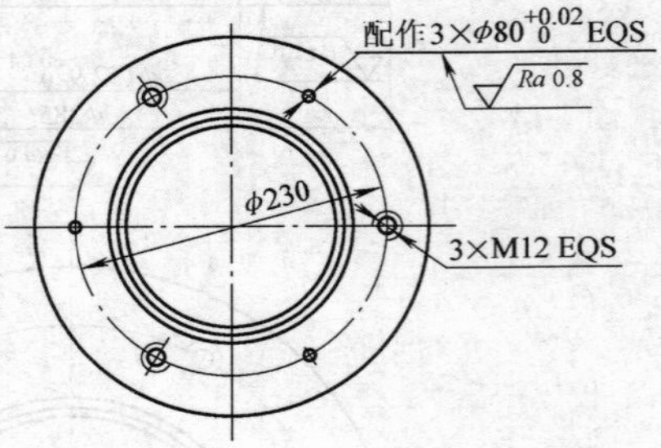
6	热处理	保证硬度60～64HRC		
7	半精磨平面	磨上下两平面，单边留0.2mm磨削余量	平面磨床	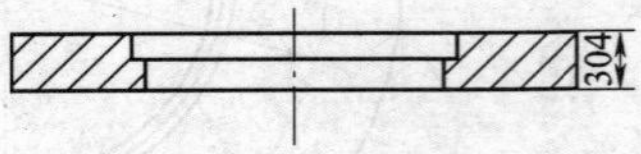
8	精磨外圆、内孔	磨外圆ϕ285mm至尺寸要求，磨内孔ϕ152.9mm至尺寸要求	万能磨床	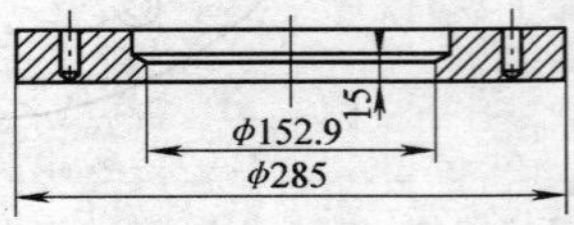
9	精磨平面	磨上下平面至尺寸要求	平面磨床	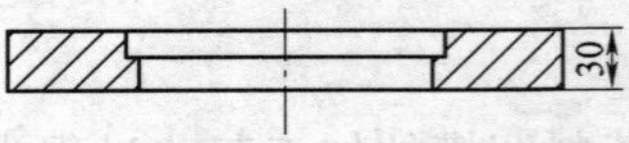
10	钳工精修	全面达到设计要求		
11	检验			
12	装配			

7.1.3　凸凹模

凸凹模如图7-3所示。凸凹模外形ϕ152.88mm为落料凸模，8mm×8mm的方形孔为冲孔凹模。

该凸凹模的加工要求除了尺寸要求外，8.174mm×8.174mm方孔对$\phi152.88_{-0.03}^{\ 0}$mm外圆有对称度要求。

该凸凹模的加工工艺过程为：备料→锻造→热处理→铣削平面、钻孔→磨平面→线切割（四方孔）→丝切割（外形）→钳加工（修落料孔）→钳加工（配作内螺纹孔）→钳加工（配作定位销孔）→热处理→磨平面→检验→装配，见表7-3。

加工特点：四方孔加工方案较好，四方孔与ϕ152.88mm外形在一个装夹工位由线切割完成，保证了同轴度要求。

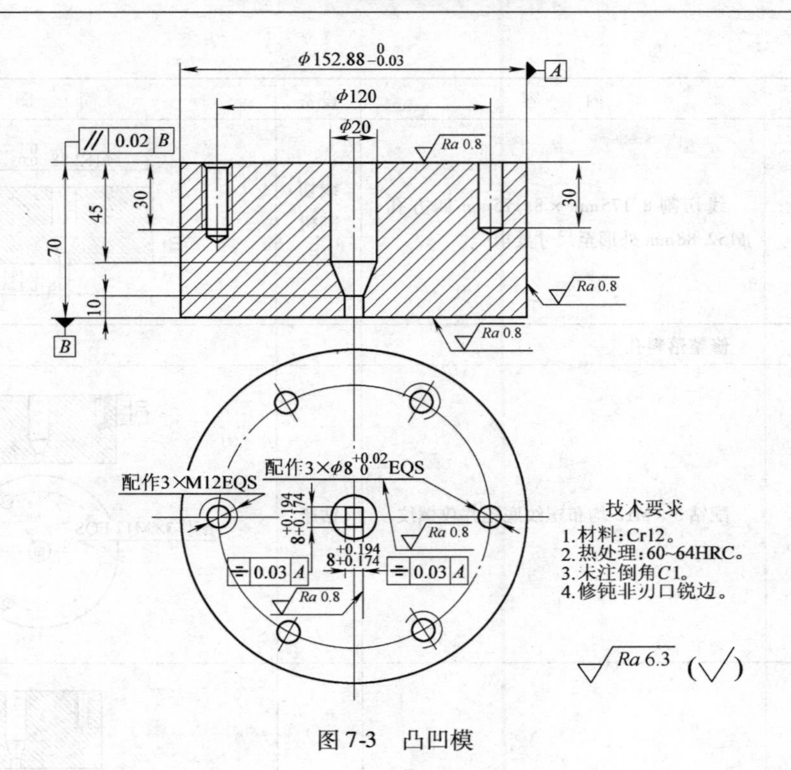

图 7-3 凸凹模

表 7-3 凸凹模加工工艺过程

序号	名称	内容	设备	简图
1	备料	锯床下圆棒料	锯床	ϕ100；220
2	锻造	将坯料锻成圆棒类锻件		ϕ162；76
3	热处理	退火		
4	铣平面、钻孔	粗、精铣上下两平面，单边留 0.6mm 的磨削余量，钻 ϕ20mm、ϕ5mm 及中间过渡锥孔	铣床	ϕ20；45.6；10.6；ϕ20；ϕ5；71.2
5	磨平面	磨上下两端面，单边留 0.3mm 磨削余量	磨床	70.6

（续）

序号	名称	内容	设备	简图
6	线切割	线切割 8.175mm × 8.175mm 四方孔、ϕ152.88mm 外形至尺寸要求	线切割机床	$\phi152.88_{-0.03}^{0}$ 10 $8_{+0.174}^{+0.194}\times8_{+0.174}^{+0.194}$
7	钳加工	修整落料孔		
8	钳加工	配钻 3 × M12 均布螺纹底孔并攻螺纹	钻床	30 配作3×M12 EQS 120°
9	钳加工	与凸凹模固定板组装，用螺钉紧固后，配钻 3 × ϕ8mm 均布定位销底孔并铰孔	钻床	30 配作3×$\phi8_{0}^{+0.02}$ EQS 120° Ra 0.8 ϕ120
10	热处理	保证硬度 60～64HRC		
11	磨平面	磨上下两平面至尺寸要求	磨床	70
12	钳工精修	全面达到设计要求		
13	检验			
14	装配			

7.1.4 固定板

工作零件（如凸模、凹模、凸凹模）要起到冲裁作用，就必须将其固定在模具固定板上，整副冲模才能进行正常的冲裁加工。

1. 凸模固定板的加工工艺

凸模固定板如图 7-4 所示。

该凸模固定板的加工工艺过程为：备料→锻造→车加工（外圆、内孔、端面）→磨削平面→钻孔（配作 6 × ϕ8H7mm 孔、3 × ϕ12.5mm 孔）→去毛刺→检验→装配，见表 7-4。

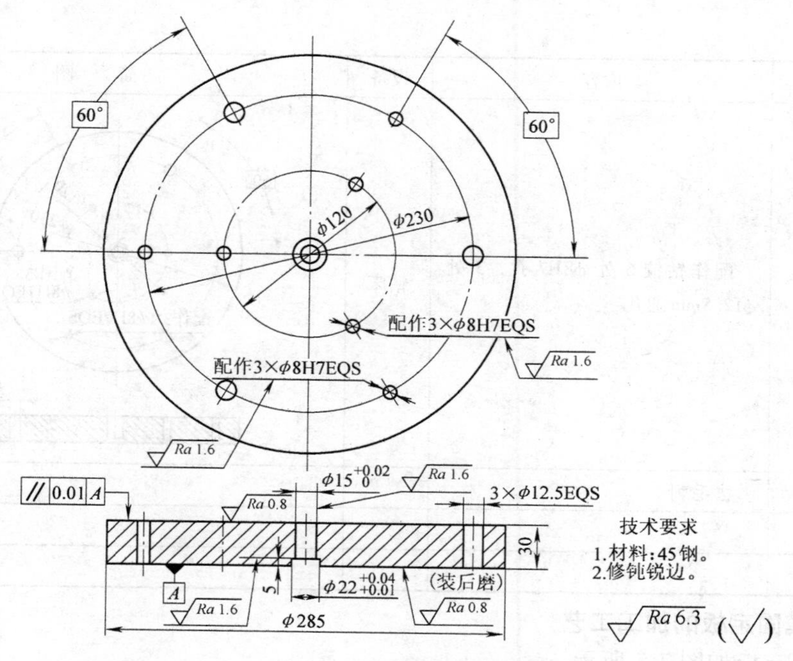

图 7-4　凸模固定板

表 7-4　凸模固定板加工工艺过程

序号	名称	内容	设备	简　图
1	备料	锯床下圆棒料	锯床	φ150; 154
2	锻造	将坯料锻成圆盘类锻件		φ294; 40
3	热处理	退火		
4	车削	粗、精车外圆至尺寸要求。粗、精车上下两平面，单边留 0.25mm 的磨削余量。车 φ15mm 孔、φ22mm 孔至尺寸要求	车床	φ15 +0.02 0; Ra 1.6; 5.25; φ22 +0.04 +0.01; φ285
5	磨平面	磨上下两端面至尺寸要求	磨床	30

（续）

序号	名称	内容	设备	简　图
6	钳工	配作钻铰6处 ϕ8H7孔，3处 ϕ12.5mm 通孔	钻床	60° 60° ϕ120 ϕ230 配作3×ϕ8H7EQS 配作3×ϕ8H7EQS 3×ϕ12.5EQS
7	钳工	去毛刺		
8	检验			
9	装配			

2. 凸凹模固定板的加工工艺

凸凹模固定板如图7-5所示。

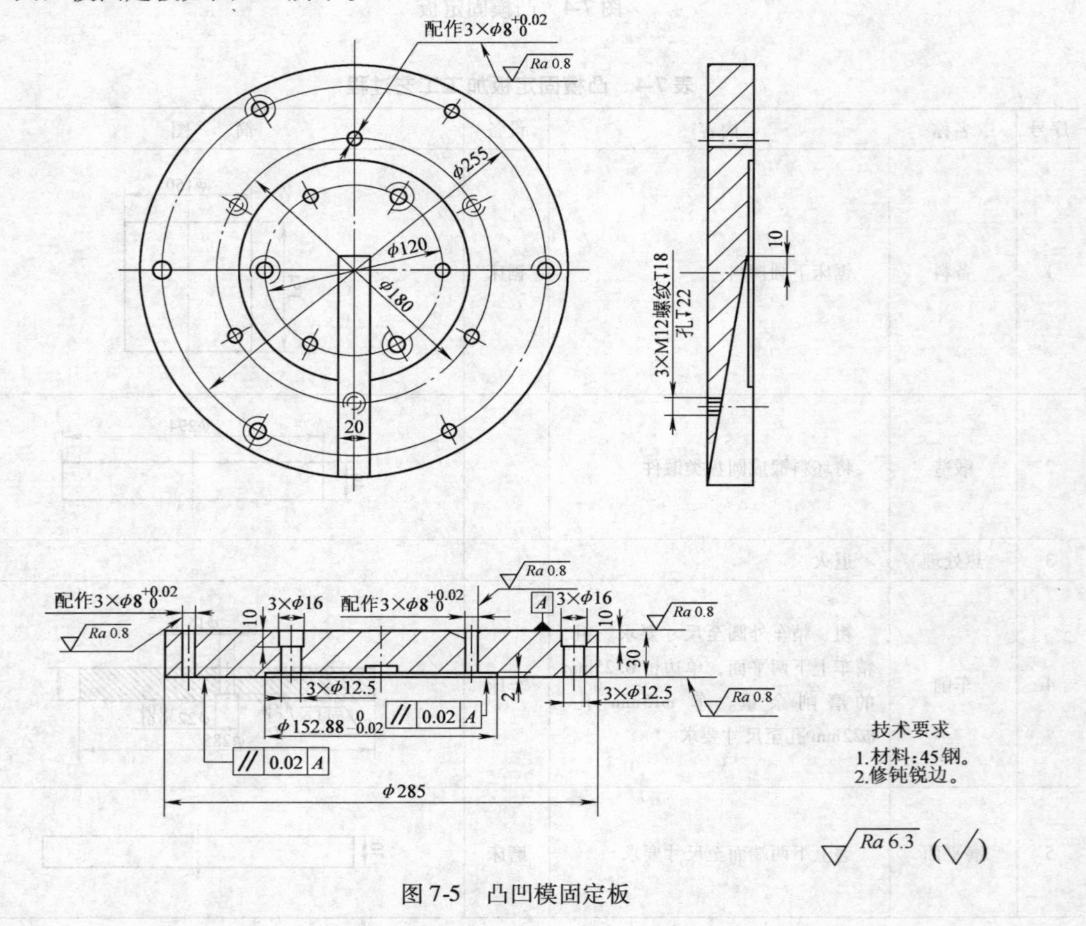

图7-5　凸凹模固定板

该凸凹模固定板的加工工艺过程为：备料→锻造→车加工（外圆、端面）→磨平面→划线→钻孔、攻螺纹→钻孔、铰孔→去毛刺→检验→装配，见表 7-5。

表 7-5　凸凹模固定板加工工艺过程

序号	名称	内容	设备	简　图
1	备料	锯床下圆棒料	锯床	φ200; 87
2	锻造	将坯料锻成圆盘类锻件		φ294; 40
3	热处理	退火		
4	车削	粗、精车外圆至尺寸要求。粗、精车上下两平面，单边留 0.3mm 的磨削余量。车深度 2mm、直径 $\phi152.88_{-0.02}^{\ 0}$mm 孔	车床	$\phi152.88_{-0.02}^{\ 0}$; φ285; 23; 30.6
5	铣削	铣宽 20mm 的斜漏料槽	铣床	20; 10
6	磨平面	磨上下两端面至尺寸要求	磨床	30
7	钳工	找正中心，钻铰 3 处 φ8mm 推杆孔，钻扩 6 处 φ12.5mm、通孔、φ16mm 孔，钻攻 3 处 M12 螺栓孔 凸凹模用螺钉紧固，配作钻铰 3 处 φ8mm 定位销孔	钻床	
8	钳工	去毛刺		
9	检验			
10	装配			

7.1.5　卸料装置

卸料装置是为了顺利卸下余料和推出工件，保证后续加工能正常进行。

1. 卸料定位圈

卸料定位圈如图 7-6 所示。

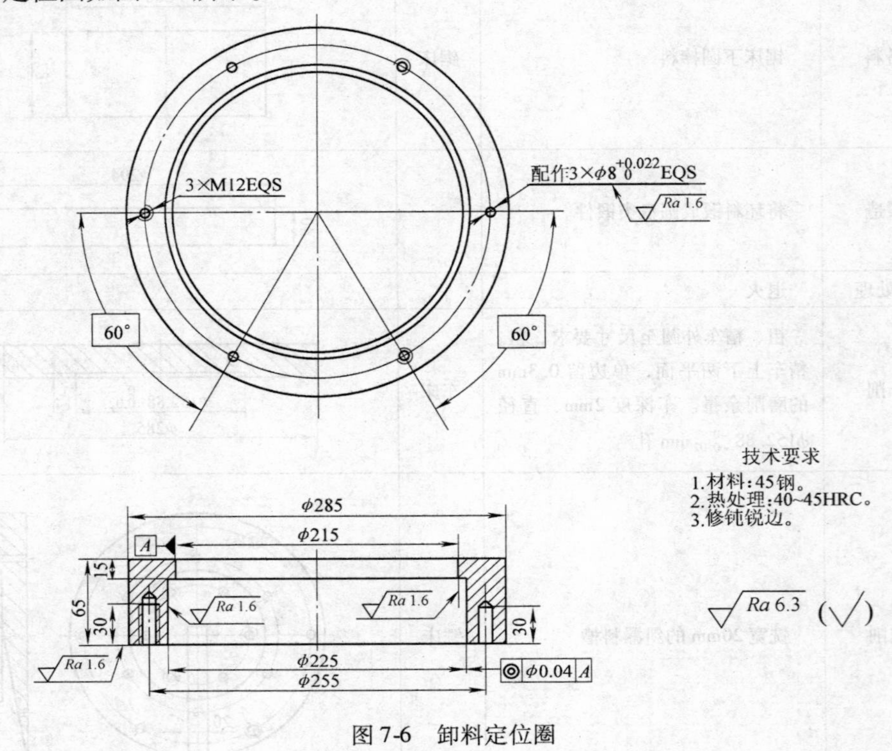

图 7-6　卸料定位圈

该卸料定位圈的加工工艺过程为：备料→锻造→退火→车加工→磨平面→钻孔→铰孔、攻螺纹→热处理→磨平面→精修→检验→装配，见表 7-6。

表 7-6　卸料定位圈加工工艺过程

序号	名称	内容	设备	简　图
1	备料	锯床下圆棒料	锯床	$\phi200$ 89
2	锻造	将坯料锻成圆环类锻件		$\phi295$ $\phi200$ 75

（续）

序号	名称	内容	设备	简　图
3	热处理	退火		
4	车削	粗、精车内外圆至尺寸要求。粗、精车上下两平面，单边留0.3mm的磨削余量	车床	φ285 φ215 65.6 10.3 φ225
5	磨平面	磨上下两端面，单边留0.2mm精磨余量	磨床	65.4
6	钳工	找正中心，配作钻铰3处ϕ8mm定位销孔，钻攻3处M12螺纹孔	钻床	3×M12EQS 配作3×$\phi 8^{+0.022}_{0}$ EQS Ra 1.6 60° 60° 30 30 φ225
7	热处理	保证硬度40～45HRC		
8	磨平面	磨上下平面至尺寸	磨床	
9	钳工精修	全面达到设计要求		
10	检验			
11	装配			

2. 卸料套

卸料套如图7-7所示。

该卸料套的加工工艺过程为：备料→锻造→热处理→车削→热处理→磨平面→钳工精修→检验→装配，见表7-7。

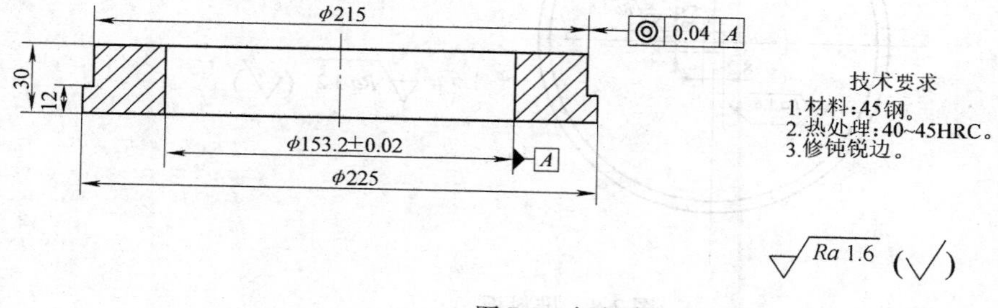

图7-7　卸料套

表 7-7　卸料套加工工艺过程

序号	名称	内容	设备	简　图
1	备料	锯床下圆棒料	锯床	φ200；35
2	锻造	将坯料锻成圆环类锻件		φ235；φ143；40
3	热处理	退火		
4	车削	粗、精车内外圆至尺寸要求。粗、精车上下两平面，单边留0.3mm的磨削余量	车床	φ215；30.6；12.3；φ153.2±0.02；φ225
5	热处理	保证硬度40～45HRC		
6	磨平面	磨上下平面至尺寸	磨床	
7	钳工精修	全面达到设计要求		
8	检验			
9	装配			

3. 推料板

推料板如图7-8所示。

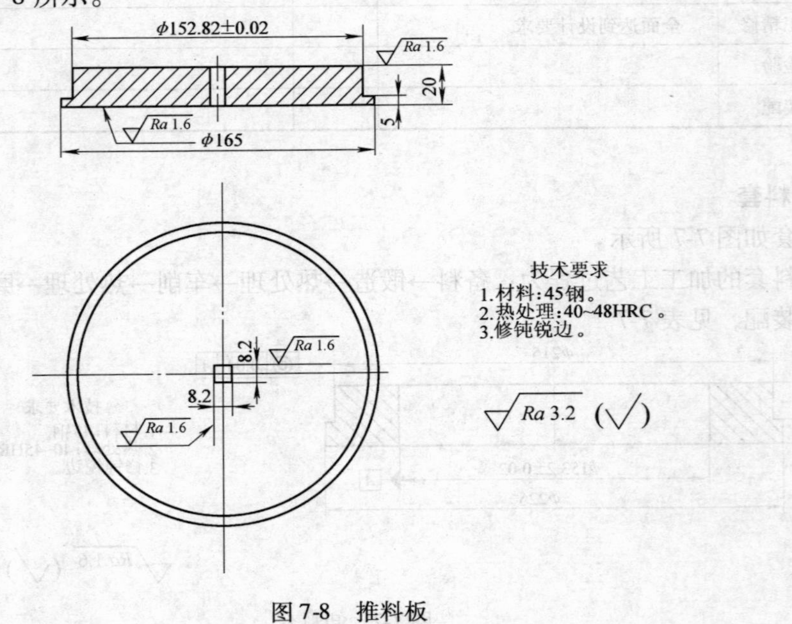

图 7-8　推料板

该推料板的加工工艺过程为：备料→锻造→热处理→车削→线切割（方孔）→热处理→磨平面→钳工精修→检验→装配，见表7-8。

表7-8 推料板加工工艺过程

序号	名称	内容	设备	简 图
1	备料	锯床下圆棒料	锯床	164 $\phi75$
2	锻造	将坯料锻成圆环类锻件		$\phi175$ 30
3	热处理	退火		
4	车削	粗、精车外圆至尺寸要求，粗、精车上下两平面，单边留0.3mm的磨削余量	车床	$\phi152.82\pm0.02$ 20.6 $\phi165$ 5.3
5	线切割	加工8.2mm×8.2mm方孔	线切割机床	8.2 Ra 1.6 8.2 Ra 1.6
6	热处理	保证硬度40～48HRC		
7	磨平面	磨上下平面至尺寸	磨床	20 5
8	钳工精修	全面达到设计要求		
9	检验			
10	装配			

7.1.6 导柱导套

导柱导套是保证工作零件冲裁过程中冲裁间隙一致均匀的重要零件，因此它的尺寸精度和同轴度要求十分重要。

1. 导柱

导柱如图7-9所示。

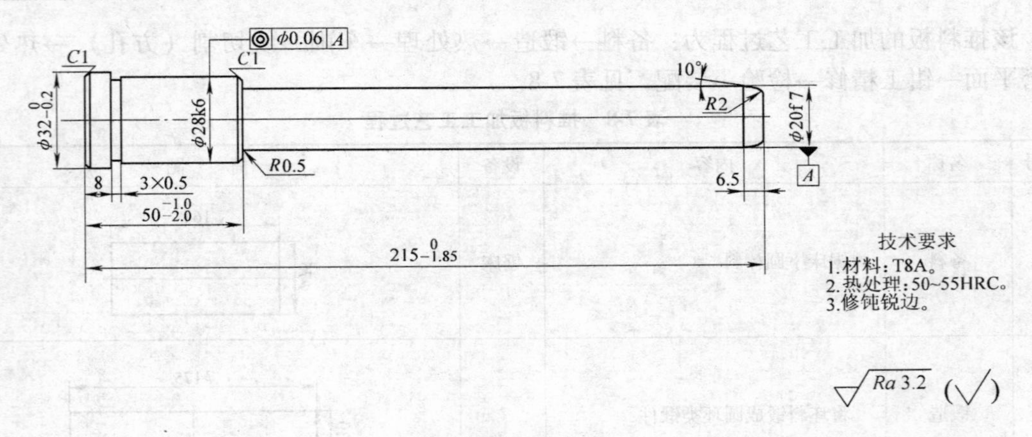

图 7-9　导柱

导柱的加工表面主要是外圆柱面和端面。其加工工艺过程为：备料→车端面、钻中心孔→车外圆→检验→热处理→研磨中心孔→磨外圆→研磨→检验，见表 7-9。

表 7-9　导柱加工工艺过程

序号	名称	内容	设备	简　图
1	备料	锯床下圆棒料	锯床	φ35, 218
2	车削	车端面，钻中心孔	车床	215
3	车外圆	粗车外圆柱面至尺寸 φ20.4mm×165mm，φ28.4mm×42mm，倒角。调头，车 φ32mm 至尺寸，倒角，切槽至尺寸要求	车床	C1, φ28.4, C1, 10°, R2, φ20.4, φ32, 8, 3×0.5, R0.5, 6.5, 50 −0.1 −0.2, 215 0 −1.95
4	检验			
5	热处理	保证表面硬度 50～55HRC		
6	研磨中心孔	研磨导柱两端中心孔	车床	
7	磨削	磨 φ28k6，φ20f7 外圆柱面，留研磨余量 0.01mm，磨 10°角	磨床	φ28.010, 10°, φ20.01
8	研磨	研磨 φ28k6，φ20f7 外圆柱面至尺寸，抛光 R2mm 和 10°角	磨床	φ28k6, 10°, φ20f7
9	检验			

2. 导套

导套如图 7-10 所示。

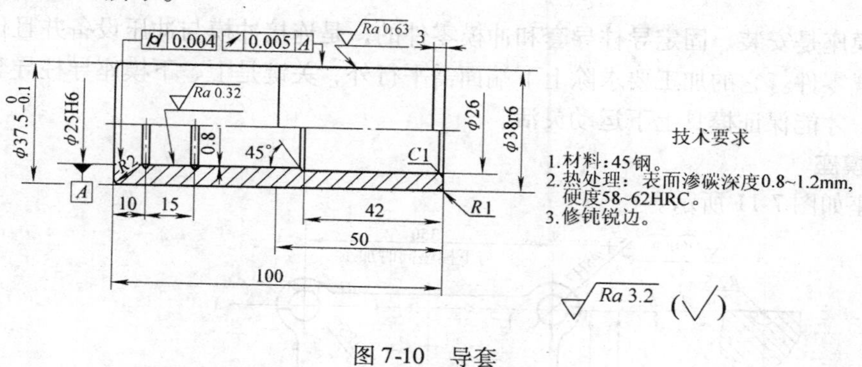

图 7-10　导套

导套的加工表面主要是内外圆柱面和端面。其加工工艺过程为：备料→车外圆、内孔→车外圆倒角→热处理→磨削内外圆→研磨内孔→检验，见表 7-10。

表 7-10　导套加工工艺过程

序号	名称	内　　容	设备	简　　图
1	备料	锯床下圆棒料	锯床	φ42　105
2	车削	车端面，钻 φ23mm 孔，车外圆至 φ38.4mm，车 φ25mm 孔至 φ24.6mm，车油槽至尺寸，车 φ26mm 内孔至尺寸并倒角	车床	φ24.6　φ26　φ38.4
3	车削	车外圆 φ37.5mm，至尺寸，取总长至要求	车床	φ37.5$^{0}_{-0.01}$　100
4	检验			
5	热处理	保证渗碳层深度为 0.8 ~ 1.2mm，硬度为 50 ~ 55HRC		
6	磨内外圆	磨 φ38mm 外圆至要求，磨 φ25mm 孔留 0.01mm 研磨余量	万能外圆磨床	φ24.99　φ38r6　R1
7	研磨内孔	磨 φ28k6、φ20f7 外圆柱面，留研磨余量 0.01mm，磨 10°角	车床	φ25H6
8	检验			

7.1.7　上、下模座

冲模模座是安装、固定导柱导套和冲模零件的，是连接冲模与冲压设备并且传递冲压力的必备装置零件。它的加工要求除上下端面需平行外，关键是上、下模座导柱导套配作孔位置要一致，才能保证模具上下运动灵活。

1. 上模座

上模座如图 7-11 所示。

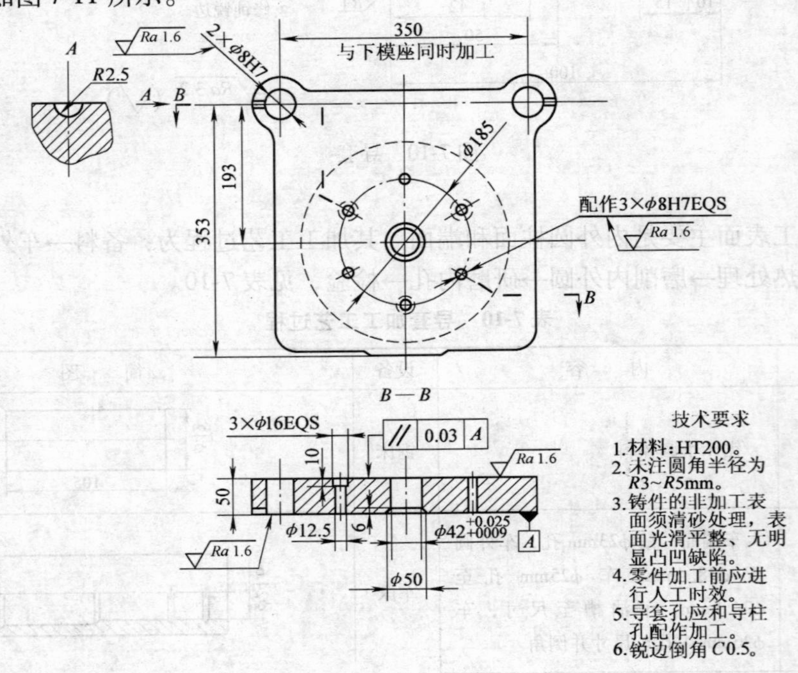

图 7-11　上模座

该上模座的加工工艺过程为：备料→刨平面→磨平面→钳工划线→钻孔、扩孔、铰孔→镗孔→铣槽→检验，见表 7-11。

表 7-11　上模座加工工艺过程

序号	名称	内容	设备	简　图
1	备料	铸造毛坯		
2	刨平面	刨上下平面，保证尺寸 50. 8mm	牛头刨床	50.8
3	磨平面	磨上下平面，保证尺寸 50mm	平面磨床	50

（续）

序号	名称	内容	设备	简图
4	钳工划线	划前部、导套孔和各孔中心线		350 / 193 / 353 / $\phi180$
5	钻孔、扩孔、铰孔	1）钻导套孔 $\phi36$mm 2）钻模柄孔 $\phi38$mm 3）钻、铰定位销孔 $3\times\phi8$H7 4）钻扩螺栓孔 $3\times\phi12.5$mm，$3\times\phi16$mm	钻床	
6	镗孔	1）镗 $\phi42$mm、$\phi50$mm 内孔至要求 2）和下模座重叠，一起镗孔至 $\phi38$H7	镗床	
7	铣槽	按划线铣 $R2.5$mm 的圆弧槽	卧式铣床	
8	检验			

2. 下模座

下模座如图7-12所示。

该下模座的加工工艺过程为：备料→刨平面→磨平面→钳工划线→钻孔、扩孔、铰孔→攻螺纹、镗孔→检验，见表7-12。

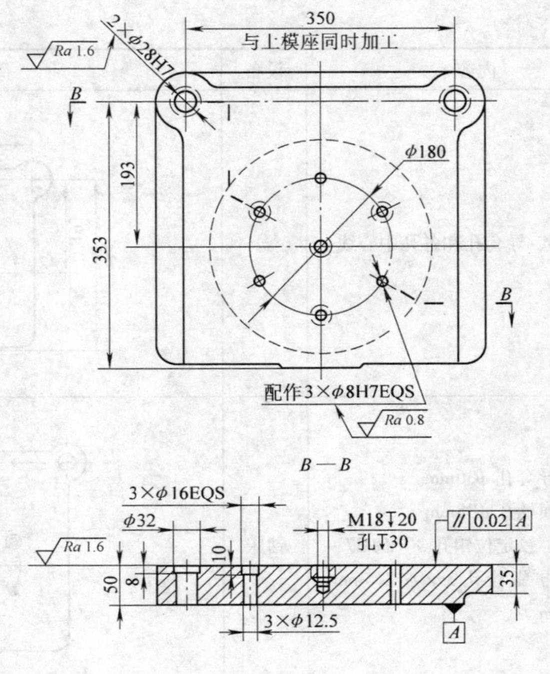

技术要求

1. 材料：HT200。
2. 未注圆角半径为 $R3$～$R5$ mm。
3. 铸件的非加工表面须清砂处理，表面光滑平整、无明显凸凹缺陷。
4. 零件加工前应进行人工时效。
5. 导柱孔应和导套孔配作加工。
6. 锐边倒角 $C0.5$。

图 7-12　下模座

表 7-12　下模座加工工艺过程

序号	名称	内容	设备	简　图
1	备料	铸造毛坯		
2	刨平面	刨上下平面，保证尺寸 50.8mm	牛头刨床	50.8
3	磨平面	磨上下平面，保证尺寸 50mm	平面磨床	50
4	钳工划线	划前部、导柱孔和各孔中心线		350 φ180 193 353

（续）

序号	名称	内容	设备	简图
5	钻孔、扩孔、铰孔	1）钻导柱孔 ϕ26mm 2）钻螺纹底孔 ϕ16mm 3）钻、铰定位销孔 3 × ϕ8H7 4）钻扩螺栓孔 3 × ϕ12.5mm，3 × ϕ16mm	钻床	
6	攻螺纹、镗孔	1）攻 M18 至要求 2）和上模座重叠，一起镗孔至 ϕ28H7，镗 ϕ32 内孔	镗床	ϕ32 M18↧20 孔↧30 50 8 2×ϕ28H7
7	检验			

7.2 拉深模

7.2.1 拉深凸模

拉深凸模是拉深工件、保证工件形状与尺寸精度的关键零件之一，因此必须合理选择加工方案，以保证拉深凸模零件的综合精度。

拉深凸模如图 7-13 所示。

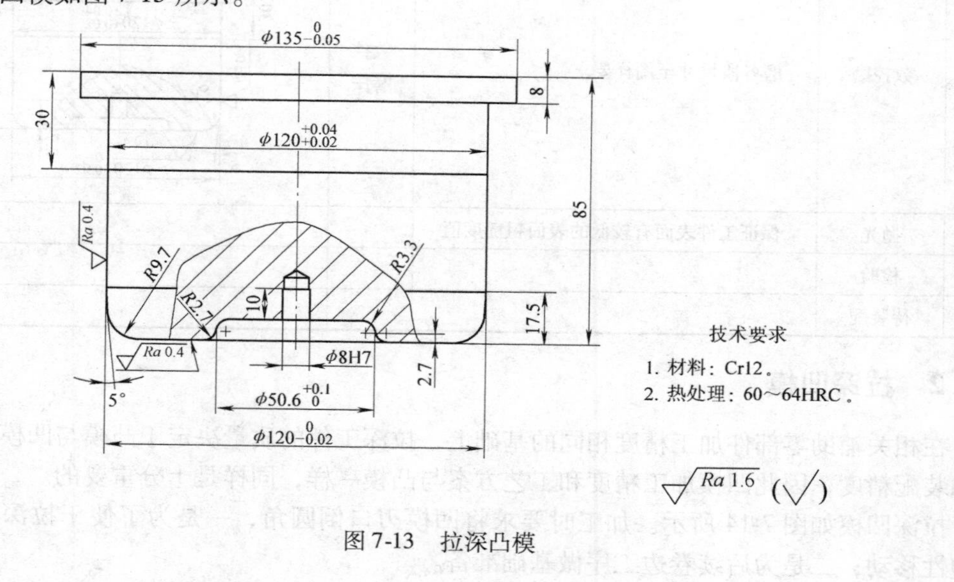

图 7-13 拉深凸模

该拉深凸模的加工工艺过程为：备料→数控车削加工（外圆、圆角）→调头取长度→热处理→数控磨削（外圆、圆角）→抛光→检验→待装配，见表7-13。

表7-13　拉深凸模加工工艺过程

序号	名称	内容	设备	简　图
1	备料	锯床下圆棒料	锯床	$\phi140$；180
2	数控车	1）车 $\phi135$mm 到 $\phi135.3$mm 长度 15mm，车 $\phi120$mm 到 $\phi120.3$mm 长度 77.5mm 2）钻、铰 $\phi8$H7 3）车圆角、内孔、内圆弧，切断	数控车床	$\phi135.3$；15；$\phi120.3$；92.5；R9.7；R2.7；R3.3；10；3.2；$\phi8$H7；$\phi50.6^{+0.1}_{0}$
3	数控车	调头取总长 85mm 至要求	数控车床	85
4	热处理	保证硬度 60～64HRC		
5	数控磨	磨各段尺寸至图样要求	数控磨床	$\phi135^{0}_{-0.05}$；30；8；$\phi120^{+0.04}_{+0.02}$；85；Ra 0.4；R9.7；17.5；Ra 0.4；2.7；5°；$\phi120^{0}_{-0.02}$
6	抛光	保证工件表面有较低的表面粗糙度值		
7	检验			
8	待装配			

7.2.2　拉深凹模

在相关辅助零部件加工精度相同的基础上，拉深工件的质量决定于凸模与凹模的加工精度和装配精度，因此凹模加工精度和工艺方案与凸模一样，同样是十分重要的。

拉深凹模如图7-14所示。加工时要求将凹模刃口倒圆角，一是为了便于拉深成形坯料的塑性移动；二是为后续卷边工序做基础准备。

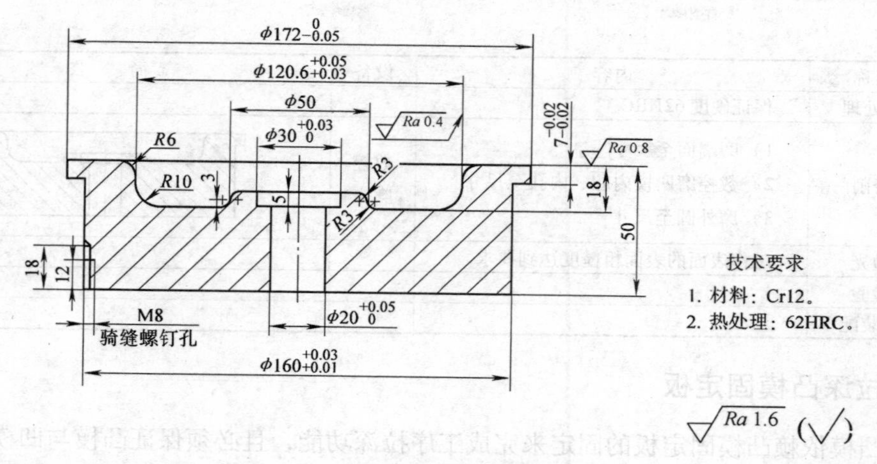

图 7-14　拉深凹模

该拉深凹模的加工工艺过程为：备料→锻造→热处理→粗、精车（外圆、小端面）→数控车或铣（找正、加工大端面、凹模内腔和圆角，并留磨削余量）→钳工加工（止动螺钉孔）→热处理→数控磨削（凹模工作部分、外圆）→抛光→检验→待装配，见表 7-14。

表 7-14　拉深凹模加工工艺过程

序号	名称	内容	设备	简　图
1	备料	锯床下圆棒料	锯床	150；φ120
2	锻造	将坯料锻成圆盘类锻件		φ182；65
3	热处理	退火		
4	车削	1）车小端端面 2）钻通孔 φ18mm 3）粗、精车外圆 φ160mm、φ172mm，留 0.3mm 磨削余量	车床	φ172.3；17；60；φ18；φ160.3
5	数控车或铣	1）找正，取总长，加工大端面 2）车或铣凹模内腔、过渡圆角，留 0.3mm 磨削余量 3）精车内孔至尺寸	数控车床或数控铣床	φ120.3；φ50.3；φ30 +0.03 0；R6；R10；3；5.3；R3；R3；7.3；18；50.3；φ20 +0.05 0
6	钳工	与凹模固定板配作钳加工止动螺钉孔	钻床	18；12；M8；骑缝螺钉孔

（续）

序号	名称	内容	设备	简　图
7	热处理	保证硬度 62HRC		
8	磨削	1）磨端面至尺寸 2）数控磨凹模内腔、内孔至尺寸 3）磨外圆至尺寸	数控磨床	
9	抛光	工作表面的表面粗糙度达到要求		
10	检验			
11	待装配			

7.2.3　拉深凸模固定板

拉深凸模依赖凸模固定板的固定来完成工序拉深功能，且必须保证凸模与凹模基准面的垂直度要求。因此，除了保证凸模加工精度符合要求外，还要保证凸模固定板的孔轴心线与基准面的垂直度要求。凸模固定板加工工序过程必须满足这一系列要求。

拉深模的凸模固定板如图 7-15 所示。

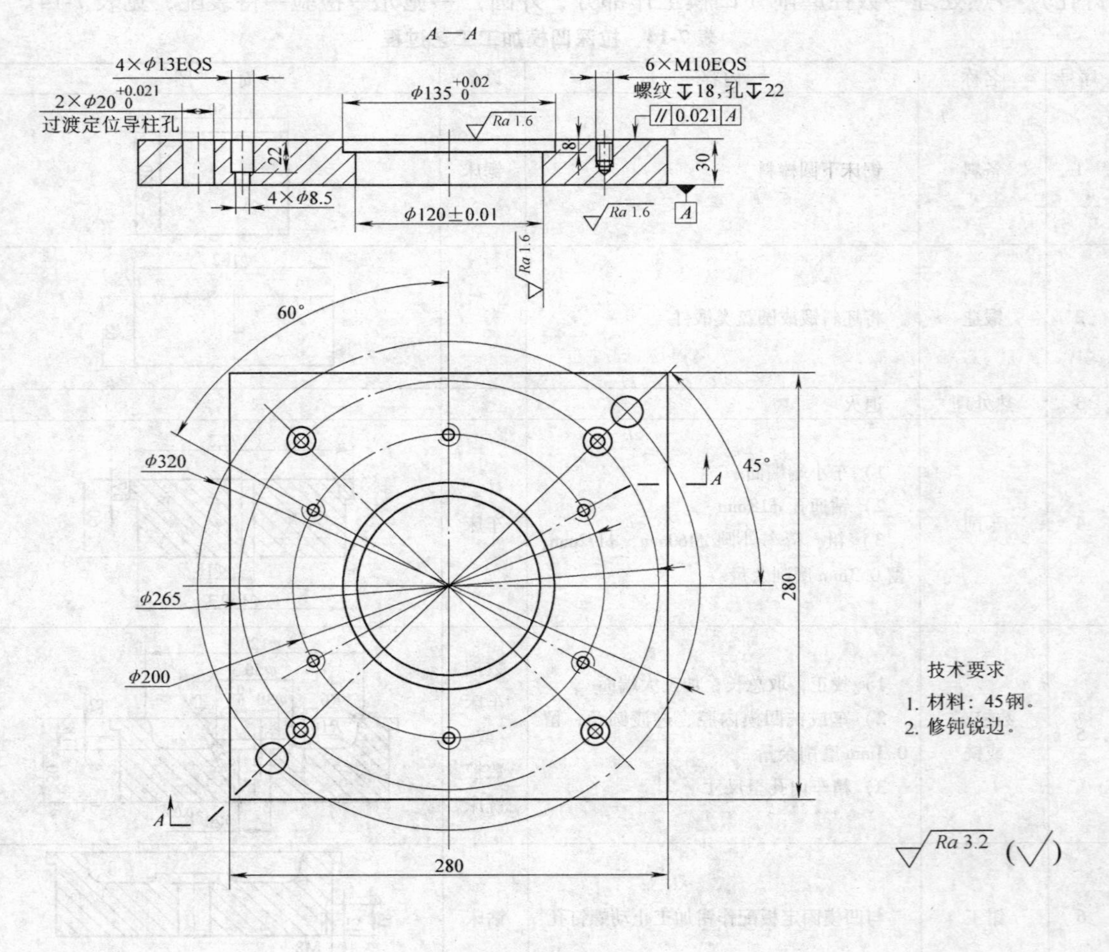

图 7-15　拉深凸模固定板

该拉深凸模固定板的加工工艺过程为：备料→热处理→刨削或铣削（外形）→磨削（基准平面与大表面）→数控铣（凸模固定孔轴心线与基准面垂直，钻扩卸料装置调节杆孔与上模板紧固的螺钉孔、攻内螺纹）→钳工→检验→待装配，见表7-15。

表7-15　拉深凸模固定板加工工艺过程

序号	名称	内容	设备	简　图
1	备料	割板料，45钢，290mm×290mm×35mm		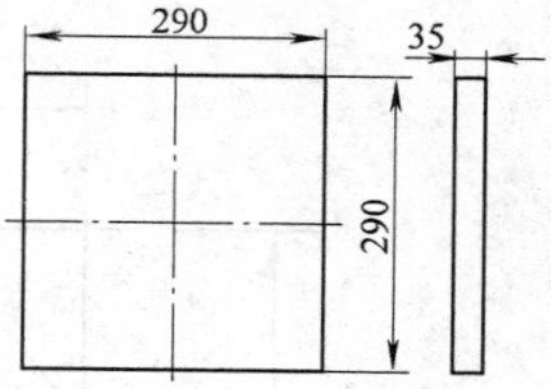 290；35；290
2	热处理	退火		
3	刨削	刨加工外形，单边各留0.4mm磨削余量	刨床	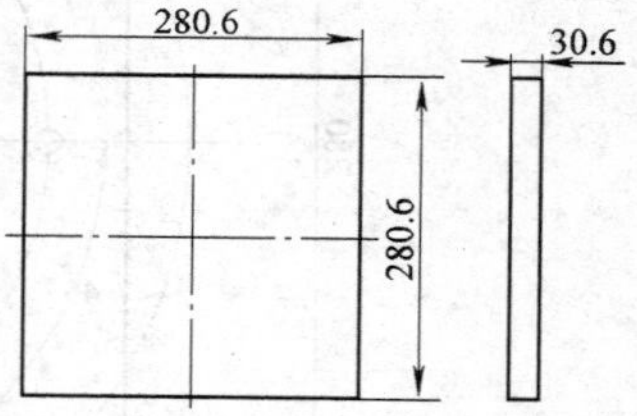 280.6；30.6；280.6
4	磨削	磨六面，保证基准面相互垂直	磨床	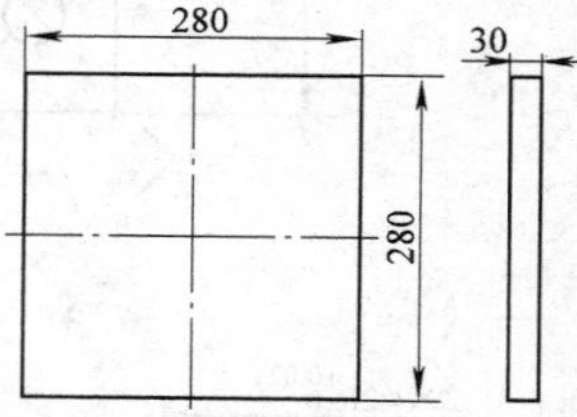 280；30；280
5	数控铣	1）找正基准，保证孔轴心线与基准面垂直 2）数铣加工凸模固定孔至尺寸要求	数控铣床	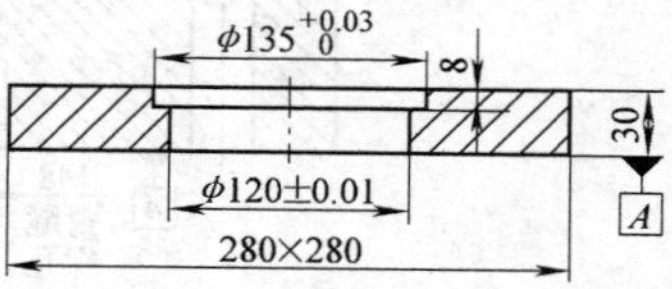 $\phi135^{+0.03}_{0}$；8；30；$\phi120\pm0.01$；280×280；A
6	数控铣	1）钻、扩调节杆孔4×ϕ8.5mm，4×ϕ13mm 2）钻、攻6×M10紧固螺钉孔 3）钻、铰过渡定位导柱孔	数控铣床	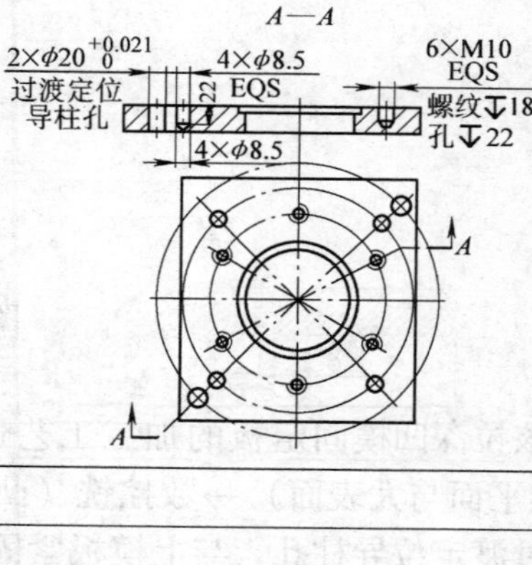 A—A；$2\times\phi20^{+0.021}_{0}$过渡定位导柱孔；22；4×$\phi$8.5 EQS；6×M10 EQS 螺纹↧18 孔↧22；4×ϕ8.5；A；A
7	钳工	去毛刺		
8	检验			
9	待装配			

7. 2. 4　拉深凹模固定板

拉深凹模固定板的作用与凸模固定板相同，而相关的加工精度也类似。

拉深凹模固定板如图 7-16 所示。

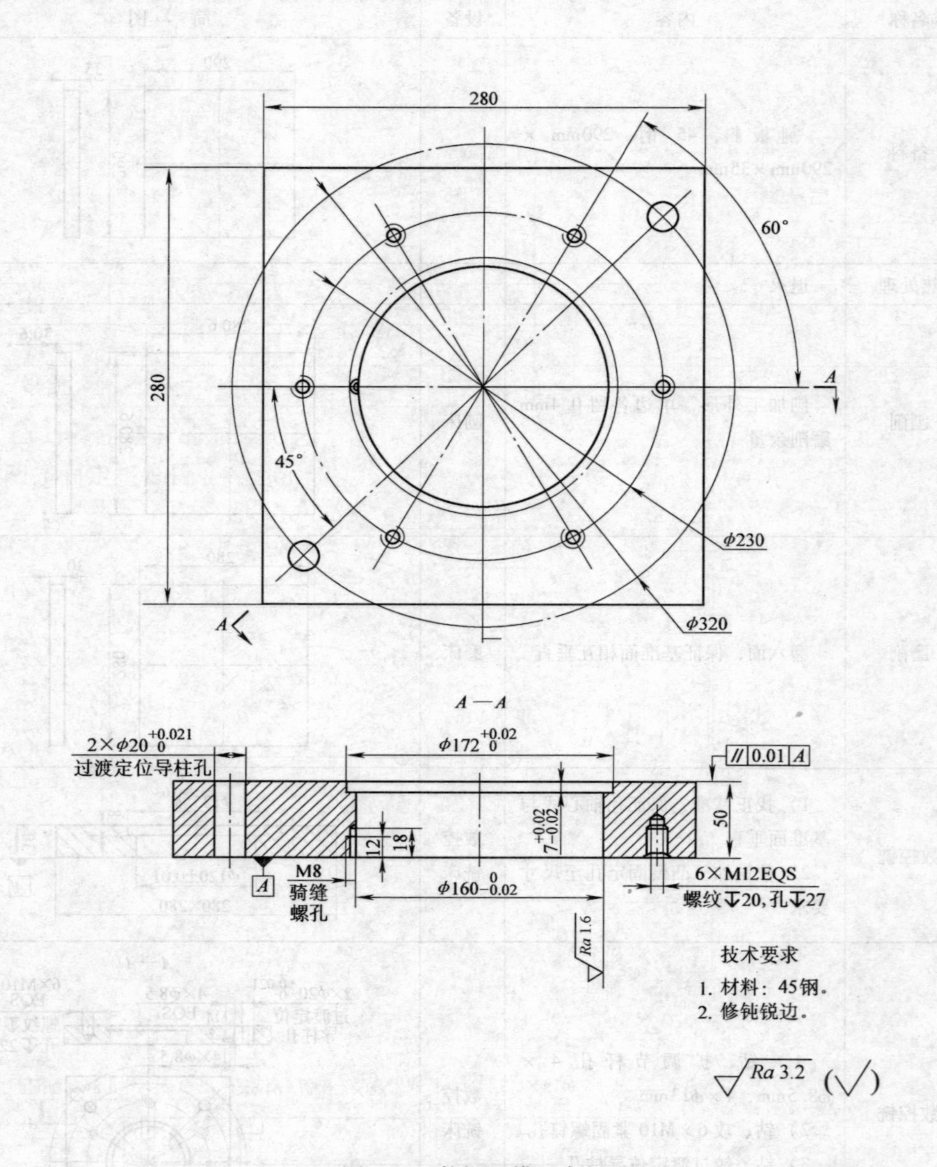

图 7-16　拉深凹模固定板

该拉深凹模固定板的加工工艺过程为：备料→热处理→刨削或铣削（外形）→磨削（基准平面与大表面）→数控铣（凸模固定孔轴心线与基准面垂直，钻扩卸料装置调节杆孔，过渡定位导柱孔，与上模板紧固的螺钉孔、攻内螺纹）→钳工→检验→待装配，见表 7-16。

表7-16　拉深凹模固定板加工工艺过程

序号	名称	内容	设备	简图
1	备料	割板料，45钢，290mm×290mm×55mm		290；55；290
2	热处理	退火		
3	刨削	刨加工外形，单边各留0.3mm磨削余量	刨床	280.6；50.6；280.6
4	磨	磨六面，保证基准面相互垂直	磨床	280；50；280
5	数控铣	1）找正基准，保证孔轴心线与基准面垂直 2）数控铣加工凹模固定板ϕ160mm、ϕ172mm孔至尺寸要求	数控铣床	$\phi172^{+0.02}_{0}$；$7^{+0.02}_{-0.02}$；$\phi160^{0}_{-0.02}$
6	数控铣	1）钻、攻6×M12紧固螺钉孔，螺纹深20mm、孔深27mm 2）钻、铰过渡定位导柱孔ϕ20H7	数控铣床	60°；A；45°；ϕ230；ϕ320；A；$2\times\phi20^{+0.021}_{0}$ 过渡定位导柱孔；A—A；12；18；M8 骑缝螺孔；$\phi160^{0}_{-0.02}$；6×M12 EQS 螺纹↧20 孔↧27

（续）

序号	名称	内容	设备	简　图
7	钳工	1）与凹模配作，钻、攻 M8 骑缝螺孔，螺纹深 12mm、孔深 18mm 2）去毛刺	钻床	
8	检验			
9	待装配			

7.3　弯曲模

7.3.1　弯曲成形零件

1. 弯曲凸模

图 7-17 所示为弯曲凸模。其主要技术要求为：①凸模成形工作面的尺寸精度为 $5_{-0.05}^{\ 0}$ mm（IT10）、$9_{-0.05}^{\ 0}$ mm（IT9）、$8.8_{-0.03}^{\ 0}$ mm（IT8），其表面粗糙度 $Ra \leqslant 0.8\mu m$；②固定端尺寸精度为 $24_{+0.01}^{+0.036}$ mm（IT7）、$12_{+0.007}^{+0.018}$ mm（IT6）；③零件材料为 Cr12，热处理硬度为 50 ~ 55HRC。成形表面采用线切割加工方案及铣削加工方案均可行。

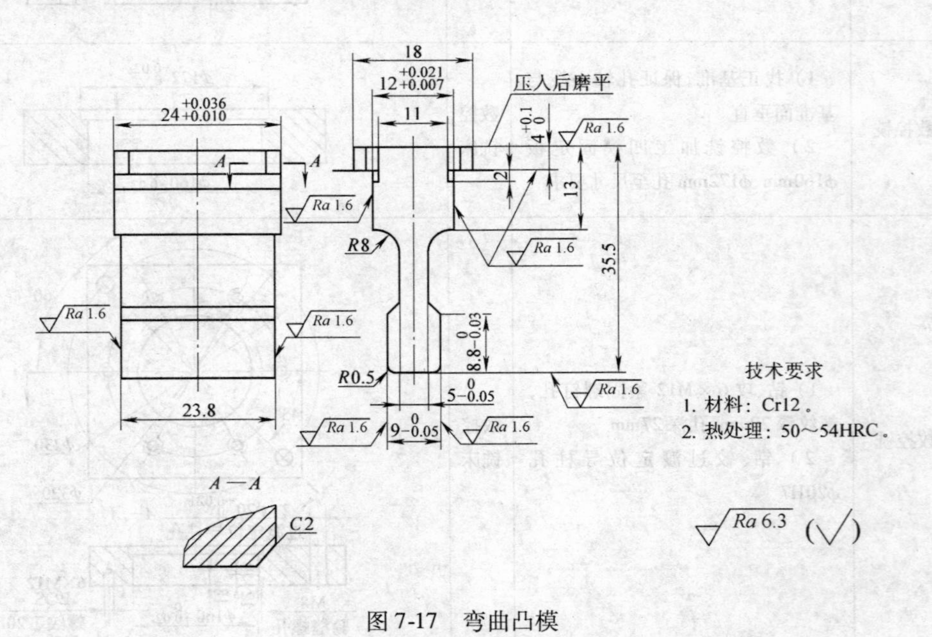

图 7-17　弯曲凸模

（1）线切割加工　采用线切割加工方案时，加工工艺过程如下：

1）备料。

2）锻造：锻成 $L\times30\text{mm}\times25\text{mm}$。

3）热处理：退火。

4）刨削：刨四面，加工成 $L\times24.5\text{mm}\times18.5\text{mm}$。

5）热处理：硬度为 50～55HRC。

6）平磨：磨四面成 $L\times24^{+0.036}_{+0.010}\text{mm}\times18\text{mm}$，对角尺。

7）线切割：按图切割成形。

8）钳工：修磨四处 $C2$ 倒角，并研光至规定要求。

9）检验。

（2）铣削成形加工　采用铣削成形加工方案时，加工工艺过程如下：

1）备料。

2）锻造：锻成 $42\text{mm}\times30\text{mm}\times25\text{mm}$。

3）热处理：退火。

4）刨削：刨六面，加工成 $36.5\text{mm}\times24.5\text{mm}\times18.5\text{mm}$。

5）平磨：磨六面，加工成 $35.5\text{mm}\times24^{+0.036}_{+0.010}\text{mm}\times18\text{mm}$，对角尺。

6）钳工：①按图划线；②加工 $\phi2\text{mm}$ 孔及 90°锥孔至尺寸。

7）立铣：按划线轮廓铣成形，尺寸 $12^{+0.018}_{+0.007}\text{mm}$、$9^{\ 0}_{-0.05}\text{mm}$ 留单面磨削余量 0.2mm，注意位置对称。

8）热处理：淬火，硬度为 50～55HRC。

9）平磨：磨 $12^{+0.018}_{+0.007}\text{mm}$、$9^{\ 0}_{-0.05}\text{mm}$ 及 $8.8^{\ 0}_{-0.03}\text{mm}$ 至要求，$12^{+0.018}_{+0.007}\text{mm}$、$9^{\ 0}_{-0.05}\text{mm}$ 两段均以同一平面对称。

10）钳工：修磨凸模的成形圆弧 $R0.5\text{mm}$，保证连接光滑。

11）检验。

2. 弯曲凹模

图7-18所示的活动凹模左右共两件，形状相同。主要技术要求为：①凹模成形工作表面的尺寸精度分别为 $10^{+0.03}_{\ \ 0}\text{mm}$（IT8）、$14^{+0.035}_{\ \ 0}\text{mm}$（IT8）、$9^{+0.03}_{\ \ 0}\text{mm}$（IT8）、$12^{+0.05}_{\ \ 0}\text{mm}$（IT9）、$30^{\ 0}_{-0.05}\text{mm}$（IT9），表面粗糙度 $Ra\leqslant0.4\mu\text{m}$；②两块凹模之间的相对位置为 $90^{\ 0}_{-0.05}\text{mm}$（IT8）；③其他配合面表面粗糙度 $Ra\leqslant0.8\mu\text{m}$；④零件材料为 Cr12，热处理硬度为 54～58HRC。其加工工艺过程如下：

1）备料：备两件。

2）锻造：锻成 $46\text{mm}\times46\text{mm}\times34\text{mm}$，共两件。

3）热处理：退火。

4）刨削：刨六面，加工成 $42\text{mm}\times40\text{mm}\times30\text{mm}$。

5）平磨：精密平口钳装夹，磨六面至尺寸 $42\text{mm}\times40\text{mm}\times30\text{mm}$，对角尺。

6）钳工：①按图划线；②钻顶孔并攻螺纹 4×M4 深 10mm；③钻预孔并攻螺纹 2×M8 深 20mm。

7）刨削：①刨两侧面，留单面磨削余量 0.2mm，同时刨出 $2\text{mm}\times0.5\text{mm}$ 槽至尺寸；②斜垫块斜位安装，刨出 36°斜面。

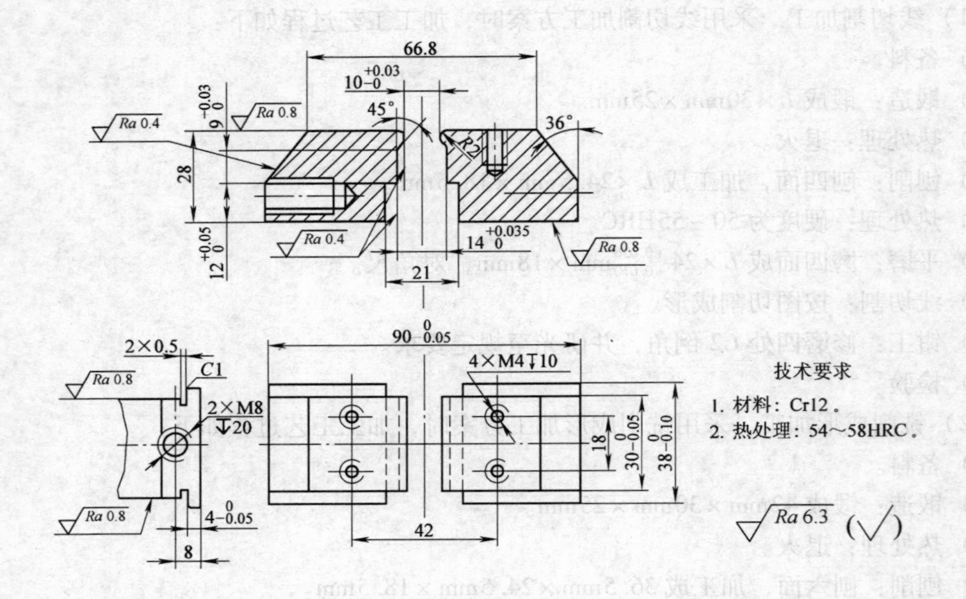

图 7-18 活动凹模

8）铣削：另一面铣成形、留单面磨削余量 0.2mm；$R2$mm 及尺寸 $14^{+0.035}_{0}$ mm、21mm 处留单面研修余量 0.01mm。

9）热处理：淬火，硬度为 50～58HRC。

10）平磨：磨上、下端面、两侧面及 36°斜面、相邻侧面至要求。

11）钳工：研成形部分至要求。

12）检验。

7.3.2 支撑零件

1. 凸模垫板

图 7-19 所示为凸模垫板，孔 $2\times\phi6^{+0.013}_{0}$ mm 在组装时配加工。

该凸模垫板的加工工艺过程如下：

1）备料。

2）锻造：锻成 76mm×67mm×14mm。

3）热处理：退火。

4）刨削：刨六面，加工成 70.5mm×61.5mm×8.5mm。

5）热处理：调质，硬度为 23～26HRC。

6）磨削：磨六面至尺寸，对角尺。

7）钳工：①按图划线；②钻预孔后攻螺纹 8×M6 至尺寸。

8）检验。

2. 凹模垫块

凹模垫块如图 7-20 所示。$16^{+0.1}_{-0.2}$mm 与 $12^{\ 0}_{-0.05}$mm 两尺寸应留单面研磨余量 0.01mm，待

组装调整间隙时研修至规定要求；而$2\times\phi4^{+0.010}_{0}$mm 则需在组装时补充加工。

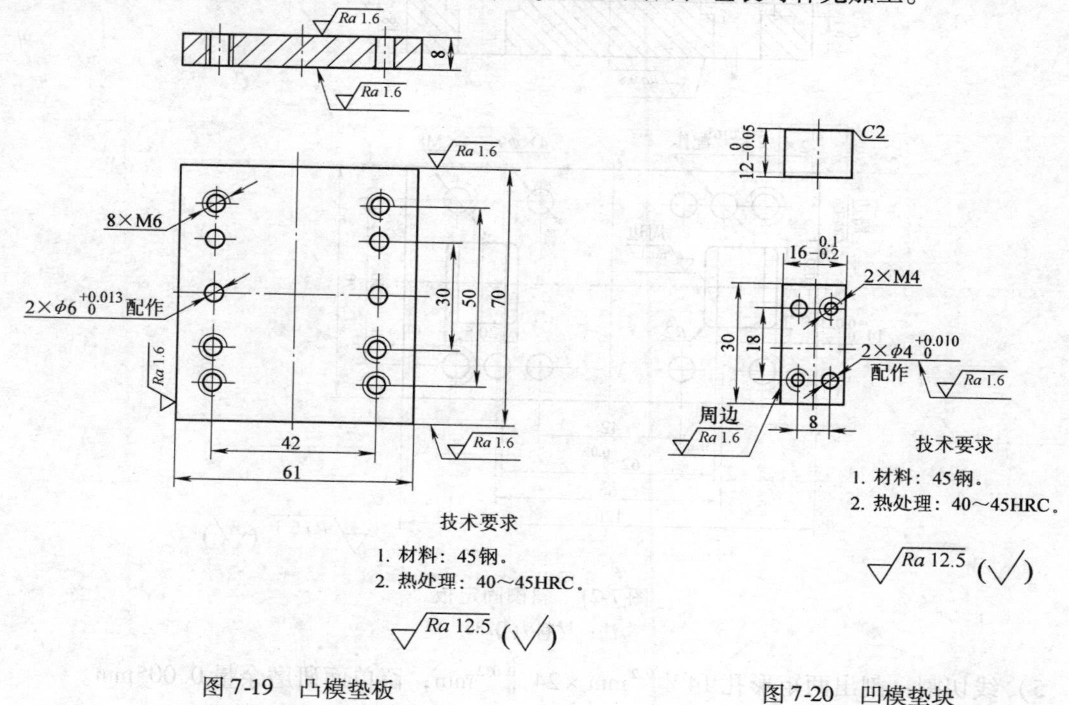

图7-19　凸模垫板　　　　图7-20　凹模垫块

该凹模垫块的加工工艺过程如下：

1）备料。

2）锻造：锻成36mm×22mm×18mm。

3）热处理：退火。

4）铣削：铣六面，加工成31mm×17mm×13mm。

5）磨削：磨六面，留单面磨削余量0.2mm，对角尺。

6）钳工：按图划线；加工2×M4至尺寸。

7）热处理：淬火，硬度为43～45HRC。

8）磨削：磨六面，尺寸30mm至规定要求，尺寸16mm与$12^{\ 0}_{-0.05}$mm则留单面研磨余量0.01mm，供调整间隙时修正。

9）检验。

3. 斜楔固定板

斜楔固定板如图7-21所示。销钉孔$2\times\phi8^{+0.016}_{0}$mm应待组装时补充加工。

该斜楔固定板的加工工艺过程如下：

1）备料：备料尺寸为126mm×76mm×25mm。

2）刨削：刨六面，加工成120.5mm×70.5mm×18.5mm。

3）平磨：磨六面至尺寸，对角尺。

4）钳工：①按图划线；②在两矩形孔$14^{+0.032}_{0}$mm×$24^{+0.032}_{0}$mm中心处钻两个穿丝孔$\phi3$mm。

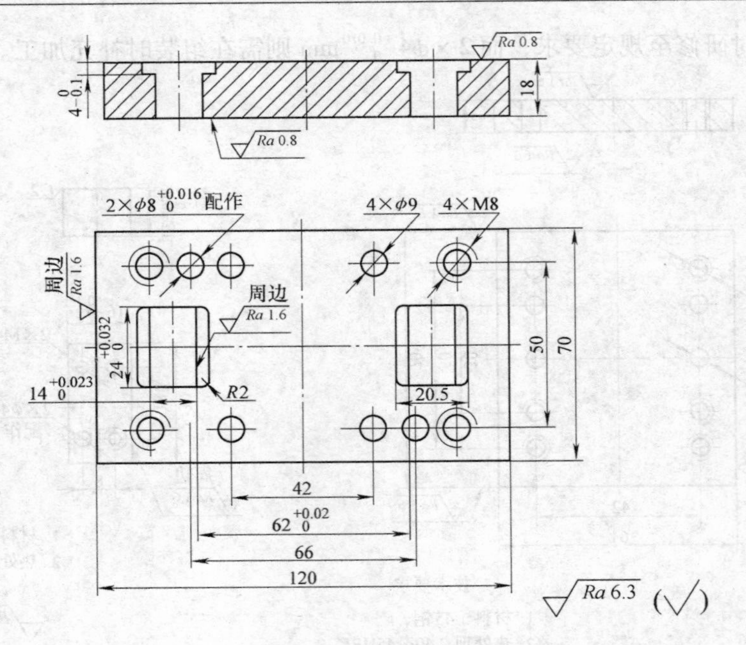

图 7-21　斜模固定板

注：材料为 Q235

5）线切割：割出两矩形孔 $14^{+0.032}_{0}$ mm × $24^{+0.032}_{0}$ mm，留单面研磨余量 0.005mm。

6）立铣：在两矩形孔 $14^{+0.032}_{0}$ mm × $24^{+0.032}_{0}$ mm 的反面加工 20.5mm 及 R5mm 至规定尺寸。

7）钳工：加工 4 × ϕ9mm、4 × M8 至规定尺寸，研修 $14^{+0.032}_{0}$ mm × $24^{+0.032}_{0}$ mm 的型孔面。

8）检验。

4. 凸模固定板

凸模固定板如图 7-22 所示。孔 4 × ϕ6.5mm 及 2 × $\phi6^{+0.013}_{0}$ mm 在模具装配时进行补充加工。

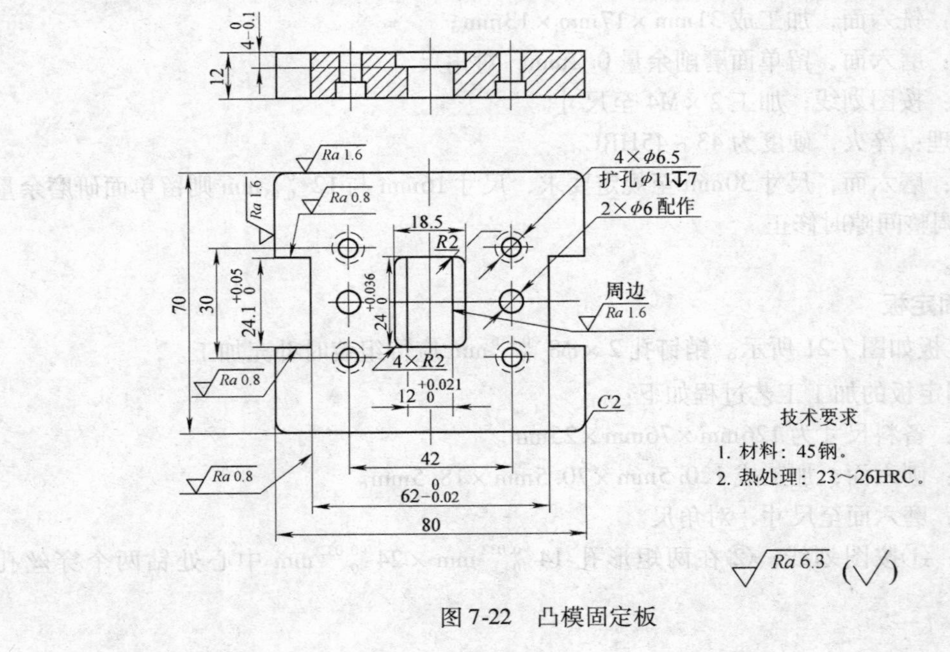

图 7-22　凸模固定板

该凸模固定板的加工工艺过程如下：

1）备料：备料尺寸为86mm×76mm×18mm。

2）刨削：刨六面，加工成80.5mm×70.5mm×12.5mm。

3）热处理：调质，硬度为23～26HRC。

4）磨削：磨六面至尺寸，对角尺。

5）钳工：按图划线。

6）立铣：铣出斜楔的滑动槽口及固定型孔 $24^{+0.036}_{0}$mm×$12^{+0.021}_{0}$mm，矩形扩孔 $24^{+0.036}_{0}$mm×18.5mm 和 $C2$。$Ra=0.8\mu m$ 及 $Ra=1.6\mu m$ 处留单面研磨余量0.005mm。

7）钳工：研 $Ra=0.8\mu m$ 及 $Ra=1.6\mu m$ 处各面至规定要求。

8）检验。

5. 上模座

上模座如图7-23所示。孔 $4\times\phi8^{+0.016}_{0}$mm、$4\times\phi13.4$mm、$4\times\phi9$mm（扩孔 $\phi13$mm 深12mm）及M6深12mm均在模具装配时进行补充加工。

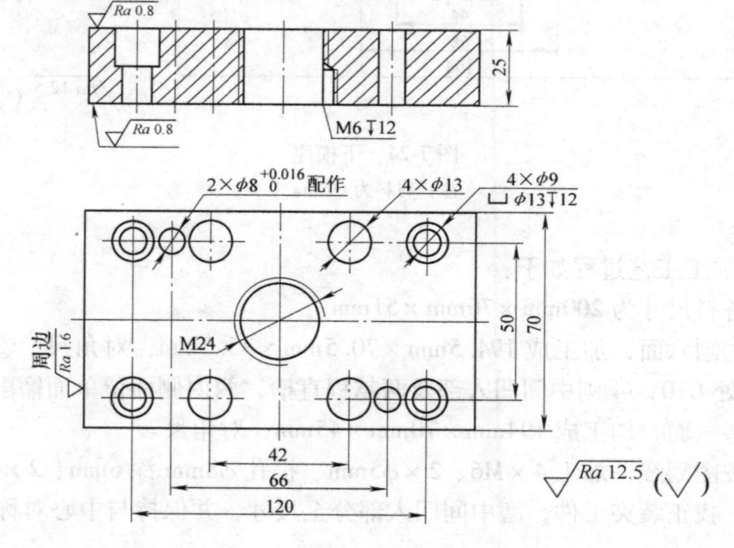

图7-23　上模座

注：材料为Q235。

该上模座的加工工艺过程如下：

1）备料：备料尺寸为126mm×76mm×31mm。

2）刨削：刨六面，加工成120.5mm×70.5mm×25.5mm。

3）磨削：磨六面至规定尺寸，对角尺。

4）车削：车钻孔并加工M24至规定尺寸；锐边倒钝。

5）检验。

6. 下模座

下模座如图7-24所示。其主要技术要求是：①两侧壁的距离尺寸精度为 $90^{+0.05}_{0}$mm（IT8）；②下底面、侧壁内表面、侧壁顶面、两侧壁之间的底面等几个面的表面粗糙度 $Ra\leq0.8\mu m$；③材料为Q235。

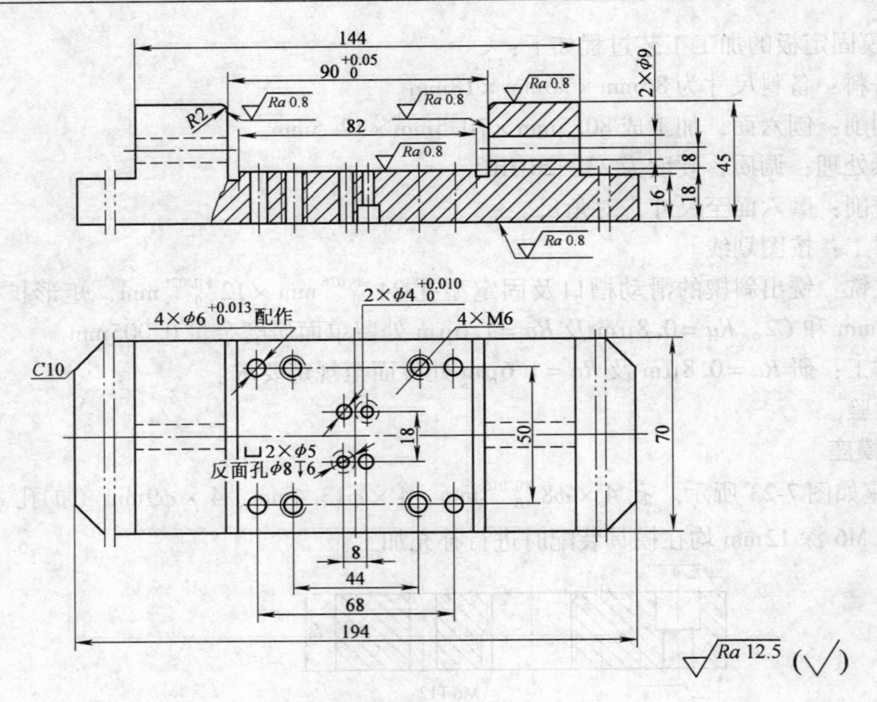

图 7-24 下模座

注：材料为 Q235。

该下模座的加工工艺过程如下：

1）备料：备料尺寸为 200mm×76mm×51mm。

2）刨削：①刨六面，加工成 194.5mm×70.5mm×45.5mm，对角尺；②刨两侧到尺寸 144mm；③刨四处 $C10$；④刨中间凹入部及两越程直槽，两内侧面留单面磨削余量 0.2mm。

3）平磨：磨六面，加工成 194mm×70mm×45mm，对角尺。

4）钳工：按图划线，加工 4×M6、2×ϕ5mm、扩孔 ϕ8mm 深 6mm、2×ϕ9mm。

5）工具磨：找正装夹工件，磨中间凹入部分至尺寸，并保持与中心对称。

6）检验。

7）组装时划线、加工孔 $2\times\phi4^{+0.010}_{0}$mm、$4\times\phi6^{+0.013}_{0}$mm。

第8章　冲模的装配与调试

8.1　概述

模具装配是模具制造过程中的关键工作，装配质量的好坏直接影响到所加工工件的质量、模具本身的工作状态及使用寿命。模具装配工作主要包括两个方面：一是将加工好的模具零件按图样要求进行组装、部装乃至总体的装配；二是在装配过程中进行一部分补充加工，如配作、配修等。

模具属于单件生产类型，所以模具装配大都采用集中装配的组织形式。所谓集中装配，是指从模具零件组装成部件或模具的全过程，由一个工人或一组工人在固定地点来完成。有时因交货期短，也可将模具装配的全部工作适当分散为各种部件的装配和总装配，由一组工人在固定地点合作完成模具的装配工作，此种装配组织形式称为分散装配。

对于需要大批量生产的模具部件（如标准模架），则一般采用移动式装配，即每一道装配工序按一定的时间完成，装配后的组件再传送至下一个工序，由下道工序的工人继续进行装配，直至完成整个部件的装配。

1. 模具装配的工艺过程

模具装配的工艺过程一般由四个阶段组成，即准备阶段、组件装配阶段、总装配阶段、检验和调试阶段，见表8-1。

表8-1　模具装配工艺过程

工艺过程		工　艺　说　明
准备阶段	研究装配图	装配图是进行装配工作的主要依据，通过对装配图的分析研究，了解要装配模具的结构特点和主要技术要求，各零件的安装部位、功能要求和加工工艺过程，与有关零件的连接方式和配合性质，从而确定合理的装配基准、装配方法和装配顺序
	清理检查零件	根据总装配图零件明细栏，清点和清洗零件，检查主要零件的尺寸和几何公差，查明各配合面的间隙、加工余量，以及有无变形和裂纹等缺陷
	布置工作场地	准备好装配时所需的工、夹、量具及材料和辅助设备，清理好工作台
组件装配阶段		1）按照各零件所具有的功能进行部件组装，如模架的组装，凸模和凹模（或型芯和型腔）与固定板的组装，卸料和推件机构的组装等 2）组装后的部件必须符合装配技术要求
总装配阶段		1）选择好装配的基准件，安排好上、下模（定模、动模）的装配顺序 2）将零件及组装后的组件按装配顺序组装结合在一起，成为一副完整的模具 3）模具装配完成后，必须保证装配精度，满足规定的各项技术要求
检验和调试阶段		1）按照模具验收技术条件，检验模具各部分功能 2）在实际生产条件下进行试模，调整、修整模具，直到生产出合格的工件

2. 模具的装配方法

模具的装配方法见表8-2。

表8-2　模具的装配方法

装配方法	特点及工艺操作
配作法	1）零件加工时，需对配作及与装配有关的必要部位进行高精度加工，而孔位精度需由钳工装配来保证 2）在装配时，由配作法使各零件装配后的相对位置保持正确关系
直接装配法	1）零件的型孔、型面及安装孔按图样要求加工。装配时，按图样要求把各零件连接在一起 2）装配后发现精度较差时，通过修整零件来进行调整

8.2　冲模装配与试冲

冲模装配主要要求是：①保证冲裁间隙的均匀性，这是冲模装配合格的关键；②保证导向零件导向良好，卸料装置和顶出装置工作灵活有效；③保证排料孔畅通无阻，冲压件或废料不卡留在模具内；④保证其他零件的相对位置精度等。

8.2.1　冲模装配技术要求

1. 总体装配技术要求

1）模具各零件的材料、几何形状、尺寸精度、表面粗糙度和热处理等均需符合图样要求。零件的工作表面不允许有裂纹和机械伤痕等缺陷。

2）模具装配后，必须保证模具各零件间的相对位置精度，尤其是冲压件的有些尺寸与几个冲模零件有关时，需予以特别注意。

3）装配后的所有模具活动部位应保证位置准确、配合间隙适当，动作可靠、运行平稳。固定的零件应牢固可靠，在使用中不得出现松动和脱落。

4）选用或新制模架的精度等级应满足冲压件所需的精度要求。

5）上模座沿导柱上、下移动应平稳和无阻滞现象，导柱与导套的配合精度应符合标准规定，且间隙均匀。

6）模柄圆柱部分应与上模座上平面垂直，其垂直度误差在全长范围内不大于0.05mm。

7）所有凸模应垂直于固定板的装配基面。

8）凸模与凹模的间隙应符合图样要求，且沿整个轮廓上间隙要均匀一致。

9）被冲毛坯定位应准确、可靠、安全，排料和出件应畅通无阻。

10）应符合装配图上除上述以外的其他技术要求。

2. 部件装配后的技术要求

（1）模具外观　模具外观的技术要求见表8-3。

表8-3　模具外观的技术要求

项号	项目	技术要求
1	铸造表面	1）铸造表面应清理干净，使其光滑、美观、无杂质 2）铸造表面应涂上绿色、蓝色或灰色漆
2	加工表面	模具加工表面应平整，无锈斑、锤痕及碰伤、焊补等

（续）

项号	项目	技 术 要 求
3	加工表面倒角	1）加工表面除刃口、型孔外，锐边、尖角均应倒钝 2）小型冲模倒角应≥C_2；中型冲模≥C_3；大型冲模≥C_5
4	起重杆	模具质量大于 25kg 时，模具本身应装有起重杆或吊环、吊钩
5	打刻编号	在模具正面（模板上）应按规定打刻编号：冲模图号、工件号、使用压力机型号、工序号、推杆尺寸及根数、制造日期

（2）工作零件　模具工作零件装配后的技术要求见表 8-4。

表 8-4　模具工作零件装配后的技术要求

序号	安装部位	技 术 要 求
1	凸模、凹模、凸凹模、侧刃与固定板的安装基面装配	凸模、凹模、凸凹模、侧刃与固定板的安装基面装配后的垂直度误差：刃口间隙≤0.06mm 时，在 100mm 长度上垂直度误差小于 0.04mm；刃口间隙＞0.06～0.15mm 时，为 0.08mm；刃口间隙≥0.15 时，为 0.12mm
2	凸模或凹模与固定板的装配	1）凸模或凹模与固定板的装配，其安装尾部与固定板必须在平面磨床上磨平至 Ra = 0.08～1.60μm 2）对于多个凸模工作部分高度（包括冲裁凸模、弯曲凸模、拉深凸模以及导正钉等）必须按图样要求，其相对误差不大于 0.1mm 3）在保证使用可靠的情况下，凸模或凹模在固定板上的固定允许用低熔点合金浇注
3	凸模或凹模与固定板的装配	1）装配后的冲裁凸模或凹模，凡是由多件拼块拼合而成的，其刃口两侧的平面应完全一致、无接缝感觉以及刃口转角处非工作的接缝面不允许有接缝及缝隙存在 2）对于由多件拼块拼合而成的弯曲、拉深、翻边、成形等的凸模或凹模，其工作表面允许在接缝处稍有不平现象，但平直度误差不大于 0.02mm 3）装配后的冷挤压凸模工作表面与凹模型腔表面不允许留有任何细微的磨削痕迹及其他缺陷 4）凡冷挤压的预应力组合凹模或组合凸模，在其组合时的轴向压入量或径向过盈量应保证达到图样要求，同时其相配的接触面锥度完全一致，涂色检查后应在整个接触长度和接触面上着色均匀 5）凡冷挤压的分层凹模，必须保证型腔分层接口处一致，应无缝隙及凹入型腔现象

（3）紧固件　在模具装配中，紧固件装配后的技术要求见表 8-5。

表 8-5　紧固件装配后的技术要求

紧固件名称	技 术 要 求
螺钉	1）装配后的螺钉必须拧紧，不许有任何松动现象 2）螺钉拧紧部分的长度，对于钢件及铸铁件连接长度不小于螺钉直径，对于铸铁件连接长度不小于螺纹长度的 1.5 倍
圆柱销	1）圆柱销连接两个零件时，每一个零件都应有圆柱销 1.5 倍的直径长度占有量（销深入零件深度大于 1.5 倍圆柱销直径） 2）圆柱销与销的配合松紧应适度

（4）导向零件　导向零件装配后的技术要求见表 8-6。

表 8-6　导向零件装配后的技术要求

序号	装配部位	技术要求
1	导柱压入下模座后的垂直度	导柱压入下模座后的垂直度在 100mm 长度范围内误差为：滚珠导柱类模架≤0.005mm；滑动导柱Ⅰ类模架≤0.01mm；滑动导柱Ⅱ类模架≤0.015mm；滑动导柱Ⅲ类模架≤0.02mm
2	导料板的装模	1）装配后模具上的导料板的导向面应与凹模进料中心线平行。在 100mm 长度范围内，对于一般冲裁模，其误差不得大于 0.05mm；对于连续模，其误差不得大于 0.02mm 2）左右导板的导向面之间的平行度误差在 100mm 长度范围内不得大于 0.02mm
3	斜楔及滑块导向装置	1）模具利用斜楔、滑块等零件做多方向运动的结构，其相对斜面必须吻合。吻合程度在吻合面纵、横方向上均不得大于 3/4 长度 2）预定方向的偏差在 100mm 长度范围内不得大于 0.03mm 3）导滑部分必须活动正常，不能有阻滞现象发生

（5）凸模与凹模间隙　装配后凸模与凹模间隙的技术要求见表 8-7。

表 8-7　装配后凸模与凹模间隙的技术要求

序号	模具类型		间隙技术要求
1	冲裁凸模与凹模		间隙必须均匀，其偏差不大于规定间隙的 20%；局部尖角或转角处不大于规定间隙的 30%
2	弯曲、成形类凸模与凹模		装配后的凸、凹模四周间隙必须均匀，其装配后的偏差值最大不应超过“料厚 + 料厚的上极限偏差”，而最小值不应超过“料厚 + 料厚的下极限偏差”
3	拉深模	几何形状规则（原形、矩形）	各向间隙应均匀，按图样要求进行检查
		形状复杂、空间曲线	按压弯、成形冲模处理

（6）模具的闭合高度　装配好的冲模，其模具闭合高度应符合图样所规定的要求。其闭合高度的偏差见表 8-8。

在同一压力机上，联合安装冲模的闭合高度应保持一致。冲裁类冲模与拉深类冲模联合安装时，闭合高度应以拉深模为准。冲裁模凸模进入凹模刃口的进入量应不小于 3mm。

（7）顶出、卸料件　顶出、卸料件在装配后的技术要求见表 8-9。

模具装配后，卸料机构动作要灵活，无卡滞现象。其弹簧、卸料橡胶应有足够的弹力及卸料力。

表 8-8　闭合高度的偏差

（单位：mm）

模具闭合高度尺寸	偏　差
≤200	+1 −3
>200～400	+2 −5
>400	+3 −7

表 8-9　顶出、卸料件装配后的技术要求

序号	装配部位	技术要求
1	卸料板、推件板、顶板的安装	装配后的冲模，其卸料板、推件板、顶板、顶圈均应相应露出凹模面、凸模顶端、凸凹模顶端 0.5～1mm，图样另有要求时，按图样要求进行检查
2	弯曲模顶板装配	装配后的弯曲模顶件板处于最低位置（即工件最后位置）时，应与相应弯曲拼块对齐，但允许顶件板低于相应拼块。其公差在料厚为 1mm 以下时为 0.01～0.02mm，料厚大于 1mm 时为 0.02～0.04mm
3	顶杆、推杆装配	顶杆、推杆装配时，长度应保持一致。在一副冲模内，同一长度的顶杆，其长度误差不大于 0.1mm
4	卸料螺钉	在同一副模具内，卸料螺钉应选择一致，以保持卸料板的压料面与模具安装基面平行度误差在 100mm 长度内不大于 0.05mm

（8）模板间平行度要求　模具装配后，模板上、下平面（上模板上平面对下模板下平面）平行度公差见表 8-10。

表 8-10　模板上、下平面平行度公差　（单位：mm）

模具类别	刃口间隙	凹模尺寸（长＋宽或直径的 2 倍）	300mm 长度内平行度公差
冲裁模	≤0.06	—	0.06
	>0.06	≤350	0.08
		>350	0.10
其他冲模	—	≤350	0.10
		>350	0.14

注：1. 刃口间隙取平均值。
2. 包含有冲裁工序的其他类模具，按冲裁模检查。

（9）模柄　模柄装配技术要求见表 8-11。

表 8-11　模柄装配技术要求

序号	安装部位	技术要求
1	直径与凸台高度	按图样要求加工
2	模柄对上模板垂直度	在 100mm 长度范围内不大于 0.05mm
3	浮动模柄装配	浮动模柄结构中，传递压力的凹凸模球面必须在摇摆及旋转的情况下吻合，其吻合接触面积不少于应接触面的 80%

（10）漏料孔　下模座漏料孔一般按凹模孔尺寸每边应放大 0.5～1mm。漏料孔应通畅，无卡滞现象。

8.2.2　凸模与凹模间隙的控制方法

冲模装配的关键是如何保证凸模与凹模之间具有正确合理而又均匀的间隙，这既与模具有关零件的加工精度有关，也与装配工艺的合理与否有关。为保证凸模与凹模间位置正确和

间隙的均匀，装配时总是依据图样要求先选择某一主要件（如凸模、凹模或凸凹模）作为装配基准件。以该件位置为基准，用找正间隙的方法来确定其他零件的相对位置，以确保其相互位置的正确性和间隙的均匀性。下面介绍几种常用的控制间隙均匀性的方法。

1. 测量法

测量法是将凸模和凹模分别用螺钉固定在上、下模板的适当位置，将凸模插入凹模内（通过导向装置），用塞尺检查凸模与凹模之间的间隙是否均匀，根据测量结果进行校正，直至间隙均匀后再拧紧螺钉、配作销孔及打入销钉。

2. 透光法

透光法是凭肉眼观察，根据透过光线的强弱来判断间隙的大小和均匀性。有经验的操作者凭透光法来调整间隙可达到较高的均匀程度。

3. 试切法

当凸模与凹模之间的间隙小于0.1mm时，可将其装配后试切纸（或薄板）。根据切下工件四周毛刺的分布情况（毛刺是否均匀一致）来判断间隙的均匀程度，并做适当的调整。

4. 垫片法

如图8-1所示，在凹模刃口四周的适当地方安放垫片（纸片或金属片），垫片厚度等于单边间隙值；然后将上模座的导套慢慢套进导柱，观察凸模Ⅰ及凸模Ⅱ是否顺利进入凹模与垫片接触；由等高垫铁垫好，用敲击固定板的方法调整间隙直到其均匀为止，并将上模座事先松动的螺钉拧紧。放纸试冲，由切纸观察间隙是否均匀。不均匀时再调整，直至均匀后再将上模座与固定板同钻，铰定位销孔并打入销钉。

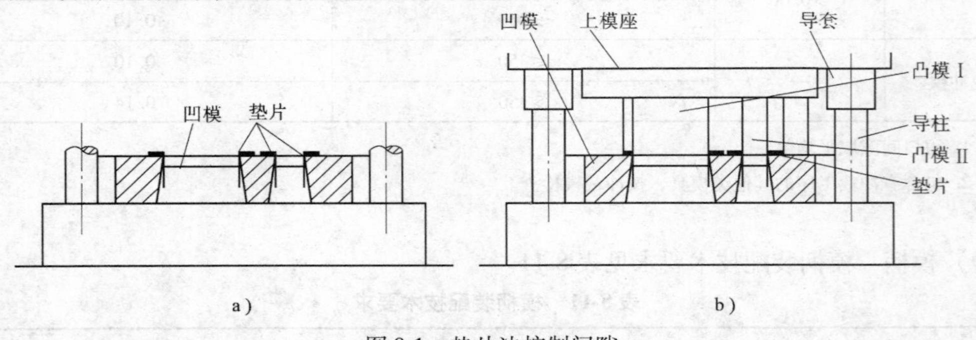

图8-1 垫片法控制间隙

a）放垫片 b）合模观察调整

5. 镀铜（锌）法

在凸模的工作段镀上厚度为单边间隙值的铜（或锌）层来代替垫片。由于镀层均匀，可提高装配间隙的均匀性。镀层本身会在冲模使用中自行剥落而无须安排去除工序。

6. 涂层法

与镀铜法相似，仅在凸模工作段涂以厚度为单边间隙值的涂料（如磁漆或氨基醇酸绝缘漆等）来代替镀层。

7. 酸蚀法

将凸模的尺寸做成与凹模型孔尺寸相同，待装配好后，再将凸模工作部分用酸腐蚀以达到间隙要求。

8. 利用工艺定位器调整间隙

图8-2所示为用工艺定位器来保证上、下模同轴。工艺定位器的尺寸 d_1、d_2、d_3 分别按凸模、凹模以及凸凹模之实测尺寸，按配合间隙为零来配制（应保证 d_1、d_2、d_3 同轴）。

9. 利用工艺尺寸调整间隙

对于圆形凸模和凹模，可在制造凸模时在其工作部分加长1～2mm，并使加长部分的尺寸按凹模孔的实测尺寸零间隙配合来加工，以便装配时凸模与凹模同轴，并保证间隙的均匀。待装配完后，将凸模加长部分磨去。

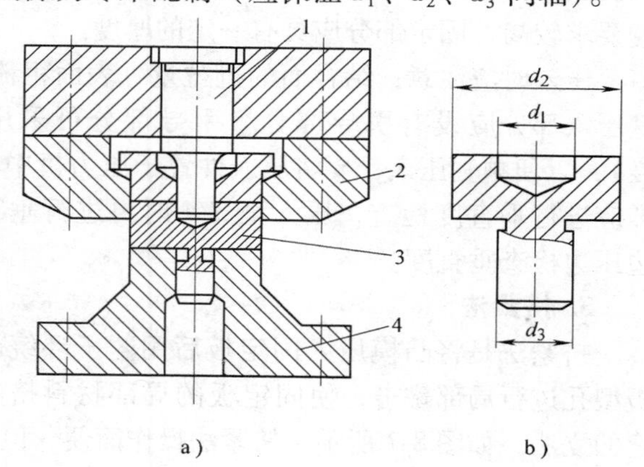

图8-2　用工艺定位器保证上、下模同轴
a）工作状态　b）工艺定位器零件
1—凸模　2—凹模　3—工艺定位器　4—凸凹模

为控制凸模与凹模相互位置的准确，在装配时还需要注意以下几点：

1）级进模常选凹模作为基准件，先将拼块凹模装入下模座，再以凹模定位，将凸模装入固定板，然后再装入上模座。当然这时要对凸模固定板进行一定的钳修。

2）有多个凸模的导板模常选导板作为基准件。装配时应将凸模穿过导板后装入凸模固定板，再装入上模座，然后再装凹模及下模座。

3）复合模常选凸凹模作为基准件，一般先装凸凹模部分，再装凹模、顶块以及凸模等零件，通过调整凸模和凹模来保证其相对位置的准确性。

8.2.3　模具零件的固定方法

模具结构不同，其零件的连接方法也各不相同，下面介绍几种常用的凸模与凹模固定方法，模具其他零件的固定也可以参照应用。

1. 紧固件法

紧固件法如图8-3～图8-5所示。这种方法工艺简单，紧固方便。

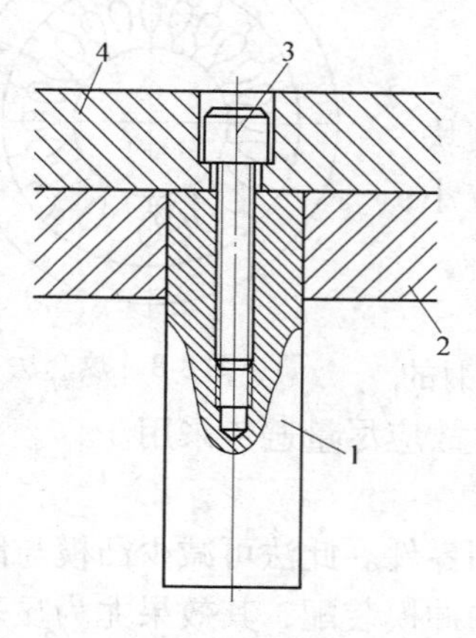

图8-3　螺钉紧固
1—凸模　2—凸模固定板　3—螺钉　4—垫板

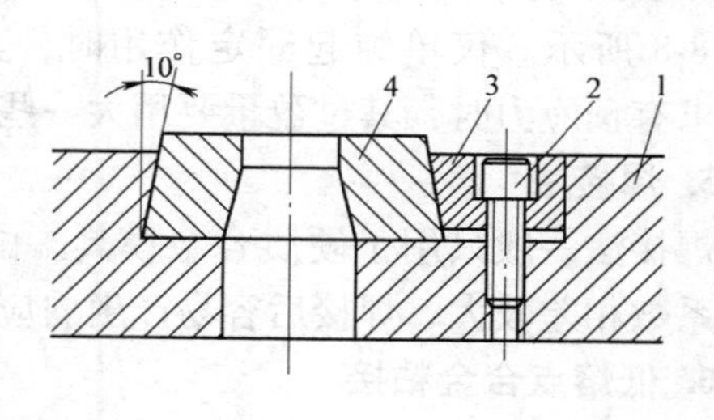

图8-4　斜压块紧固
1—模座　2—螺钉　3—斜压块　4—凹模

2. 压入法

压入法是利用配合零件的过盈量将零件压入配合孔中使其固定的方法，如图 8-6 所示。其优点是固定可靠；缺点是对被压入的型孔尺寸精度和位置精度要求较高，固定部分应具有一定的厚度。

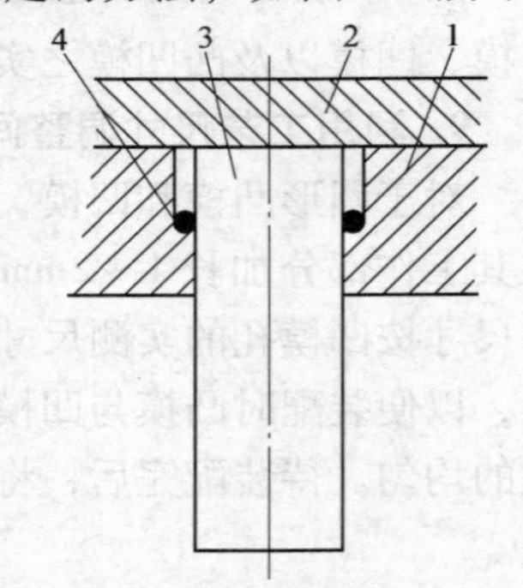

图 8-5　钢丝固定

1—固定板　2—垫板　3—凸模　4—钢丝

压入时应注意：结合面的过盈量、表面粗糙度应符合要求；其压入部分应设有引导部分（引导部分可采用小圆角或小锥度），以便顺利压入；要将压入件置于压力机中心；压入少许时即应进行垂直度检查，压入至 3/4 时再进行垂直度检查，即应边压边检查垂直度。

3. 挤紧法

挤紧法是将凸模压入固定板后用錾子环绕凸模外圈对固定板型孔进行局部敲击，使固定板的局部材料挤向凸模而将其固定的立法，如图 8-7 所示。挤紧法操作简便，但要求固定板型孔的加工较准确。一般步骤是：将凸模通过凸模压入固定板型孔（凸模与凹模间隙要控制均匀）→挤紧→检查凸模与凹模间隙，如不符合要求，还需修挤。

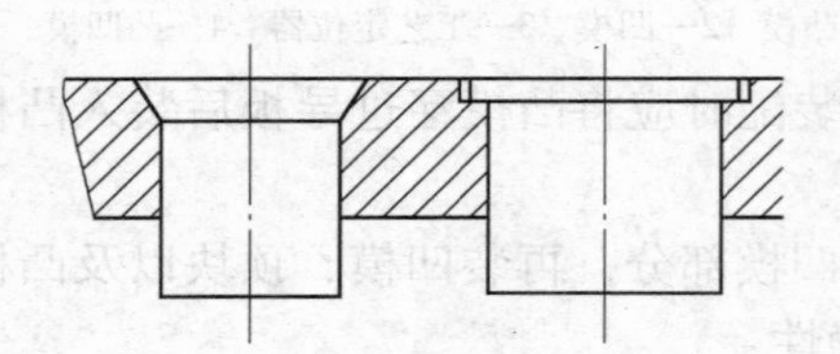

图 8-6　压入法固定模具零件

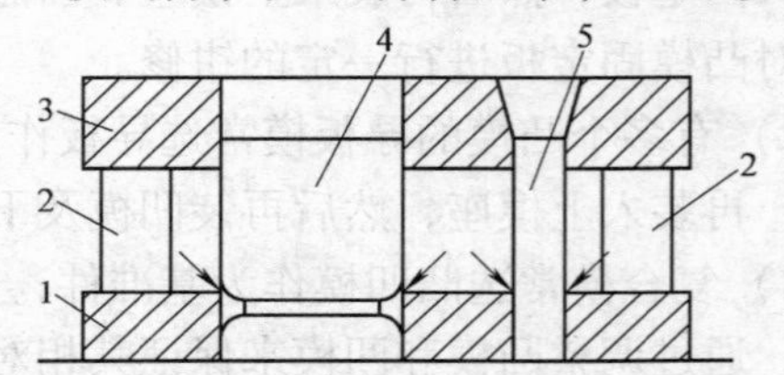

图 8-7　用挤紧法固定凸模的方式

1—固定板　2—等高垫铁　3—凹模　4、5—凸模

注：图中箭头所示为挤紧方向。

在固定板中挤紧多个凸模时，可先装最大的凸模，这可使挤紧其余凸模时少受影响，稳定性好。然后再装配离该凸模较远的凸模，以后的次序即可任选。

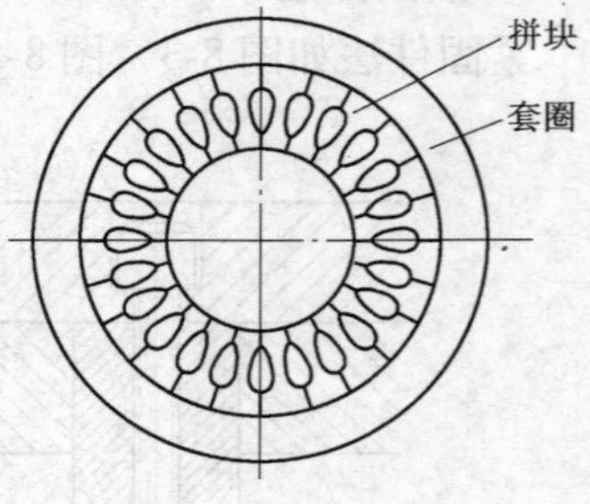

拼块
套圈

图 8-8　热套法

4. 热套法

热套法常用于固定凸模与凹模拼块以及硬质合金镶块，如图 8-8 所示。仅单纯起固定作用时，其过盈量一般较小；当要求有预应力时，其过盈量要稍大一些。

5. 焊接法

焊接法一般只用于硬质合金模具。由于硬质合金与钢的热胀系数相差较大，焊接后容易产生内应力而引起开裂，故应尽量避免采用。

6. 低熔点合金粘接

该法是利用低熔点合金冷凝时体积膨胀的特性来紧固零件。此法可减少凸模与凹模的位置精度和间隙均匀性的调整工作量，尤其对于大而复杂的冲模装配，其效果尤为显著。

图 8-9 所示为六种凸模低熔点合金粘接结构。

常用低熔点合金的配方、性能和适用范围详见相关参考资料。

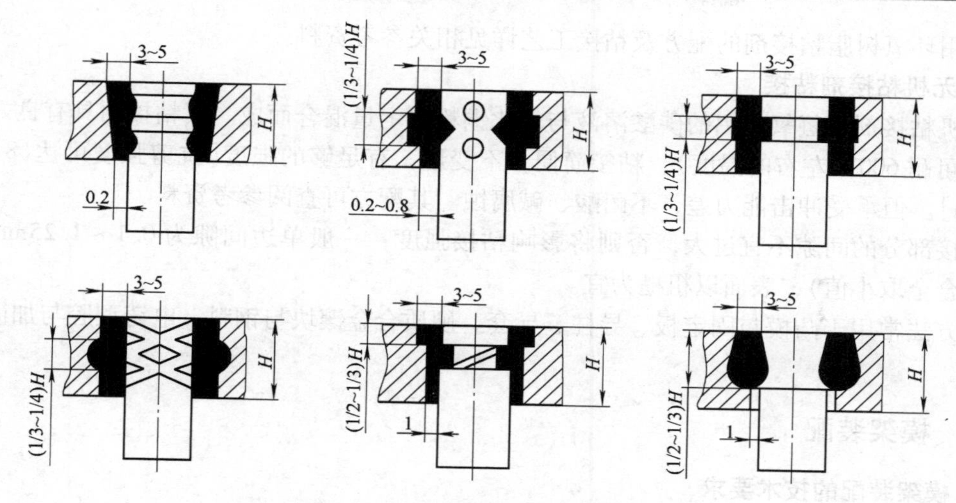

图 8-9　凸模低熔点合金粘接结构

7. 环氧树脂粘接

环氧树脂在硬化状态对各种金属表面的附着力都非常强，力学强度高，收缩率小，化学稳定性和工艺性能好，因此在冲模的装配中得到了广泛使用，例如，用环氧树脂固定凸模，浇注卸料板，粘接导柱、导套等。

用环氧树脂固定凸模时将凸模固定板上的孔做得大一些（单边间隙一般为 0.3 ~ 0.5mm），粘接面表面粗糙度值大一些（$Ra=12.5\sim50\mu m$），并浇以粘接剂，如图 8-10 所示。图 8-10a 和图 8-10c 所示结构用于冲裁厚度小于 0.8mm 的材料。

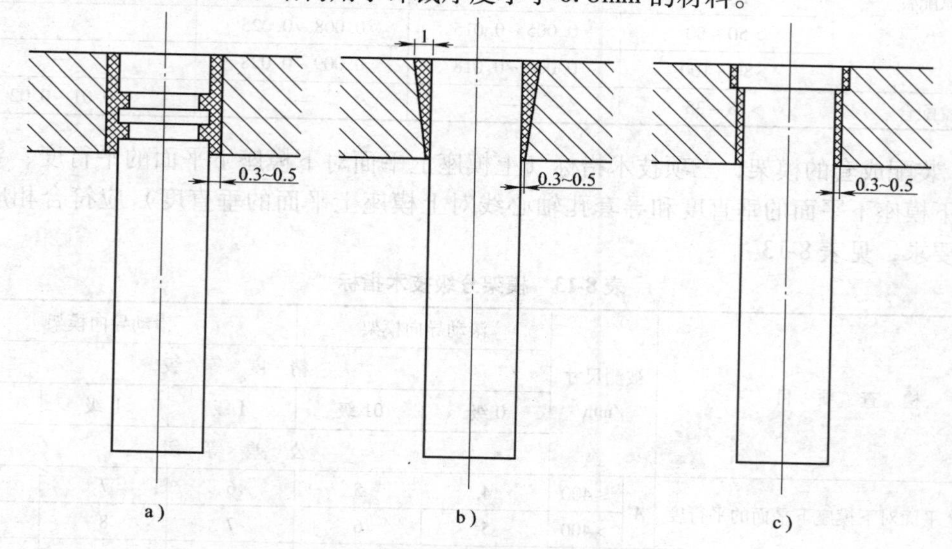

图 8-10　凸模环氧树脂粘接结构
a）双肩形　b）圆锥形　c）凸肩形

环氧树脂粘接法的优点是：可简化型孔的加工，降低机械加工要求，节省工时，提高生产率，对于形状复杂及多孔冲模其优越性更加显著；能提高装配精度，容易获得均匀的冲裁间隙；用于浇注卸料板型孔时型孔质量高。缺点是粘接过程中会产生有害气体，污染环境。

常用环氧树脂粘接剂的配方及粘接工艺详见相关参考资料。

8. 无机粘接剂粘接

无机粘接剂由氢氧化铝的磷酸溶液与氧化铜粉末定量混合而成。其粘接面具有良好的耐热性（可耐600℃左右的温度），粘接简便，不变形，有足够的强度[抗剪强度可达(8 ~ 10) $\times 10^7$Pa]。但承受冲击能力差，不耐酸、碱腐蚀。其配方可查阅参考资料。

粘接部分的间隙不宜过大，否则将影响粘接强度，一般单边间隙为0.1 ~ 1.25mm（较低熔点合金取小值），表面以粗糙为宜。

该方法常用于凸模与固定板、导柱、导套、硬质合金镶块与钢料、电铸型腔与加固模套的粘接。

8.2.4 模架装配

1. 模架装配的技术要求

1）组成模架的各零件均应符合相应的技术标准和技术条件。其中特别重要的是，每对导柱、导套间的配合间隙应符合表8-12的要求。

表8-12 导柱和导套的配合要求 （单位：mm）

配合形式	导柱直径	配合精度 H6/h5	配合精度 H7/h6	配合后的过盈量
		配合后的间隙值		
间隙配合	≤18	0.003 ~ 0.01	0.005 ~ 0.015	—
	>18 ~ 28	0.004 ~ 0.011	0.006 ~ 0.018	—
	>28 ~ 50	0.005 ~ 0.013	0.007 ~ 0.022	—
	>50 ~ 80	0.005 ~ 0.015	0.008 ~ 0.025	—
	>80 ~ 100	0.006 ~ 0.018	0.009 ~ 0.028	—
过盈配合	>18 ~ 35	—	—	0.01 ~ 0.02

2）装配成套的模架，三项技术指标（上模座上平面对下模座下平面的平行度、导柱轴心线对下模座下平面的垂直度和导套孔轴心线对上模座上平面的垂直度）应符合相应精度等级的要求，见表8-13。

表8-13 模架分级技术指标

检查项目		被测尺寸/mm	滚动导向模架		滑动导向模架		
			精度等级				
			0级	01级	Ⅰ级	Ⅱ级	Ⅲ级
			公差等级				
上模座上平面对下模座下平面的平行度	A	≤400	4	5	6	7	8
		>400	5	6	7	8	9
导柱轴心线对下模座下平面的垂直度	B	≤160	3	4	4	5	6
		>160	4	5	5	6	7
导套孔轴心线对上模座上平面的垂直度	C	≤160	3	4	4	5	6
		>160	4	5	5	6	7

注：被测尺寸是指：*A*—上模座的最大长度尺寸或最大宽度尺寸；*B*—下模座上平面的导柱高度；*C*—导套孔内导柱延长的高度。

3）装配后的模架，上模座沿导柱上、下移动应平稳，无阻滞现象。

4）压入上、下模座的导套、导柱，离其安装表面应有1～2mm的距离，压入后应牢固，不可松动。

5）装配成套的模架，各零件的工作表面不应有碰伤、裂纹及其他机械损伤。

2. 模架的装配工艺

模架的装配主要是指导柱、导套的装配。目前大多数模架的导柱、导套与模座之间采用过盈配合，但也有少数采用粘接工艺的，即将上、下模座的孔扩大，降低其加工要求，同时，将导柱、导套的安装面制成有利于粘接的形状，并降低其加工要求。装配时，先将模架的各零件安放在适当的位置上，然后，在模座孔与导柱、导套之间注入粘接剂即可使导柱、导套固定。

滑动导向模架常用的装配工艺见表8-14。

表8-14　滑动导柱模架常用的装配工艺

序号	工序	简　图	说　明
1	压入导柱	压块 导柱 下模座	利用压力机，将导柱压入下模座。压导柱时将压块顶在导柱中心孔上。在压入过程中，测量与校正导柱的垂直度。将两个导柱全部压入
2	装导套	导套 上模座 Δ_{max}	将上模座反置套在导柱上，然后套上导套，用千分表检查导套压配部分内外圆的同轴度，并将其最大偏差Δ_{max}放在两导套中心连线的垂直位置，这样可减少由于不同轴而引起的中心距变化
3	压入导套		用帽形垫块放在导套上，将导套压入上模座一部分 取走模座及导柱，仍用帽形垫块将导套全部压入上模座
4	检验		将上、下模座对合，中间垫以垫块，放在平板上测量模架平行度

8.2.5　模具总装

根据模具装配图的技术要求，完成模具的模架、凸模部分、凹模部分等分装之后，即可进行总装配。

总装时，应根据上、下模零件在装配和调整中所受限制情况来决定先装上模还是下模。一般是先安装受限制最大的部分，然后以它为基准调整另外部分的活动零件。

下面以图8-11所示冲孔模具为例简单介绍冲裁模的总装。

1. 确定装配顺序

该模具应先装配下模，以下模部分的凹模为基准调整装配上面部分的凸模及其他零件。

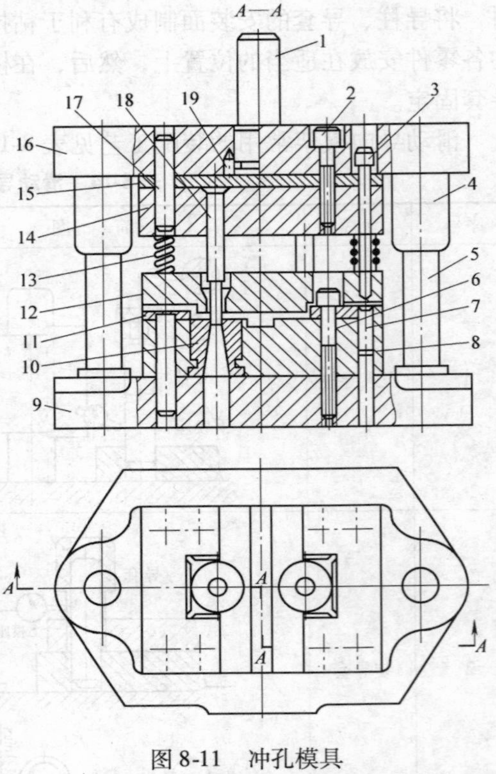

2. 装配下模部分

1）在已装配凹模的固定板15上面安装定位板。

2）将已装配好凹模10、定位板11的固定板15置于下模座9上，找正中心位置。用平行夹头夹紧，依靠固定板的螺钉孔在钻床上对下模座预钻螺纹孔锥窝，然后拆出凹模固定板7。按已预钻的锥窝钻螺纹底孔并攻螺纹，再将凹模固定板重新置于下模座上校正，用螺钉固定紧固。最后钻、铰定位销孔，并装入定位销。

3. 装配上模部分

1）将卸料板套装在已装入固定板的凸模上，两者之间垫入适当高度的等高垫铁，用平行夹头夹紧。以卸料板上的螺孔定位，在凸模固定板上钻出锥窝。拆去卸料板，以锥窝定位钻固定板的螺钉通孔。

图8-11　冲孔模具

1—模柄　2、6—螺钉　3—卸料螺钉　4—导套　5—导柱　7、15—固定板　8、17、19—销钉　9—下模座　10—凹模　11—定位板　12—弹压卸料板　13—弹簧　14—上模座　16—垫板　18—凸模

2）将已装入固定板的凸模插入凹模孔中，在凹模和固定板之间放等高垫铁，并将垫板置于固定板上，再装上上模座。用平行夹头夹紧上模座和固定板。以凸模固定板上的孔定位，在上模座上钻锥窝。然后拆开以锥窝定位钻孔后，用螺钉将上模座、垫板、凸模固定板连接并稍加紧固。

3）调整凸模与凹模的间隙。将已装好的上模部分套装在导柱上，调整位置使凸模插入凹模孔中，根据配合间隙采用前述调整配合间隙的适当方法，对凸模与凹模间隙调整均匀，并以纸片作材料进行试冲。如果纸样轮廓整齐、无毛刺或周边毛刺均匀，说明配合间隙均匀；如果只有局部毛刺，说明配合间隙不均匀，应重新调整均匀为止。

4）配合间隙调整好后，将凸模固定板螺钉紧固。钻铰定位销孔，并安装定位销定位。

5）将卸料板套装在凸模上，并装上弹簧和卸料螺钉。当在弹簧作用下卸料板处于最低位置时，凸模下端应比卸料板下端短0.5mm，并上下灵活运动。

8.2.6　模具试冲

模具装配以后，必须在生产条件件下进行试冲。通过试冲可以发现模具设计和制造的不足，并找出原因，以便对模具进行适当的调整和修理，直到模具正常工作冲出合格的工件为止。

模具经试冲合格后，应在模具模座正面打刻编号、冲模图号、工件号、使用压力机型号、制造日期等，并涂油防锈后经检验合格入库。

1. 冲裁模

冲裁模具试冲时常见的缺陷、产生原因及调整方法见表8-15。

表8-15　试冲常见缺陷、产生原因及调整方法

缺　陷	产生原因	调整方法
冲件毛刺过大	1）刃口不锋利或淬火硬度不够 2）间隙过大或过小，间隙不均匀	1）修磨刃口使其锋利 2）重新调整凸模与凹模间隙，使之均匀
冲件不平整	1）凹模有倒锥，冲件从孔中通过时被压弯 2）顶出杆与顶出器接触工件面积太小 3）顶出杆、顶出器分布不均匀	1）修磨凹模孔，去除倒锥现象 2）更换顶出杆，加大与工件的接触面积
尺寸超差、形状不准确	凸模、凹模形状及尺寸精度差	修整凸模与凹模形状及尺寸，使之达到形状及尺寸精度要求
凸模折断	1）冲裁时产生侧向力 2）卸料板倾斜	1）在模具上设置挡块抵消侧向力 2）修整卸料板或使凸模增加导向装置
凹模被胀裂	1）凹模孔有倒锥度现象（上口大下口小） 2）凹模孔内卡住（废料）太多	1）修磨凹模孔，消除倒锥现象 2）修低凹模孔高度
凸模与凹模刃口相咬	1）上、下模座，固定板、凹模、垫板等零件安装基面不平行 2）凸模与凹模错位 3）凸模、导柱、导套与安装基面不垂直 4）导向精度差，导柱、导套配合间隙过大 5）卸料板孔位偏斜使冲孔凸模位移	1）调整有关零件重新安装 2）重新安装凸模与凹模，使之对正 3）调整其垂直度重新安装 4）更换导柱、导套 5）修整及更换卸料板
冲裁件剪切断面光亮带宽，甚至出现毛刺	冲裁间隙过小	适当放大冲裁间隙，对于冲孔模间隙加大在凹模方向上，对落料模间隙加大在凸模方向上
剪切断面光亮带宽窄不均匀，局部有毛刺	冲裁间隙不均匀	修磨或重装凸模或凹模，调整间隙保证均匀
外形与内孔偏移	1）在连续模中孔与外形偏心，并且所偏的方向一致，表明侧刃的长度与步距不一致 2）连续模多件冲裁时，其他孔形正确，只有一孔偏心，表明该孔凸模与凹模位置有变化 3）复合模孔形不正确，表明凸模与凹模相对位置偏移	1）加大（减小）侧刃长度或磨小（加大）挡料块尺寸 2）重新装配凸模并调整其位置使之正确 3）更换凸（凹）模，重新进行装配调整合适
送料不通畅，有时被卡死	易发生在连续模中 1）两导料板之间的尺寸过小或有斜度 2）凸模与卸料板之间的间隙太大，致使搭边翻转而堵塞 3）导料板的工作面与侧刃不平行，卡住条料，形成毛刺大	1）粗修或重新装配导料板 2）减小凸模与导料板之间的配合间隙，或重新浇注卸料板孔 3）重新装配导料板，使之平行 4）修整侧刃及挡块之间的间隙，使之达到严密

（续）

缺　陷	产生原因	调整方法
卸料及卸件困难	1）卸料装置不动作 2）卸料力不够 3）卸料孔不畅，卡住废料 4）凹模有倒锥 5）漏料孔太小 6）推杆长度不够	1）重新装配卸料装置，使之灵活 2）增加卸料力 3）修整卸料孔 4）修整凹模 5）加大漏料孔 6）加长打料杆

2. 弯曲模

弯曲模的作用是使坯料在塑性变形范围内进行弯曲，使坯料产生永久变形而获得所要求的形状和尺寸。

图 8-12 所示为简单弯曲模。由于模具弯曲工作部分的形状复杂，几何形状及尺寸精度要求较高，制造时，凸模与凹模工作表面的曲线和折线需用预先做好的样板及样件来控制。样板与样件的加工精度为 ±0.05mm。装配时可按冲裁模的装配方法，借助样板或样件调整间隙。

为了提高工件的表面质量和模具寿命，弯曲模凸模与凹模对表面粗糙度值要求较低，一般 $Ra<0.40\mu m$。弯曲模模架的导柱、导套配合精度可略低于冲裁模。

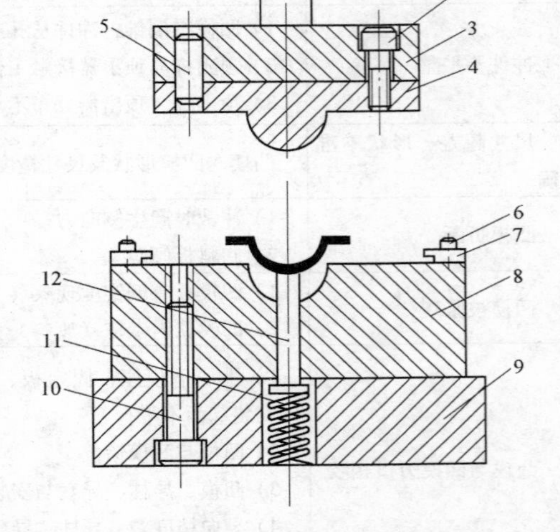

图 8-12　简单弯曲模

1—模柄　2—螺钉　3—凸模固定板　4—凸模　5—定位销钉　6—定位螺钉　7—定位板　8—凹模　9—下模座　10—螺钉　11—顶料弹簧　12—顶杆

工件在弯曲过程中，由于材料回弹的影响，使弯曲工件在模具中弯曲的形状与取出后的形状不一致，从而影响工件的形状和尺寸要求。又因回弹的影响因素较多，很难用设计计算的方法进行消除，所以，在模具制造时，常用试模时的回弹值修正凸模（或凹模）。为了便于修整凸模和凹模，在试模合格后，才对凸模与凹模进行热处理。另外，工件的毛坯尺寸也要经过试验后才能确定。因此，弯曲模试冲的目的是找出模具的缺陷加以修整和确定工件毛坯尺寸。

由于以上因素，弯曲模的调整工作比一般的冲裁模具复杂得多。弯曲模试冲时常见的缺陷、产生原因及调整方法如表 8-16。

表 8-16　弯曲模试冲时常见的缺陷、产生原因及调整方法

缺　陷	产生原因	调整方法
弯曲制件底面不平	1）卸料杆分布不均匀，卸料时顶弯 2）压料力不够	1）均匀分布卸料杆或增加卸料杆数量 2）增加压料力
弯曲制件尺寸和形状不合格	冲压件产生回弹造成制件的不合格	1）修改凸模的角度和形状 2）增加凹模的深度 3）减少凸模与凹模之间的间隙 4）弯曲前坯料退火 5）增加矫正压力

（续）

缺　陷	产生原因	调整方法
弯曲制件产生裂纹	1）弯曲变形区域内应力超过材料抗拉强度 2）弯曲区外侧有毛刺，造成应力集中 3）弯曲变形过大 4）弯曲线与板料的纤维方向平行 5）凸模圆角小	1）更换塑性好的材料或将材料退火后再弯曲 2）减少弯曲变形量或将有毛刺边放在弯曲内侧 3）分次弯曲，首次弯曲用较大弯曲半径 4）改变落料排样，使弯曲线与板料纤维方向成一角度 5）加大凸模圆角
弯曲制件表面擦伤或壁厚减薄	1）凹模圆角大小或表面粗糙 2）板料黏附在凹模内 3）间隙小，挤压变薄 4）压料装置压料力太大	1）加大凹模圆角，降低表面粗糙度值 2）凹模表面镀铬或化学处理 3）增加间隙 4）减小压料力
弯曲件出现挠度或扭转	中性层内外变化收缩，弯曲量不一样	1）对弯曲件进行再校正 2）材料弯曲前退火处理 3）改变设计，将弹性变形设计在与挠度方向相反的方向上

3. 拉深模

拉深模又称拉延模，它的作用是将平面的金属板料压制成开口空心的制件。它是成形罩、箱、杯等零件的重要方法，广泛应用于机器制造之中。

图8-13所示为具有压边装置的拉深模。工作时，上模的弹簧和压边圈首先将板料四周压住。然后，凸模下降，将已被压边圈压紧的中间部分板料冲压进入凹模。这样在凸模与凹模间隙内成形为开口空心的工件。

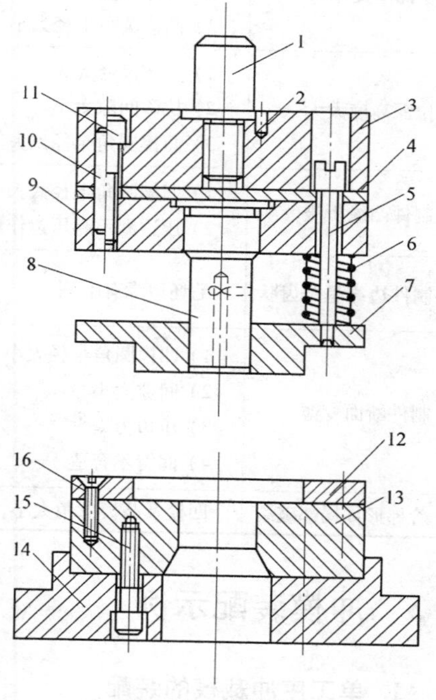

图8-13　拉深模

1—模柄　2—止动销　3—上模座　4—垫板　5—螺钉　6—弹簧　7—压边圈　8—凸模　9—凸模固定板　11、15、16—螺钉　10—销钉　12—定位板　13—凹模　14—下模座

拉深模的凸模工作部分是光滑圆角，表面粗糙度值很低，一般 Ra 为0.04～0.32μm。拉深模同弯曲模一样，也受着材料弹性变形的影响。所以，即使组成零件制造很精确，装配很好，拉深出的工件也不一定合格。因此，拉深模应在试冲过程中对工作部分进行修整加工，直至冲出合格工件后才进行淬火处理。由此可见，装配过程中对凸模与凹模相对位置通过试冲后的修整是十分重要的。为了便于拉深工件的脱模，对大中型拉深凸模要设置通气孔。

拉深模试冲的目的一是发现模具本身存在的缺陷，找出原因进行调整和修整；二是最后确定工件拉深前的毛坯尺寸。

拉深模试冲常见缺陷、产生原因及调整方法见表8-17。

表 8-17 拉深模试冲常见缺陷、产生原因及调整方法

缺 陷	产生原因	调整方法
局部被拉裂	1）径向拉应力太大 2）凸模与凹模圆角太小 3）润滑不良 4）材料塑性差	1）减小压边力 2）增大凸模与凹模圆角半径 3）增加或更换润滑剂 4）改用塑性好的材料
凸缘起皱且制件侧壁拉裂	压边力太小，凸缘部分起皱，无法进入凹模而拉裂	加大压边力
制件底部被拉裂	凹模圆角半径太小	加大凹模圆角半径
盒形件角部破裂	1）角部圆角半径太小 2）间隙太小 3）变形程度太大	1）加大凹模圆角半径 2）加大凸模与凹模间隙 3）增加拉深次数
制件底部不平	1）坯料不平 2）顶杆与坯料接触面太小 3）缓冲器顶出力不足	1）平整毛坯 2）改善顶料结构 3）增加弹顶力
制件壁部拉毛	1）模具工作部分有毛刺 2）毛坯表面有杂质	1）修光模具工作平面和圆角 2）清洁毛坯或使用干净润滑剂
拉深高度不够	1）毛坯尺寸太小 2）拉深间隙太大 3）凸模圆角半径太小	1）加大毛坯尺寸 2）调整间隙 3）加大凸模圆角半径
拉深高度太大	1）毛坯尺寸太大 2）拉深间隙太小 3）凸模圆角半径太大	1）减小毛坯尺寸 2）加大拉深间隙 3）减小凸模圆角半径
制件凸缘折皱	1）凹模圆角半径太大 2）压边圈不起压边作用	1）减少凹模圆角半径 2）调整压边结构加大压边力
制件边缘呈锯齿状	毛坯边缘有毛刺	修整前道工序落料凹模刃口，使之间隙均匀，减少毛刺
制件断面变薄	1）凹模圆角半径太小 2）间隙太小 3）压边力太大 4）润滑不合适	1）增大凹模圆角半径 2）加大凸模与凹模间隙 3）减小压边力 4）换合适润滑剂
阶梯形件局部破裂	凹模及凸模圆角太小，加大了拉深力	加大凸模与凹模的圆角半径，减小拉深力

8.3 冲模装配示例

1. 单工序冲裁模的装配

单工序冲裁模分无导向装置的冲裁模和有导向装置的冲裁模两种类型。对于无导向装置的冲裁模，在装配时，可以按图样要求将上、下模分别进行装配，其凸模与凹模间隙是在冲裁模被安装在压力机上时进行调整的；而对于有导向装置的冲裁模，装配时首先要选择基准件，然后以基准件为基准，再配装其他零件并调好间隙值。冲裁模的装配方法见表 8-18。

表8-18　冲裁模的装配方法

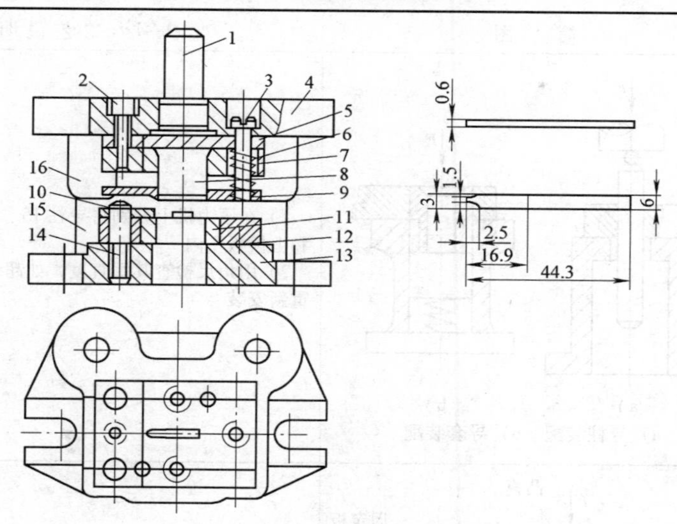

材料：H62黄铜板

1—模柄　2—内六角圆柱头螺钉　3—卸料螺钉　4—上模板　5—垫板　6—凸模固定板　7—弹簧　8—凸模　9—卸料板　10—定位板　11—凹模　12—凹模套　13—下模座　14—螺钉　15—导柱　16—导套

序号	工序	简　图	工 艺 说 明
1	装配前的准备		1）通读总装配图，了解所冲零件的形状、精度要求及模具结构特点、动作原理和技术要求 2）选择装配顺序及装配方法 3）检查零件尺寸、精度是否合格，并且备好螺钉、弹簧、销钉等标准件及装配用的辅助工具
2	装配模柄	1 F 2 3 a） 4 b） a）模柄装配　b）磨平端面 1—模柄　2—上模座 3—等高垫块　4—骑缝销	1）在手搬压力机上，将模柄1压入上模板4中，压实后，再把模柄1端面与上模板4的底面在平面磨床上磨平 2）用角尺检查模柄与上模板的垂直度，并调整到合适为止

（续）

序号	工序	简　图	工艺说明
3	导柱、导套的装配	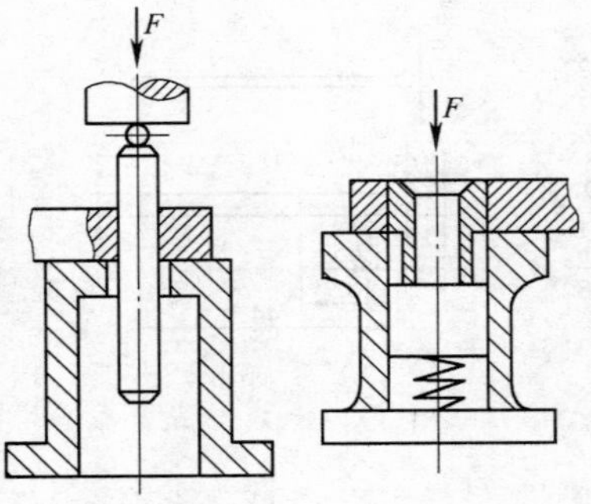 F a）　b） a）导柱装配　b）导套装配	1）在压力机上分别将导柱15、导套16压入下模座13和上模板4内 2）用角尺检查其垂直度，如超过垂直度误差标准，应重新安装
4	凸模的装配	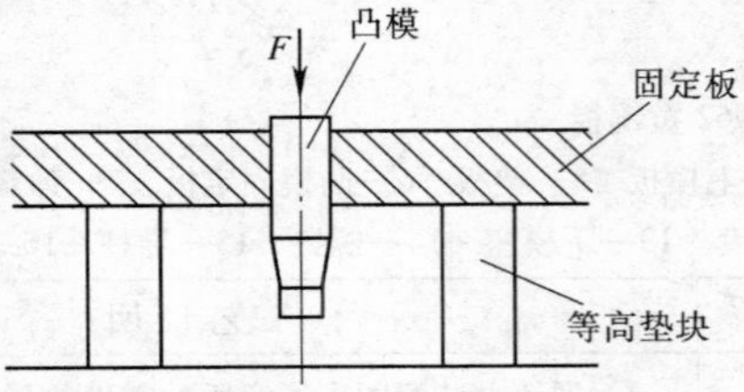 F　凸模　固定板　等高垫块	1）在压力机上将凸模8压入固定板6内，并检查凸模8与凸模固定板6的垂直度 2）装配后将固定板6的上平面与凸模8尾部一起磨平 3）将凸模8的工作部位端面磨平，以保持刃口锋利
5	弹压卸料板的装配		1）将弹压卸料板9套在已装入固定板内的凸模上 2）在凸模固定板6与卸料板9之间垫上平行垫块，并用平行夹板将其夹紧 3）按卸料板9上的螺孔在凸模固定板6上锪窝 4）拆下后，钻削固定板上的螺孔
6	装凹模		1）把凹模11装入凹模套12内 2）压入固紧后，将上、下平面在平面磨床上磨平
7	安装下模		1）在凹模11与凹模套12组合上安装定位板10，并把该组合安装在下模座13上 2）调好各零件间相对位置后，在下模座按凹模套12螺纹孔配钻、加工螺孔、销钉孔 3）装入销钉，拧紧螺钉
8	配装上模		1）把已装入固定板6的凸模8插入凹模孔内 2）将固定板6与凹模套12间垫上适当高度的平行垫铁 3）将上模板4放在凸模固定板6上，对齐位置后夹紧 4）以凸模固定板6螺孔为准，配钻上模板螺孔 5）放入垫板5，拧上紧固螺钉
9	调整凸凹模间隙		1）先用透光法调整间隙，即将装配后的模具翻过来，把模柄夹在台虎钳上，用手灯照射，从下模座的漏料孔中观察间隙大小及均匀性，并调整使之均匀 2）在发现某一方向不均匀时，可用锤子轻轻敲击固定板6侧面，使上模的凸模8位置改变，以得到均匀间隙为准
10	固紧上模		间隙均匀后，将螺钉紧固，配钻上模板销钉孔，并装入销钉
11	装入卸料板		1）将卸料板9固紧在已装好的上模上 2）检查卸料板是否在凸模内，上、下移动是否灵活，凸模端面是否缩入卸料孔内约0.5mm 3）检查合适后，最后装入弹簧7

（续）

序号	工序	简　图	工 艺 说 明
12	试切和调整		1）用与冲裁件同样厚度的纸板作为工件材料，将其放在凸模与凹模之间 2）用锤子轻轻敲击模柄进行试切 3）检查试件毛刺大小及均匀性。若毛刺小或均匀，表明装配正确，否则应重新装配调整
13	打刻编号		试切合格后，根据厂家要求打刻编号

2. 级进模的装配

级进模又称连续模，是多工位冲模。其特点是在送料方向上具有两个或两个以上的工位，可以在不同工位上进行连续冲压并同时完成几道冲压工序。它不仅能完成多道冲裁工序，往往还有弯曲、拉深、成形等多种工序同时进行。这类模具加工、装配要求较高，难度也较大。模具的步距与定位稍有误差，就难保证工件的内、外形尺寸精度。因此，加工、装配这类模具时，应特别认真、仔细。

（1）加工与装配要求　级进模加工时除了必须保证工作零件及辅助相关零件的加工精度外，还应保证下述要求：

1）凹模各型孔的相对位置及步距，一定要按图样要求加工、装配准确。

2）凸模的各固定型孔、凹模型孔、卸料板导向孔三者的位置必须一致，即在加工装配后，各对应型孔的中心线应保持同轴度的要求。

3）各组凸模与凹模在装配后，间隙应保证均匀一致。

（2）零部件的加工特点　级进模零部件加工时，可根据设备来确定加工顺序。在没有电火花及线切割机床的情况下，可采用如下加工工艺。

1）先加工凸模并经淬火处理。

2）将卸料板（又称刮料板）按图样画线，并利用机械及手工将其加工成形。其中，卸料孔应留有一定的配合要求。

3）将已加工的卸料板与凹模四周对齐，用夹钳夹紧，同钻螺孔及销孔。

4）用已加工及淬火后的凸模，采用压印整修法将卸料板粗加工后的型孔，加工成形，并达到一定的配合要求。

5）把已加工好的卸料板与凸模用销钉固定，用加工好的卸料板孔对凹模进行凹模型孔画线，卸下后粗加工凹模型孔，再用凸模压印、锉修并保证间隙大小及均匀性。

6）利用同样的方法加工固定板型孔及下模板漏料孔。

7）在工厂有电火花、线切割设备的情况下，级进模的加工应先加工凹模，再以凹模为基准，按上述方法配作卸料板、固定板型孔及利用凹模压印加工凸模。

（3）级进模的装配要点

1）装配顺序的选择。级进模的凹模是装配基准件，故应先装配下模。再以下模为基准装配上模。级进模的凹模结构多数采用镶拼形式，由若干块拼块或镶块组成，为了便于调整准确步距和保证间隙均匀，装配时对拼块凹模先把步距调准确，并进行各组凸、凹模的预配，检查间隙均匀程度，修正合格后再把凹模压入固定板。然后把固定板装入下模板，再以凹模定位装配凸模，把凸模装入上模，待用切纸法试冲达到要求后，用销钉定位固定，再装入其他辅助零件。

2）装配方法。假如级进模的凹模是整体凹模，则凹模型孔步距是靠加工凹模时保证的。若凹模是拼块凹模结构形式，则各组凸模与凹模在装配时，采取预配合装配法。这是连续模装配的最关键工序，也是细致的装配过程，绝对不能忽视。因为各拼块虽在精加工时保证了尺寸要求和位置精度，但拼合后因累积误差也会影响步距精度，所以在装配时，必须由钳工研磨修正和调整。

凸模与凹模预配的方法是：按图样拼合拼块，按基准面排齐、磨平。将凸模逐个插入相对应的凹模型孔内，检查凸模与凹模的配合情况，目测凸模与凹模的间隙均匀后再压入凹模固定板内。把凹模拼块装入凹模固定板后，最好用三坐标测量机、坐标磨床和坐标镗床对其位置精度和步距精度做最后检查，并用凸模复查以修正间隙后，磨上、下平面。

当各凹模镶件对精度有不同要求时，应先压入精度要求高的镶拼件，再压入容易保证精度的镶件。例如，在冲孔、切槽、弯曲、切断的连续模中，应先压入冲孔、切槽、切断的拼块，后压入弯曲模。这是因为前者型孔与定位面有尺寸及位置精度要求，而后者只要求位置精度。

3）装配示例。表8-19以电能表磁极冲片为例，说明了级进模的装配方法。

表8-19　级进模的装配方法

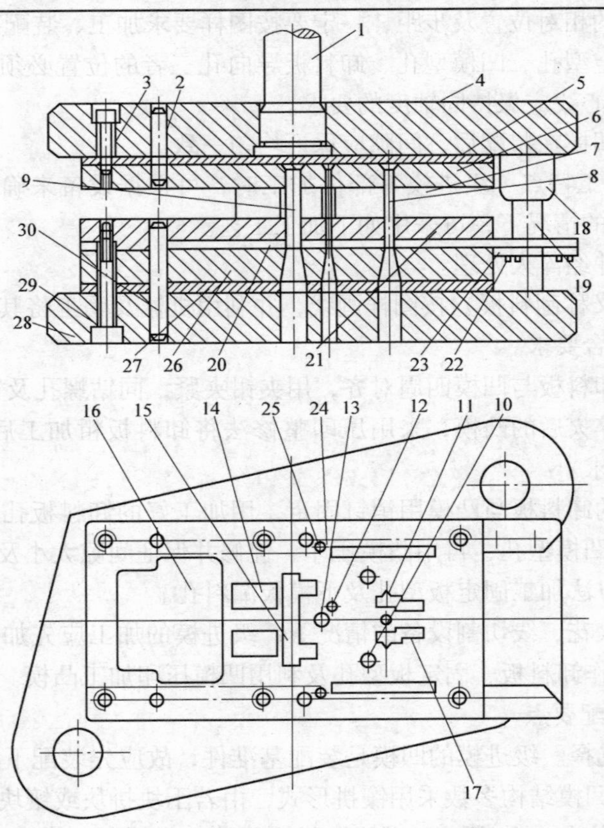

1—模柄　2、25、30—销钉　3、22、29—螺钉　4—上模板　5、27—垫板　6—凸模固定板　7—侧刃凸模　8~15、17—冲孔凸模　16—落料凸模　18—导套　19—导柱　20—卸料板　21—导料板　23—托料板　24—挡块　26—凹模　28—下模板

（续）

序号	工　序	工艺说明
1	凸模与凹模预装	1）装配前仔细检查各凸模形状和尺寸，以及凹模型孔是否符合图样要求的尺寸精度、形状 2）将各凸模分别与相应的凹模孔相配，检查其间隙是否加工均匀。不合适者应重新修磨或更换
2	凸模装入固定板	以凹模孔定位，将各凸模分别压入凸模固定板型孔中，并挤紧牢固
3	装配下模	1）在下模板28上划中心线，按中心预装凹模26、垫板27、导料板21、卸料板20 2）在下模板28、垫板27、导料板21、卸料板20上，用已加工好的凹模分别复印螺孔位置，并分别钻孔，攻螺纹 3）将下模板、垫板、导料板、卸料板、凹模用螺钉紧固，装入销钉
4	装配上模	1）在已装好的下模上放等高垫铁，将凸模与固定板组合通过卸料孔导向，装入凹模 2）预装上模板4，划出与凸模固定板相应螺孔位置并钻螺孔、过孔 3）用螺钉将固定板组合、垫板、上模板连接在一起，但不要拧紧 4）复查凸模与凹模间隙并调整合适后，紧固螺钉 5）切纸检查，合适后打入销钉
5	装辅助零件	装配辅助零件后，试冲

3. 复合模的装配

复合模是指在压力机一次行程中，可以在冲裁模的同一位置上完成冲孔和落料等多个工序。其结构特点主要是表现在它必须具有一个外缘可作为落料凸模、内孔可作为冲孔凹模用的复合式凸凹模，它既是落料凸模又是冲孔凹模。

在制造复合模时，与普通冲模不同的是上下模的配合稍有不准，就会导致整副模具的损坏，所以在加工和装配时不得有丝毫差错。

（1）制造与装配要求

1）所加工的工作零件（如凸模、凹模及凸凹模和相关零件）必须保证加工精度。

2）装配时，冲孔和落料的冲裁间隙应均匀一致。

3）装配后的上模中推件装置的推力的合力中心应与模柄中心重合。如果两者不重合，推件时会使推件块歪斜而与凸模卡紧，出现推件不正常或推不下来，有时甚至导致细小凸模的折断。

（2）零件加工特点　在加工制造复合模零件时，若采用一般机械加工方法，可按下列顺序进行加工。

1）首先加工冲孔凸模，并经淬火后，经修整后达到图样形状及尺寸精度要求。

2）对凸凹模进行粗加工后，按图样画线、加工型孔。型孔加工后，用加工好的冲孔凸模压印锉修成形。

3）淬硬后凹模，用此外形压印锉修凹模孔。

4）加工卸件器。卸件器可按画线加工，也可以与凸凹模一体加工，加工后切下一段即可作为卸件器。

5）用冲孔凸模通过卸件器压印，加工凸模固定型孔。

（3）装配顺序的确定　对于导柱式复合模，一般先安装下模，找正下模中凸凹模的位置，按照冲孔凹模型孔加工出漏料孔；然后固定下模，装配上模上的凹模及凸模，调整间隙；最后安装其他零件。

（4）装配步骤　复合模的装配有配作装配法和直接装配法两种。在装配时，主要采取以下步骤。

1）组件装配。组件装配包括模架的组装、模柄的装入、凸模在固定板上的装入等。

2）总装配。总装配主要以先装下模为主，然后以下模为准再装配上模。

3）调整凸模与凹模间隙。

4）安装其他辅助零件。

5）检查、试冲。

（5）装配示例　复合模的装配方法见表 8-20。

表 8-20　复合模的装配方法

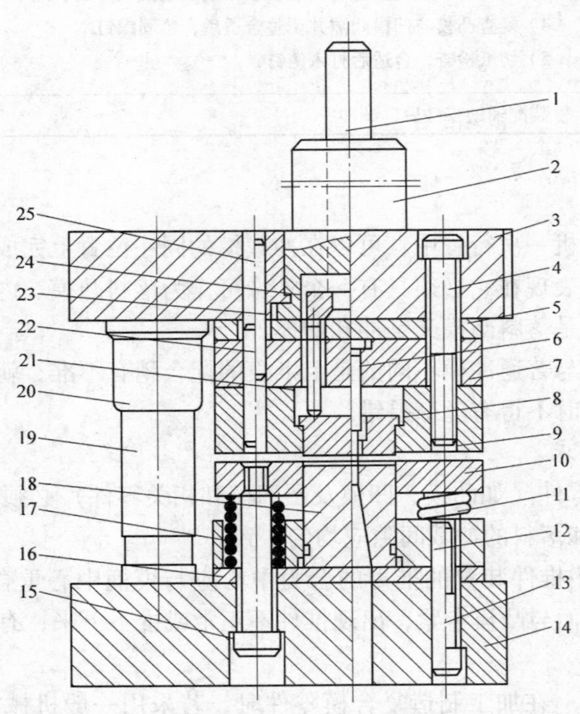

1—顶杆　2—模柄　3—上模板　4、13—螺钉　5、16—垫板　6—凸模　7、17—固定板　8—卸件器　9—凹模　10—卸料板　11—弹簧　12、22、23、25—销钉　14—下模板　15—卸料螺钉　18—凸凹模　19—导柱　20—导套　21—顶出杆　24—顶板

序号	工　序	工 艺 说 明
1	检查零件及组件	检查冲模各零件及组合是否符合图样要求，并检查凸模与凹模间隙均匀程度，各种辅助零件是否配齐

（续）

序号	工　序	工 艺 说 明
2	装配下模	1）根据画线在下模板上放上垫板16和固定板17，装入凸凹模18 2）依凸模与凹模正确位置加工出漏料孔、螺钉孔及销钉孔 3）紧固螺钉，装入销钉
3	装配上模	1）把垫板5、固定板7放到上模板上，再放入顶出杆21、卸件器8和凹模9 2）用凸凹模18对冲孔凸模6和凹模9找正其位置。夹紧上模所有部件 3）按凹模9上的螺纹孔，配作上模各零件的螺孔过孔（配钻） 4）拆开后分别进行扩孔、锪孔，然后再用螺钉联接起来 5）试冲合格后，依凹模9上的销孔配钻销孔，最后装入销钉22、25 6）安装其他零件
4	试冲与调整	1）切纸试冲 2）装机试冲

第 9 章 冲 压 设 备

冲压设备的选择是冲压工艺过程设计的一项重要内容。它直接关系到设备的安全和使用的合理，同时也关系到冲压工艺过程的顺利完成及产品质量、零件精度、生产率、模具寿命、板料的性能与规格、成本的高低等一系列重要的问题。

在冲压生产中，为了适应不同的冲压工作需要，采用各种不同类型的压力机。压力机的类型很多，按传动方式的不同，主要可分为机械压力机和液压机两大类。其中，机械压力机在冲压生产中应用最广泛。随着现代冲压技术的发展，高速压力机、数控回转头压力机等也日益得到广泛的应用。

9.1 冲压设备的类型

9.1.1 曲柄压力机

一般冲压车间常用的机械式压力机有曲柄压力机与摩擦压力机等，又以曲柄压力机为最常用。

1. 曲柄压力机的基本组成

图 9-1 所示为曲柄压力机结构简图。曲柄压力机由下列几部分组成：

（1）床身　床身是压力机的骨架，承受全部冲压力，并将压力机所有的零、部件连接起来，保证全机所要求的精度、强度和刚度。床身上固定有工作台 1，用于安装冲模的下模。

（2）工作机构　工作机构即为曲柄连杆机构，由曲轴 9、连杆 10 和滑块 11 组成。电动机 5 通过 V 带把能量传给带轮 4，通过传动轴经小齿轮 6、大齿轮 7 传给曲轴 9，并经连杆 10 把曲轴 9 的旋转运动变成滑块 11 的往复运动。冲模的上模就固定在滑块上。带轮 4 兼起飞轮作用，使压力机在整个工作周期里负荷均匀，能量得以充分利用。

（3）操纵系统　其由制动器 3、离合器 8 等组成。离合器是用来起动和停止压力机动作的机构。制动器是在当离合器分离时，使滑块停止在所需的位置上。离合器的离、合，即压力机的开、停是通过操纵机构控制的。

（4）传动系统　其包括带传动、齿轮传动等机构。

（5）能源系统　其包括电动机、飞轮（带轮 4）。

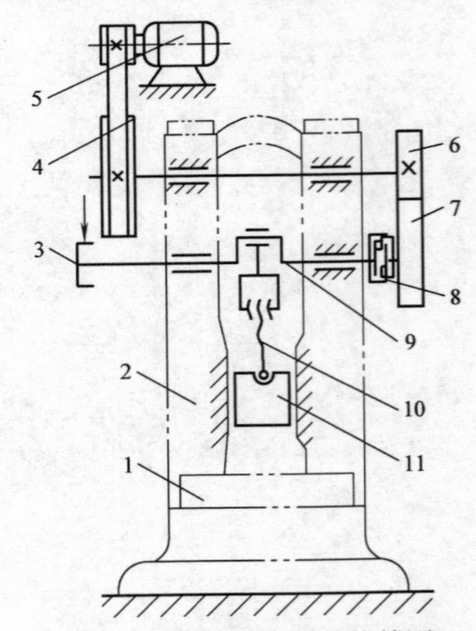

图 9-1　曲柄压力机结构简图

1—工作台　2—床身　3—制动器　4—带轮　5—电动机　6、7—齿轮　8—离合器　9—曲轴　10—连杆　11—滑块

曲柄压力机除了上述基本部分外，还有多种辅助装置，如润滑系统、保险装置、记数装置及气垫等。

2. 曲柄压力机的主要结构类型

1）按床身结构可分为开式压力机和闭式压力机两种。图 9-2 所示为开式压力机，图 9-3 所示为闭式压力机。

开式压力机床身前面、左面和右面三个方向是敞开的，操作和安装模具都很方便，便于自动送料；但由于床身呈 C 字形，刚性较差。当冲压力较大时，床身易变形，影响模具寿命，因此只适用于中、小型压力机。闭式压力机的床身两侧封闭，只能前后送料，操作不如开式的方便；但机床刚性好，能承受较大的压力，因此适用于一般要求的大、中型压力机和精度要求较高的轻型压力机。

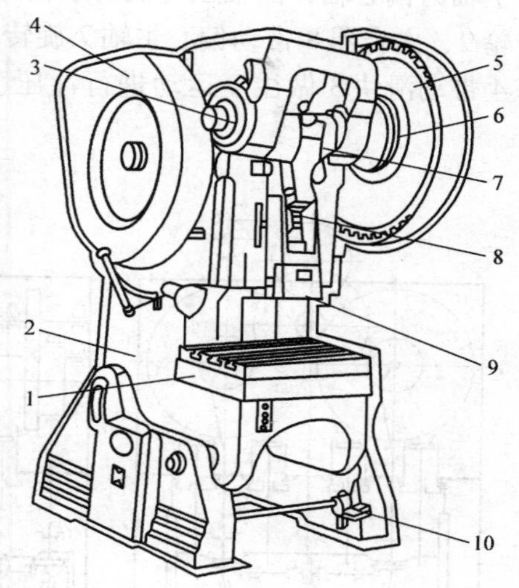

图 9-2 开式压力机

1—工作台 2—床身 3—制动器 4—安全罩 5—齿轮 6—离合器 7—曲轴 8—连杆 9—滑块 10—脚踏操纵器

2）按连杆的数目可分为单点、双点和四点压力机。单点压力机有一个连杆（见图 9-1），双点和四点压力机分别有两个和四个连杆。图 9-4 所示为闭式双点压力机结构简图。

3）按滑块行程是否可调可分为偏心压力机（见图 9-5）和曲轴压力机（见图 9-1）两大类。曲轴压力机的滑块行程不能调整，偏心压力机的滑块行程是可调的。

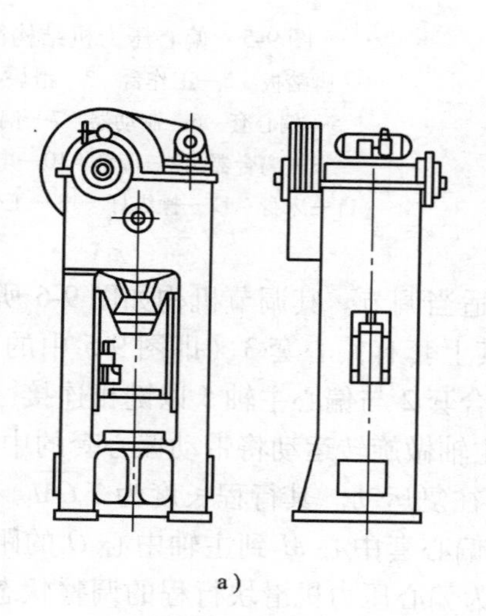

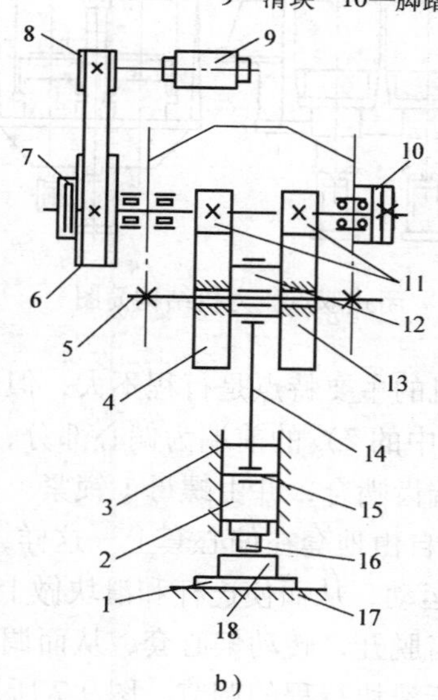

图 9-3 闭式压力机

a）外形图 b）传动示意图

1—垫板 2—滑块 3—导轨 4—偏心齿轮 5—心轴 6—大带轮 7—离合器 8—小带轮 9—电动机 10—制动器 11—小齿轮 12—偏心 13—大齿轮 14—连杆 15—连杆销 16—上模 17—工作台 18—下模

曲轴压力机的特点是压力机的行程较大，它们的行程等于曲轴偏心半径的两倍，行程不能调节。但是，由于曲轴在压力机上由两个或多个对称轴承支持着，压力机所受负荷较均匀，故可制造大行程和大吨位压力机。

偏心压力机和曲轴压力机的原理基本相同。其主要区别是主轴的结构不同，偏心压力机的主轴为偏心轴，曲轴压力机的主轴为曲轴。如图9-5所示，偏心压力机的电动机10，通过带轮9、离合器8带动偏心主轴7旋转。利用偏心主轴前端的偏心部分，通过偏心套5使连杆4带动滑块3做往复运动进行冲压工作。脚踏板1和操纵杆12控制离合器的打开或闭合。

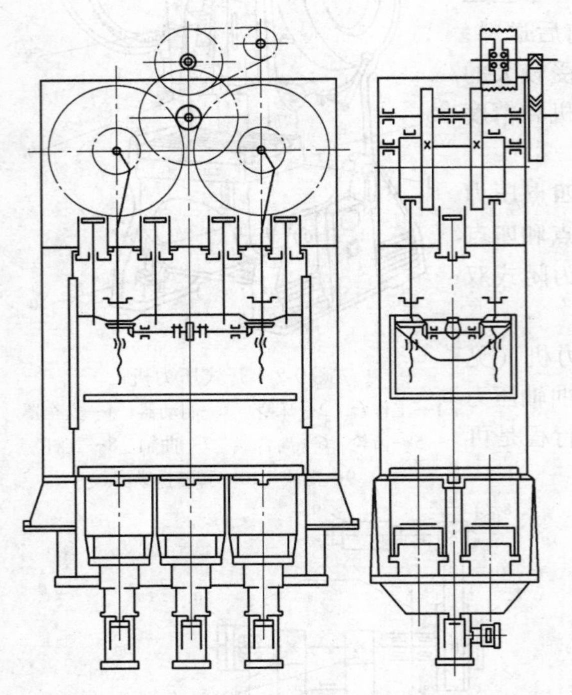

图9-4 闭式双点压力机结构简图

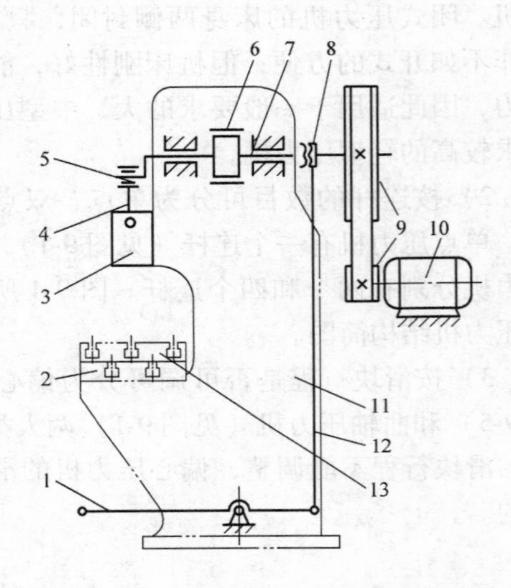

图9-5 偏心压力机结构简图

1—脚踏板 2—工作台 3—滑块 4—连杆 5—偏心套 6—制动器 7—偏心主轴 8—离合器 9—带轮 10—电动机 11—床身 12—操纵杆 13—工作台垫板

偏心压力机的主要特点是行程不大，但可适当调节。其调节机构如图9-6所示。偏心主轴5（即图9-5中的7）的前端为偏心部分，其上套有偏心套3（即图9-5中的5）。偏心套与接合套2由端齿啮合，并由螺母1锁紧。接合套2与偏心主轴5以键相连接（图9-6中未表示）。连杆4自由地套在偏心套上。这样，主轴做旋转运动将带动偏心套的中心 M 沿主轴中心 O 作圆周运动，从而使连杆和滑块做上下往复运动。其行程长度为2 $\overline{OM}$。松开螺母1，使接合套的端齿脱开，转动偏心套，从而调节偏心套中心 M 到主轴中心 O 的距离，即可在一定范围内进行滑块行程的调节。图9-7所示为偏心压力机滑块行程的调整状态图。由图可见，当$\overline{AM}$与$\overline{AO}$之间夹角 $\alpha=0°$时，为最小行程，其值为2（$\overline{AO}+\overline{AM}$），如图9-7a所示；当$\overline{AM}$与$\overline{AO}$之间夹角 $\alpha=180°$时，为最大行程，其值为2（$\overline{AO}+\overline{AM}$），如图9-7c所示；而图9-7b则为一般情况，行程的调节范围为2 $\overline{AM}$。

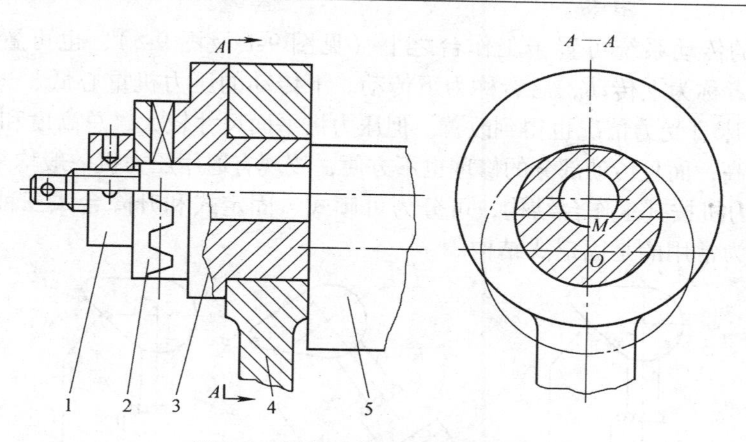

图9-6 偏心压力机行程调节机构

1—螺母 2—接合套 3—偏心套 4—连杆 5—偏心主轴

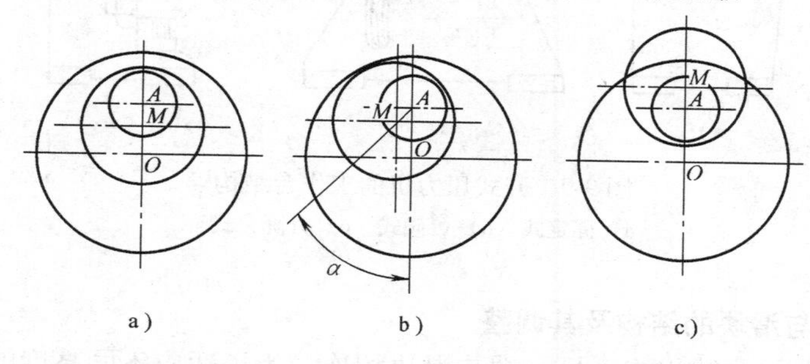

图9-7 偏心压力机滑块行程调整状态图

O—偏心主轴的中心 A—偏心主轴偏心部分中心 M—偏心套中心

4）按滑块数目可分为单动压力机、双动压力机和三动压力机三种。图9-1及图9-5所示的压力机都只有一个滑块，均为单动压力机。双动及三动压力机一般用于复杂工件的拉深。图9-8所示为双动压力机的结构简图。这种压力机可用于较大、较高工件的拉深。压力机的工作部分由拉深滑块1、压边滑块3、工作台4三部分组成。拉深滑块由主轴上的齿轮及其偏心销通过连杆2带动。工作台4由凸轮5传动，压边滑块在工作时是不动的。工作时，凸模固定在拉深滑块上，压边圈固定在压边滑块3上，而凹模则固定在工作台上。工作开始时，工作台在凸轮5的作用下上升，将坯料压紧，并停留在此位置。这时，固定在拉深滑块上的拉深凸模开始对坯料进行拉深，直至拉深滑块下降到拉深结束位置。拉完后拉深滑块先上升，然后工作台下降，完成冲压工作。这种双动压力机是通过拉深滑块和工作台的移动来实现双动的。

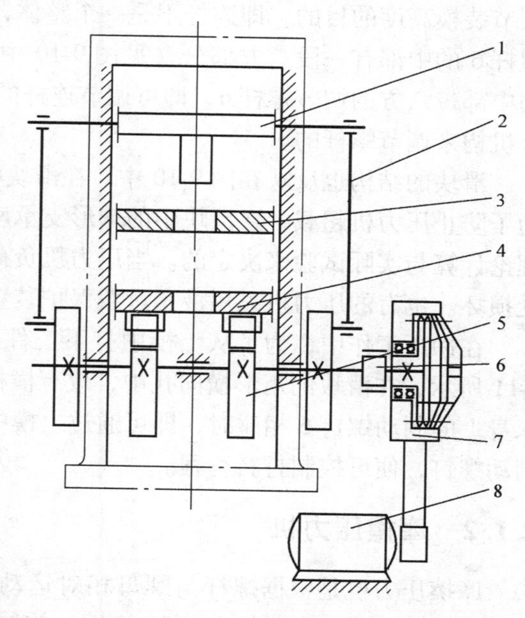

图9-8 双动压力机结构简图

1—拉深滑块 2—连杆 3—压边滑块 4—工作台 5—凸轮 6—制动器 7—离合器 8—电动机

5）压力机的传动系统可置于工作台之上（见图 9-1 及图 9-5），也可置于工作台之下（见图 9-8）。前者称为上传动，后者称为下传动。下传动的压力机重心低、运行平稳，能减少振动和噪声，床身受力情况也得到改善。但压力机平面尺寸较大，总高度和上传动差不多，故重量大，造价高；而且传动部分的修理也不方便，故现有通用压力机一般均采用上传动。

6）开式压力机按其工作台结构，可分为可倾式、固定式和升降台式三种类型，如图 9-9 所示。现在最为常用的是固定式结构。

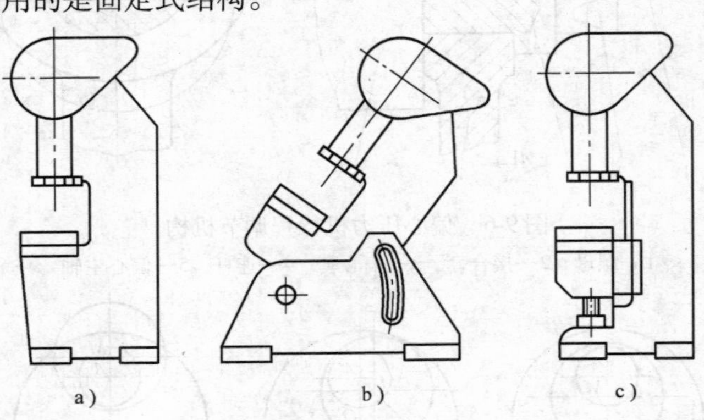

图 9-9　开式压力机的工作台结构

a）固定式　b）可倾式　c）升降台式

3. 压力机连杆与滑块的结构及其调整

压力机连杆一端与曲轴相连，另一端与滑块相连。为了适应不同高度的模具，压力机的装模高度必须能够调节。图 9-10 所示的压力机曲柄滑块机构采用调节连杆的长度来达到以调节装模高度的目的，即连杆不是一个整体，而是由连杆体 1 和调节螺杆 6 所组成。在调节螺杆 6 的中部有一段六方部分（见图 9-10 中的 *A—A* 剖视图）。松开锁紧螺钉 9，用扳手扳动中部带六方的调节螺杆 6，即可调节连杆的长度。较大的压力机是通过电动机、齿轮或蜗杆机构来调节螺杆的。

滑块的结构也反映在图 9-10 中。在滑块中装有支承座 7，并与调节螺杆 6 的球头相接。为了防止压力机超载，在滑块中的球形支承座下面装有保险块 8。保险块的抗压强度是经过理论计算与实际试验来决定的。当压力机负荷超过公称压力时，保险块被破坏，而压力机不受损坏。也有的压力机采用液压过载保护装置来防止压力机负荷超载，使用更为方便。

在冲压工作中，为了从上模中打下工件或废料，压力机的滑块中装有打料装置。如图 9-11 所示，在滑块的矩形横向孔中，放有横杆 1（见图 9-10 中的 4）。当滑块回程，横杆与床身上的制动螺钉 6 相碰时，即可通过上模中的推杆 2 将工件或废料 5 从模具中推出。调节制动螺钉，便可控制打料行程。

9.1.2　摩擦压力机

摩擦压力机是根据螺杆与螺母相对运动的原理而工作的，其结构简图如图 9-12 所示。电动机 6 带动左、右摩擦盘 9 和 10 同向旋转。工作时踏板 1 下压，通过杠杆 11、13、16 的作用，操纵带摩擦盘的传动轴 8 右移，使传动轴上的摩擦盘 9 与飞轮 12 接触，借助于飞轮与摩擦盘间的摩擦作用，使螺杆 15 顺时针向下转动，带动滑块 3 下移进行冲压。相反，踏

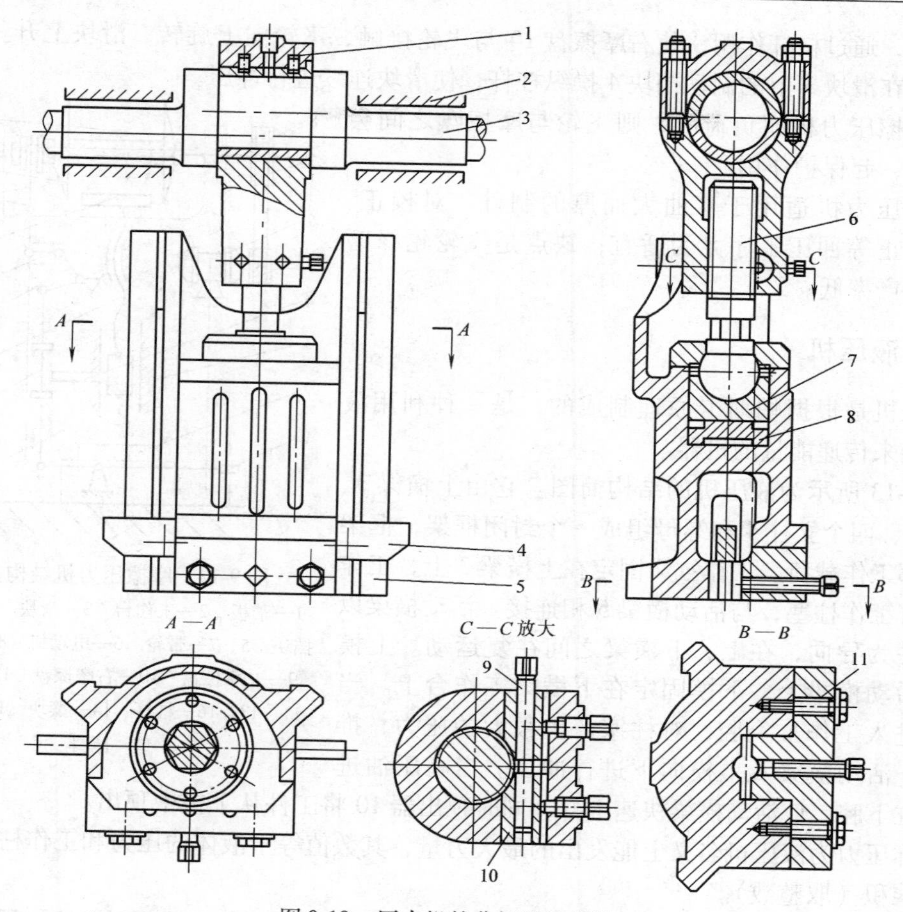

图9-10 压力机的曲柄滑块机构

1—连杆体 2—轴瓦 3—曲轴 4—横杆 5—滑块 6—调节螺杆 7—支承座 8—保险块 9—锁紧螺钉 10—锁紧块 11—模柄夹持块

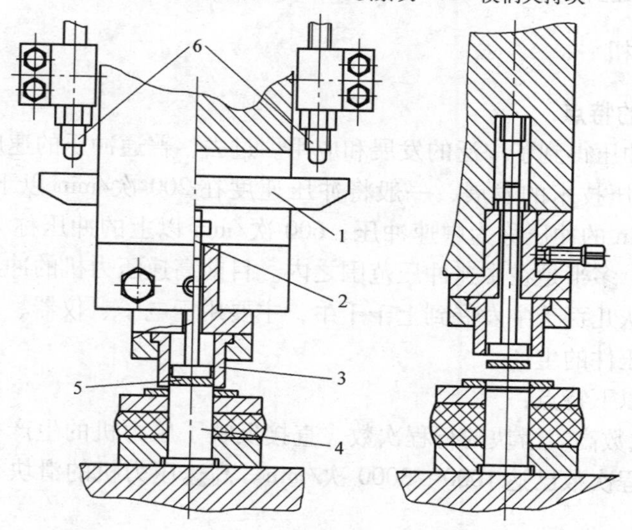

图9-11 打料装置

1—横杆 2—推杆 3—凹模 4—凸模 5—工件或废料 6—制动螺钉

板1上提，通过杠杆作用，使右摩擦盘10与飞轮接触，飞轮向上旋转，滑块上升。也可以利用固定在滑块3上的制动挡块4操纵杠杆，使滑块连续进行冲压。

当摩擦压力机超负荷时，则飞轮与摩擦盘之间会产生打滑，起保护作用。

摩擦压力机适用于弯曲大而厚的制件，对校正、压印、挤正等冲压工序尤为适宜；缺点是飞轮轮缘磨损大，生产率低。

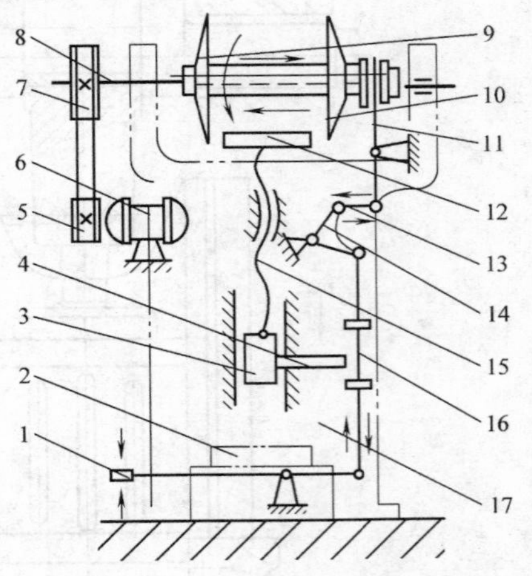

图9-12　摩擦压力机结构简图

1—踏板　2—工作台　3—滑块　4—制动挡块　5、7—带轮　6—电动机　8—传动轴　9—左摩擦盘　10—右摩擦盘　12—飞轮　11、13、16—杠杆　14—摆块　15—螺杆　17—床身

9.1.3　液压机

液压机是根据帕斯卡原理制成的，是一种利用液体压力能来传递能量的机器。

图9-13所示为液压机的结构简图。它由上横梁3、下横梁9、四个立柱4和螺母组成一个封闭框架，框架承受全部工作载荷。工作缸2固定在上横梁3上，工作缸内装有工作柱塞，与活动横梁5相连接。活动横梁以四根立柱为导向，在上、下横梁之间往复运动。上模固定在活动横梁上，下模固定在下横梁工作台上。当高压油进入工作缸上腔，对柱塞产生很大的压力，推动柱塞、活动横梁及上模向下进行冲压。当高压油进入工作缸下腔，使活动横梁快速上升，同时顶出器10将工件从下模中顶出。

公称压力为液压机名义上能发出的最大力量，其数值等于液体的压力和工作柱塞总工作面积的乘积（取整数）。

最大行程是指活动横梁位于上限位置时，活动横梁的立柱套下平面到立柱限程套上平面的距离，即活动横梁能移动的最大距离。

9.1.4　高速压力机

1. 高速压力机的特点

近年来，高速冲压得到了广泛的发展和应用。过去，普通冲压的速度一般为45～80次/min。现在，随着冲压技术的发展，一般将冲压速度在200次/min以下的冲压称为低速冲压，200～600次/min的冲压称为中速冲压，600次/min以上的冲压称为高速冲压。平时人们所说的高速冲压，多半是在中速冲压范围之内。目前高速压力机的冲压速度已达到每分钟一千多次，吨位也从几百千牛发展到上千千牛，主要用于电子、仪器、仪表、轻工、汽车等行业的特大批量冲压件的生产。

高速压力机有以下特点：

1）滑块行程次数高。滑块的行程次数，直接反映了压力机的生产率。国外中、小型高速压力机的滑块行程次数已达1000～3000次/min。高速压力机的滑块行程次数与滑块的行程及送料长度有关。

2）滑块的惯性大。滑块和模具的高速往复运动，会产生很大的惯性力，造成机床的惯性振动。加上冲压过程中机身积存的弹性势能释放后所引起的振动，会直接影响压力机的性能和模具寿命。因此，必须对高速压力机采取减振措施。

3）设有紧急制动装置。高速压力机的传动系统具有良好的紧急制动特性，以便在事故监测装置发出警报时，能使压力机紧急停车，避免不必要的经济损失和出现安全事故。

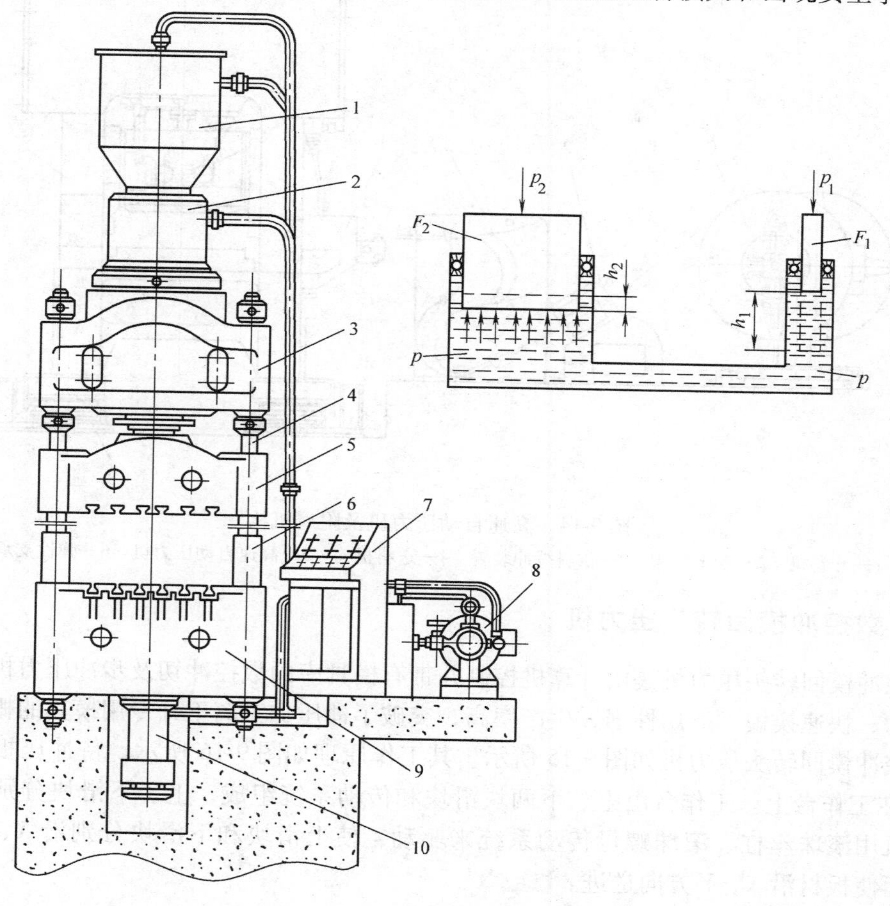

图 9-13 液压机

1—充液缸 2—工作缸 3—上横梁 4—立柱 5—活动横梁 6—限位套 7—操纵箱 8—高压液压泵 9—下横梁（工作台） 10—顶出器

4）送料精度高。送料精度可达 ±（0.01～0.03）mm，有利于提高工步定位精度，减小因送料不准引起设备或模具的损坏。

5）机床的刚性和滑块的导向精度高。

6）辅助装置齐全。有高精度的间隙送料装置、平衡装置、减振消声装置、事故监测装置等。

2. 高速压力机的结构

图 9-14 所示为高速自动压力机及附属机构。高速自动压力机除压力机的主体以外，还包括开卷、校平和送料等机构。高速压力机的主体机身大部分都采用闭式机构，只有小吨位的高速压力机采用开式机构，以保证机床的刚性。主传动一般采用无级调速。滑块与导轨采用滚动导轨导向，使滑块运动时侧向间隙被消除。为了提高滑块的导向精度和抗偏载能力，部分压力机常将机身导轨的导滑部分延长到模具的工作面以下。为了安装调节模具方便，高

速压力机的滑块内一般装有装模高度调节机构。为了充分发挥高速自动压力机的作用，需要高质量的卷料、送料精度高的自动送料机构，以及高精度、高寿命的连续模具。

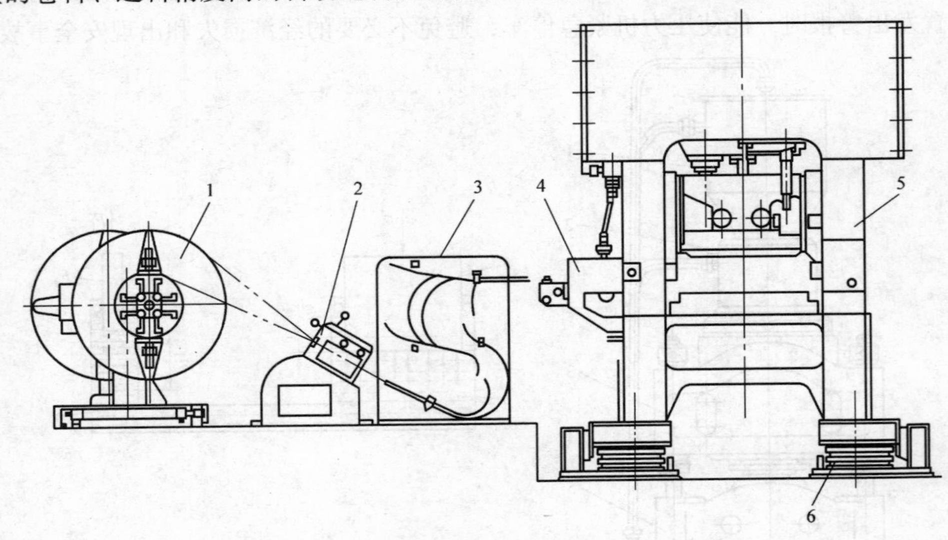

图 9-14　高速自动压力机及附属机构

1—开卷机　2—校平机构　3—供料缓冲装置　4—送料机构　5—高速自动压力机　6—弹性支承

9.1.5　数控冲模回转头压力机

数控冲模回转头压力机是由计算机控制并带有模具库的数控冲切及步冲压力机。其优点是能自动、快速换模，通用性强，生产率高，突破了冲压加工离不开专用模具的概念。

数控冲模回转头压力机如图 9-15 所示。其工作原理如图 9-16 所示。待冲压板材被夹钳 10 夹持在工作台上。工作台由上、下两块滑块和传动系统组成，上、下滑块分别由电液脉冲电动机用滚珠丝杠、滚珠螺母传动系统来驱动，使上滑块和下滑块分别沿 *X*、*Y* 方向运动，从而使板材沿 *X*、*Y* 方向送进。

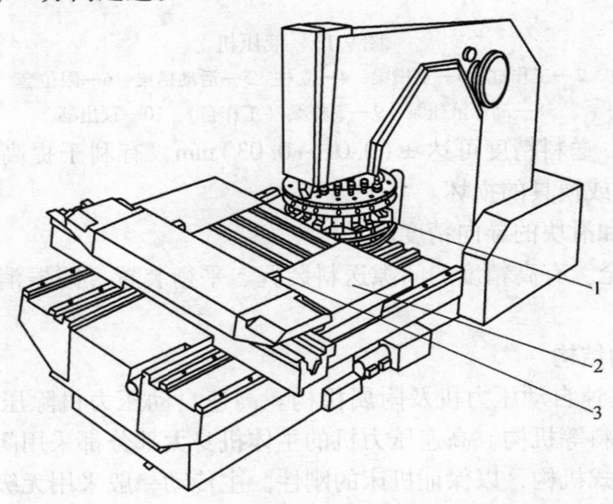

图 9-15　数控冲模回转头压力机

1—转盘　2—工作台　3—夹钳

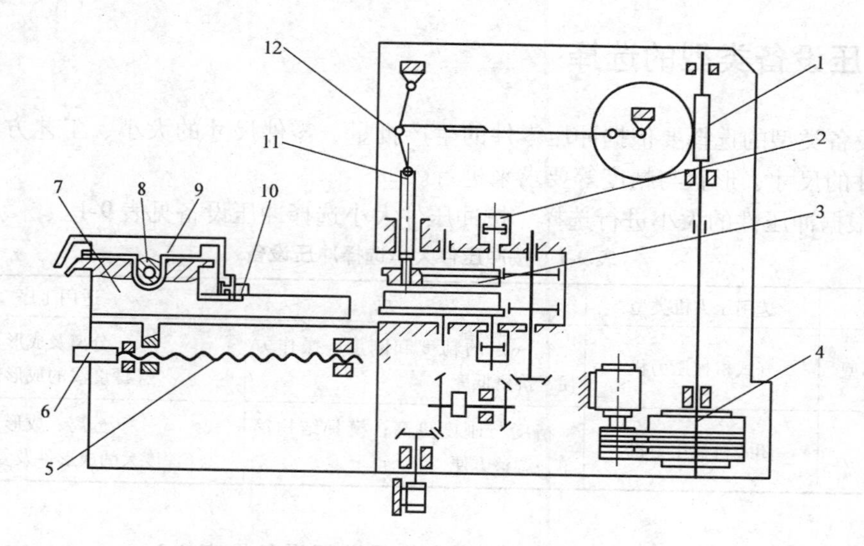

图9-16 数控冲模回转头压力机的工作原理

1—蜗杆副 2—定位销 3—回转头 4—离合器 5、8—滚珠丝杠 6—液压马达 7—工作台 9—上滑块 10—夹钳 11—滑块 12—肘杆机构

冲模回转头由上转盘1、下转盘9组成，如图9-17所示。在上转盘1中的上模座2中有若干个凸模，上模座2通过轴颈固定在板4上，下转盘9通过下模座8安装凹模。在转换模具时，回转头上、下盘同步旋转一个角度后停止，上模座2的颈部嵌入压力机滑块的T形槽内。滑块下行时，凸模也随同下行，完成一个冲压工序。

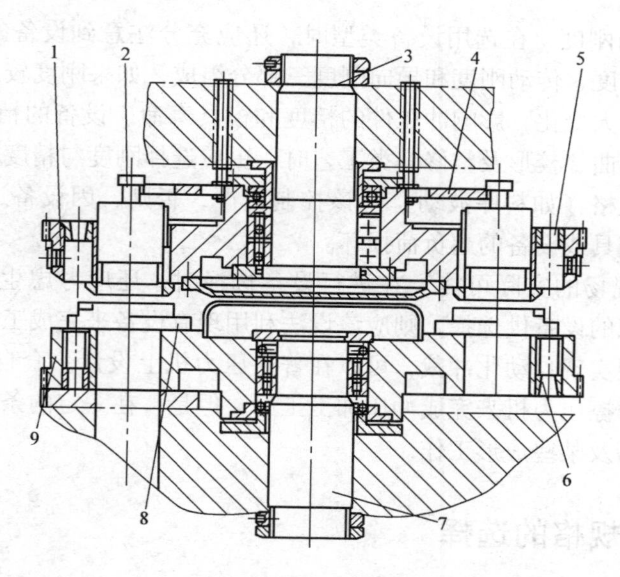

图9-17 冲模回转头

1—上转盘 2—上模座 3—上中心轴 4—板 5—上定位孔 6—下定位孔 7—下中心轴 8—下模座 9—下转盘

9.2　冲压设备类型的选择

冲压设备类型的选择要依据冲压零件的生产批量、零件尺寸的大小、工艺方法与性质，以及冲压件的尺寸、形状与精度等要求来进行。

（1）根据冲压件的大小进行选择　按冲压件大小选择冲压设备见表9-1。

表9-1　按冲压件大小选择冲压设备

零件大小	选用压力机类型	特　　点	适用工序
小型或中小型	开式机械压力机	有一定的精度和刚度；操作方便，价格低廉	分离及成形（深度浅的成形件）
大中型	闭式机械压力机	精度与刚度更高；模具结构简单，调整方便	分离、成形（深度大的成形件及复合工序）

（2）根据冲压件的生产批量选择　按生产批量选择设备见表9-2。

表9-2　按生产批量选择设备

零件批量		设备类型	特　　点	适用工序
小批量	薄板	通用机械压力机	速度快、生产率高，质量较稳定	各种工序
	厚板	液压机	行程不固定，不会因超载而损坏设备	拉深、胀形、弯曲等
大中批量		高速压力机	高效率	冲裁
		多工位自动压力机	高效率，消除了半成品堆储等问题	各种工序

（3）考虑精度与刚度　在选用设备类型时，还应充分注意到设备的精度与刚度。压力机的刚度是由床身刚度、传动刚度和导向刚度三部分组成，如果刚度较差，负载终了和卸载时模具间隙会发生很大变化，影响冲压件的精度和模具寿命。设备的精度也有类似的问题。尤其是在进行校正弯曲、校形及整修一类工艺时，更应选择刚度与精度较高的压力机。在这种情况下，板料的规格（如料厚波动）应该控制更严，否则，因设备过大的刚度和过高的精度反而容易造成模具或设备的超负荷损坏。

（4）考虑生产现场的实际可能　在进行设备选择时，还应考虑生产现场的实际可能。如果目前没有较理想的设备供选择，则应该设法利用现有设备来完成工艺过程。比如，没有高速压力机而又希望实现自动化冲裁，可以在普通压力机上设计一套自动送料装置来实现。再如，一般不采用摩擦压力机来完成冲压加工工序，但是，在一定的条件，有的工厂也用它来完成小批量的切断及某些成形工作。

9.3　冲压设备规格的选择

在选定冲压设备类型之后，应该进一步根据冲压件的大小、模具尺寸及工艺变形力来确定冲压设备规格。其规格的主要参数有以下几个。

（1）公称压力　压力机滑块下压时的冲击力就是压力机的压力。由曲柄连杆机构的工作原理可知，压力机滑块的压力在整个行程中不是一个常数，而是随曲轴转角的变化而不断变化的。图9-18所示为曲柄压力机的许用压力曲线。图中H为滑块行程，h_a为滑块离下死点的距离，F_{max}为压力机的最大许用压力，F为滑块在某位置时所允许的最大工作压力，α_a为曲柄离下死点的夹角。从曲线中可以看出，当曲轴转到离下死点转角等于20°~30°处一直到转至下死点位置的转角范围内，压力机的许用压力达到最大值F_{max}。标称压力是指压力机曲柄旋转到离下死点前某一特定角度（称为标称压力角，等于20°~30°）时，滑块上所容许的最大工作压力，图中还列出了压力角所对应的滑块位移点，它是表示压力机规格的主参数。我国的压力机公称压力已经系列化了，例如63kN、100kN、160kN、250kN、400kN、630kN、800kN、1000kN、1250kN、1600kN等。公称压力必须大于冲压工艺所需的冲压力。

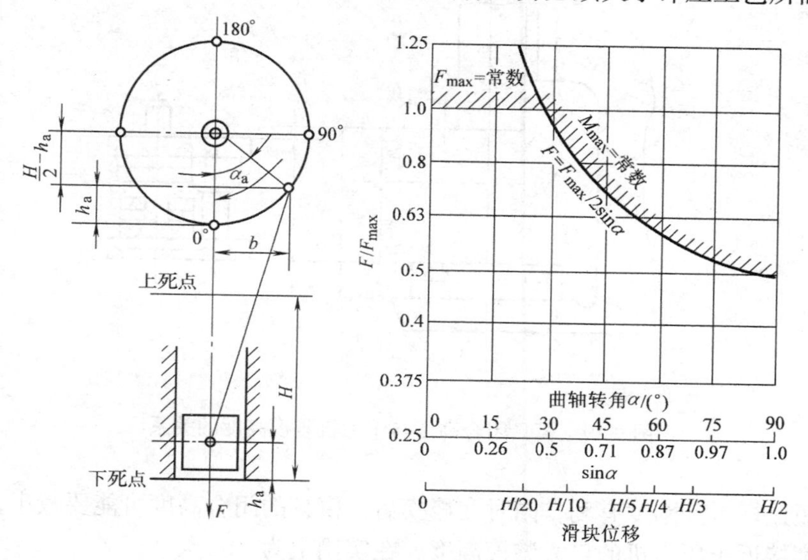

图9-18 曲柄压力机的许用压力曲线

（2）滑块行程 滑块行程是指滑块从上死点到下死点所经过的距离。对于曲柄压力机，其值即为曲柄半径的两倍。

（3）滑块每分钟行程次数 它是指滑块每分钟往复的次数。滑块每分钟行程次数的多少，关系到生产率的高低。一般压力机行程次数都是固定的，高速压力机的滑块行程则是可调的。

（4）压力机的装模高度及闭合高度 压力机的装模高度是指滑块在下死点时，滑块底平面到工作台上的垫板上平面之间的高度。调节压力机连杆的长度，可以调节装模高度的大小。模具的闭合高度应在压力机的最大与最小装模高度之间。

压力机的装模高度指压力机的闭合高度减去垫板厚度的差值。没有垫板的压力机，其装模高度等于压力机的闭合高度。

模具的闭合高度是指冲模在最低工作位置时，上模座上平面至下模座下平面之间的距离。

模具闭合高度与压力机装模高度的关系如图9-19所示。

理论上为

$$H_{min}-H_1\leqslant H\leqslant H_{max}-H_1$$

也可写成
$$H_{max} - M - H_1 \leqslant H \leqslant H_{max} - H_1$$

式中　H——模具闭合高度；

H_{min}——压力机的最小闭合高度；

H_{max}——压力机的最大闭合高度；

H_1——垫板厚度；

M——连杆调节量；

$H_{min} - H_1$——压力机的最小装模高度；

$H_{max} - H_1$——压力机的最大装模高度。

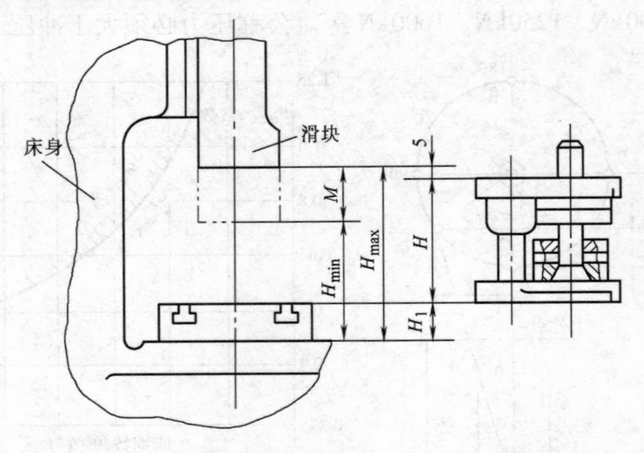

图 9-19　模具闭合高度与压力机装模高度的关系

由于缩短连杆对其刚度有利，同时在修模后，模具的闭合高度可能要减小，所以一般模具的闭合高度接近于压力机的最大装模高度，在实用上为

$$H_{min} - H_1 + 10\text{mm} \leqslant H \leqslant H_{max} - H_1 - 5\text{mm}$$

（5）压力机工作台面尺寸　压力机工作台面尺寸应大于冲模的最大平面尺寸。一般工作台面尺寸每边应大于模具下模座尺寸 50～70mm，以便安装固定模具用的螺钉和压板。

（6）漏料孔尺寸　当工件或废料需要下落，或模具底部需要安装弹顶装置时，下落件或弹顶装置的尺寸必须小于工作台中间的漏料孔尺寸。

（7）模柄孔尺寸　滑块内安装模柄用的孔直径和模柄直径的基本尺寸应一致，模柄的高度应小于模柄孔的深度。

（8）压力机电动机功率　必须保证压力机的电动机功率大于冲压时所需的功率。

第 10 章　冲压件的常见缺陷及对策

在冲裁、弯曲、拉深、翻边生产工艺过程中，尤其是在试模过程中，经常会发生各种各样制件缺陷。下面分别介绍各类冲压件的常见缺陷及对策。

10.1　冲裁件的常见缺陷及对策

冲裁件的常见缺陷及对策见表 10-1。

表 10-1　冲裁件的常见缺陷及对策

序号	缺陷名称	图　示	缺陷成因	对　策
1	塌角过大		凸模与凹模之间的间隙过大	加粗凸模，并与凹模重新匹配间隙
			被冲材料的塑性指标过高	换用较硬的被冲材料
			刃口变钝	及时磨刃
2	毛刺过大		凸模与凹模之间间隙过大或不均匀	加粗凸模，重调间隙至均匀
			被冲材料过薄或过软，使正常毛刺被拉长	换用较厚或较硬的被冲材料
			刃口变钝	及时磨刃
3	拱弯		模具结构欠合理，无相应防止功能	在模具结构上增设压料板或顶料板
			凸模与凹模之间的间隙不适宜	修正或更换凸模，重新调整间隙
			被冲材料过薄或过软	换用较厚或较硬的材料
4	断裂面不直		凸模与凹模之间的间隙过大	更换凸模，重调间隙
			被冲材料的塑性差，使断裂面相对较大且呈倾角	换用塑性较好的被冲材料

10.2　精冲件的常见缺陷及对策

精冲件的常见缺陷及对策见表 10-2。

表 10-2　精冲件的常见缺陷及对策

序号	缺陷名称	图　示	缺陷成因	对　策
1	鱼鳞裂纹		被冲材料塑性差	换上塑性好的材料或将原材料作球化退火处理
			冲孔凸模或落料凹模的圆角太小或不均匀，因而三向压应力未能建立	加大和匀化相应圆角
			凹模刃口表面太粗糙	保持合理间隙条件下抛光刃口；制作模具时，最好采用高精度慢走丝线切割机切割关键零件
			模具润滑不充分	冲压时注意板料上、下面的充分润滑
2	断面撕裂		V 形齿圈压力不够	改变齿圈齿形结构，以利三向压应力区的形成
			凹模圆角太小或不均匀	加大凹模圆角并沿刃口周边均匀一致
			原材料塑性太差	按精冲要求，复验和更换原材料
			制件几何形状有尖角	在保证制件使用性能基础上，增大圆角
3	脆性断裂		凸模与凹模之间的间隙过大	更换凸模与凹模，保证精冲所需间隙
4	断面倾斜		凹模圆角太大，较多的变形材料被拉入凹模	重新刃磨凹模
			精冲过程中，凹模的相对位置发生变化	合理选用模具固定方法
5	单边大毛刺		凸模与凹模之间的间隙不均匀	重调间隙
			凸模刃口已钝	重磨凸模
			凸模进入凹模太深	增加封闭高度
6	波纹断面		凹模圆角较大，且凸模与凹模之间的间隙又较小，使材料与凹模剧烈摩擦所致	设计模具时，应合理考虑间隙与料厚的取值关系
7	塌角过大		凹模圆角过大	重磨凹模，减小圆角半径
			凸模下压时的反压力太小	增加反压力
			工件轮廓上的拐角过小	采用双面齿的齿盘；在保证工件使用性能前提下，增大拐点处的圆角

（续）

序号	缺陷名称	图　示	缺陷成因	对　策
8	表面不平		原材料的平直度较差	冲前对材料作校平处理
			凸模下压时的反压力过小	强化反压板的反压力
			凸模工作表面存油过多	在V形环上开溢油槽
9	板面扭曲		原材料内部存在应力	作消除应力处理
			原材料的轧制纤维方向不合适	更换原材料
			反压板顶件时着力不均	检查修正反压板的平行度和各顶杆的长度

10.3　弯曲件的常见缺陷及对策

弯曲件的常见缺陷及对策见表10-3。

表10-3　弯曲件的常见缺陷及对策

序号	缺陷名称	图　示	缺陷成因	对　策
1	裂口	裂口	凸模弯曲半径过小	适当增大凸模圆角半径
			坯料带毛刺的一面处在弯曲外侧	将毛刺一面处在弯曲内侧
			板料的塑性较低	用已退火或塑性较好的板料
			下料所引起的坯料硬化层过大	弯曲线与板料纤维方向垂直或呈45°
2	翘曲	h	变形区的应变状态所致，因为沿弯曲线方向的横向应变在中性层外侧是压应变，而在内侧是拉应变	采用校正弯曲，增加压强；根据翘曲量，反向修正凸模与凹模
3	弯曲线歪斜	最小弯曲高度　扩张	过度弯曲，使实际弯曲高度小于最小允许弯曲高度，从而在最小弯曲高度以下的部分出现弯曲线一端外扩的歪斜现象	在模具设计中，对最小弯曲高度的限制应切实加以保证；回复过度弯曲部分后再重新弯曲
4	孔变形	变形	孔边距离弯曲线太近，由于在弯曲区的中性层内侧为压缩变形，而外侧为拉伸变形，从而使孔径向外侧扩张	设计弯曲件时，应使孔边至弯曲中心的距离大于一定值；在弯曲部位设置辅助孔，以缓解弯曲应力
5	弯曲角回弹		板料塑性变形时伴有弹性变形所致，所以当工件从模中脱出，立即出现弹性恢复，使弯曲角变大	以校正弯曲替代自由弯曲；用预定的弹复角度，反向修正凸、凹的角度；弯曲时加轴向拉力

（续）

序号	缺陷名称	图示	缺陷成因	对策
6	弯曲端部鼓起	鼓起	弯曲部位应变状态所致，因弯曲时中性层内侧纵向被压缩而缩短，宽度方向则伸长，形成边缘突起，以厚板小角度弯曲为明显	在弯曲部位两端，预先做出圆弧切口，且弯曲时将板料有毛刺一边安排在弯曲内侧
7	尺寸偏差	滑移 滑移	以不对称形状件的压弯为显著，因坯料在滑入凹模时，两边受到的摩擦阻力不相等，因而两边的滑移量也不会相同，阻力小的滑移量大，从而导致尺寸偏差	采用有压料顶板的模具；坯料准确定位；在可能条件下，采用拼合对称性弯曲
8	底部不平	不平	压弯时板料与凸模底部没有靠紧	采用带有压料顶板的模具，并在压弯开始时就对坯料施加足够的压力
9	孔不同心	a)　b)	弯曲时坯料产生了滑动，致使两孔不对心（见图a）；弯曲后的弹复使孔中心线倾斜（见图b）	坯料准确定位，保证左右弯曲高度一致；在模具结构上设置防止坯料窜动的定位销或压料顶板；减小工件的弹复
10	表面擦伤	擦伤	有金属微粒附着在坯料或模具工作表面上	清除坯料或模具工作表面脏物；降低凸模与凹模表面粗糙度值
			凹模的圆角半径过小	适当增大凹模圆角半径
			凸模与凹模之间的间隙过小	采用适宜的凸模与凹模间的间隙值

10.4　筒形拉深件的常见缺陷及对策

筒形拉深件的常见缺陷及对策见表10-4。

表10-4　筒形拉深件的常见缺陷及对策

序号	缺陷名称	图示	缺陷成因	对策
1	破裂		拉深系数小	加大拉深系数
			凸模与凹模圆角半径小或不均匀	均匀加大凸模与凹模圆角半径
			凸模与凹模工作表面粗糙	重磨并抛光
			压边力太大或不均匀	调整压边力
			凸、凹模之间的间隙太小或不均匀	调整间隙
			上道工序的拉深高度小	调整上道工序的拉深高度

（续）

序号	缺陷名称	图示	缺陷成因	对策
2	凸缘过渡圆角不平滑	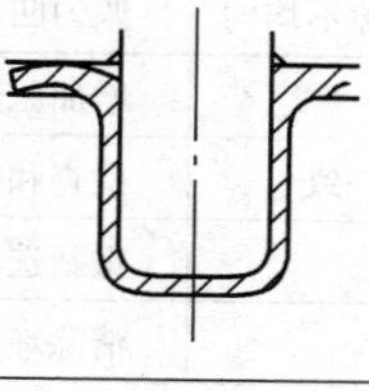	原材料太厚	重选原材料厚度
			凸模与凹模之间的间隙偏小，使材料挤回口部	加大凸模与凹模之间的间隙
3	凸缘起皱		原材料太薄	重选原材料厚度
			凸模与凹模之间的间隙大	相对厚度 <0.3 时，减小间隙
			凹模圆角半径大	减小凹模圆角半径
			压边力小	加大压边力
4	单边起皱		压力机滑块下平面与工作台面不平行，使压边力不均	检查和修正模具工作零件的结构参数和相关平面的平行度
			滑块下平面与安装后的凹模面不平行，使压边力不均	检验和修正压力机滑块下平面与工作台面的平行度
			坯料有局部毛刺	去除毛刺
			坯料表面有微粒杂物	清除坯料表面杂物
5	筒身内皱		压边力太小，拉深开始时大部分材料处于悬空状态	加大压边力，采用压边筋或改用液压拉深
			凸模与凹模圆角半径偏大	适当加大凸模与凹模圆角半径
			模具工作表面过分光滑	采用 n 值大，方向性小，表面不甚光滑的原材料
			润滑剂使用不当	只在凹模口部涂润滑剂
6	侧壁纵向划痕	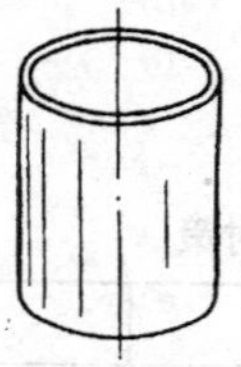	凹模工作表面不光洁	修光工作表面
			坯料表面不清洁	清洁坯料
			模具硬度低，有金属黏附现象	提高模具硬度或变化模具材料
			润滑剂中有杂物混入	换用干净的润滑剂
7	内圆角鼓起	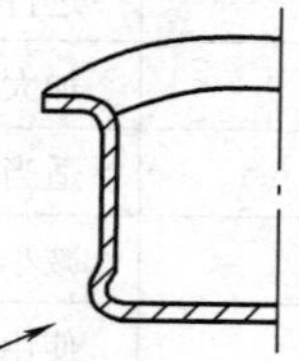	原材料弹性极限高	改选原材料
			拉深后的弹性回复	加大压边力，设置拉深筋
			凹模圆角半径过大	减小凹模圆角半径
			凸模与凹模之间的间隙大	减小间隙，使之变薄拉
8	底部内凹	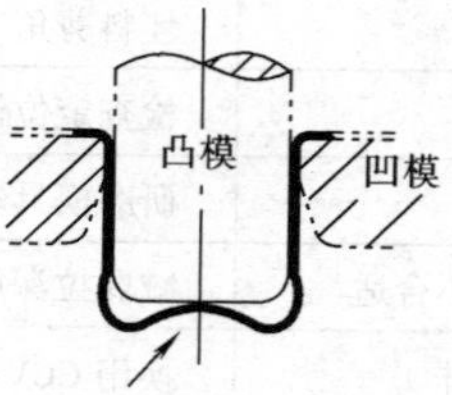 凸模 凹模	凸模拉深完毕上行时，制件内侧形成真空	在凸模上开出气孔，并与大气相通
			原材料偏薄	在可能情况下换用原材料
			凸模与凹模间的间隙太小	增大模具间隙，降低凸模与凹模的密合性

（续）

序号	缺陷名称	图示	缺陷成因	对策
9	凸耳		凹模与压边圈间的间隙不均匀	调匀凹模与压边圈之间的间隙
			压边圈刚度不够	增加压边圈的厚度
			缓冲器的顶杆长度不一致	检查和修正缓冲器顶杆长度
			原材料方向性太强	重新选材
			坯料有局部大毛刺	清除坯料毛刺
			坯料边缘有压伤和裂口	禁用边缘有压伤和裂口的坯料
10	壁厚不均	a b c $a>b>c$	原材料太厚	更换料厚
			凸模圆角与其侧面过渡欠佳	修磨凸模圆角与侧面过渡区
			凸模与凹模间间隙太小	增大模具间隙
			凹模圆角太小	放大凹模圆角
			拉深系数太小	调整拉深系数
			润滑不当	均匀充分润滑
			坯料板面上有划伤，在拉深中被宽展	避免坯料板面上的伤痕
11	余料侧偏		模具安装时不当，凸模与凹模中心线相互错开	重装模具，调匀间隙

10.5　盒形拉深件的常见缺陷及对策

盒形拉深件的常见缺陷及对策见表 10-5。

表 10-5　盒形拉深件的常见缺陷及对策

序号	缺陷名称	图示	缺陷成因	对策
1	拉深破裂		拉深深度过大	进行分道次拉深
			破裂处圆角半径过小	加大破裂处圆角半径，并整形
			破裂处转角半径过小	适当增大转角半径
			压边力过大	减小压边力
			模具表面润滑欠佳	使用高黏性油润滑模具
			坯料尺寸过大	坯料剪角
			坯料定位不准	检查定位销位置
			冲模表面粗糙	研磨模具表面
			拉深筋位置、形状不合适	减弱拉深筋的作用
			原材料拉深性能不佳	换用 CCV 值小、r 值大的材料

（续）

序号	缺陷名称	图　示	缺陷成因	对　策
2	侧壁裂纹	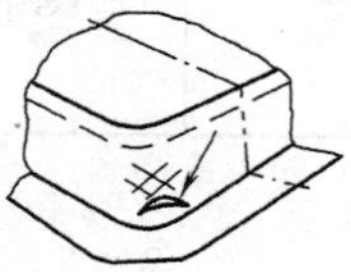	拉深深度过大	分道次拉深
			凸缘根部圆角半径过小	增大凸缘根部圆角半径并整形
			转角半径过小	可能条件下增大转角半径
			压边力分布不佳	增大直边压边力，减小圆角部位压边力
			冲模表面润滑不佳	改善润滑效果
			坯料形状不合适	无拉深筋时宜减小转角处的坯料
			冲模转角表面粗糙	研磨冲模转角表面
			拉深筋位置和形状不合适	减弱转角处拉深筋的作用
			材料变形极限小	采用极限变形程度大的原材料
3	直边侧壁裂纹	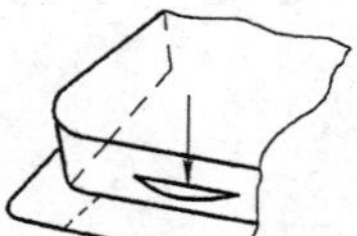	拉深深度过大	分道次拉深
			凹模圆角半径过小	增大凹模圆角半径，并整形
			压边力过大	减小压边力
			冲模表面润滑不佳	采用高黏性油润滑
			冲模表面粗糙	研磨冲模表面
			冲模表面局部接触	增加冲模刚性，并对局部接触处进行精加工
			拉深筋位置和形状不合适	减弱拉深筋的作用
			原材料 R_m 和 r 值小	换用CCV值小的原材料
4	底面翘曲	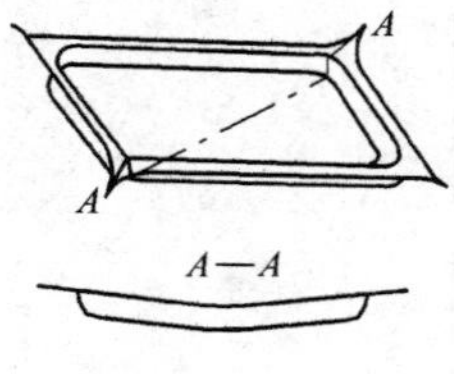 A A A—A	圆角变形大，直边变形小，造成转角的底面也产生变形，使对角线方向发生翘曲	四圆角处进行润滑；减小圆角部分的压边力；减小直边部分的凹模圆角半径；用胀形法加工；采用低屈服强度材料
5	侧壁松弛	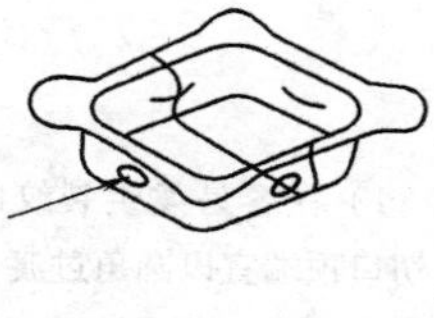	直边的材料流入比转角部位的材料流入大，多流入的材料导致侧壁松弛	压紧直边部，对强度大的材料尤应如此；减弱转角部位的压边力，充分润滑，加大转角处凹模圆角半径，以加大转角部位的材料流入量；外移转角处的托板；直边部位采用拉深筋
6	侧壁凹陷	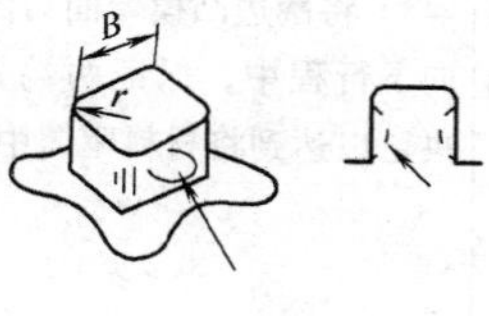 B r	冲件长度大于材料厚度50倍，已近极限拉深件	在直边部位的压料面上加拉深筋（但在侧壁上会出现拉深筋划痕）
			圆角部位切向压缩变形大，角部材料有向直边侧壁移动的倾向，硬化严重的材料更易产生侧壁凹陷	增加整形工序，即首道拉深出接近图样尺寸，第二道拉深量只有2%～5%，并注意紧压四周，材料基本不流动

（续）

序号	缺陷名称	图　示	缺陷成因	对　策
7	口部开裂		四转角的间隙太小，转角部位的材料难于流入直边，从而导致直边部分材料不足	加大四转角部位的凸模与凹模间隙；拉深时充分润滑四角；适当加大凹模圆角半径

10.6　翻边件的常见缺陷及对策

翻边件的常见缺陷及对策见表10-6。

表10-6　翻边件的常见缺陷及对策

序号	缺陷名称	图　示	缺陷成因	对　策
1	裂纹	a) b) c) d)	多见于伸长翻边（见图a），因其弯曲线呈凹形，凸缘部分因拉深变形而成为伸展凸缘，其弯曲角度越大，长度越长，凹曲率越大，则凸缘伸长率越大，越易产生裂纹	建议产品设计时应尽量减小翻边凸缘的高度
			坯料边缘上残留的毛刺，也是在翻边时发生裂纹的根源之一	1）在容易发生裂纹的部位，先开出切口，切口顶端宜以圆角过渡（见图b） 2）在前道拉深工艺中，有意在翻边易裂处，多留出余料，以补翻边时的不足（见图c） 3）将翻边凸模弯曲刃做成如图d所示形状，向下行程中，保证两端先接触，逐渐移向中央，以达到将材料驱向中央不足部位的目的

（续）

序号	缺陷名称	图　示	缺陷成因	对　策
2	皱纹	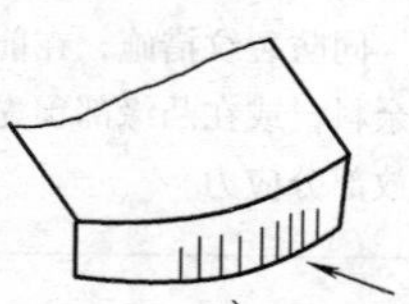 a) 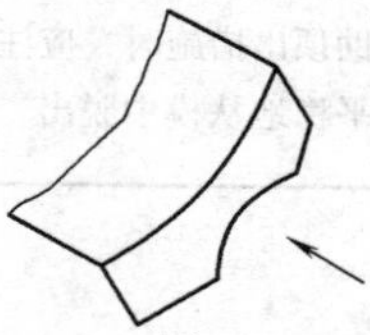 b) c)	弯曲线呈凸形时，凸缘部分因受压缩变形而发生皱纹（见图a），凸缘越高，弯曲度越大，曲率越大，则皱纹越多	设计产品时尽量降低凸缘高度；采用切口法，预先去除多余材料（见图b）
		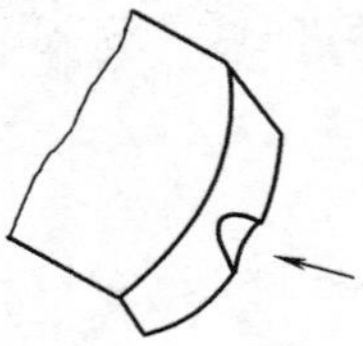	凸模与凹模之间的间隙不均匀时，也会产生局部皱纹	在不影响产品质量前提下，在凸缘面上设置加强筋，以吸收多余材料（见图c）
3	隆起	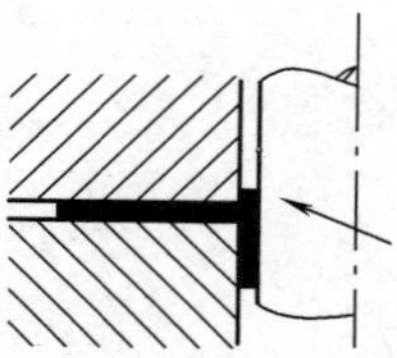	翻边弯曲时，由于弯曲应力沿着弯曲棱线，从而在棱面上出现材料隆起	在模具结构上，尽量加大压边力，理论上应使之大于弯曲力；模具设计时计算好弯曲棱线附近的压板间隙
4	划伤	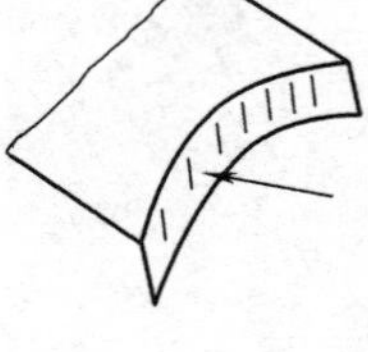	凸模（弯曲刃）的表面粗糙度值过高	注意凸模材料的选取，以淬火工具钢表面镀硬铬为好
			翻边材料的金属被粘在凸模工作表面上	均匀凸模与凹模之间的间隙及其表面粗糙度值，避免工作时的局部接触
			凸模与翻边材料之间有夹杂异物	正确掌握冲压方向，使坯料毛刺朝向凸模一边尽可能不用润滑剂
			在压缩凸缘上已经产生的皱纹	严格检验前道工序件
5	回弹	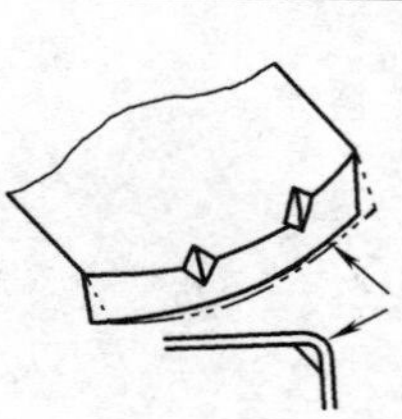	回弹材料特性之一。模具的圆角半径、凸模与凹模之间的间隙以及压边力等是影响回弹的主要因素	据经验预估回弹量，再通过试验加以修正；在不影响产品功能前提下，在翻边弯曲棱线上压出加强筋（见图）可以减少回弹量

（续）

序号	缺陷名称	图　示	缺陷成因	对　策
6	翘曲		伸长翻边时，在凸缘面上所产生的应力所致	同防裂纹措施，在前道拉深工序中适当留出余料，或在凸缘部预先冲出缺口，以平缓和释放部分应力
			翻边件出模时，如辅助顶杆配置不当，也会导致翘曲	在模具结构上对被咬住的翻边凸缘，采取辅助顶出措施时，应注意顶出点的均衡配置，以平稳地从模中脱出

附　　录

附录 A　冲压常用材料的性能和规格

表 A-1　钢铁材料的力学性能

材料名称	牌　号	材料状态	抗剪强度 τ_b /MPa	抗拉强度 R_m /MPa	断后伸长率 $A_{11.3}$(%)	下屈服强度 R_{eL} /MPa
电工用钝铁 $w(C)<0.025$	DT1、DT2、DT3	已退火	180	230	26	—
电工硅钢	D11、D12、D21 D31、D32 D41~48、D310~340	已退火	190	230	26	—
		未退火	560	650	—	
普通碳素钢	Q195	未退火	260~320	320~400	28~33	—
	Q215		270~340	240~420	26~31	220
	Q235		310~380	380~470	21~25	240
	Q275		400~500	500~620	15~19	280
优质碳素结构钢	05	已退火	200	230	28	—
	05F		210~300	260~380	32	—
	08F		220~310	280~390	32	180
	08		260~360	330~450	32	200
	10F		220~340	280~420	30	190
	10		260~340	300~440	29	210
	15F		250~370	320~460	28	—
	15		270~380	340~480	26	230
	20F		280~390	340~480	26	230
	20		280~400	360~510	25	250
	25		320~440	400~550	24	280
	30		360~480	450~600	22	300
	35		400~520	500~650	20	320
	40		420~540	520~670	18	340
	45		440~560	550~700	16	360
	50		440~580	550~730	14	380
	55	已正火	550	≥670	14	390
	60		550	≥700	13	410
	65		600	≥730	12	420
	70		600	≥760	11	430

（续）

材料名称	牌　号	材料状态	抗剪强度 τ_b /MPa	抗拉强度 R_m /MPa	断后伸长率 $A_{11.3}$(%)	下屈服强度 R_{eL} /MPa
优质碳素结构钢	65Mn	已退火	600	750	12	400
碳素工具钢	T7～T12 T7A～T12A	已退火	600	750	10	—
	T13　T13A		720	900	10	—
	T8A　T9A	冷作硬化	600～950	750～1200	—	—
锰　钢	10Mn2	已退火	320～460	400～580	22	230
合金结构钢	25CrMnSiA 25CrMnSi	已低温退火	400～560	500～700	18	—
	30CrMnSiA 30CrMnSi		440～600	550～750	16	—
弹簧钢	60Si2Mn	已低温退火	720	900	10	—
	60Si2MnA 65Si2MnWA	冷作硬化	640～960	800～1200	10	
不锈钢	12Cr13	已退火	320～380	400～470	21	—
	20Cr13		320～400	400～500	20	—
	30Cr13		400～480	500～600	18	480
	40Cr13		400～480	500～600	15	500
	12Cr18Ni9 17Cr18Ni9	经热处理	460～520	580～640	35	200
		冷辗压的冷作硬化	800～880	1000～1100	38	220

表 A-2　深拉深冷轧薄钢板的力学性能

牌　号	拉深级别	钢板厚度/mm	抗拉强度 R_m/MPa	下屈服强度 R_{eL}/MPa　≤	断后伸长率 $A_{11.3}$（%）　≥
08Al	ZF	全部	255～324	196	44
	HF	全部	255～333	206	42
	F	>1.2	255～343	316	39
		1.2	255～343	216	42
		<1.2	255～343	235	42
08F	Z	≤4	275～363	—	34
	S		275～383	—	32
	P		375～383	—	30
08	Z	≤4	275～392	—	32
	S		275～412	—	30
	P		275～412	—	28
10	Z	≤4	294～412	—	30
	S		294～432	—	29
	P		294～432	—	28
15	Z	≤4	333～451	—	27
	S		333～471	—	26
	P		333～471	—	25

（续）

牌　号	拉深级别	钢板厚度/mm	抗拉强度 R_m/MPa	下屈服强度 R_{eL}/MPa　≤	断后伸长率 $A_{11.3}$（%）　≥
20	Z	≤4	353～490	—	26
	S		353～500	—	25
	P		353～500		24

表 A-3　非铁金属材料的力学性能

材料名称	牌　号	材料状态	抗剪强度 τ_b/MPa	抗拉强度 R_m/MPa	断后伸长率 $A_{11.3}$（%）	下屈服强度 R_{eL}/MPa
铝	1070A（L2）、1050A（L3）1200（L5）	已退火的	80	75～110	25	50～80
		冷作硬化	100	120～150	4	—
铝锰合金	3A21（LF21）	已退火的	70～100	110～145	19	50
		半冷作硬化的	100～140	155～200	13	130
铝镁合金 铝铜镁合金	5A02（LF2）	已退火的	130～160	180～230	—	100
		并冷作硬化的	160～200	230～280	—	210
高强度的铝镁铜合金	7A04（LC4）	已退火的	170	250	—	—
		淬硬并经人工时效	350	500	—	460
硬铝 （杜拉铝）	2A12（LY12）	已退火的	105～150	150～215	12	—
		淬硬并经自然时效	280～310	400～440	15	368
		液硬后冷作硬化	280～320	400～460	10	340
纯　铜	T1、T2、T3	软的	160	200	30	7
		硬的	240	300	3	—
黄　铜	H62	软的	260	300	35	—
		半硬的	300	380	20	200
		硬的	420	420	10	—
	H68	软的	240	300	40	100
		半硬的	280	350	25	—
		硬的	400	400	15	250
铅黄铜	HPb59-1	软的	300	350	25	145
		硬的	400	450	5	420
锰黄铜	HMn58-2	软的	340	390	25	170
		半硬的	400	450	15	—
		硬的	520	600	5	—
锡磷青铜 锡锌青铜	QSn6.5-0.4 QSn4-3	软的	260	300	38	140
		硬的	480	550	3～5	—
		特硬的	500	650	1～2	546

（续）

材料名称	牌　号	材料状态	抗剪强度 τ_b /MPa	抗拉强度 R_m /MPa	断后伸长率 $A_{11.3}$(%)	下屈服强度 R_{eL} /MPa
铝青铜	QA17	退火的	520	600	10	186
		不退火的	560	650	5	250
铝锰青铜	QA19-2	软的	360	450	18	300
		硬的	480	600	5	500
硅锰青铜	QSi3-1	软的	280～300	350～380	40～45	239
		硬的	480～520	600～650	3～5	540
		特硬的	560～600	700～750	1～2	—
铍青铜	QBe2	软的	240～480	300～600	30	250～350
		硬的	520	660	2	—
钛合金	TA2	退火的	360～480	450～600	25～30	—
	TA3		440～600	550～750	20～25	—
	TA6		640～680	800～850	15	—
镁合金	M2M(MB1)	冷态	120～140	170～190	3～5	120
	ME20M(MB8)		150～180	230～240	14～15	220
	M2M(MB1)	预热300℃	30～50	30～50	50～52	—
	ME20M(MB8)		50～70	50～70	58～62	—

注:括号内牌号为旧牌号。

表A-4　非金属材料的抗剪强度　　（单位: MPa）

材料名称	抗剪强度 τ_b		材料名称	抗剪强度 τ_b	
	用尖刃凸模冲裁	用平刃凸模冲裁		用尖刃凸模冲裁	用平刃凸模冲裁
低胶板	100～130	140～200	橡胶	1～6	20～80
布胶板	90～100	120～180	人造橡胶、硬橡胶	40～70	—
玻璃布胶板	120～140	160～190	柔软的皮革	6～8	30～50
金属箔的玻璃布胶板	130～150	160～220	硝过的及铬化的皮革	—	50～60
金属箔的纸胶板	110～130	140～200	未硝过的皮革	—	80～100
玻璃纤维丝胶板	100～110	140～160	云母	50～80	60～100
石棉纤维塑料	80～90	120～180	人造云母	120～150	140～180
有机玻璃	70～80	90～100	铧木胶合板	20	—
聚氯乙烯塑料、透明橡胶	60～80	100～130	硬马粪纸	70	60～100
赛璐珞	40～60	80～100	绝缘纸板	40～70	60～100
氯乙烯	30～40	50	红纸板	—	140～200
石棉橡胶	40		漆布、绝缘漆布	30～60	—
石棉板	40～50		绝缘板	150～160	180～240

表 A-5 轧制薄钢板的尺寸 （单位：mm）

钢板厚度	钢板宽度												
	500	600	710	750	800	850	900	950	1000	1100	1250	1400	1500
冷轧钢板的长度													
0.2,0.25 0.3,0.4	120	142	1500	1500									
	100	1800	1800	1800	1800	1800	1500	1500					
	150	200	2000	2000	2000	2000	1800	2000					
0.5,0.55 0.6		120	1420	1500	1500	1500							
	100	180	1800	1800	1800	1800	1500	1500					
	150	200	2000	2000	2000	2000	1800	2000					
0.7,0.75		120	1420	1500	1500	1500							
		100	1800	1800	1800	1800	1800	1500	1500				
	150	200	2000	2000	2000	2000	1800	2000					
0.8,0.9		120	1420	1500	1500	1500	1500						
	100	180	1800	1800	1800	1800	1800	1500	2000	2000			
	150	200	2000	2000	2000	2000	2000	2000	2200	2500			
1.0,1.1 1.2,1.4 1.5,1.6 1.8,2.0	100	120	1420	150	150	1500					2800	2800	
	150	180	1800	1800	1800	1800	1800			2000	2000	3000	3000
	200	200	2000	2000	2000	2000	2000	2000	2200	2500	3500	3500	
2.2,2.5 2.8,3.0 3.2,3.5 3.8,4.0	500	600											
	100	120	1420	1500	1500	1500							
	150	180	1800	1800	1800	1800	1800	2000					
	200	200	2000	2000	2000	2000							
热轧钢板的长度													
0.35,0.4 0.45,0.5 0.55,0.6 0.7,0.75		120		1000									
	100	150	1000	1500	1500		1500	1500					
	150	180	1420	1800	1600	1700	1800	1900	1500				
	200	200	2000	2000	2000	2000	2000	2000	2000				
0.8,0.9				1500	1500	1500	1500	1500					
	100	120	1420	1800	1600	1700	1800	1900	1500				
	150	142	2000	2000	2000	2000	2000	2000	2000				
1.0,1.1 1.2,1.25 1.4,1.5 1.6,1.8				1000			1000						
	100	120	1000	1500	1500	1500	1500	1500					
	150	142	1420	1800	1600	1700	1800	1900	1500				
	200	200	2000	2000	2000	2000	2000	2000	2000				
2.0,2.2 2.5,2.8							1000						
	500	600	1000	1500	1500	1500	1500	1500	1500	2200	2500	2800	
2.8	100	120	1420	1800	1600	1700	1800	1900	2000	3000	3000	3000	3000
	150	150	2000	2000	2000	2000	2000	2000	3000	4000	4000	4000	4000

（续）

钢板厚度	钢板宽度												
	500	600	710	750	800	850	900	950	1000	1100	1250	1400	1500
	热轧钢板的长度												
3.0,3.2 3.5,3.8 4.0				1000			1000						
				1500	1500	1500	1500	1500	2000	2200	2500	3000	3000
	500	600	1420	1800	1600	1700	1800	1900	3000	3000	3000	3500	3500
	100	120	1200	2000	2000	2000	2000	2000	4000	4000	4000	4000	4000

表 A-6　镀锌和酸洗钢板的规格　　（单位：mm）

材料厚度	偏差	常用的钢板的宽度×长度
0.25,0.30,0.35 0.40,0.45	±0.05	510×710　850×1700 710×1420　900×1800 750×1500　900×2000
0.50,0.55	±0.05	710×1420　900×1800 750×1500　900×2000 750×1800　1000×2000 850×1700
0.60,0.65	±0.06	
0.70,0.75	±0.70	
0.80,0.90	±0.08	
1.00,1.10	±0.09	710×1420　750×1800 750×1500　850×1700 900×1800　1000×2000
1.20,1.30	±0.11	
1.40,1.80	±0.12	
1.60,1.80	±0.14	
2.00	±0.16	

表 A-7　热轧硅钢薄板的规格　　（单位：mm）

分类	检验条件	钢号	厚度	宽度×长度
低硅钢板	强磁场	D11	1.0,0.5	600×1200 670×1340 750×1500 860×1720 900×1800 1000×2000 厚度为0.2、0.1,其宽度×长度由双方协议规定
		D12	0.5	
		D21	1.0,0.5,0.35	
		D22	0.5	
		D23	0.5	
		D24	0.5	
高硅钢板		D31	0.5,0.35	
		D32	0.5,0.35	
		D41	0.5,0.35	
		D42	0.5,0.35	
		D43	0.5,0.35	
		D44	0.5,0.35	
	中磁场	DH41	0.35,0.2,0.1	
	弱磁场	DR41	0.35,0.2,0.1	
	高频率	DG41	0.35,0.2,0.1	

表 A-8　冷轧黄铜板的规格　（单位：mm）

<table>
<tr><th rowspan="3">厚　度</th><th colspan="3">宽度和长度</th><th rowspan="3">宽度和长度极限偏差</th></tr>
<tr><th>600×1200</th><th>700×1430</th><th>800×1500</th></tr>
<tr><th colspan="3">厚度下极限偏差（上极限偏差为0）</th></tr>
<tr><td>0.4</td><td rowspan="2">-0.07</td><td rowspan="2">-0.09</td><td rowspan="6">-0.12</td><td rowspan="30">宽度极限偏差为：$_{-10}^{0}$
长度极限偏差为：$_{-15}^{0}$</td></tr>
<tr><td>0.5</td></tr>
<tr><td>0.6</td><td rowspan="2">-0.08</td><td rowspan="3">-0.1</td></tr>
<tr><td>0.7</td></tr>
<tr><td>0.8</td><td>-0.09</td></tr>
<tr><td>0.9</td><td>-0.1</td><td rowspan="3">-0.12</td></tr>
<tr><td>1</td><td>-0.11</td><td rowspan="2">-0.14</td></tr>
<tr><td>1.1</td><td rowspan="2">-0.12</td></tr>
<tr><td>1.2</td><td rowspan="3">-0.14</td><td rowspan="2">-0.16</td></tr>
<tr><td>1.35</td><td rowspan="2">-0.14</td></tr>
<tr><td>1.5</td><td rowspan="4">-0.18</td></tr>
<tr><td>1.6</td><td rowspan="3">-0.15</td><td rowspan="2">-0.16</td></tr>
<tr><td>1.8</td></tr>
<tr><td>2.0</td><td rowspan="2">-0.18</td></tr>
<tr><td>2.25</td><td rowspan="4">-0.16</td><td>-0.2</td></tr>
<tr><td>2.5</td><td rowspan="3">-0.21</td><td>-0.22</td></tr>
<tr><td>2.75</td><td rowspan="2">-0.24</td></tr>
<tr><td>3.0</td></tr>
<tr><td>3.5</td><td rowspan="2">-0.2</td><td rowspan="2">-0.24</td><td rowspan="2">-0.27</td></tr>
<tr><td>4.0</td></tr>
<tr><td>4.5</td><td rowspan="2">-0.22</td><td>-0.27</td><td>-0.3</td></tr>
<tr><td>5.0</td><td rowspan="3">-0.30</td><td rowspan="3">-0.35</td></tr>
<tr><td>5.5</td><td rowspan="3">-0.25</td></tr>
<tr><td>6.0</td></tr>
<tr><td>6.5</td><td>-0.35</td><td>-0.37</td></tr>
<tr><td>7.0</td><td rowspan="3">-0.27</td><td rowspan="3">-0.37</td><td rowspan="3">-0.4</td></tr>
<tr><td>7.5</td></tr>
<tr><td>8.0</td></tr>
<tr><td>9.0</td><td rowspan="2">-0.30</td><td rowspan="2">-0.40</td><td rowspan="2">-0.45</td></tr>
<tr><td>10.0</td></tr>
</table>

表 A-9　普通碳素结构钢冷轧钢带的规格　（单位：mm）

材料厚度	材料厚度下极限偏差（上极限偏差为0）		钢带宽度	宽度极限偏差				钢带长度
				切边钢带		不切边钢带		
	普通	较高		普通	较高	普通	较高	
0.05,0.06 0.08,0.10	-0.015	-0.01	5,10,…,100(间隔5)	宽度≤100时为 $^{0}_{-0.4}$ 宽度>100时为 $^{0}_{-0.5}$	宽度≤100时为 $^{0}_{-0.2}$ 宽度>100时为 $^{0}_{-0.3}$	宽度≤50时为±2.5 宽度>50时为±3.5	宽度≤50时为 $^{0}_{-1.5}$ 宽度>50时为 $^{0}_{-2.5}$	一般不短于10m 最短允许在5m以上
0.15	-0.02	-0.015	30,35,…,100(间隔5)					
0.20,0.25	-0.03	-0.02						
0.30	-0.04	-0.03						
0.35,0.40	-0.04	-0.03						
0.45,0.50	-0.05	-0.04						
0.55,0.60 0.65,0.70	-0.05	-0.04	30,35,…,200(间隔5)	宽度<100时为 $^{0}_{-0.5}$ 宽度>100时为 $^{0}_{-0.6}$	宽度<100时为 $^{0}_{-0.3}$ 宽度>100时为 $^{0}_{-0.4}$			
0.75,0.80 0.85,0.90 0.95,1.00	-0.07	-0.05						
1.05,1.10 1.15,1.20 1.25,1.30 1.35,1.40 1.45,1.50	-0.09	-0.06						
1.60,1.70 1.75,1.80 1.90,2.00 2.10,2.20 2.30,2.40 2.50	-0.13	-0.10	50,55,…,200(间隔5)					
2.60,2.70 2.80,2.90 3.00	-0.16	-0.12						

表 A-10　优质碳素结构钢冷轧钢带的规格　（单位：mm）

厚度				宽度				
公称（基本）尺寸	下极限偏差（上极限偏差为0）			切边钢带			不切边钢带	
	普通精度 P	较高精度 H	高精度 J	公称(基本)尺寸	极限偏差 普通精度 P	极限偏差 较高精度 H	公称(基本)尺寸	极限偏差
0.10~0.15	-0.020	-0.010	-0.010	4~120	$^{0}_{-0.3}$	$^{0}_{-0.2}$	≤50	$^{+2}_{-1}$
>0.15~0.25	-0.030	-0.020	-0.015					
>0.25~0.40	-0.040	-0.030	-0.020	6~200				
>0.40~0.50	-0.050	-0.040	-0.025					
>0.50~0.70	-0.050	-0.040	-0.025	10~200	$^{0}_{-0.4}$	$^{0}_{-0.3}$		
>0.70~0.95	-0.070	-0.050	-0.030					
>0.95~1.00	-0.090	-0.060	-0.040				>50	$^{+3}_{-2}$
>1.00~1.35	-0.090	-0.060	-0.040	18~200	$^{0}_{-0.6}$	$^{0}_{-0.4}$		
>1.35~1.75	-0.110	-0.080	-0.050					
>1.75~2.30	-0.120	-0.100	-0.060					
>2.30~3.00	-0.160	-0.120	-0.080					
>3.00~4.00	-0.200	-0.160	-0.100					

表 A-11　电信用冷轧硅钢带的规格　（单位：mm）

牌　号	厚度	厚度极限偏差		宽　度	宽度极限偏差			
		宽度<200	宽度≥200		宽 5～10 时	宽 12.5～40 时	宽 50～80 时	宽>80 时
DG1、DG2 DG3、DG4	0.5	±0.005		5、6.5、8、10、12.5、15、16、20、25、32、40、50、64、80、100	0 −0.20	0 −0.25	0 −0.30	
	0.8 1.0	±0.010		5、6.5、8、10、12.5、15、16、20、25、32、40、50、64、80、100、110	0 −0.20	0 −0.25	0 −0.30	0 −1
	0.20	±0.015	±0.02	80～300			0 −0.30	
DQ1、DQ2 DQ3、DQ4 DQ5、DQ6	0.35	±0.020	±0.03	80～600			0 −0.30	

附录 B　几种冲压设备的技术规格

表 B-1　剪板机技术规格

可剪板厚[①] /mm	可剪板宽[①] /mm	喉口深度/mm		剪切角度[②]	行程次数/(次/min) ≥	
		标准型	加大型		机械传动空载	液压传动满载
1	1000			1°	100	
2.5	1200			1°	70	
	2000				60	
4	2000			1°30′	60	
	2500				60	
	3200				50	
6	2000			1°30′	50	
	2500				50	
	3200				45	
	4000	300				15
	6300	300				14
10	2500			2°	45	
	4000	300				13
12	2000			2°		
	2500				40	
	3200	300	600		40	9
	4000	300				9
	6300	300				8
16	2500	300		2°30′		8
	4000	300				8

（续）

可剪板厚①/mm	可剪板宽①/mm	喉口深度/mm		剪切角度②	行程次数/(次/min) ≥	
		标准型	加大型		机械传动空载	液压传动满载
20	2500	300	600	2°30′		6
	3200	300				5
	4000	300				5
25	2500	300		3°		5
	4000	300				5
	6300	300				4

① 表中规格系指剪切 $R_m = 490\text{MPa}$ 的板料；R_m 值不同时，应予以换算。

② 对于剪切角度可调的剪板机，表中所列为额定剪切角度。

表 B-2　单柱固定台压力机技术规格

型　号		J11-3	J11-5	J11-16	J11-50	J11-100
公称压力/kN		30	50	160	500	1000
滑块行程/mm		0~40	0~40	6~70	10~90	20~100
滑块行程次数/(次/min)		110	150	120	65	65
最大闭合高度/mm			170	226	270	320
闭合高度调节量/mm		30	30	45	75	85
滑块中心至床身距离/mm		95	100	160	235	325
工作台尺寸/mm	前后	165	180	320	440	600
	左右	300	320	450	650	800
垫板尺寸/mm		20	30	50	70	100
模柄孔尺寸/mm	直径	25	25	40	50	60
	深度	30	40	55	80	80

表 B-3　开式双柱固定台压力机技术规格

型　号		JA21-35	JA21-100	JA21-160	JA21-400A
公称压力/kN		350	1000	16100	4000
滑块行程/mm		130	可调 10~120	160	200
滑块行程次数/(次/min)		50	75	40	25
最大闭合高度/mm		280	400	450	550
闭合高度调节量/mm		60	85	130	150
滑块中心至床身距离/mm		205	325	380	480
立柱间距离/mm		428	480	530	869
工作台尺寸/mm	前后	380	600	710	900
	左右	610	1000	1120	1400
工作台孔尺寸/mm	前后	200	300		480
	左右	290	420		750
	直径	260		460	600

（续）

型　号		JA21-35	JA21-100	JA21-160	JA21-400A
垫板尺寸/mm	厚度	60	100	130	170
	孔径	22.5	200		300
模柄孔尺寸/mm	直径	50	60	70	100
	深度	70	80	80	120
滑块底面尺寸/mm	前后	210	380	460	
	左右	270	500	650	

表 B-4　开式双柱可倾压力机技术规格

型　号		J23-6.3	J23-10	J23-16	J23-25	J23-40	J23-63	J23-100
公称压力/kN		63	100	160	250	400	630	1000
滑块行程/mm		35	45	55	65	100	130	130
滑块行程次数/(次/min)		170	145	120	105	45	50	38
最大闭合高度/mm		150	180	220	270	330	360	480
最大装模高度/mm		120	145	180	220	265	280	380
连杆调节长度/mm		30	35	45	55	65	80	100
滑块中心至床身距离/mm		110	130	160	200	250	260	380
立柱间距离/mm		150	180	220	270	340	350	450
工作台尺寸/mm	前后	200	240	300	370	460	480	710
	左右	310	370	450	560	700	710	1080
垫板尺寸/mm	厚度	30	35	40	50	65	80	100
	孔径	140	170	210	200	220	250	250
模柄孔尺寸/mm	直径	30	30	40	40	50	50	60
	深度	50	55	60	60	70	80	75
最大倾斜角度/(°)		45	35	35	30	30	30	30
电动机功率/kW		0.75	1.10	1.50	2.20	5.5	5.5	10
压力机外形尺寸/mm	前后	776	895	1130	1335	1685	1700	2472
	左右	550	651	921	1112	1325	1373	1736
	高度	1488	1673	1890	2120	2470	2750	3312
压力机总质量/kg		400	576	1055	1780	3540	4800	10000

表 B-5　闭式单点压力机技术规格

型　号	J31-100	J31-160A	J31-250	J31-315	J31-400A	J31-630
公称压力/kN	1000	1600	2500	3150	4000	6300
滑块行程/mm	165	160	315	315	400	400
滑块行程次数/（次/min）	35	32	20	25	20	12
最大闭合高度/mm	280	480	630	630	710	850
最大装模高度/mm	155	375	490	490	550	650
连杆调节长度/mm	100	120	200	200	250	200
立柱间距离/mm	660	750	1020	1130	1270	1230

（续）

型号		J31-100	J31-160A	J31-250	J31-315	J31-400A	J31-630
工作台尺寸/mm	前后	635	790	950	1100	1200	1500
	左右	635	710	1000	1100	1250	1200
垫板尺寸/mm	厚度	125	105	140	140	160	200
	孔径	250	430	—	—	—	—
气垫工作压力/kN		—	—	400	250	630	1000
气垫行程/mm		—	—	150	160	200	200
气垫单位压力/10^5 Pa		—	—	4	5.5	5.5	5.5
离合器工作气压/10^5 Pa		—	4	4	4.5	4.5	4.5
主电动机功率/kW		7.5	10	30	30	40	55
压力机外形尺寸/mm	前后	1670	583	1750	2100	2250	2950
	左右	1780	2130	2400	2805	3000	3350
	高度	2780	4375	4985	5610	6030	6355
压力机总质量/kg		4830	13750	30500	35800	47500	61800

表 B-6 闭式双点压力机技术规格

公称压力/kN	公称压力行程/mm	滑块行程/mm	滑块行程次数/(次/min)	最大装模高度/mm	装模高度调节量/mm	导轨间距[①]/mm	滑块底面前后尺寸/mm	工作台面尺寸/mm	
								左右[①]	前后
1600	13	400	18	600	250	1980	1020	1900	1120
2000	13	400	18	600	250	2430	1150	2350	1250
2500	13	400	18	700	315	2430	1150	2350	1250
3150	13	500	14	700	315	2880	1400	2800	1500
4000	13	500	14	800	400	2880	1400	2800	1500
5000	13	500	12	800	400	3230	1500	3150	1600
6300	13	500	12	950	500	3230	1500	3150	1600
8000	13	630	10	1250	600	3230/4080	1700	3150/4000	1800
10000	13	630	10	1250	600	3230/4080	1700	3150/4000	1800
12500	13	500	10	950	400	3230/4080	1700	3150/4000	1800
16000	13	500	10	950	400	5080/6080	1700	5000/6000	1800
20000	13	500	8	950	400	5080/7580	1700	5000/7500	1800
25000	13	500	8	950	400	7580	1700	7500	1800
31500	13	500	8	950	400	7580/10080	1900	7500/10000	2000
40000	13	500	8	950	400	10080	1900	10000	2000

① 分母为大规格尺寸。

表 B-7　底传动双动拉深压力机主要技术规格

型　号		J44-55	J44-80
拉深滑块公称压力/kN		550	800
压边滑块公称压力/kN		550	800
滑块行程次数/(次/min)		9	8
拉深滑块行程/mm		580	640
最大坯料直径/mm		780	900
最大拉深直径/mm		550	700
最大拉深深度/mm		280	400
导轨间距离/mm		800	1120
工作台尺寸/mm	前后	720	1100
	左右	680	1000
	孔径	120	160
装模螺杆螺纹/mm		M72×6	M80×8
螺纹长度/mm		90	130
外形尺寸/mm	前后	4105	4250
	左右	2595	2900
	地面上高	3845	5079
质量/kg		21000	45700

表 B-8　摩擦压力机技术规格

型　号		J53-63	J53-100A	J53-160A
公称压力/kN		630	1000	1600
最大能量/J		2500	5000	10000
滑块行程/mm		270	310	360
滑块行程次数/(次/min)		22	19	17
最小闭合高度/mm		190	220	260
导轨距离/mm		350	400	460
滑块尺寸/mm	前后	315	380	400
	左右	348	350	458
模柄孔尺寸/mm	直径	60	70	70
	深度	80	90	90
工作台尺寸/mm	前后	450	500	560
	左右	400	450	510
	孔径	80	100	100
横轴转速/(r/min)		240	230	220
主螺杆直径/mm		130	145	180

表 B-9　四柱万能液压机技术规格

型　号	公称压力/kN	滑块行程/mm	顶出力/kN	工作台尺寸(前后×左右×距地面高)/mm	工作行程速度/(mm/s)	活动横梁至工作台最大距离/mm	液体压力/MPa
Y32-50	500	400	75	490×520×800	16	600	20
YB32-63	630	400	95	490×520×800	6	600	25
Y32-100A	1000	600	165	600×600×700	20	850	21
Y32-200	2000	700	300	760×710×900	6	1100	20
Y32-300	3000	800	300	1140×1210×700	4.3	1240	20
YA32-315	3150	800	630	1160×1260	8	1250	25
Y32-500	5000	900	1000	1400×1400	10	1500	25
Y32-2000	20000	1200	1000	2400×2000	5	800~2000	26

表 B-10　SP 系列小型高速压力机技术规格

压力机型号	SP-10CS	SP-15CS	SP-30CS	SP-50CS
公称压力/kN	100	150	300	500
行程长度/mm	40 ~ 10	50 ~ 10	50 ~ 20	50 ~ 20
行程次数/(次/min)	75 ~ 850	80 ~ 850	100 ~ 800	150 ~ 450
滑块调节量/mm	25	30	50	50
垫板尺寸(长×宽)/mm	400×300	450×330	620×390	1080×470
垫板厚度/mm	70	80	100	100
滑块尺寸(长×宽)/mm	200×180	220×190	320×250	820×360
工作台孔尺寸(长×宽)/mm	240×100	250×120	300×200	600×180
封闭高度/mm	185 ~ 200	200 ~ 220	250 ~ 265	290 ~ 315
主电机功率/kW	0.75	2.2	5.5	7.5
机床质量/kg	900	1400	4000	6000
机床外形尺寸(长×宽)/mm	935×780	910×1200	1200×1275	1625×1495
机床高度/mm	1680	1900	2170	2500

注：SP 系列小型高速压力机为小型 C 形机架（即国际上称为 OBI 型机架）的开式压力机，为日本山田公司生产，适用于工业的接插件、电位器、电容器等小型电子元件的制件生产。

表 B-11　BSTA 与 FP 系列部分高速压力机技术规格

压力机型号	BSTA-18	BSTA-30	BSTA-60HL	FP-60SWⅡ
公称压力/kN	180	300	600	600
滑块行程/mm	36 ~ 16	40 ~ 16	76 ~ 20	30
行程次数/(次/min)	100 ~ 600	100 ~ 600	100 ~ 650	200 ~ 900
装模高度/mm	140 ~ 200	200 ~ 260	265 ~ 293	300
滑块调节量/mm	40	40	80	50
滑块尺寸(直径或长×宽)/mm	ϕ196	ϕ250	700×458	940×420
垫板尺寸(长×宽)/mm	350×310	540×412	770×620	940×650
垫板厚度/mm	45	60	120	120

注：BSTA 系列高速压力机为日本三井（MITSUI-SEIKI）公司生产，FP 系列为日本山田（YAMADA DOBBY）公司生产。

表 B-12　A2 型高速压力机的部分技术规格

压力机型号	A2-100	A2-160	A2-250	A2-400
公称压力/kN	1000	1600	2500	4000
标准滑块行程/mm	25	30	30	35
最大滑块行程/mm	50	50	50	50
最大行程次数/(次/min)	450	375	300	250
工作台尺寸(长×宽)/mm	1050×800	1300×1000	1650×1100	2600×1200
最大装模高度/mm	350	375	400	475
装模高度调节量/mm	60	60	80	80

注：A2 系列高速压力机是德国舒勒公司（Schuler）生产的。

表 B-13　冲模回转头压力机技术规格

公称压力/kN		160	300	600	1000	1500
滑块行程/mm			25	30	40	50
滑块行程次数/(次/min)		120	100	100	50	60
模具数量/个		18	20	32	30	32
滑块中心到床身距离/mm		750	620	950	1300	1520
冲压板料尺寸	冲孔最大直径/mm	80	84	105	115	130
	最大厚度/mm	4	3	4	6.4	8
被加工板料尺寸(前后×左右)/mm			600×1200	900×1500	1300×2000	1500×2500
孔距间定位精度/mm		+0.1	+0.1	+0.1	+0.1	+0.1
主电机功率/kW			4	4	10	10
机器总质量/kg			8000	20000	30000	40000

附录 C　金属冲压件未注公差尺寸的极限偏差

表 C-1　冲裁和拉深件未注公差尺寸的极限偏差　（单位：mm）

基本尺寸		尺寸的类型			
大于	到	≤ϕ50 的圆孔	包容表面（≤ϕ50 的孔除外）	被包容表面	暴露面及孔中心距
0	3	+0.12	+0.25	−0.25	±0.15
3	6	+0.16	+0.3	−0.3	
6	10	+0.20	+0.36	−0.36	±0.25
10	18	+0.24	+0.43	−0.43	
18	30	+0.28	+0.52	−0.52	±0.3
30	50	+0.34	+0.62	−0.62	
50	80		+0.74	−0.74	±0.4
80	120		+0.87	−0.87	
120	180		+1.0	−1.0	±0.6
180	260		+1.15	−1.15	
260	360		+1.35	−1.35	±0.8
360	500		+1.55	−1.55	
500	630		+1.8	−1.8	±1.0
630	800		+2.0	−2.0	
800	1000		+2.2	−2.2	±1.2
1000	1250		+2.4	−2.4	
1250	1600		+2.6	−2.6	±1.4
1600	2000		+3.0	−3.0	
2000	2500		+3.5	−3.5	±1.9
2500	3150		+4.0	−4.0	
3150	4000		+4.5	−4.5	±2.5
4000	5000		+5.0	−5.0	
备注	包容表面尺寸是指测量时包容量具的表面尺寸，如孔径或槽宽等。被包容表面尺寸是指测量时被量具包容的表面尺寸，如圆形外径、板料厚度等。以上两种情况以外的称之暴露表面尺寸，如凸台高度、不通孔的深度等				

表 C-2　翻边高度未注公差的极限偏差　　（单位：mm）

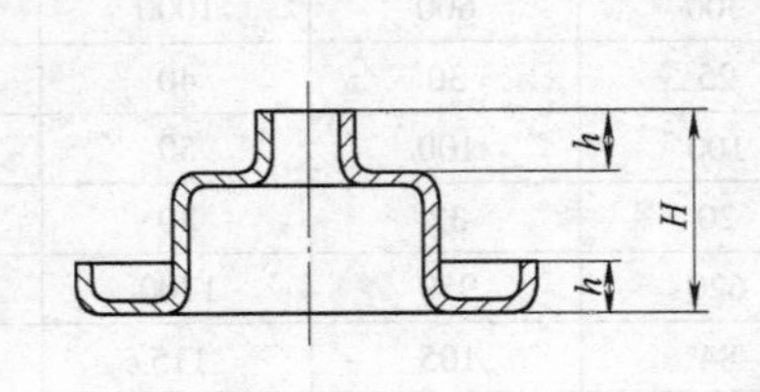

基本尺寸 H 大于	基本尺寸 H 到	极限偏差
0	3	±0.3
3	6	±0.5
6	18	±0.8
18		±0.12

表 C-3　带料、扁条料和型材的冲孔与边缘距离未注公差的极限偏差　　（单位：mm）

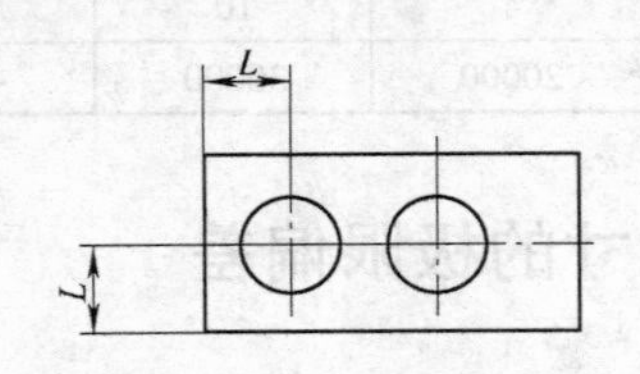

基本尺寸	零件的最大长度 ≤300	>300~600	>600
	极限偏差		
≤50	±0.5	±0.8	±1.2
>50	±0.8	±1.2	±2.0

附录 D　常用冲模材料及热处理要求

表 D-1　凸模、凹模的常用材料及热处理要求

模具类型			选用材料	热处理	硬度 HRC 凸模	硬度 HRC 凹模
冲裁模	Ⅰ	1）形状简单，冲裁材料厚度 $t<3$mm 的凸模、凹模和凸凹模 2）带台阶的、快换式的凸模、凹模和形状简单的镶块	T8A T10A 9Mn2V Cr6WV	淬火	58~62	62~64
	Ⅱ	1）形状复杂的凸模、凹模和凸凹模 2）冲裁材料厚度 $t>3$mm 的凸模、凹模和凸凹模 3）形状复杂的镶块	9SiCr CrWMn，9Mn2V Cr12，Cr12MoV 120Cr4W2MoV	淬火	58~62	62~64
	Ⅲ	要求耐磨的凸模、凹模	Cr12MoV，G Cr15 120Cr4W2MoV	淬火	60~62	62~64
			YG15	—	—	
	Ⅳ	冲薄材料的凹模	T8A	—	—	
弯曲模	Ⅰ	一般弯曲的凸模、凹模及镶块	T8A，T10A	淬火	56~60	
	Ⅱ	1）要求高度耐磨的凸模、凹模及镶块 2）形状复杂的凸模、凹模及镶块 3）生产量特别大的凸模、凹模及镶块	CrWMn Cr12 Cr12MoV	淬火	60~64	
	Ⅲ	热弯的凸模、凹模	5CrNiMo，5CrNiTi 5CrMnMo	淬火	52~56	

（续）

模具类型			选用材料	热处理	硬度 HRC	
					凸模	凹模
拉深模	Ⅰ	一般拉深的凸模、凹模	T8A，T10A	淬火	58～62	60～64
	Ⅱ	连续拉深的凸模、凹模	T10A，CrWMn			
	Ⅲ	要求耐磨的凹模	Cr12，YG15 Cr12MoV，YG8		—	62～64
	Ⅳ	拉深不锈钢材料用的凸模、凹模	W18Cr4V	淬火	62～64	—
			YG15，YG8	—	—	—
	Ⅴ	热拉深用的凸模、凹模	5CrNiMo，5CrNiTi	淬火	52～56	52～56

表 D-2　冲模一般零件的材料及热处理要求

零件名称	选用材料	热处理	硬度 HRC
上、下模座	HT200，HT250，ZG270-500，ZG310-570，厚钢板刨制的 Q235，Q275	—	—
模柄	Q275	—	—
导柱、导套	20，T10A	20 钢渗碳淬火	60～62（导柱），57～60（导套）
凸模、凹模固定板	Q235，Q275	—	—
托料板	Q235	—	—
卸料板	Q275	—	—
挡料销	45，T7A	淬火	43～48（45 钢），52～56（T7A）
导正销、定位销	T7，T8	淬火	52～56
垫板	45，T8A	淬火	43～48（45 钢），54～58（T8A）
销钉	45，T7	淬火	43～48（45 钢），52～54（T8A）
螺钉	45	头部淬火	43～48
导料板	A5，45	淬火	43～48
推杆、顶杆	45	淬火	43～48
推板、顶板	45，Q275	—	—
拉深模压边圈	T8A	淬火	54～58
螺母、垫圈、螺塞	Q235	—	—
定居侧刃废料切刀	T8A	淬火	58～62
侧刃挡板	T8A	淬火	54～58
定位板	45，T8	淬火	43～48（45 钢），52～56（T8）
楔块与滑块	T8A，T10A	淬火	60～62
弹簧	65Mn，60SiMnA	淬火	40～45

附录E　冲模零件的精度、公差配合及表面粗糙度

表E-1　模具精度与冲裁件精度对应关系

冲模制造精度	材料厚度 t/mm											
	0.5	0.8	1.0	1.5	2	3	4	5	6	8	10	12
IT6～IT7	IT8	IT8	IT9	IT10	IT10	—	—	—	—	—	—	
IT7～IT8	—	IT9	IT10	IT10	IT12	IT12	IT12	—	—	—	—	—
IT9	—	—	—	IT12	IT12	IT12	IT12	IT12	IT14	IT14	IT14	IT14

表E-2　冲模零件的加工精度及其相互配合

配合零件名称	精度及配合	配合零件名称	精度及配合
导套(导柱)与上、下模座	$\frac{H7}{r6}$	固定挡料销与凹模	$\frac{H7}{n6}$或$\frac{H7}{m6}$
导柱与导套	$\frac{H6}{h5}$或$\frac{H7}{h6}$、$\frac{H7}{f6}$	活动挡料销与卸料板	$\frac{H9}{h8}$或$\frac{H9}{h9}$
模柄(带法兰盘)与上模座	$\frac{H8}{h8}$或$\frac{H9}{h9}$	圆柱销与凸模固定板、上、下模座等	$\frac{H7}{n6}$
凸模与凸模固定板	$\frac{H7}{m6}$或$\frac{H7}{k6}$	凸模(凹模)与上、下模座(镶入式)	$\frac{H7}{h6}$
螺钉与螺杆孔	0.5或1mm(单边)	顶件板与凹模	0.1～0.5mm(单边)
卸料板与凸模或凸凹模	0.1～0.5mm(单边)	推销(连接推杆)与凸模固定板	0.2～0.5mm(单边)
推杆(打杆)与模柄	0.5～1mm(单边)		

表E-3　冲模零件的表面粗糙度

表面粗糙度 Ra/μm	使用范围	表面粗糙度 Ra/μm	使用范围
0.2	抛光的成形面及平面	1.6	1）内孔表面——在非热处理零件上配合使用 2）底板平面
0.4	1）压弯、拉深、成形的凸模和凹模的工作表面 2）圆柱表面和平面的刃口 3）滑动和精确导向的表面	3.2	1）不磨加工的支撑、定位和紧固表面——用于非热处理的零件 2）底板平面
0.8	1）凸模和凹模刃口 2）凸模和凹模镶块的结合面 3）过盈配合和过渡配合的表面——用于热处理零件 4）支撑定位和紧固表面——用于热处理零件 5）磨加工的基准面 6）要求准确的工艺基准面	6.3～12.5	不与冲压件及冲模零件接触的表面
		25	粗糙的不重要的表面

附录 F　冲模滑动导向标准模架

表 F-1　对角导柱模架（GB/T 2851—2008）　　（单位：mm）

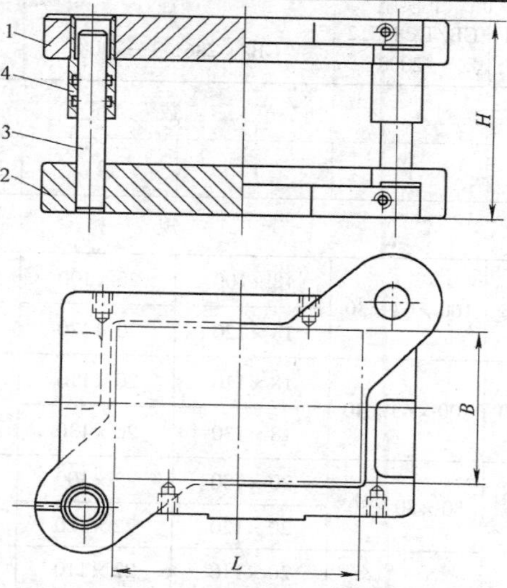

1—上模座　2—下模座　3—导柱　4—导套

凹模周界		闭合高度（参考）H		零件件号、名称及标准编号					
				1	2	3		4	
				上模座 GB/T 2855.1—2008	下模座 GB/T 2855.2—2008	导柱 GB/T 2861.1—2008		导套 GB/T 2861.3—2008	
				数量					
L	B	最小	最大	1	1	1	1	1	1
				规格					
63	50	100	115	63×50×20	63×50×25	16×90	18×90	16×60×18	18×60×18
		110	125			16×100	18×100		
		110	130	63×50×25	63×50×30	16×100	18×100	16×65×23	18×65×23
		120	140			16×110	18×110		
63	63	100	115	63×63×20	63×63×25	16×90	18×90	16×60×18	18×60×18
		110	125			16×100	18×100		
		110	130	63×63×25	63×63×30	16×100	18×100	16×65×23	18×65×23
		120	140			16×110	18×110		
80		110	130	80×63×25	80×63×30	18×100	20×100	18×65×23	20×65×23
		130	150			18×120	20×120		
		120	145	80×63×30	80×63×40	18×110	20×110	18×70×28	20×70×28
		140	165			18×130	20×130		

（续）

凹模周界		闭合高度（参考）H		零件件号、名称及标准编号					
				1	2	3		4	
				上模座 GB/T 2855.1—2008	下模座 GB/T 2855.2—2008	导柱 GB/T 2861.1—2008		导套 GB/T 2861.3—2008	
				数　量					
L	B	最小	最大	1	1	1	1	1	1
				规　格					
100	63	110	130	100×63×25	100×63×30	18×100	20×100	18×65×23	20×65×23
		130	150			18×120	20×120		
		120	145	100×63×30	100×63×40	18×110	20×110	18×70×28	20×70×28
		140	165			18×130	20×130		
80		110	130	80×80×25	80×80×30	20×100	22×100	20×65×23	22×65×23
		130	150			20×120	22×120		
		120	145	80×80×30	80×80×40	20×110	22×110	20×70×28	22×70×28
		140	165			20×130	22×130		
100	80	110	130	100×80×25	100×80×30	20×100	22×100	20×65×23	22×65×23
		130	150			20×120	22×120		
		120	145	100×80×30	100×80×40	20×110	22×110	20×70×28	22×70×28
		140	165			20×130	22×130		
125		110	130	125×80×25	125×80×30	20×100	22×100	20×65×23	22×65×23
		130	150			20×120	22×120		
		120	145	125×80×30	125×80×40	20×110	22×110	20×70×28	22×70×28
		140	165			20×130	22×130		
100		110	130	100×100×25	100×100×30	20×100	22×100	20×65×23	22×65×23
		130	150			20×120	22×120		
		120	145	100×100×30	100×100×40	20×110	22×110	20×70×28	22×70×28
		140	165			20×130	22×130		
125	100	120	150	125×100×30	125×100×35	22×110	25×110	22×80×28	25×80×28
		140	165			22×130	25×130		
		140	170	125×100×35	125×100×45	22×130	25×130	22×80×33	25×80×33
		160	190			22×150	25×150		
160		140	170	160×100×35	160×100×40	25×130	28×130	25×85×33	28×85×33
		160	190			25×150	28×150		
		160	195	160×100×40	160×100×50	25×150	28×150	25×90×38	28×90×38
		190	225			25×180	28×180		

（续）

凹模周界		闭合高度（参考）*H*		零件件号、名称及标准编号					
				1	2	3		4	
				上模座 GB/T 2855.1—2008	下模座 GB/T 2855.2—2008	导柱 GB/T 2861.1—2008		导套 GB/T 2861.3—2008	
				数　量					
L	*B*	最小	最大	1	1	1	1	1	1
				规　格					
200	100	140	170	200×100×35	200×100×40	25×130	28×130	25×85×33	28×85×33
		160	190			25×150	28×150		
		160	195	200×100×40	200×100×50	25×150	28×150	25×90×38	28×90×38
		190	225			25×180	28×180		
125	125	120	150	125×125×30	125×125×35	22×110	25×110	22×80×28	25×80×28
		140	165			22×130	25×130		
		140	170	125×125×35	125×125×45	22×130	25×130	22×85×33	25×85×33
		160	190			22×150	25×150		
160		140	170	160×125×35	160×125×40	25×130	28×130	25×85×33	28×85×33
		160	190			25×150	28×150		
		170	205	160×125×40	160×125×50	25×160	28×160	25×95×38	28×95×38
		190	225			25×180	28×180		
200		140	170	200×125×35	200×125×40	25×130	28×130	25×85×33	28×85×33
		160	190			25×150	28×150		
		170	205	200×125×40	200×125×50	25×160	28×160	25×95×38	28×95×38
		190	225			25×180	28×180		
250		160	200	250×125×40	250×125×45	28×150	32×150	28×100×38	32×100×38
		180	220			28×170	32×170		
		190	235	250×125×45	250×125×55	28×180	32×180	28×110×43	32×110×43
		210	255			28×200	32×200		
160	160	160	200	160×160×40	160×160×45	28×150	32×150	28×100×38	32×100×38
		180	220			28×170	32×170		
		190	235	160×160×45	160×160×55	28×180	32×180	28×110×43	32×110×43
		210	255			28×200	32×200		
200		160	200	200×160×40	200×160×45	28×150	32×150	28×100×38	32×100×38
		180	220			28×170	32×170		
		190	235	200×160×45	200×160×55	28×180	32×180	28×110×43	32×110×43
		210	255			28×200	32×200		

（续）

凹模周界		闭合高度（参考）H		零件件号、名称及标准编号					
				1	2	3		4	
				上模座 GB/T 2855.1—2008	下模座 GB/T 2855.2—2008	导柱 GB/T 2861.1—2008		导套 GB/T 2861.3—2008	
				数量					
				1	1	1	1	1	1
L	B	最小	最大	规格					
250	160	170	210	250×160×45	250×160×50	32×160	35×160	32×105×43	35×105×43
		200	240			32×190	35×190		
		200	245	250×160×50	250×160×60	32×190	35×190	32×115×48	35×115×48
		220	265			32×210	35×210		
200	200	170	210	200×200×45	200×200×50	32×160	35×160	32×105×43	35×105×43
		200	240			32×190	35×190		
		200	245	200×200×50	200×200×60	32×190	35×190	32×115×48	35×115×48
		220	265			32×210	35×210		
250		170	210	250×200×45	250×200×50	32×160	35×160	32×105×43	35×105×43
		200	240			32×190	35×190		
		200	245	250×200×50	250×200×60	32×190	35×190	32×115×48	35×115×48
		220	265			32×210	35×210		
315		190	230	315×200×45	315×200×55	35×180	40×180	35×115×43	40×115×43
		220	260			35×210	40×210		
		210	255	315×200×50	315×200×65	35×200	40×200	35×125×48	40×125×48
		240	285			35×230	40×230		
250	250	190	230	250×250×45	250×250×55	35×180	40×180	35×115×43	40×115×43
		220	260			35×210	40×210		
		210	255	250×250×50	250×250×65	35×200	40×200	35×125×48	40×125×48
		240	285			35×230	40×230		
315		215	250	315×250×50	315×250×60	40×200	45×200	40×125×48	45×125×48
		245	280			40×230	45×230		
		245	290	315×250×55	315×250×70	40×230	45×230	40×140×53	45×140×53
		275	320			40×260	45×260		
400		215	250	400×250×50	400×250×60	40×200	45×200	40×125×48	45×125×48
		245	280			40×230	45×230		
		245	280	400×250×55	400×250×70	40×230	45×230	40×140×53	45×140×53
		275	320			40×260	45×260		

（续）

凹模周界		闭合高度（参考）*H*		零件件号、名称及标准编号					
				1	2	3		4	
				上模座 GB/T 2855.1—2008	下模座 GB/T 2855.2—2008	导柱 GB/T 2861.1—2008		导套 GB/T 2861.3—2008	
				数　量					
L	*B*	最小	最大	1	1	1	1	1	1
				规　格					
315	315	215	250	315×315×50	315×315×60	45×200	50×200	45×125×48	50×125×48
		245	280			45×230	50×230		
		245	290	315×315×55	315×315×70	45×230	50×230	45×140×53	50×140×53
		275	320			45×260	50×260		
400		245	290	400×315×55	400×315×65	45×230	50×230	45×140×53	50×140×53
		275	315			45×260	50×260		
		275	320	400×315×60	400×315×75	45×260	50×260	45×150×58	50×150×58
		305	350			45×290	50×290		
500		245	290	500×315×55	500×315×65	45×230	50×230	45×140×53	50×140×53
		275	315			45×260	50×260		
		275	320	500×315×60	500×315×75	45×260	50×260	45×150×58	50×150×58
		305	350			45×290	50×290		
400	400	245	290	400×400×55	400×400×65	45×230	50×230	45×140×53	50×140×53
		275	315			45×260	50×260		
		275	320	400×400×60	400×400×75	45×260	50×260	45×150×58	50×150×58
		305	350			45×290	50×290		
630		240	280	630×400×55	630×400×65	50×220	55×220	50×150×53	55×150×53
		270	305			50×250	55×250		
		270	310	630×400×65	630×400×80	50×250	55×250	50×160×63	55×160×63
		300	340			50×280	55×280		
500	500	260	300	500×500×55	500×500×65	50×240	55×240	50×150×53	55×150×53
		290	325			50×270	55×270		
		290	330	500×500×65	500×500×80	50×270	55×270	50×160×63	55×160×63
		320	360			50×300	55×300		

表 F-2　后侧导柱模架（GB/T 2851—2008）　　（单位：mm）

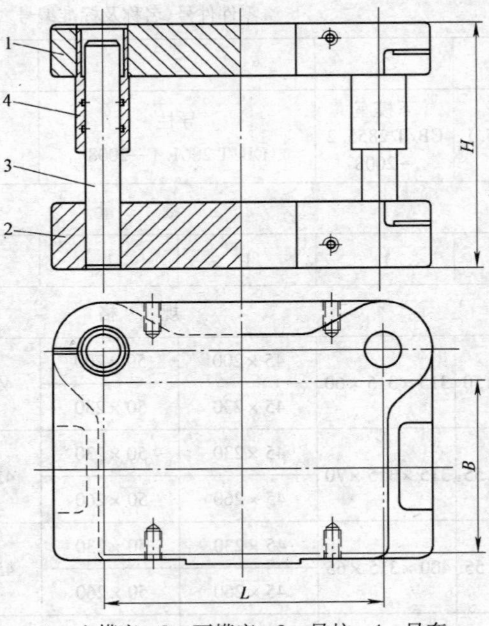

1—上模座　2—下模座　3—导柱　4—导套

凹模周界		闭合高度（参考）*H*		零件件号、名称及标准编号			
				1	2	3	4
				上模座 GB/T 2855.1—2008	下模座 GB/T 2855.2—2008	导柱 GB/T 2861.1—2008	导套 GB/T 2861.3—2008
				数量			
L	*B*	最小	最大	1	1	2	2
				规格			
63	50	100	115	63×50×20	63×50×25	16×90	16×60×18
		110	125			16×100	
		110	130	63×50×25	63×50×30	16×100	16×65×23
		120	140			16×110	
63	63	100	115	63×63×20	63×63×25	16×90	16×60×18
		110	125			16×100	
		110	130	63×63×25	63×63×30	16×100	16×65×23
		120	140			16×110	
80		110	130	80×63×25	80×63×30	18×100	18×65×23
		130	150			18×120	
		120	145	80×63×30	80×63×40	18×110	18×70×28
		140	165			18×130	

（续）

凹模周界		闭合高度（参考）H		零件件号、名称及标准编号			
				1	2	3	4
				上模座 GB/T 2855.1—2008	下模座 GB/T 2855.2—2008	导柱 GB/T 2861.1—2008	导套 GB/T 2861.3—2008
				数　量			
L	B	最小	最大	1	1	2	2
				规　格			
100	63	110	130	100×63×25	100×63×30	18×100	18×65×23
		130	150			18×120	
		120	145	100×63×30	100×63×40	18×110	18×70×28
		140	165			18×130	
80	80	110	130	80×80×25	80×80×30	20×100	20×65×23
		130	150			20×120	
		120	145	80×80×30	80×80×40	20×110	20×70×28
		140	165			20×130	
100		110	130	100×80×25	100×80×30	20×100	20×65×23
		130	150			20×120	
		120	145	100×80×30	100×80×40	20×110	20×70×28
		140	165			20×130	
125		110	130	125×80×25	125×80×30	20×100	20×65×23
		130	150			20×120	
		120	145	125×80×30	125×80×40	20×110	20×70×28
		140	165			20×130	
100	100	110	130	100×100×25	100×100×30	20×100	20×65×23
		130	150			20×120	
		120	145	100×100×30	100×100×40	20×110	20×70×28
		140	165			20×130	
125		120	150	125×100×30	125×100×35	22×110	22×80×28
		140	165			22×130	
		140	170	125×100×35	125×100×45	22×130	22×80×33
		160	190			22×150	
160		140	170	160×100×35	160×100×40	25×130	25×85×33
		160	190			25×150	
		160	195	160×100×40	160×100×50	25×150	25×90×38
		190	225			25×180	

（续）

凹模周界		闭合高度(参考)H		零件件号、名称及标准编号			
				1	2	3	4
				上模座 GB/T 2855.1—2008	下模座 GB/T 2855.2—2008	导柱 GB/T 2861.1—2008	导套 GB/T 2861.3—2008
				数量			
L	B	最小	最大	1	1	2	2
				规格			
200	100	140	170	200×100×35	200×100×40	25×130	25×85×33
		160	190			25×150	
		160	195	200×100×40	200×100×50	25×150	25×90×38
		190	225			25×180	
125	125	120	150	125×125×30	125×125×35	22×110	22×80×28
		140	165			22×130	
		140	170	125×125×35	125×125×45	22×130	22×85×33
		160	190			22×150	
160		140	170	160×125×35	160×125×40	25×130	25×85×33
		160	190			25×150	
		170	205	160×125×40	160×125×50	25×160	25×95×38
		190	225			25×180	
200		140	170	200×125×35	200×125×40	25×130	25×85×33
		160	190			25×150	
		170	205	200×125×40	200×125×50	25×160	25×95×38
		190	225			25×180	
250		160	200	250×125×40	250×125×45	28×150	28×100×38
		180	220			28×170	
		190	235	250×125×45	250×125×55	28×180	28×110×43
		210	255			28×200	
160	160	160	200	160×160×40	160×160×45	28×150	28×100×38
		180	220			28×170	
		190	235	160×160×45	160×160×55	28×180	28×110×43
		210	255			28×200	
200		160	200	200×160×40	200×160×45	28×150	28×100×38
		180	220			28×170	
		190	235	200×160×45	200×160×55	28×180	28×110×43
		210	255			28×200	

（续）

凹模周界		闭合高度（参考）H		零件件号、名称及标准编号			
				1	2	3	4
				上模座 GB/T 2855.1—2008	下模座 GB/T 2855.2—2008	导柱 GB/T 2861.1—2008	导套 GB/T 2861.3—2008
				数量			
L	B	最小	最大	1	1	2	2
				规格			
250	160	170	210	250×160×45	250×160×50	32×160	32×105×43
		200	240			32×190	
		200	245	250×160×50	250×160×50	32×190	32×115×48
		220	265			32×210	
200	200	170	210	200×200×45	200×200×50	32×160	32×105×43
		200	240			32×190	
		200	245	200×200×50	200×200×60	32×190	32×115×48
		220	265			32×210	
250		170	210	250×200×45	250×200×50	32×160	32×105×43
		200	240			32×190	
		200	245	250×200×50	250×200×60	32×190	32×115×48
		220	265			32×210	
315		190	230	315×200×45	315×200×55	35×180	35×115×43
		220	260			35×210	
		210	255	315×200×50	315×200×65	35×200	35×125×48
		240	285			35×230	
250	250	190	230	250×250×45	250×250×55	35×180	35×115×43
		220	260			35×210	
		210	255	250×250×50	250×250×65	35×200	35×125×48
		240	285			35×230	
315		215	250	315×250×50	315×250×60	40×200	40×125×48
		245	280			40×230	
		245	290	315×250×55	315×250×70	40×230	40×140×53
		275	320			40×260	
400		215	250	400×250×50	400×250×60	40×200	40×125×48
		245	280			40×230	
		245	280	400×250×55	400×250×70	40×230	40×140×53
		275	320			40×260	

表 F-3 中间导柱模架 （单位：mm）

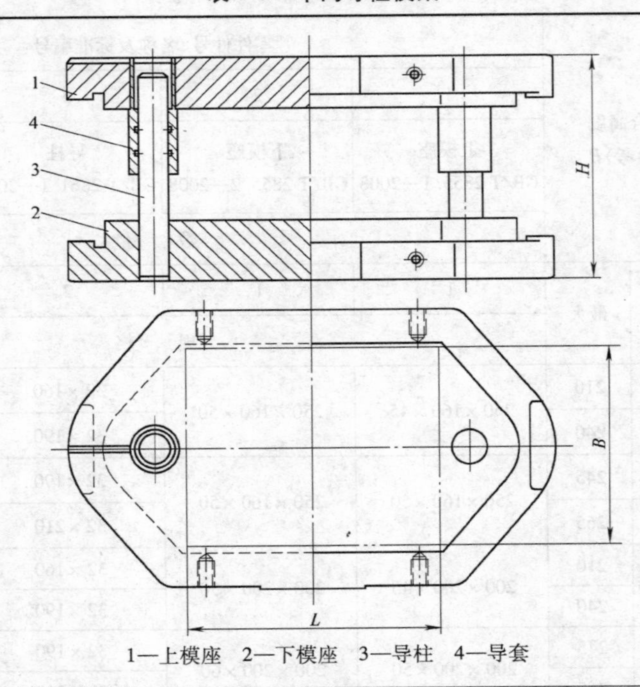

1—上模座 2—下模座 3—导柱 4—导套

凹模周界		闭合高度（参考）H		零件件号、名称及标准编号					
				1	2	3		4	
				上模座 GB/T 2855.1—2008	下模座 GB/T 2855.2—2008	导柱 GB/T 2861.1—2008		导套 GB/T 2861.3—2008	
				数量					
				1	1	1	1	1	1
L	B	最小	最大	规格					
63	50	100	115	63×50×20	63×50×25	16×90	18×90	16×60×18	18×60×18
		110	125			16×100	18×100		
		110	130	63×50×25	63×50×30	16×100	18×100	16×65×23	18×65×23
		120	140			16×110	18×110		
63	63	100	115	63×63×20	63×63×25	16×90	18×90	16×60×18	18×60×18
		110	125			16×100	18×100		
		110	130	63×63×25	63×63×30	16×100	18×100	16×65×23	18×65×23
		120	140			16×110	18×110		
80	63	110	130	80×63×25	80×63×30	18×100	20×100	18×65×23	20×65×23
		130	150			18×120	20×120		
		120	145	80×63×30	80×63×40	18×110	20×110	18×70×28	20×70×28
		140	165			18×130	20×130		

（续）

凹模周界		闭合高度（参考）H		零件件号、名称及标准编号					
				1	2	3		4	
				上模座 GB/T 2855.1—2008	下模座 GB/T 2855.2—2008	导柱 GB/T 2861.1—2008		导套 GB/T 2861.3—2008	
				数　量					
L	B	最小	最大	1	1	1	1	1	1
				规　格					
100	63	110	130	100×63×25	100×63×30	18×100	20×100	18×65×23	20×65×23
		130	150			18×120	20×120		
		120	145	100×63×30	100×63×40	18×110	20×110	18×70×28	20×70×28
		140	165			18×130	20×130		
80	80	110	130	80×80×25	80×80×30	20×100	22×100	20×65×23	22×65×23
		130	150			20×120	22×120		
		120	145	80×80×30	80×80×40	20×110	22×110	20×70×28	22×70×28
		140	165			20×130	22×130		
100		110	130	100×80×25	100×80×30	20×100	22×100	20×65×23	22×65×23
		130	150			20×120	22×120		
		120	145	100×80×30	100×80×40	20×110	22×110	20×70×28	22×70×28
		140	165			20×130	22×130		
125		110	130	125×80×25	125×80×30	20×100	22×100	20×65×23	22×65×23
		130	150			20×120	22×120		
		120	145	125×80×30	125×80×40	20×110	22×110	20×70×28	22×70×28
		140	165			20×130	22×130		
140		120	150	140×80×30	140×80×35	22×110	25×110	22×80×28	25×80×28
		140	165			22×130	25×130		
		140	170	140×80×35	140×80×45	22×130	25×130	22×80×33	25×80×33
		160	190			22×150	25×150		
100	100	110	130	100×100×25	100×100×30	20×100	22×100	20×65×23	22×65×23
		130	150			20×120	22×120		
		120	145	100×100×30	100×100×40	20×110	22×110	20×70×28	22×70×28
		140	165			20×130	22×130		
125		120	150	125×100×30	125×100×35	22×110	25×110	22×80×28	25×80×28
		140	165			22×130	25×130		
		140	170	125×100×35	125×100×45	22×130	25×130	22×80×33	25×80×33
		160	190			22×150	25×150		

（续）

凹模周界		闭合高度（参考）H		零件件号、名称及标准编号					
				1 上模座 GB/T 2855.1—2008	2 下模座 GB/T 2855.2—2008	3 导柱 GB/T 2861.1—2008		4 导套 GB/T 2861.3—2008	
				数量					
L	B	最小	最大	1	1	1	1	1	1
				规格					
140	100	120	150	140×100×30	140×100×35	22×110	25×110	22×80×28	25×80×28
		140	165			22×130	25×130		
		140	170	140×100×35	140×100×45	22×130	25×130	22×80×33	25×80×33
		160	190			22×150	25×150		
160		140	170	160×100×35	160×100×40	25×130	28×130	25×85×33	28×85×33
		160	190			25×150	28×150		
		160	195	160×100×40	160×100×50	25×150	28×150	25×90×38	28×90×38
		190	225			25×180	28×180		
200		140	170	200×100×35	200×100×40	25×130	28×130	25×85×33	28×85×33
		160	190			25×150	28×150		
		160	195	200×100×40	200×100×50	25×150	28×150	25×90×38	28×90×38
		190	225			25×180	28×180		
125	125	120	150	125×125×30	125×125×35	22×110	25×110	22×80×28	25×80×28
		140	165			22×130	25×130		
		140	170	125×125×35	125×125×45	22×130	25×130	22×85×33	25×85×33
		160	190			22×150	25×150		
140		140	170	140×125×35	140×125×40	25×130	28×130	25×85×33	28×85×33
		160	190			25×150	28×150		
		160	195	140×125×40	140×125×50	25×150	28×150	25×90×38	28×90×38
		190	225			25×180	28×180		
160		140	170	160×125×35	160×125×40	25×130	28×130	25×85×33	28×85×33
		160	190			25×150	28×150		
		170	205	160×125×40	160×125×50	25×160	28×160	25×95×38	28×95×38
		190	225			25×180	28×180		
200		140	170	200×125×35	200×125×40	25×130	28×130	25×85×33	28×85×33
		160	190			25×150	28×150		
		170	205	200×125×40	200×125×50	25×160	28×160	25×95×38	28×95×38
		190	225			25×180	28×180		

（续）

凹模周界		闭合高度（参考）H		1 上模座 GB/T 2855.1—2008	2 下模座 GB/T 2855.2—2008	3 导柱 GB/T 2861.1—2008		4 导套 GB/T 2861.3—2008	
				数量					
				1	1	1	1	1	1
L	B	最小	最大	规格					
250	125	160	200	250×125×40	250×125×45	28×150	32×150	28×100×38	32×100×38
		180	220			28×170	32×170		
		190	235	250×125×45	250×125×55	28×180	32×180	28×110×43	32×110×43
		210	255			28×200	32×200		
250	200	170	210	250×200×45	250×200×50	32×160	35×160	32×105×43	35×105×43
		200	240			32×190	35×190		
		200	245	250×200×50	250×200×60	32×190	35×190	32×115×48	35×115×48
		220	265			32×210	35×210		
280		190	230	280×200×45	280×200×55	35×180	40×180	35×115×43	40×115×43
		220	260			35×210	40×210		
		210	255	280×200×50	280×200×65	35×200	40×200	35×125×48	40×125×48
		240	285			35×230	40×230		
315		190	230	315×200×45	315×200×55	35×180	40×180	35×115×43	40×115×43
		220	260			35×210	40×210		
		210	255	315×200×50	315×200×65	35×200	40×200	35×125×48	40×125×48
		240	285			35×230	40×230		
250	250	190	230	250×250×45	250×250×55	35×180	40×180	35×115×43	40×115×43
		220	260			35×210	40×210		
		210	255	250×250×50	250×250×65	35×200	40×200	35×125×48	40×125×48
		240	285			35×230	40×230		
280		190	230	280×250×45	280×250×55	35×180	40×180	35×115×43	40×115×43
		220	260			35×210	40×210		
		210	255	280×250×50	280×250×65	35×200	40×200	35×125×48	40×125×48
		240	285			35×230	40×230		
315		215	250	315×250×50	315×250×60	40×200	45×200	40×125×48	45×125×48
		245	280			40×230	45×230		
		245	290	315×250×55	315×250×70	40×230	45×230	40×140×53	45×140×53
		275	320			40×260	45×260		

（续）

凹模周界		闭合高度（参考）H		零件件号、名称及标准编号					
				1	2	3		4	
				上模座 GB/T 2855.1—2008	下模座 GB/T 2855.2—2008	导柱 GB/T 2861.1—2008		导套 GB/T 2861.3—2008	
				数量					
L	B	最小	最大	1	1	1	1	1	1
				规格					
400	250	215	250	400×250×50	400×250×60	40×200	45×200	40×125×48	45×125×48
		245	280			40×230	45×230		
		245	290	400×250×55	400×250×70	40×230	45×230	40×140×53	45×140×53
		275	320			40×260	45×260		
280	280	215	250	280×280×50	280×280×60	40×200	45×200	40×125×48	45×125×48
		245	280			40×230	45×230		
		245	290	280×280×55	280×280×60	40×230	45×230	40×140×53	45×140×53
		275	320			40×260	45×260		
315		215	250	315×280×50	315×280×60	40×200	45×200	40×125×48	45×125×48
		245	280			40×230	45×230		
		245	290	315×280×55	315×280×70	40×230	45×230	40×140×53	45×140×53
		275	320			40×260	45×260		
400		215	250	400×280×50	400×280×60	40×200	45×200	40×125×48	45×125×48
		245	280			40×230	45×230		
		245	290	400×280×55	400×280×70	40×230	45×230	40×140×53	45×140×53
		275	320			40×260	45×260		
315	315	215	250	315×315×50	315×315×60	45×200	50×200	45×125×48	50×125×48
		245	280			45×230	50×230		
		245	290	315×315×55	315×315×70	45×230	50×230	45×140×53	50×140×53
		275	320			45×260	50×260		
400		245	290	400×315×55	400×315×65	45×230	50×230	45×140×53	50×140×53
		275	315			45×260	50×260		
		275	320	400×315×60	400×315×75	45×260	50×260	45×150×58	50×150×58
		305	350			45×290	50×290		
500		245	290	500×315×55	500×315×65	45×230	50×230	45×140×53	50×140×53
		275	315			45×260	50×260		
		275	320	500×315×60	500×315×75	45×260	50×260	45×150×58	50×150×58
		305	350			45×290	50×290		

（续）

凹模周界		闭合高度（参考）H		零件件号、名称及标准编号					
				1	2	3		4	
				上模座 GB/T 2855.1—2008	下模座 GB/T 2855.2—2008	导柱 GB/T 2861.1—2008		导套 GB/T 2861.3—2008	
				数　量					
L	B	最小	最大	1	1	1	1	1	1
				规　格					
400	400	245	290	400×400×55	400×400×65	45×230	50×230	45×140×53	50×140×53
		275	315			45×260	50×260		
		275	320	400×400×60	400×400×75	45×260	50×260	45×150×58	50×150×58
		305	350			45×290	50×290		
630		240	280	630×400×55	630×400×65	50×220	55×220	50×150×53	55×150×53
		270	305			50×250	55×250		
		270	310	630×400×65	630×400×80	50×250	55×250	50×160×63	55×160×63
		300	340			50×280	55×280		
500	500	260	300	500×500×55	500×500×65	50×240	55×240	50×150×53	55×150×53
		290	325			50×270	55×270		
		290	330	500×500×65	500×500×80	50×270	55×270	50×160×63	55×160×63
		320	360			50×300	55×300		

表 F-4　中间导柱圆形模架　（单位：mm）

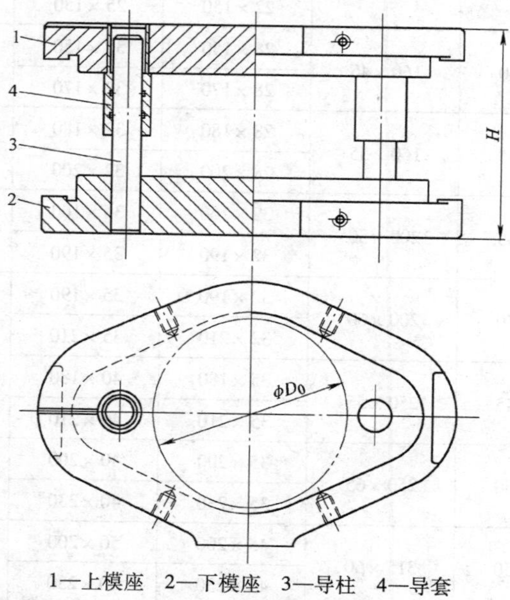

1—上模座　2—下模座　3—导柱　4—导套

（续）

凹模周界	闭合高度（参考）H		零件件号、名称及标准编号					
			1	2	3		4	
			上模座 GB/T 2855.1—2008	下模座 GB/T 2855.2—2008	导柱 GB/T 2861.1—2008		导套 GB/T 2861.3—2008	
			数量					
D_0	最小	最大	1	1	1	1	1	1
			规格					
63	100	115	63×20	63×25	16×90	18×90	16×60×18	18×60×18
	110	125			16×100	18×100		
	110	130	63×25	63×30	16×100	18×100	16×65×23	18×65×23
	120	140			16×110	18×110		
80	110	130	80×25	80×30	20×100	22×100	20×65×23	22×65×23
	130	150			20×120	22×120		
	120	145	80×30	80×40	20×110	22×110	20×70×28	22×70×28
	140	165			20×130	22×130		
100	110	130	100×25	100×30	20×100	22×100	20×65×23	22×65×23
	130	150			20×120	22×120		
	120	145	100×30	100×40	20×110	22×110	20×70×28	22×70×28
	140	165			20×130	22×130		
125	120	150	125×30	125×35	22×110	25×110	22×80×28	25×80×28
	140	165			22×130	25×130		
	140	170	125×35	125×45	22×130	25×130	22×85×33	25×85×33
	160	190			22×150	25×150		
160	160	200	160×40	160×45	28×150	32×150	28×110×38	32×110×38
	180	220			28×170	32×170		
	190	235	160×45	160×55	28×180	32×180	28×110×43	32×110×43
	210	255			28×200	32×200		
200	170	210	200×45	200×50	32×160	35×160	32×105×43	35×105×43
	200	240			32×190	35×190		
	200	245	200×50	200×60	32×190	35×190	32×115×48	35×115×48
	220	265			32×210	35×210		
250	190	230	250×45	250×55	35×180	40×180	35×115×43	40×115×43
	220	260			35×210	40×210		
	210	255	250×50	250×65	35×200	40×200	35×125×48	40×125×48
	240	285			35×230	40×230		
315	215	250	315×50	315×60	45×200	50×200	45×125×48	50×125×48
	245	280			45×230	50×230		

（续）

凹模周界	闭合高度（参考）H		零件件号、名称及标准编号					
			1	2	3		4	
			上模座 GB/T 2855.1—2008	下模座 GB/T 2855.2—2008	导柱 GB/T 2861.1—2008		导套 GB/T 2861.3—2008	
			数　量					
D_0	最小	最大	1	1	1	1	1	1
			规　格					
315	245	290	315×55	315×70	45×230	50×230	45×140×53	50×140×53
	275	320			45×260	50×260		
400	245	290	400×55	400×65	45×230	50×230	45×140×53	50×140×53
	275	315			45×260	50×260		
	275	320	400×60	400×75	45×260	50×260	45×150×58	50×150×58
	305	350			45×290	50×290		
500	260	300	500×55	500×65	50×240	55×240	50×150×53	55×150×53
	290	325			50×270	55×270		
	290	330	500×65	500×80	50×270	55×270	50×160×63	55×160×63
	320	360			50×300	55×300		
630	270	310	630×60	630×70	55×250	60×250	55×160×58	60×160×58
	300	340			55×280	60×280		
	310	350	630×75	630×90	55×290	60×290	55×170×73	60×170×73
	340	380			55×320	60×320		

表 F-5　四导柱模架　　（单位：mm）

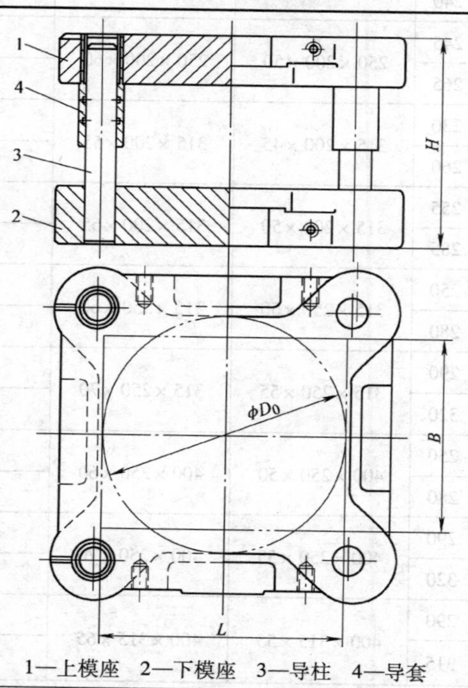

1—上模座　2—下模座　3—导柱　4—导套

（续）

凹模周界			闭合高度（参考）H		零件件号、名称及标准编号			
					1	2	3	4
					上模座 GB/T 2855.1—2008	下模座 GB/T 2855.2—2008	导柱 GB/T 2861.1—2008	导套 GB/T 2861.3—2008
					数量			
L	B	D_0	最小	最大	1	1	4	4
					规格			
160	125	160	140	170	160×125×35	160×125×40	25×130	25×85×33
			160	190			25×150	
			170	205	160×125×40	160×125×50	25×160	25×95×38
			190	225			25×180	
200	160	200	160	200	200×160×40	200×160×45	28×150	28×100×38
			180	220			28×170	
			190	235	200×160×45	200×160×55	28×180	28×100×43
			210	255			28×200	
250		250	170	210	250×160×45	250×160×50	32×160	32×105×43
			200	240			32×190	
			200	245	250×160×50	250×160×60	32×190	32×115×48
			220	265			32×210	
250	200		170	210	250×200×45	250×200×50	32×160	32×105×43
			200	240			32×190	
			200	245	250×200×50	250×200×60	32×190	32×115×48
			220	265			32×210	
315			190	230	315×200×45	315×200×55	35×180	35×115×43
			220	260			35×210	
			210	255	315×200×50	315×200×65	35×200	35×125×48
			240	285			35×230	
315	250		215	250	315×250×50	315×250×60	40×200	40×125×48
			245	280			40×230	
			245	290	315×250×55	315×250×70	40×230	40×140×53
			275	320			40×260	
400			215	250	400×250×50	400×250×60	40×200	40×125×48
			245	280			40×230	
			245	290	400×250×55	400×250×70	40×230	40×140×53
			275	320			40×260	
400	315		245	290	400×315×55	400×315×65	45×230	45×140×53
			275	315			45×260	

（续）

凹模周界			闭合高度（参考）*H*		零件件号、名称及标准编号			
					1	2	3	4
					上模座 GB/T 2855.1—2008	下模座 GB/T 2855.2—2008	导柱 GB/T 2861.1—2008	导套 GB/T 2861.3—2008
					数　量			
L	*B*	D_0	最小	最大	1	1	4	4
					规　格			
400	315	250	275	320	400×315×60	400×315×75	45×260	45×150×58
			305	350			45×290	
500			245	290	500×315×55	500×315×65	45×230	45×140×53
			275	315			45×260	
			275	320	500×315×60	500×315×75	45×260	45×150×58
			305	350			45×290	
630			260	300	630×315×55	630×315×65	50×240	50×150×53
			290	325			50×270	
			290	330	630×315×65	630×315×80	50×270	50×160×63
			320	360			50×300	
500	400		260	300	500×400×55	500×400×65	50×240	50×150×53
			290	325			50×270	
			290	330	500×400×65	500×400×80	50×270	50×160×63
			320	360			50×300	
630			260	300	630×400×55	630×400×65	50×240	50×150×53
			290	325			50×270	
			290	330	630×400×65	630×400×80	50×270	50×160×63
			320	360			50×300	

附录 G　模具零件的加工方法

表 G-1　模具加工方法

类别	加工方法	机床与使用的工具	适用范围
切削加工	平面加工	龙门刨床（刨刀）、牛头刨床（刨刀）、龙门铣床（端面铣刀）	对模具坯料进行六面加工
	车削加工	车床（车刀）、NC 车床（车刀）、立式车床（车刀）	加工内外圆柱面、内外圆锥面、端面、沟槽、螺纹、成形表面以及滚花、钻孔、铰孔和镗孔等
	钻孔加工	钻床（钻头、铰刀）、横臂钻床（钻头、铰刀）、铣床（钻头、铰刀）、数控铣床和加工中心（钻头、铰刀）	加工模具零件的各种孔
		深孔钻（深孔钻）	加工模具冷却水孔

（续）

类别	加工方法	机床与使用的工具	适用范围
切削加工	镗孔加工	卧式镗床（镗刀）、加工中心（镗刀）、铣床（镗刀）	镗削模具中的各种孔
		坐标镗床（镗刀）	镗削高精度孔
	铣削加工	铣床（立铣刀、端面铣刀）、NC铣床（立铣刀、端面铣刀）、加工中心（立铣刀、端面铣刀）	铣削模具各种零件
		仿形铣床（球头铣刀）	进行仿形加工
		雕刻机（小直径立铣刀）	雕刻图案
	磨削加工	平面磨床（砂轮）	模板各平面
		成形磨床、NC磨床和光学曲线磨床（均砂轮）	各种形状模具零件的表面
		坐标磨床（砂轮）	精密模具型孔
		内、外圆磨床（砂轮）	圆形零件的内、外表面
		万能磨床（砂轮）	可实施锥度磨削
	电加工	型腔电加工（电极）	用上述切削方法难以加工的部位
		线切割（线电极）	精密轮廓加工
		电解加工（电极）	型腔和平面加工
	抛光加工	手持抛光工具（各种砂轮）	去除铣削痕迹
		抛光机或手工（锉刀、砂纸、油石、抛光剂）	对模具零件进行抛光
非切削加工	挤压加工	压力机（挤压凸模）	难以进行切削加工的型腔
	铸造加工	铍铜压力铸造（铸造设备） 精密铸造（石膏模型、铸造设备）	铸造模具型腔
	电铸加工	电铸设备（电铸母型）	精密模具型腔
	表面装饰加工	蚀刻装置（装饰纹样板）	加工模具型腔

表G-2 模具加工方法的加工余量、加工精度、表面粗糙度

制造方法		本道工序经济加工余量（单面）/mm	经济加工精度	表面粗糙度 $Ra/\mu m$
刨削	半精刨	0.8～1.5	IT10～IT12	6.3～12.5
	精刨	0.2～0.5	IT8～IT9	3.2～6.3
	划线铣	1～3	1.6mm	1.6～6.3
铣削	靠模铣	1～3	0.04mm	1.6～6.3
	粗铣	1～2.5	IT10～IT11	3.2～12.5
	精铣	0.5	IT7～IT9	1.6～3.2
	仿形雕刻	1～3	0.1mm	1.6～3.2
车削	靠模车	0.6～1	0.24mm	1.6～3.2
	成形车	0.6～1	0.1mm	1.6～3.2
	粗车	1	IT11～IT12	6.3～12.5
	半精车	0.6	IT8～IT10	1.6～6.3
	精车	0.4	IT6～IT7	0.8～1.6
	精细车、金刚车	0.15	IT5～IT6	0.1～0.8

（续）

制造方法		本道工序经济加工余量(单面)/mm	经济加工精度	表面粗糙度 Ra/μm
钻		—	IT11 ~ IT14	6.3 ~ 12.5
扩	粗扩	1 ~ 2	IT12	6.3 ~ 12.5
	细扩	0.1 ~ 0.5	IT9 ~ IT10	1.6 ~ 6.3
铰	粗铰	0.1 ~ 0.15	IT9	3.2 ~ 6.3
	精铰	0.05 ~ 0.1	IT7 ~ IT8	0.8
	细铰	0.02 ~ 0.05	IT6 ~ IT7	0.2 ~ 0.4
锪	无导向锪	—	IT11 ~ IT12	3.2 ~ 12.5
	有导向锪	—	IT9 ~ IT11	1.6 ~ 3.2
镗削	粗镗	1	IT11 ~ IT12	6.3 ~ 12.5
	半精镗	0.5	IT8 ~ IT10	1.6 ~ 6.3
	高速镗	0.05 ~ 0.1	IT8	0.4 ~ 0.8
	精镗	0.1 ~ 0.2	IT6 ~ IT7	0.8 ~ 1.6
	精细镗、金刚镗	0.05 ~ 0.1	IT6	0.2 ~ 0.8
磨削	粗磨	0.25 ~ 0.5	IT7 ~ IT8	3.2 ~ 6.3
	半精磨	0.1 ~ 0.2	IT7	0.8 ~ 1.6
	精磨	0.05 ~ 0.1	IT6 ~ IT7	0.2 ~ 0.8
	细磨、超精磨	0.005 ~ 0.05	IT5 ~ IT6	0.025 ~ 0.1
	仿形磨	0.1 ~ 0.3	0.01mm	0.2 ~ 0.8
	成形磨	0.1 ~ 0.3	0.01mm	0.2 ~ 0.8
	坐标磨	0.1 ~ 0.3	0.01mm	0.2 ~ 0.8
珩磨		0.005 ~ 0.03	IT6	0.05 ~ 0.4
钳工划线		—	0.25 ~ 0.5mm	—
钳工研磨		0.002 ~ 0.015	IT5 ~ IT6	0.025 ~ 0.05
钳工抛光	粗抛	0.05 ~ 0.15	—	0.2 ~ 0.8
	细抛、镜面抛	0.005 ~ 0.01	—	0.001 ~ 0.1
电火花成形加工		—	0.05 ~ 0.1mm	1.25 ~ 2.5
电火花线切割		—	0.005 ~ 0.01mm	1.25 ~ 2.5
电解成形加工		—	±(0.05 ~ 0.2)mm	0.8 ~ 3.2
电解抛光		0.1 ~ 0.15	—	0.025 ~ 0.8
电解磨削		0.1 ~ 0.15	IT6 ~ IT7	0.025 ~ 0.8
照相腐蚀		0.1 ~ 0.4	—	0.1 ~ 0.8
超声抛光		0.02 ~ 0.1	—	0.01 ~ 0.1
磨料流动抛光		0.02 ~ 0.1	—	0.01 ~ 0.1
冷挤压		—	IT7 ~ IT8	0.08 ~ 0.32

注：经济加工余量是指本道工序的比较合理、经济的加工余量。本道工序加工余量要视加工基本尺寸、工件材料、热处理状况、前道工序的加工结果等具体情况而定。

表 G-3　外圆表面加工方案

序号	加 工 方 案	经济精度级	表面粗糙度 Ra/μm	适 用 范 围
1	粗车	IT11 以下	12.5 ~ 50	适用于淬火钢以外的各种金属
2	粗车—半精车	IT8 ~ IT10	3.2 ~ 6.3	
3	粗车—半精车—精车	IT8	0.8 ~ 1.6	
4	粗车—半精车—精车—滚压(或抛光)	IT8	0.025 ~ 0.2	
5	粗车—半精车—磨削	IT7 ~ IT8	0.4 ~ 0.8	主要用于淬火钢,也可用于未淬火钢,但不宜加工非铁金属材料
6	粗车—半精车—粗磨—精磨	IT6 ~ IT7	0.1 ~ 0.4	
7	粗车—半精车—粗磨—精磨—超精加工	IT5	0.1	
8	粗车—半精车—精车—金刚石车	IT6 ~ IT7	0.025 ~ 0.4	主要用于非铁金属材料加工
9	粗车—半精车—粗磨—精磨—研磨	IT5 ~ IT6	0.08 ~ 0.16	极高精度的外圆加工
10	粗车—半精车—粗磨—精磨—超精磨或镜面磨	IT5 以上	<0.025 (Rz = 0.05μm)	

表 G-4　孔加工方案

序号	加 工 方 案	经济精度级	表面粗糙度 Ra/μm	适 用 范 围
1	钻	IT11 ~ IT12	12.5	加工未淬火钢及铸铁,也可用于加工非铁金属材料
2	钻—铰	IT9	1.6 ~ 3.2	
3	钻—铰—精铰	IT7 ~ IT8	0.8 ~ 1.6	
4	钻—扩	IT10 ~ IT11	6.3 ~ 12.5	同上,孔径可大于 15 ~ 20mm
5	钻—扩—铰	IT8 ~ IT9	1.6 ~ 3.2	
6	钻—扩—粗铰—精铰	IT7	0.8 ~ 1.6	
7	钻—扩—机铰—手铰	IT6 ~ IT7	0.1 ~ 0.4	
8	钻—扩—拉	IT7 ~ IT9	0.1 ~ 1.6	大批大量生产(精度由拉刀的精度确定)
9	粗镗(或扩孔)	IT11 ~ IT12	6.3 ~ 12.5	除淬火钢以外的各种材料,毛坯有铸出孔或锻出孔
10	粗镗(粗扩)—半精镗(精扩)	IT8 ~ IT9	1.6 ~ 3.2	
11	粗镗(扩)—半精镗(精扩)—精镗(铰)	IT7 ~ IT8	0.8 ~ 1.6	
12	粗镗(扩)—半精镗(精扩)—精镗—浮动镗刀精镗	IT6 ~ IT7	0.8 ~ 0.4	
13	粗镗(扩)—半精镗磨孔	IT7 ~ IT8	0.2 ~ 0.8	主要用于淬火钢,也可用于未淬火钢,但不宜用于非铁金属材料
14	粗镗(扩)—半精镗—精镗—金刚镗	IT6 ~ IT7	0.1 ~ 0.2	
15	粗镗—半精镗—精镗—金刚镗	IT6 ~ IT7	0.05 ~ 0.4	主要用于精度高的非铁金属材料用于精度要求很高的孔
16	钻—(扩)—粗铰—精铰—珩磨 钻—(扩)—拉—珩磨 粗镗—半精镗—精镗—珩磨	IT6 ~ IT7	0.025 ~ 0.2	
17	以研磨代替上述方案中的珩磨	IT6 以上	0.025 ~ 0.2	

表 G-5　平面加工方案

序号	加工方案	经济精度级	表面粗糙度 $Ra/\mu m$	适用范围
1	粗车—半精车	IT9	3.2～6.3	主要用于端面加工
2	粗车—半精车—精车	IT7～IT8	0.8～1.6	
3	粗车—半精车—磨削	IT8～IT9	0.2～0.8	
4	粗刨(或粗铣)—精刨(或精铣)	IT9～IT10	1.6～6.3	一般不淬硬平面
5	粗刨(或粗铣)—精刨(或精铣)—刮研	IT6～IT7	0.1～0.8	精度要求较高的不淬硬平面,批量较大时宜采用宽刃精刨
6	以宽刃刨削代替上述方案中的刮研	IT7	0.2～0.8	
7	粗刨(或粗铣)—精刨(或精铣)—磨削	IT7	0.2～0.8	精度要求高的淬硬平面或未淬硬平面
8	粗刨(或粗铣)—精刨(或精铣)—粗磨—精磨	IT6～IT7	0.2～0.4	
9	粗铣—拉削	IT7～IT9	0.2～0.8	大量生产,较小的平面(精度由拉刀精度而定)
10	粗铣—精铣—磨削—研磨	IT6 以上	<0.1 (Rz 为 0.05)	高精度的平面

参考文献

[1] 周雄辉，鼓颖红，洪慎章，等. 现代模具设计制造理论与技术［M］. 上海：上海交通大学出版社，2000.

[2] 中国模具设计大典编委会. 中国模具设计大典：第3卷冲压［M］. 南昌：江西科学技术出版社，2003.

[3] 王敏杰，宋满仓. 模具制造技术［M］. 北京：电子工业出版社，2004.

[4] 翟德梅，段维峰. 模具制造技术［M］. 北京：化学工业出版社，2005.

[5] 黄毅宏，李明辉. 模具制造工艺［M］. 北京：机械工业出版社，2005.

[6] 周大隽. 冲模结构设计要领与范例［M］. 北京：机械工业出版社，2006.

[7] 牟林，胡建华. 冲压工艺与模具设计［M］. 北京：中国林业出版社，2006.

[8] 张荣清. 模具制造工艺［M］. 北京：高等教育出版社，2006.

[9] 许树勤，王文平. 模具设计与制造［M］. 北京：北京大学出版社，2007.

[10] 高军，李熹平，修大鹏，等. 冲压模具标准件选用与设计指南［M］. 北京：化学工业出版社，2007.

[11] 潘庆修. 模具制造工艺教程［M］. 北京：电子工业出版社，2007.

[12] 支伟. 冲压模具制造工［M］. 北京：化学工业出版社，2008.

[13] 张应龙. 模具制造技术［M］. 北京：化学工业出版社，2008.

[14] 李发致. 模具先进制造技术［M］. 北京：机械工业出版社，2008.

[15] 王秀风，张永春. 冷冲压模具设计与制造［M］. 北京：北京航空航天大学出版社，2008.

[16] 李名望. 冲压模具设计与制造技术指南［M］. 北京：化学工业出版社，2008.

[17] 鼓建声，秦晓刚. 冷冲模制造与修理［M］. 北京：机械工业出版社，2008.

[18] 李奇. 模具设计及制造［M］. 北京：人民邮电出版社，2008.

[19] 相占尧. 最新模具标准应用手册［M］. 北京：机械工业出版社，2011.

[20] 陈剑鹤，于云程. 冷冲压工艺与模具设计［M］. 2版. 北京：机械工业出版社，2011.

[21] 钟翔山. 冲压加工质量控制应用技术［M］. 北京：机械工业出版社，2011.

[22] 康俊远. 冷冲压工艺与模具设计［M］. 2版. 北京：北京理工大学出版社，2012.

[23] 陈传胜. 冲压成形工艺与模具设计［M］. 北京：电子工业出版社，2012.

[24] 郑展，冲模设计手册［M］. 北京：机械工业出版社，2013.

[25] 洪慎章. 实用冲压工艺及模具设计［M］. 2版. 北京：机械工业出版社，2015.

[26] 洪慎章. 冲压成形设计数据速查手册［M］. 北京：化学工业出版社，2015.